반려동물학개론

대표저자 : 양철주
공동저자 : 강옥득 · 김다혜 · 김상동 · 김옥진 · 김현범 · 문승태 · 문홍석 ·
　　　　　민태선 · 박만호 · 신현국 · 이경우 · 이영주 · 이진홍 · 이해연 ·
　　　　　이홍구 · 정하정 · 조진호 · 허정민
감수자　 : 김옥진 · 김현범 · 신현국 · 이경동

Introduction to Companion Animal Science

박영사

국민의 생활수준 향상과 핵가족으로 전환되면서 반려동물의 문화는 현대사회 전반에 걸쳐 깊숙이 자리 잡고 있으며, 코로나19 이후로 사람과의 만남이 줄어들고 집에 머무르는 시간이 많아지면서 자연스럽게 반려동물에 관심들이 더욱 증가하고 있다. 인간은 자신에게 의존하고 순응하는 동물을 통해 친밀감과 자신감을 가지게 된다. 또한 유아들이 반려동물을 기르고 보살피는 과정에서 정서발달과 사회성이 증가되고 책임감과 이해심이 높아지는 등 반려동물은 인간의 정서발달에 크게 공헌을 하고 있다.

국내에서 반려동물을 양육하는 집은 591만 가구 (2020년 기준)로 우리나라 가구의 약 26.4%가 반려동물을 사육하고 있다. 반려동물 사육가구는 10년 전에 17.4%와 비교하면 크게 증가하였고, 우리 주위에서는 반려동물 분양업, 용품점, 미용업, 장묘업, 헬스케어 등 반려동물 관련 전문화된 업체들이 증가하는 것은 반려동물에 대한 개념이 바뀌고 있다는 것을 보여 주고 있다.

그동안은 반려동물로 반려견을 주로 사육하였으나 최근에는 반려묘, 파충류 등 그 종류도 다양화되고 있다. 그러나 반려동물의 양육에 대한 많은 서적들이 있지만 반려동물학문에 대한 서적은 거의 찾아볼 수가 없다. 따라서 이번에 『반려동물학개론』은 산업에 가장 많은 비중을 차지하고 있는 반려견뿐만 아니라 다양한 반려동물에 대하여 기본훈련, 매개치료, 영양관리, 반려동물 법제 등을 학문적으로 접근하고자 하였다.

이 책은 전국의 반려동물 전문가들이 참여하였으며, 총 9장으로 구성되어 있다. 제1장은 반려동물의 개요, 2장 반려견에 대한 이해, 3장 반려묘에 대한 이해, 4장 관상어에 대한 이해, 5장 다양한 반려동물에 대한 이해, 6장 반려동물의 기본훈련, 7장 동물매개치료, 8장 반려동물의 영양관리, 9장 반려동물 법제와 반려인의 자세에 대해서 기술하였다.

저자들은 수년간 반려동물 현장과 대학에서 강의하면서 지금까지의 산업동물과 함께 반려동물산업의 발전에 대한 반려동물학문도 정착되어야 할 필요성을 깨닫게 되었다. 앞으로 이 책은 반려동물 관련 강의의 기본교재와 반려동물과 함께 생활하고자 하는 초보자에게 매우 유익한 지침서가 될 것이며, 동시에 아주 재미있는 안내서가 될 것임을 믿어 의심치 않는다.

이 책이 나오기까지 여러 저자들의 노력과 서적의 품질을 높이기 위해 감수를 해주신 분들에게도 머리 숙여 감사의 말씀을 드린다.

2022년 2월
대표저자 양 철 주

차 례

제1장

반려동물의 개요

이경우, 문홍석, 양철주

Ⅰ 반려동물의 개념

1. 반려동물의 정의

최근 사회가 고도로 발달하면서 물질이 풍요로워지는 반면, 인간은 점차 자기중심적이고 마음은 고갈되어 간다. 이에 반하여 동물의 세계는 어떨까? 동물의 세계는 항상 천성 그대로이며, 변함이 없고 순수하다. 인간은 이런 동물과 접합으로써 상실되어가는 인간 본연의 성정을 되찾으려 한다. 이것이 동물을 반려하는 일이며, 그 대상이 되는 동물을 반려동물이라고 한다.

반려동물이란 무엇인가? 반려동물은 가축 또는 야생동물과 다른 것인가? 반려동물과 애완동물은 같은가? 본질적으로 반려동물과 애완동물은 같다고 할 수 있다. Grier (2006)는 그의 저서에서 애완동물은 '작은 (Small)'의미의 불어인 Petit에서 유래하였다고 언급하였다. 처음에는 응석을 부리거나 버릇없는 어린아이를 지칭하였지만 16세기 중반에는 동물도 여기에 포함되었다. 주로 가축에서 가장 왜소한 어린 양을 지칭하였으며, 그런 연유로 사람 손에 의해 키워졌다. 동시에 이러한 동물은 주위에 동년배의 친구가 없는 외진 곳에서 사는 가족의 어린아이에게는 그러한 어린 가축은 동반자이며, 놀이 친구가 되었다. 이러한 애완동물은 주로 이름이 있었으며, 식용으로 도축하지 않았기에 가족이 키우는 다른 동물 또는 가축과는 구분되었다.

과거에는 애완동물이라 칭하였으나 최근에는 반려동물을 일반적으로 사용하고 있다. 애완동물은 사전적 의미로 좋아하여 가까이 두고 기르는 동물로 개, 고양이, 새, 금붕어 등이 있다고 정의하고 있다. 애완동물이라는 단어가 나타낼 수 있는 수동적이며, 일방적이고 부정적인 의미를 없애기 위하여 반려동물이라는 용어를 사용하게 되었다. 구체적으로 애완동물은 인간과 수직적 개념이나 반려동물은 인간과 수평적 개념을 가져 인간과 동물이 함께 공존하고 서로를 보정해 주는 상호보완적 기능을 갖는 개념으로 발전하였다.

그렇다면 '반려동물' 용어는 언제 처음으로 사용되었는가? 반려동물을 사용하게 된 배경에는 사람과 더불어 사는 동물로 동물이 인간에게 주는 여러 혜택을 존중하여 애완동물을 사람의 장난감이 아니라는 뜻에서 더불어 살아가는 동물로 개칭하였다. 동물 행동학자이며 노벨 생리의학상 수상자인 Konrad Lorenz의 80세 생일을 기념하기 위하여 오스트리아 과학 아카데미가 「인간과 애완동물의 관계」를 주제로 하는 1983년에 개최한 국제 심포지엄에서 처음으로 제안되었다. 개, 고양이, 새 등의 애완동물을 종래의 가치성을 재인식하여 반려동물로 부르도록 제안하였으며, 승마용 말도 여기에 포함된다. 동물이 인간에게 주는 다양한 혜택을 존중하여 애완동물은 사람의 장난감이 아니라는 뜻에서 더불어 살아가는 동물인 반려동물로 개칭하였다.

 ## 2. 반려동물의 분류

반려동물이란 사람과 함께 사는 동물로 장난감이 아닌 더불어 살아가는 동물을 말한다. 반려동물과 관련된 법률에서 정하고 있는 동물의 범위는 약간씩 차이가 있지만 개와 고양이는 공통적으로 포함되고 있다.

동물보호법 (법률 제16677호) 제2조 (정의)에 따르면 반려동물은 반려 목적으로 기르는 개, 고양이 등 농림축산식품부령으로 정하는 동물로 정의하고 있다. 동물보호법 시행규칙 (농림축산식품부령 제470호) 제1조의2 (반려동물의 범위)에서 "개, 고양이 등 농림축산식품부령으로 정하는 동물"이란 개, 고양이, 토끼, 페럿 [애완족제비 (Ferrets)], 기니피그와 햄스터를 말한다. 가축전염법 예방법에서의 동물은 개, 고양이, 소, 말, 당나귀, 노새, 면양·염소, 사슴, 돼지, 닭, 오리, 칠면조, 거위, 토끼, 꿀벌, 타조, 메추리, 꿩, 기러기, 그 밖에 사육하는 동물 중 가축전염병이 발생하거나 퍼지는 것을 막는 데 필요하다고 인정하여 농림축산식품부장관이 정하여 고시하는 동물을 말한다. 수의사법에서는 동물을 개, 고양이, 소, 말, 돼지, 양, 토끼, 조류, 꿀벌, 수생동물, 노새 당나귀, 친칠라, 밍크, 사슴, 메추리, 꿩, 비둘기, 시험용 동물, 그 밖에서 앞에서 규정하지 아니한 동물로서 포유류, 조류, 파충류 및 양서류로 정의하고 있다.

반려동물은 전통적으로 조류 (십자매, 금화조, 앵무새, 카나리아, 방울새, 동박새 등), 어류 (금붕어, 비단잉어, 송사리, 열대어) 등을 반려용으로 사육해왔다. 최근에는 팬더 마우스 등 쥐 (마우스, 랫)와 같은 동물들도 새로운 반려동물로 널리 길러지는 추세다. 파충류와 양서류, 갑각류도 빈번히 반려용으로 사육되고 있다. 양서·파충류 중에서는 거북, 아홀로틀, 샌드피시 스킨크, 도마뱀붙이류, 이구아나, 필리핀의 맹꽁이인 아시아맹꽁이가 인기가 있다. 갑각류는 반려용 가재가 길러지며, 곤충으로는 사슴벌레, 장수풍뎅이, 꽃무지, 나비 등을 키우기도 하고, 열대 지역에서 수입한 타란툴라, 전갈, 지네, 노래기도 기른다.

따라서, 사람과 더불어 살아가는 동물이라면 그 종류를 불문하고 모두 반려동물이라고 할 수 있다. 하지만 반려동물로 기르는 동물 종의 범위가 넓어짐에 따라 무분별하게 야생 및 특수동물을 반려동물로 사육하는 것에 대해 우려를 나타내고 있다. 야생동물이 보유하는 있는 병원체가 인간을 감염시키는 경우가 최근 발생하고 있으나 국내는 물론 국제적으로도 감염자 수, 전염의 강도, 병원체의 종류 등에 대한 연구정보가 부족한 점을 가장 큰 위험 요인이다. 아울러 전문지식이 없는 개인이 야생 및 특수동물을 사육하면서 적절한 사육환경과 관리를 제공하지 못했을 경우 동물복지뿐 아니라 시민들의 공중보건에도 위해를 가져올 수 있기 때문이다. 표 1-1은 동물매개치료에서 활용하는 동물의 장·단점을 요약한 자료이다. 사람과 동물의 상호접촉성이 우수한 동물이 있거나 사람에 대해 공격을 하지 않아 안전한 동물이 있다. 사람과 동물이 함께 운동할 수 있는 동물이 있지만, 물고기, 파충류, 새 등 함께 운동하기에 어려운 동물이 있다.

표 1-1. 동물매개치료에서 활용하는 동물의 장·단점

종류	사육성	운반성	상호 접촉성	감정 소통성	안전성	인간과의 운동성	동물 자신의 즐거움	감염의 안전성
물고기	+++	−	−	+	+++	−	+	++
파충류	+	+	+	+	++	−	+	++
조류	+++	+	++	+	+++	−	+	++
햄스터	+++	+++	+	+	++	+	+	++
기니피그	+++	+++	+++	+	+++	+	+	++
토끼	+++	+++	+++	++	+++	+	+	++
양·염소	+	+	+++	++	++	++	+	++
소	+	+	++	++	++	++	+	++
돼지	+	+	++	++	++	++	++	++
고양이	++	++	+++	+++	++	++	+++	++
개	++	++	+++	+++	++	+++	+++	++
말	+	−	++	+++	++	+++	++	++
돌고래	−	−	++	++	++	+++	+	++
원숭이	−	−	+	++	+	++	++	−

+++ (아주 좋음), ++ (좋음), + (보통), − (나쁨)　　　　　　　　　　　(출처 : 김옥진. 최신 인간과 동물의 유대)

3. 반려동물의 용어 정리

표 1-2. 반려동물 관련 용어 정리

국문	영문	정의
가축화	Domestication	야생동물을 길러 번식하게 하고, 사람의 삶에 유용한 성질을 갖는 개체를 선발하는 것
공생	Symbiosis	서로 다른 두 생물이 협력하여 함께 살아가고, 이로 인해 공동의 이익을 얻는 생존 관계
길고양이 중성화 사업	Trap, Neuter, Return	길고양이를 포획하고 중성화수술 (불임수술 : 암컷-자궁·난소 적출, 수컷-고환절제)을 한 뒤 포획한 장소에 방사하는 정책
동물권	Animal rights	사람이 아닌 동물 역시 인권에 비견되는 생명권을 지니며 고통을 피하고 학대당하지 않을 권리 등을 지니고 있다는 개념
동물복지	Animal welfare	생명을 유지하고 생산 활동을 하는 상태가 얼마나 양호 또는 불량한지를 나타내는 말로써, 동물에게 주어진 현재의 환경조건이 정신적, 육체적으로 얼마나 편안한가라는 의미
마킹	Marking	자신의 영역을 표시하기 위해 소변을 보는 것
며느리발톱	Dewclaws	동물의 발바닥에서 위쪽에 혼자 떨어져 있는 발톱
무안락사	No-Kill	건강한 유기동물을 안락사 시키지 않는 말
반려동물	Companion animal	사람과 더불어 사는 동물로 동물이 인간에게 주는 여러 혜택을 존중하여 사람의 장난감이 아닌 더불어 살아가는 동물이라는 의미
원 헬스	One health	사람, 동물, 생태계 사이의 연계를 통하여 모두에게 최적의 건강을 제고하기 위한 다학제적 접근을 의미
유형성숙	Neoteny	동물이 어렸을 때의 모습으로 성장이 멈추고 성체가 되는 것
의인화	Anthropomorphism	인간 이외의 무생물, 동식물, 사물 등을 사람처럼 표현하는 것
자기가축화	Self-domestication	특정 종이 스스로 가축화되는 현상
자기분식성	Coprophage	자기가 배설하는 분을 섭취함
중성화	Neutralization	반려동물의 생식기능을 제거하는 것
트리밍	Trimming	반려견에게 필요없는 털 (귓털 등)이나 미용을 위해 털을 깎는 것
펫로스 증후군	Pet Loss Syndrome	반려동물의 죽음으로 나타나는 지속적인 슬픔과 고통을 지칭
펫코노미	Pet-conomy	애완동물 (Pet)과 경제 (Economy)의 합성어로 반려동물과 관련한 시장 또는 산업을 의미함
펫팸족	Petfam	반려동물 (Pet)과 가족 (Family)의 합성어로 반려동물을 가족처럼 생각하는 사람들이라는 의미

1. 반려동물의 역사

1만년 이전부터 인간이 가축과 함께 공존하였다는 유물이나 자료는 충분하게 알려져 있다. 그중에 개가 가장 먼저 가축화된 동물이라는 것에는 반대의 여지가 없다. 하지만, 이러한 가축화가 인간에 의해 인위적으로 진행되었는지 아니면 자기 가축화 (Self-domestication)로 인한 결과인지에 대해서는 확실치 않으며, 지금도 논쟁의 대상이기도 하다.

선사시대부터 인간은 개에 대하여 애틋한 감정이 있었다는 고고학적 증거는 충분하다. 1978년 북부 이스라엘에서 발견된 약 12,000년 전 인간의 무덤에서 어린 개 또는 늑대의 유골이 함께 발견되었다. 특이한 부분은 약 50대로 보이는 사람의 손은 동물의 어깨에 놓여있었다는 것이다 (그림 1-1). 이는 사람과 개를 함께 매장하여 사후에 영혼 여행으로 동반할 수 있도록 한 것으로 추측되었다. 이 외에도 개를 사후에 매장한 유골이 전 세계에서 발견되고 있다. 흥미로운 점은 개를 제외한 다른 동물 또는 가축의 매장 사례는 거의 없으나 이집트의 고양이 미라는 특별하다. 고양이가 죽으면 사람과 똑같이 미라로 만들어 안장하였는데 이는 이집트에서 고양이는 숭배의 대상이었기 때문이다.

(출처 : AAAS Science. 2015)

그림 1-1. 북부 이스라엘에서
발굴된 인간과 개의 유골

반려동물로서 고양이의 역사는 개와 비교해서 확실치 않다. 유전학적 증거에 따르면 고양이는 중동에 서식하던 아프리카들고양이 (Felis lybica)에서 유래하였으며, 고고학적 자료에 따르면 1만년 이전에 반려동물이 되었다는 보고가 있다. 인간을 무서워하지 않는 고양이가 인간의 서식지 주위에서 설치류를 잡아먹으면서 결과적으로 야생동물로부터 떨어져 나온 것으로 알려져 있다.

개와 고양이 외 반려동물은 새가 있다. 예를 들면, 고대 그리스에서는 사람들이 케이지에 몇 종류의 새를 키웠던 증거가 있으며, 그 수는 개 다음으로 많았다.

그리스와 로마제국 시대에 개는 종종 신과 함께 등장해 신의 충성스러운 보호자로 등장하는 모습이 발견되는 것에 반하여 기독교가 국교화된 이후에는 동물, 특히 개를 바라보는 관점의 변화에 영향을 끼치게 되었다. 이러한 배경에는 성경 속에 등장하는 개는 이기적이며, 청결하지 못하다는 이미지를 가지고 있었기 때문에 초기 기독교 사회에서 개와 고양이는 보호받지 못했다. 특히 성직자들은 반려동물을 키우는 것에 대해 못마땅해 하였다. 따라서 동물들과의 친밀한 관계는 우상숭배와 관계가 있다거나 이교도의 증거라는 사회분위기가 지배적인 시기였다.

고양이도 악마의 화신과 동일시하여 종종 마녀사냥의 희생양이 되곤 하였다. 하지만 특권 계층과 귀족들의 반려동물 소유는 그들의 부와 신분에 따라 오히려 더 촉진되었는데, 그 이유는 동물을 키울만한 재력과 남들의 시선과 비판을 무시할 수 있는 명성과 힘이 있었기 때문이었다. 귀족과 평민이 키우는 개는 차이가 있었다. 귀족은 반려동물로서 개를 키웠지만, 평민은 수레를 끌거나 가축을 돌보거나 집을 지키는 기능적인 목적으로 개를 이용하였다. 귀족이 키우는 개의 품종은 주로 마스티프 (Mastiffs)와 같은 대형견, 사냥에 사용하는 비글, 스파니엘, 세터, 그레이하운드와 같은 수렵견이거나 소형 애완견이었다 (그림 1-2). 비록 평민들은 자신들이 키우는 개에게 어느 정도의 애착이나 사랑의 감정이 있었을 수도 있었겠지만, 대부분 동물은 감정이 없다고 간주하였다. 동물과 사람과의 특별한 관계나 연대는 개별적으로 존재할 수는 있었겠지만, 동물을 동반 또는 반려자로 인식하는 애정과 친밀한 사고방식은 그렇게 보편적이지는 않았다.

그림 1-2. 안토니 반 다이크가 그린 '찰스 1세의 다섯 아이들' (1637)

귀족이 소유하고 있는 마스티프 대형견과 스패니엘 소형견이 보인다.

17~18세기는 개와 관상용 조류가 가장 인기 있는 반려동물이 되었으며, 18세기에는 고양이도 반려동물로 키우게 되었다. 19세기에 들어서는 어린아이들이 토끼, 설치류, 기니피그와 같은 조그만 반려동물을 키웠다. 이러한 반려동물에 대한 확장과 발달에 관해서는 몇 가지 이유가 있다. 첫 번째로 유럽의 종교 개혁에 따라서 반려동물에 부정적인 시선을 가지고 있는 교회의 영향력이 점차 감소하였기 때문이다. 두 번째로 이 시기에 많은 사람이 부유해졌으며 도시의 중산층들이 반려동물로 개, 조류, 고양이를 키워서 그 수가 늘어나게 되었다. 도시에 거주하는 사람들이 늘어남과 동시에 반려동물의 수도 늘어났지만, 도시와 떨어진 시골에서 농장과 가축 사육에 관여하는 사람들과 점차 거리상으로 주거지가 구분되면서 동물을 바라보는 시각이 바뀌고 도시지역을 중심으로 동물을 의인화하는 태도와 감정이 촉발되게 되었다. 이러한 변화는 지역적으로 차이가 있으며, 영국에서 시작되면서 점차 세계로 확대되었다. 반려동물 관심이 증가한 또 다른 요인으로는 생물학 특히 육종 (Breeding)에 관한 관심의 증가 때문이다. 가축의 수요가 늘어 가축 돌보기에 어려움이 생기고 여유가 있는 귀족들이 전문적인 사냥을 위해 특수한 형태의 반려동물 요구도가 증가하였다. 이로 인해 반려동물의 특성을 기능화하는 육종기관이나 정보를 공유하는 동물협회 등이 생겨나게 되어 사람과 동물의 관계에 주요한 구조적인 변화가 생기게 되었다.

1950년대 이후에 산업사회가 구체화되면서 가장 큰 변화는 반려동물로 키우는 개와 고양이 수가 증가하였다. 이는 산업의 발달과 더불어 경제적 풍요가 지속되고 풍요속의 빈곤이 한 원인으로 작용되면서 반려동물을 키우는 이상적인 환경이 조성되었기 때문이다. 또한, 핵가족, 혼자 사는 직장인 등 사회 변화로 상대적으로 독립적으로 생활하는 고양이를 선호하기에 그 수가 늘어나는 추세이다.

 ## 2. 인간과 반려동물의 유대관계

인간과 반려동물의 유대관계는 영어로 Human-Animal Bond (HAB)로 표현되며, 미국 수의학협회 (American Veterinary Medical Association)에 따르면 '사람과 동물 간에 상호 건강과 복지에 필수적인 행동에 영향을 받는 호혜적이며, 역동적인 관계'로 정의한다. 여기에는 사람, 동물 그리고 환경의 정서적, 정신적 그리고 물리적 상호작용을 모두 포함하는 포괄적인 개념이다. 인간은 오랜 기간에 걸쳐 이러한 독특한 연결로 혜택을 받아왔으며, 동물은 인간의 삶에 필수적인 존재가 돼 왔다. 인간은 동물 없이 생존하거나 번창할 수 없었을 것이다. 따라서 일반적으로 사람이 개를 가축화하였다는 관점과 반대로 인간에게 도움을 제공한 개로 인하여 사람의 가축화에 관여했다는 관점도 존재하고 있다.

인간과 반려동물 간 유대관계는 깊은 힘을 지녔다. 반려동물을 키워 본 경험이 있는 사람은 누구나 공감하며, 개, 고양이, 조류, 말 등과의 교감을 나누는 연결고리는 단순한 단어가 나타내는 의미보다 더 깊다고 할 수 있다. 반려동물은 사람의 감정을 읽을 수 있으며, 사람에게 기쁨과 평온함을 제공하는 능력을 갖추고 있어 인간의 역사에서 가장 가까운 인간관계로 견줄 수 있기 때문이다. 이러한 유대관계는 우리의 삶에서 가장 어려운 시기를 극복하는 데 도움을 주고 있다. 따라서, 유대관계에 깨지거나 붕괴가 있다면 어떻게 될까? 여기에는 여러 가지 이유가 있겠지만 가장 분명한 것은 죽음이다. 또한, 이혼, 이사 등도 사유가 될 수 있다. 유대관계를 위험에 빠트리는 상황은 반려동물이 암이나 만성 질환에 걸리거나 예상치 못한 사고 또는 문제 행동 유발 등도 포함된다. 사람은 종종 동물을 의인화하여 바라보기에 유대관계의 붕괴는 사람이 극복하기 어려운 상황에 직면하게 될 수 있다.

이러한 인간과 동물의 관계는 진화적, 정신적, 생리적인 과정에 기반을 두고 있다. 동물과의 상호작용은 인간의 건강에 긍정적인 혜택을 제공하고 있으며, 인간과 상호작용을 하는 동물 역시 긍정적인 건강 혜택이 존재한다. 따라서 인간과 반려동물간 주는 혜택은 다양하고 상호보완적 관계라 할 수 있다.

인간의 역사를 통하여 반려동물은 인간과 함께 공존하는 문화는 일반적이다. 인간이 거주하지 않는 지역에서도 야생동물은 주위의 자연환경을 공유하며, 상호 존재만으로도 공생 관계와 같은 혜택을 누리게 된다. 진화론자인 다윈 (Erasmus Darwin)의 기록에 따르면 얼룩말과 타조는 서로 공생 관계이며, 얼룩말의 좋은 후각과 타조의 우수한 시각을 이용하여 서로에게 천적이 오면 알려주어 환경에서 더 잘 살아남을 수가 있었다. 하지만 전통적인 공생관계에 있는 동물은 상대방의 행동이나 생리에 직접적으로 영향을 미치지는 않는다. 이러한 전통적인 공생 관계는 사람과 가축에서는 해당되지 않는다. 결국 가축화 (Domestication)는 사람과 동물의 관계이며, 이러한 관계에는 행동, 정신, 생리 및 진화에 기초하고 있다.

가축화는 생물학적 과정이다. 인간은 동물육종을 통하여 바람직한 형질이 발현될 수 있는 개체를 선발하였으며, 그렇지 않은 동물은 도태되었다. 이러한 유용한 형질을 갖춘 인위적 개체 선발은 동물의 유전 형질에 많은 변화를 가져왔다. 유전자 자체, 즉 유전자의 기능은 변하지 않았지만 돌연변이를 통하여 군집 내에서 유전자의 발현 빈도가 바뀌게 되었다. 야생동물의 인공 선발을 통한 가축화는 체형, 형태 및 피모와 같은 외형은 크게 변하였지만 생리학적 과정이나 행동 패턴을 조절하거나 관여하는 유전자는 거의 바뀌지 않았다. 하지만, 가축화를 통해 많은 형질이 빠르게 변하였으며, 목적성을 지닌 표적 형질을 요구하는 경향이 많아졌다.

가축화된 동물은 어릴 적 모습을 성장해서도 유지하는데 이를 유형성숙 (Neoteny)이라고 한다. 육식동물의 어릴 적 모습을 유지하는 육종 프로그램은 성년이 되어서도 온순하고 활력이 넘쳐 다루기 쉽고 훌륭한 반려동물이 될 수 있다. 인간은 어릴 적 얼굴 형태를 가지고 있는 개를 더 선호하는 것으로 알려져 있다. 따라서, 유형성숙으로 어릴 적 모습을 가지는 동물은 사람과의 교감이나 우정에 있어서 더 우세하게 작용할 것이다.

애착 이론 (Attachment theory)은 유아와 엄마 간 정서적인 관계로서 상호작용을 통하여 안락감, 편안함과 행복의 교환을 언급한다. 유아와 엄마의 결속력은 출산과 함께 시작하지만 전 기간에 걸쳐 유지되면서 우리의 인생에서 많은 사람과의 상호관계에 기초가 된다. 반려동물에 대한 '애착'이 반려동물과의 관계를 가장 잘 설명하는 것으로 받아들여진다. 종종 반려동물에 대한 애착이 사람에 대한 애착보다 더 안전한 관계로 인식되기도 한다.

인간은 사회적 동물로서 자연과 동물에 관심을 보이면서 진화하였다. 특히, 어릴 적 모습을 가진 동물에 대하여는 인간이 선천적으로 가지고 있는 사육 행동 (Nurturing behaviors)을 유발하였다. 마찬가지로 반려동물도 사회적 동물이며, 인간과의 관계를 통하여 위안을 받는다. 따라서, 인간과 동물의 유대관계는 상호 건강에 긍정적인 효과가 있다. 최근 인간과 동물의 유대에 관한 체계적인 연구가 활발히 수행되고 있으며, 이를 이용한 사람의 치료, 즉 동물매개치료가 수행되고 있다. 인간과 동물의 유대감과 관계에 관한 많은 연구와 반려동물이 인간에게 주는 장점들에 관한 많은 연구가 있다. 동물매개치료에 관한 내용은 제7장에서 자세히 다루고 있다.

III 펫코노미 시대

최근 저출산, 고령화, 1인 가구 확대로 아이 대신 반려동물을 키우며, 반려견과 반려묘에 시간을 들이고 비용을 투자하는 소비자는 점차 늘어나고 있다. 반려동물 시장의 성장세도 함께 증가할 것으로 예상한다. 반려동물 시장은 생명체의 전 생애에 걸쳐서 관여하는 사업으로 관련 시장에 다양한 분야의 중소 및 대기업들이 진출할 수 있는 분야는 넓다고 할 수 있다. 반려동물을 키우는 사람들이 늘어나면서 반려동물 관련 시장은 증가하고 있다. 이와 동시에 반려동물과 관련한 새로운 연관산업이 다수 등장하며 펫코노미 (Petconomy)가 자연스럽게 형성되었다. 펫코노미 (Petconomy)란 반려동물을 의미하는 펫 (Pet)과 경제 (Economy)의 합성어로 반려동물 관련 시장 또는 산업을 일컫는 신조

어이다. 반려동물의 사료, 유치원, 장례 서비스, IT 결합상품 등 다양한 사업과 서비스가 펫코노미를 이루고 있다. 반려동물을 위해 아낌없는 애정과 관심을 주고 투자하면서 시장이 지속적으로 확대하고 있다.

1. 반려동물의 국내 현황

(1) 반려동물 사육현황

우리나라는 인구의 고령화, 독신 가구 증가 등으로 반려동물 사육 마릿수가 지속적으로 증가하고 있다. 반려동물 사육 현황은 전수조사는 없는 상황이며, 표본조사를 통하여 추정하고 있다. 농림축산식품부와 농림축산검역본부는 국민의 동물보호 관련 의식 수준과 반려동물의 사육·관리 현황을 조사하여 동물보호법 및 제도에 대한 여론을 파악하여, 동물복지종합시책에 반영하기 위한 목적으로 「동물보호에 대한 국민의식 조사」를 실시하였다.

2019년 농림축산식품부의 반려동물 설문조사에서 반려동물 소유자의 83.9%가 '개'를 사육하는 것으로 조사되었으며, 고양이 (32.8%), 어류/열대어 (2.2%), 햄스터 (1.2%), 거북이 (0.8%) 순 (중복응답)이었다. 그 외 반려동물로는 앵무새, 달팽이, 토끼, 기니피그, 고슴도치 등이 있었다. KB금융지주 경영연구소에서 2018년 반려동물 설문조사에서 반려동물 소유자는 '개'가 75.3%로 가장 많았으며, '고양이'가 31.1%로 두 번째를 차지하였다. 그 외 금붕어 (10.8%), 햄스터 (2.8%), 토끼 (2.0%), 새 (1.6%) 등 기른다고 응답 (중복응답)하였다. 반려동물의 사육현황은 설문조사에 의존하기 때문에 설문기관에 따라서 반려동물의 사육현황 또는 관련 정보가 차이가 발생할 수 있다. 국내뿐만 아니라 국외에서도 반려동물 협회, 반려동물 사료협회 등 다양한 관련 연구소, 기업, 협회 등에서 반려동물 사육현황, 산업에 대한 자료를 조사하고 있으나 발표기관별로 약간의 차이가 발생할 수 있다.

2019년 농림축산식품부 조사에 따르면 설문조사 표본 내 반려견 사육가구 비중은 2010년 16.3%에서 2019년 22.1%까지 증가하는 추세이다 (표 1-3). 반려묘의 사육가구 비중은 2010년 1.7%에서 2019년 8.6%로 큰 폭으로 더욱 상승하는 추세이다. 2019년 반려견은 가구별 평균 1.2마리, 반려묘는 평균 1.3마리를 사육하고 있는 것으로 조사되었다.

표 1-3. 연도별 반려동물 사육 현황 추정

구분		2010년	2012년	2015년	2017년	2018년	2019년
총 가구수 (천가구)		19,261	20,033	20,967	21,131	21,563	22,381
반려견	사육 비율 (%)	16.3	16.0	19.1	24.1	18.0	22.1
	가구당 평균 사육수	1.47	1.38	1.28	1.30	1.30	1.21
	총 사육두수	4,615,198	4,397,275	5,126,127	6,620,342	5,072,272	5,984,903
반려묘	사육 비율 (%)	1.7	3.4	5.2	6.3	3.4	8.6
	가구당 평균 사육수	1.92	1.70	1.74	1.75	1.50	1.34
	총 사육두수	628,689	1,158,932	1,897,137	2,329,693	1,280,400	2,579,186

(자료 : 농림축산식품부, 농림축산검역본부. 2019 동물보호에 대한 국민의식조사)

표본설문조사에서 얻어진 반려동물의 사육 비율, 가구당 평균 사육 마릿수 결과를 기초로 단순 계산방식 (그림 1-3)으로 국내 총가구 수에 적용하면 우리나라의 반려동물 사육현황은 반려견 5,984천 마리, 반려묘 2,579천 마리를 기르는 것으로 추산되었다. 특히 고양이 사육 마릿수는 2010년 약 628천 마리에서 2019년 2,579천 마리로 동 기간에 4.1배 증가하였다. 이러한 증가는 고양이에 대한 부정적인 인식이 감소하고 악취 발생이 상대적으로 낮고 독립적으로 생활하는 고양이의 습성으로 고양이 사육 가구 수가 빠르게 증가한 것으로 추정되었다.

반려동물 사육가구 수 = 전국 가구 수 × 표본 내 반려동물 사육 가구 비율
반려동물 사육 마릿수 = 전국 반려동물 사육가구 수 × 표본 내 반려동물 사육 가구의 평균 사육 마릿수

(출처 : 농림축산식품부 (2019))

그림 1-3. 전국 반려동물 사육현황 추정 방식

(2) 반려동물 등록현황

반려동물 등록제는 잃어버린 반려동물을 쉽게 찾고 유기를 예방할 목적으로 2008년도에 시행되었으며, 2013년에는 10만 이상의 전국 시·군지역 142개로 확대하였으며, 2014년부터는 등록대행기관이 없는 지역 및 일부 도서지역을 제외한 전 시군지역으로 확대 시행되었다. 2019년 농림축산식품부의 반려동물 보호·복지 실태조사 결과에 따

르면 반려견을 등록할 수 있는 대행기관은 총 4,161개소가 지정되어 있으며, 동물병원이 80.8%, 동물판매업소가 15.3%로 조사되었다. 2019년 신규 등록된 반려견은 79만 7,081마리이며, 2019년까지 등록된 반려견의 총 숫자는 209만 2,163마리로 조사되었다. 2019년 지역별 신규등록 현황은 경기 27.4%, 서울 15.7%, 인천 7.5% 그리고 경남 6.4% 순으로 조사되었다 (표 1-4). 누계 지역별 현황은 경기 28.9%, 서울 19.5%, 부산 7.3% 그리고 인천 6.8% 순으로 등록되었다. 이는 2012년 2만 1천 마리에 지나지 않았던 반려견 등록현황보다 많이 증가한 수치이다.

표 1-4. 반려동물 등록현황

구분	2019년		누계 (2008~2019년)	
	마릿수	백분율 (%)	마릿수	백분율 (%)
서울	125,458	15.7	407,298	19.5
부산	48,468	6.1	153,169	7.3
대구	30,036	3.8	94,387	4.5
인천	59,654	7.5	142,582	6.8
광주	20,614	2.6	43,758	2.1
대전	18,571	2.3	70,734	3.4
울산	15,308	1.9	42,354	2.0
세종	4,615	0.6	8,546	0.4
경기	218,764	27.4	604,228	28.9
강원	25,518	3.2	66,030	3.2
충북	32,632	4.1	61,390	2.9
충남	37,335	4.7	74,149	3.5
전북	23,524	3.0	49,108	2.3
전남	34,564	4.3	50,860	2.4
경북	40,001	5.0	77,114	3.7
경남	50,960	6.4	112,902	5.4
제주	11,059	1.4	33,554	1.6
계	797,081	100.0	2,094,171	100.0

* 2008.1.27.부터 도입, 2013년 10만 이상의 전국 시군지역 142개로 확대, 2014년부터는 등록대행기관이 없는 지역 및 일부 도서를 제외한 전국 시군지역 확대실시

(출처 : 농림축산식품부. 2019년 동물보호에 대한 국민의식조사)

동물등록제 시행 초기에는 동물등록제에 대한 인식 및 홍보 부족, 등록비용에 대한 부담감, 내장 마이크로칩 삽입에 대한 부정적 인식 등 여러 가지 요인으로 동물등록제 시행 초기에는 정착되지 못하였다. 농림축산식품부의 2019년 동물보호에 대한 국민의식조사에 따르면 설문조사 대상 중 반려견 소유자의 67.3%는 반려견을 등록한 것으로 나타났다. 아울러 반려동물 미등록자의 미등록 사유는 등록할 필요성을 느끼지 못해서가 응답자의 29.9%로 가장 높았으며, 등록하기 귀찮아서 (20.2%), 동물등록제를 알지 못해서 (19.6%), 동물등록 절차가 복잡해서 (19.3%) 그리고 지인들도 등록하지 않아서 (9.7%) 순으로 조사되었다. 반려견 등록 활성화 방안으로 등록절차 간소화 등 반려견 소유자가 편리하게 등록할 방안과 절차와 더불어 미등록자에게 페널티 부여 등으로 반려견 비율을 높여야 할 것이다.

농촌경제연구소에서 발표한 반려동물 소유자가 주로 키우고 있는 품종은 그림 1-4에 제시하였다. 반려견은 잡종견 (22.5%), 말티즈 (19.8%), 푸들 (11.3%), 시츄 (10.5%) 등이었으며, 고양이는 코리아 숏헤어 (37.8%), 페르시안 (10.8%), 러시안블루 (9.2%) 등 순으로 조사되었다. 특히, 국내의 반려견은 주로 소형견이 대부분을 차지하고 있는데, 이러한 소형견의 선호도는 도시화와 공동 주거환경 문화로 실내에서 키우기에 적당하기 때문으로 추측되었다. 또한, 반려견을 키우는 연령대가 20대 이하와 65세 이상에서의 비율이 높아 상대적으로 기르기가 수월한 소형견의 선호에 따른 결과로 해석된다.

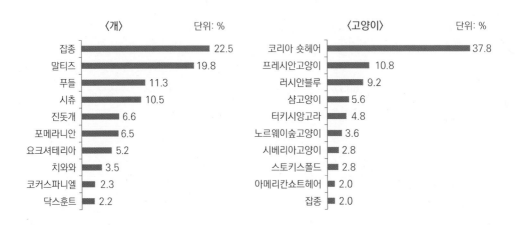

(출처 : 지인배 등 (2017). 한국농촌경제연구소)

그림 1-4. 반려동물 상위 10 품종

(3) 반려동물 시장현황

반려동물 사육 마릿수와 가구가 증가하면서 반려동물 시장의 규모는 증가하고 있다. 2015년 가구당 반려동물 관련 물품 구매 월평균 지출액은 약 36,000원으로 조사되었으며, 이는 2010년에 약 20,000원이었던 것에 비교해 1.8배 상승한 수치이다. 2019년 농림축산식품부의 국민의식조사에 따르면 반려동물 1마리당 월평균 사육비용은 약 16만 원으로 조사되었으며, 응답자의 38.2%는 평균 5만 원에서 10만 원 미만이라고 대답하였다. 결국, 반려동물 사육비용이 점차 증가하고 있는 것으로 추정할 수 있다.

2017년 농촌경제연구원에서는 반려동물 연관산업의 규모를 추정하였다 (표 1-5). 반려동물 연관산업의 규모는 2011년 1조 443억 원에서 2014년 1조 5,684억 원으로 연평균 14.5% 증가하였다. 2014년 기준 전체 시장에서 차지하는 개별 산업의 비중은 동물병원을 포함한 수의 서비스가 41.8%로 가장 높았으며, 사료 31.5%, 동물 및 관련 용품 24.5%, 장례 및 보호 서비스 2.2% 순으로 조사되었다.

표 1-5. 반려동물 시장 규모 추정치

(단위 : 백만 원, %)

연도	2011년	2012년	2013년	2014년	연평균 증가율
사료	385,204	375,753	422,807	494,089	8.7%
	(36.9)	(31.7)	(30.5)	(31.5)	
수의서비스	354,914	480,696	579,046	655,077	22.7%
	(34.0)	(40.6)	(41.8)	(41.8)	
동물 및 관련 용품	287,408	309,876	358,210	384,855	10.2%
	(27.5)	(26.1)	(25.9)	(24.5)	
장묘 및 보호서비스	16,761	19,075	25,396	33,848	26.4%
	(1.6)	(1.6)	(1.8)	(2.2)	
보험	–	–	405	572	–
	(0.0)	(0.0)	(0.1)	(0.1)	
합계	1,044,287	1,185,400	1,385,865	1,568,441	14.5%
	(100.0)	(100.0)	(100.0)	(100.0)	

(출처 : 지인배 등. 반려동물 연관산업 발전방안 연구)

지인배 등 (2017)은 반려동물 관련 시장규모를 2015년 시장 규모는 1조 8,994억 원에서 2027년 6조 55억 원까지 증가할 것으로 전망하였다 (그림 1-5). 반려동물 시장의 꾸준한 증가는 한 가족이 된 반려동물에게 아낌없이 투자하고 있다는 것을 의미한다. 반려동물 시장의 성장동력은 1인 가구 증가, 고령화 그리고 동물에 대한 가치변화를 들 수 있다. 통계청이 발표한 '2019 인구주택총조사'에 따르면 2019년 1월 1일 기준으로 우리나라 1인 가구 수는 614만 8,000가구로 2018년보다 29만 9,000가구 증가한 것으로 발표하였다. 반려동물은 삶의 동반자로 인식되고 있으며, 1인 가구가 늘어나고 있는 시대적 흐름에 따라 '가족'으로 인식되고 있다. 반려동물 관련 지출에서 1인 가구는 2인 또는 그 이상의 가구보다 높게 나타났다. 그런 연유로 1인 가구의 증가 추세는 반려동물 시장 성장에 이바지할 것이다. 또한, 고령화 추세로 인한 인구 구조 변화로 경제적으로 여유가 있으나 외로움을 느끼는 노년층은 반려동물을 입양하기 시작하였다. 마지막으로 반려동물은 정서적 친밀감을 주는 가족의 일원이며, 동물들도 사람처럼 희로애락 감정을 느끼는 존재라는 인식의 변화도 작용한 것으로 보인다.

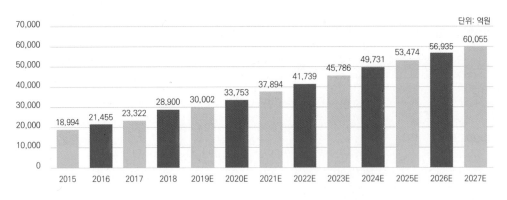

그림 1-5. 반려동물 연관사업 시장 규모 전망치

(4) 반려동물 입양 경로

반려견과 반려묘의 입양경로에 대한 설문조사 (표 1-6)에 따르면 모두 지인에게 무료 분양이 45%와 41%로 가장 높게 조사되었다. 반려견은 펫샵에서 구입이 24%로 두 번째로 높았으나 반려묘는 지인에게 유료 분양이 19%로 2순위를 나타내었다. 유기동물 입양은 유기묘가 6%로 유기견 0.8%로 고양이의 유기동물 입양이 상대적으로 높은 것으로 나타났다.

표 1-6. 반려견과 반려묘의 입양경로

입양경로	반려견 (%)	반려묘 (%)
지인에게 무료 분양	45.3	41.4
펫샵에서 구입함	24.0	15.7
지인에게 유료 분양	18.1	19.4
지자체/동물보호단체 등 보호시설에서 입양	6.0	9.5
사설보호소에서 입양	3.0	3.0
유기견	0.8	6.0
온라인으로 구입	2.2	1.9
기타	0.9	2.1

(출처 : 코리아리서치 (2019). 2019 동물보호에 대한 국민의식조사 결과보고서)

 # 2. 반려동물의 국외 현황

(1) 미국의 반려동물 현황

미국 수의학 협회 (American Veterinary Medical Association)는 2016년 기준으로 반려동물의 사육현황을 발표하였다. 미국 내 반려견 사육가구 비율과 사육가구 수는 38.4%로 4천 8백만 가구로 조사되었다 (표 1-7). 가구당 평균 마릿수는 1.6마리로 전체 반려견의 마릿수는 7,681만 마리이며, 반려견의 사육가구 수와 마릿수는 매년 증가하고 있다. 반려묘는 전체 가구 수의 약 25.4%인 3,190만 가구에서 키우고 있으며, 총 반려묘는 5,839만 마리로 추정하고 있다. 특수동물의 사육 현황은 표 1-8에 나타내었다. 관상어, 애완족제비, 토끼, 파충류와 더불어 애완용 가축과 가금류 등 특수동물이 반려동물로 사육되고 있는 것으로 나타났다.

표 1-7. 미국 반려동물 현황

구분	개	고양이	조류	말
반려동물 사육가구 비율 (%)	38.4	25.4	2.8	0.7
반려동물 사육가구 수 (×1,000)	48,255	31,896	3,509	893
가구당 평균 마릿수	1.6	1.8	2.1	2.1
총 사육동물 수 (×1,000)	76,811	58,385	7,538	1,914
평균 가구당 연간 동물병원 내원 횟수	2.4	1.3	0.3	1.6
평균 가구당 연간 동물병원 진료비 (US$)	410	182	40	614
평균 동물당 동물병원 진료비 (US$)	253	98	18	291

(출처 : AVMA (2018). The 2017-2018 AVMA Pet Ownership and Demographics Sourcebook)

표 1-8. 미국 반려 (특수) 동물 현황

구분	가구 수 (×1,000)	마릿수 (×1,000)
관상어	10,475	76,323
애완족제비	326	501
토끼	1,534	2,244
파충류	3,669	6,032
애완용 가축	494	1,786
애완용 가금류	1,397	15,367
기타 포유동물	1,978	3,521
기타	322	961

(출처 : AVMA (2018). The 2017-2018 AVMA Pet Ownership and Demographics Sourcebook)

(2) 호주의 반려동물 현황

호주는 약 2천 9백만 마리의 반려동물이 있는 것으로 추정되고 있다. 호주 전체 가구 수의 약 40%인 3백만 8천 가구는 최소 한 마리의 반려견을 키우고 있다 (표 1-9). 다른 나라와 동일하게 반려견이 가장 인기 있는 반려동물로 나타났다. 반려견 다음으로는 반려묘 (27%), 어류 (11%), 조류 (9%), 소형 포유동물 (3%) 그리고 파충류 (2%)의 순으로 조사되었다. 기타 반려동물로는 말, 염소, 소, 알파카 등이었다. 조류는 2016년 11%에서 2019년 9%로 감소하였다.

표 1-9. 호주 반려동물 현황

구분	사육가구 비율 (%)	사육가구 수 (×1,000)	가구당 평균 마릿수	총 사육동물 수 (×1,000)
반려견	39.9	3,848.2	1.3	5,104.7
반려묘	27.0	2,602.4	1.4	3,766.6
관상어/어류	11.0	1,056.8	10.7	11,331.7
조류	9.0	867.9	6.4	5,569.4
소형 포유동물	2.7	257.8	2.4	614.5
파충류	2.0	194.5	1.9	364.2
기타	2.0	194.8	9.2	1,785.3

(출처 : Animal Medicines Australia (2019). Pets in Australia)

　반려견은 순종 (Pure breeds)에 대한 선호도가 높지만 반려견 순종의 비율은 2016년 52%에서 2019년 40%로 감소하였다. 인기 있는 품종으로는 래브라도 레트리버, 보더콜리, 저먼 셰퍼드, 스태퍼드셔 불테리어, 치와와 그리고 골든 레트리버 등이었다. 순종 비율의 감소는 상대적으로 잡종 또는 교잡종으로 대체되었으며, 그 비율은 증가하는 추세이다.
　반려묘 품종은 대부분 잡종으로 71%를 차지하며, 정확한 품종을 알지 못하는 것으로 보고되었다. 순종의 비율은 약 24%로서 랙돌, 버미즈, 샴고양이, 브리티시 숏헤어, 페르시안, 벵갈, 러시안블루 그리고 메인쿤 등이다.

(3) 일본의 반려동물 현황

　일본의 반려동물 사육현황과 반려견과 반려묘의 사육현황은 (표 1-10)과 (표 1-11)과 같다. 일본에서는 반려동물로서 개, 고양이 그리고 어류가 주로 사육되고 있음을 알 수 있다. 반려동물로서 고양이와 어류의 사육 비율은 나이가 많을수록 높아지는 경향을 나타내었다.
　개의 사육가구 수는 2014년에 789만 세대에서 2018년의 715만 세대로 감소하였으며, 개의 사육 마릿수도 동기간에 971만 마리에서 890만 마리로 감소하였다. 고양이의 사육가구 수는 2014년에 536만 세대에서 2018년 553만 세대로 증가하였다. 전반적으로 반려견의 사육감소와 반려묘의 사육증가 등 사육현황에서 뚜렷한 상반된 경향을 나타내었다. 이러한 경향은 고령화와 1인 가구증가로 인하여 반려견의 산책 등에 부담을 느낀 사람들이 실내에서 사육할 수 있는 반려묘를 더 선호하는 현상으로 비롯된 것으로 보인다.

표 1-10. 일본의 반려동물 사육 현황 (%)

구분	20대	30대	40대	50대	60대	70대	합계
개	13.5	11.7	12.2	14.5	13.7	10.0	12.6
고양이	9.0	9.0	10.8	11.3	10.4	7.5	9.8
조류	1.7	1.2	1.9	1.9	1.5	1.3	1.6
어류	7.9	9.4	10.9	8.0	11.3	12.2	10.0
페렛	0.3	0.2	0.1	0.1	0.0	0.1	0.1
토끼	1.2	0.9	1.0	0.9	0.5	0.2	0.8
기니피그	0.2	0.2	0.2	0.1	0.1	0.0	0.1
기타	1.9	2.3	2.0	1.5	0.7	0.4	1.5
미사육	71.4	72.7	68.5	67.4	68.7	74.4	70.3

(출처 : 신동철 (2019). 일본의 반려동물 정책과 산업 현황)

표 1-11. 일본의 반려견과 반려묘의 사육 현황

구분	반려견		반려묘	
	사육가구 수 (×10,000)	사육 마릿수 (×10,000)	사육가구 수 (×10,000)	사육 마릿수 (×10,000)
2014년	789	971	536	949
2015년	767	943	533	927
2016년	756	935	533	930
2017년	721	892	545	952
2018년	715	890	553	964

(출처 : 신동철 (2019). 일본의 반려동물 정책과 산업 현황)

일본의 반려동물 시장 규모는 2014년 1조 4,983억 엔으로 반려동물 인구가 큰 폭으로 상승하지 않는 상황에서 고부가가치 상품과 새로운 반려동물 서비스의 개발로 반려동물 시장은 소폭 상승하는 추세를 나타내었다 (표 1-12). 특히 반려동물의 건강관리와 고령화에 관련한 서비스가 많으며, 인터넷과 스마트폰의 보급으로 자동 사료공급기, 집에 혼자 있는 반려동물 돌봄 등 다양한 서비스가 등장하고 있다.

표 1-12. 일본 반려동물 시장 규모 추이

연도	2012년	2013년	2014년	2015년	2016년	2017년	2018년
시장 규모 (억 엔)	14,169	14,288	14,498	14,743	14,985	15,135	15,355

(출처 : 황원경 등 (2018))

IV 반려동물 관련 산업

1. 반려동물 사료 산업

반려동물 사육가구의 폭발적인 증가로 반려동물에 필수적인 사료시장은 매년 큰 폭으로 증가하고 있다. 세계 및 국내 반려동물 시장규모는 (표 1-13)에 제시하였다. 2019년 세계 반려동물 시장은 총 1,313억 달러였으며, 2020년은 약 6% 증가할 것으로 추정되며, 지속적인 성장이 예측되고 있다. 손석준 등 (2017)은 반려동물 사료시장은 연평균 성장률 19.8%로 꾸준한 성장세를 나타내고 있다고 발표하였으며, 특히 반려묘 시장의 연평균 성장률은 28.1%로 반려견 성장률인 17.5%보다 더 높게 관측되었다고 하였다. 이러한 배경에는 최근 반려묘에 대한 사육이 증가한 결과를 반영한 것으로 보인다.

표 1-13. 세계 및 반려동물 시장 규모

지역	항목	단위	2019년	2020년 (예상)
세계	전체산업	백만 달러	131,384.1	139.895.3
	사료산업	백만 달러	93,840.8	99.785.4
	용품산업	백만 달러	37,543.4	40,109.9
국내	전체산업	백만 달러	1,633.8	1,729.6
	사료산업	백만 달러	1,001.1	1,071.1
	용품산업	백만 달러	632.6	658.4

(출처 : Euromonitor International)

세계 반려동물 사료시장은 마스 (Mars)와 네슬레 (Nestle) 등 상위 5개 업체가 전 세계 시장의 80% 이상을 점유하고 있다. 2013년 기준 주요 반려동물 사료업체의 세계 시장 순위는 표 1-14에 나타내었다.

반려견 사료제품은 인공조미료 등 무첨가 제품, 천연제품 등 주로 유기농 제품이 많았다. 또한, 기능성을 강조한 사료로 항알레르기 제품인 무곡물 반려동물 사료 (Grain-free), 프로바이오틱스 (Probiotics)나 프리바이오틱스 (Prebiotics)를 포함하여 장 건강이나 소화율을 높이는 제품이 대부분을 차지하였다. 반려묘의 사료제품은 반려견과 비슷하게 인공조미료 무첨가 제품 등 유기농 제품이 많은 비중을 차지하였다. 또한, 항알레르기 제품, 면역강화 등 고기능적 제품의 판매가 증가하는 추세에 있다.

표 1-14. 주요 반려동물 사료업체 세계시장 순위

순위	회사명	국가	매출액 (백만 달러)
1	Mars Petcare Inc.	미국	16,162
2	Nestle Purina Petcare	미국	10,403
3	Hill's Pet Nutrition	미국	2,175
4	P&G Pet Care	미국	1,802
5	Del Monte Food Co.	미국	1,784
6	Heristo AG	독일	592
7	Affinity Petcare SA	스페인	491
8	Nutriara Alimentos	브라질	458
9	Unicharm Corp.	일본	448
10	Total Alimentos SA	브라질	437
11	Blue Buffalo	미국	352
12	American Nutrition	미국	351
13	Mogiana Alimentos SA	브라질	343
14	Partner in Pet Food	헝가리	325
15	V.I.P. Petfoods	호주	325
16	Natural Balance Pet Foods	미국	300
17	Arovit Petfood	덴마크	258
18	Ainsworth Pet Nutrition	미국	250
19	Dibaq Mascotas	덴마크	207
20	WellPet	미국	200
21	Vitakraft-Werke Wuhrmann & Sohn	독일	194
22	Nippon Pet Food	일본	194
23	Maruha Pet Food	일본	178
24	Shnshine Mills	미국	175
25	Marukan Group	일본	175

(출처 : KISTI Market Report)

국내 반려동물 시장은 2019년 16억 3,300만 달러 (1조 9,440억 원)로 약 2조억 원 규모를 나타내고 있다. 국내 반려동물 사료산업은 국내 반려동물 시장에서 약 60%를 차지하고 있다.

국내시장의 경우에는 수입전문 브랜드가 국내시장의 50~60% 정도를 차지하고 있으며, 대한사료, 대주사료, CJ제일제당, 우성 등 국내 업체들도 반려동물 사료를 생산하고 있다 (표 1-15). 반려동물 사료시장의 성장과 더불어 소비자의 반려사료 다양성과 고급화에 대한 선호도 증가로 국내 대기업들도 프리미엄 제품을 선보이면서 반려동물 시장에 진출하고 있다.

표 1-15. 국내 반려동물 사료시장 점유율 (%)

순위	회사명	2012년	2013년	2014년	2015년	2016년	2017년
1	로얄캐닌 코리아	10.4	11.0	11.7	11.6	12.6	13.5
2	대한사료	10.0	9.7	9.6	9.9	9.7	10.0
3	대주산업	4.8	5.8	6.2	6.8	7.1	7.4
4	한국마즈	9.1	8.6	7.5	6.3	6.5	6.7
5	롯데네슬레퓨리나	10.5	9.3	7.6	6.6	6.3	6.0
6	ANF 대산앤컴퍼니	6.2	5.8	5.2	4.9	4.6	4.3
7	네츄럴코어	1.4	2.2	2.7	3.4	3.7	3.9
8	힐스코리아	2.7	2.8	2.9	2.9	3.3	2.9
9	내추럴발란스 코리아	3.6	3.4	3.1	3.0	3.1	2.9
10	제일사료	4.4	3.9	3.8	3.7	3.5	2.8

(출처 : Euromonitor International)

손은심 (2020)의 반려견 사료 구매자의 인식조사에 따르면 반려동물 사료의 주요 구입처는 전문 온라인 쇼핑몰이 전체 구매자의 61.5%로서 가장 많이 구매하는 방법이라고 발표하였다. 또한 동물병원 (13.1%), 반려동물용품점 (5.4%) 그리고 슈퍼마켓 (2.1%) 등으로 조사되었다. 이러한 반려동물 사료의 구매형태는 컴퓨터 또는 스마트폰 사용증가로 소비자의 인터넷 이용 확산에 따른 것으로 나타났다.

 2. 반려동물 용품산업

미국에서는 반려동물을 위한 다용도 기능과 디자인을 갖춘 액세서리 제품들이 지속해서 출시되고 있다. 이와 더불어 반려동물용 첨단 정보기술이 접목된 스마트 기기 제품도 지속해서 시장에 나오고 있다. 이러한 배경에는 미국 내 반려인구가 증가하면서 반려동물을 좀 더 효과적으로 관리하기 위한 수요가 증가한 결과라 할 수 있다. 인공지능 기술을 기반으로 하여 가정 내에서 반려동물을 관리할 수 있는 서비스에는 사물인터넷 카메라로 반려동물의 생활방식과 활동 습성을 확인할 수 있는 제품과 서비스 등이 있는 것으로 알려져 있다.

또한, 스마트폰으로 반려동물의 소재 파악, 운동량 점검과 건강 체크가 가능한 웨어러블 제품과 반려동물 사료가 배분되는 시간과 식사량을 조절할 수 있는 자동 반려동물 사료 기계 그리고 늦은 저녁 반려동물의 안전관리를 위한 야광 목걸이에 대한 구매도 증가하고 있다. 이를 반영하듯 미국의 반려동물 웨어러블 시장은 2022년에 9억 달러 수준까지 성장할 것으로 전망되기도 했다. 반려동물 사료와 마찬가지로 반려용품 산업도 온라인 쇼핑에 대한 편의성이 확대됨에 따라 시장 규모가 지속적으로 성장할 것으로 기대된다.

국내 반려동물 시장에서 용품이 차지하는 비율은 약 38.7%로 7천억 원으로 차지하고 있다 (표 1-13). 최 등 (2019)에 따르면 반려동물 장난감의 구매액 점유율 상위 50위 중 반려견을 위한 용품이 66.0%, 그리고 반려묘를 위한 용품이 34.0%로 조사되었다. 특히, 반려동물 용품 중 노즈워크 담요 구매액 점유율이 28.0%로 가장 높게 조사되었다. 노즈워크는 반려견이 코를 사용하는 모든 후각 활동을 의미하는 단어로서 노즈워크 담요는 스트레스를 풀어주고 이빨로 무는 행위의 목적을 알려주는 행동교정의 효과가 있다고 알려져 있다.

최근, 1인 가구와 맞벌이 가구의 증가로 집에 홀로 남겨져 있는 반려동물의 건강관리를 위해 CCTV가 장착된 반려동물 전용 장난감과 소형 전동 러닝머신과 관련 용품도 시장에 나와 있다. 반려동물의 구강과 목욕용품에서 반려견용 용품이 90.0% 그리고 반려묘용 용품이 10%를 차지하였다. 구강 및 목욕용품의 특징은 녹차, 로즈마리 등 천연 성분을 주원료의 제품이 많이 판매되고 있으며, 단순 세정기능 외에 피부개선, 피부병 예방, 보습기능 향상 등 기능성과 탈취 효과가 있는 제품을 선호하는 것으로 조사되었다.

 ## 3. 반려동물 수의진료업

사람뿐만 아니라 동물에 대한 의료기술이 발전함에 따라 반려동물의 기대수명이 증가하면서 반려동물 관련 의료산업도 빠르게 성장하고 있다. 이를 반영하듯 미국에서는 반려동물 보험산업이 큰 폭으로 증가하고 있다. 미국의 반려동물 보험업 시장 규모는 2018년 10억 달러로 나타났으며, 2023년에는 약 2배 규모로 성장할 것으로 전망하고 있다. 2018년 기준으로 미국의 반려동물 보험 가입률 (표 1-16)은 약 1.0% 미만으로 이것은 스웨덴 (30.0%), 영국 (23.0%) 등과 비교해 낮은 것으로 나타났다. 일본의 반려동물 보험의 가입률은 6%, 시장 규모 약 5천억 원으로 대략 15개사의 반려동물 보험 판매사가 시장을 점유하고 있다.

국내 반려동물 보험시장의 연간보험료 규모는 2013년 4억 원에서 2017년 10억 원 그리고 계약 건수는 2013년 1,199건에서 2017년 2,638건으로 증가했다. 하지만, 외국과 비교하여 상당히 낮은 실정이며, 반려동물 보험시장도 아직 미흡한 실정이다. 아울러, 등록 동물 수 대비 보험 가입률도 0.22%로 상당히 낮은 상황으로 조사되었다. 하지만 반려동물 연관산업이 지속적으로 증가하고 있으며, 반려동물 보험이 반려동물 진료비 부담과 유기동물 증가 등의 사회적 문제를 해결한다는 긍정적인 평가에 따라서 향후 반려동물 보험시장의 성장 가능성은 클 것으로 예상할 수 있다.

표 1-16. 반려동물 보험 계약건수 및 보험료

구분	2013년	2014년	2015년	2016년	2017년
계약건수 (건)	1,199	1,638	1,826	1,819	2,638
연간보험료 (백만 원)	405	572	731	690	980
등록등물 (만 마리)	70	89	98	107	117
등록동물수 대비가입률 (%)	0.17	0.19	0.19	0.17	0.22

(출처 : 김창호 (2019). 국회입법조사처)

최아라 (2019)는 반려동물 보험이 활성화되지 못한 원인으로 소비자 측면과 제도적 측면에서 제시하였다. 소비자 측면에서 반려동물 의료보험에 대한 필요성 인식 부족, 보험료 부담, 가입연령 제한, 낮은 보장수준 등 상품 자체에 대한 불만족, 복잡한 보험 청구 및 정산 방식에 대한 불만 등으로 보험 가입률이 저조하며, 결과적으로 반려동물 보험시장의 성장이 미진한 것이라고 제시하였다. 또한, 제도적 측면에서는 표준 진료비 부재로 인한 손해율 추정 및 보험료 산출의 어려움, 동물등록제의 한계로 인한 개체식별의 어려움과 그로 인한 보험계약자의 도덕적 해이 문제 등으로 반려동물 보험이 활성화되지 못하였다.

반려동물 사육 가구수가 증가함과 동시에 동물병원도 늘어나고 있다. 국내 동물병원의 현황은 2008년 3,228개소에서 2019년에는 4,526개소로 증가하였다 (표 1-17). 이러한 추세는 반려동물을 가족으로 인식하면서 사소한 상처나 질환에 걱정하는 사람이 증가하였기 때문이다. 지 등 (2017)의 보고서에 따르면 수의진료업의 매출은 급속도로 증가하여 매출액은 2007년 2,484억 원에서 2014년에는 7,855억 원이었다.

표 1-17. 국내 동물병원 현황

연도	2008	2014	2016	2017	2018	2019
동물병원 (개)	3,228	3,979	4,174	4,426	4,506	4,526

(출처 : 대한수의사회)

　반려동물의 고령화로 인해 당뇨, 고혈압, 관절질환 등 만성 또는 퇴행성 질환이 증가하면서 동물병원의 진료와 치료서비스가 확대되고 있다. 반려동물은 가족의 일부이기에 의료시장이 점차 확대되면서 새로운 블루오션으로 떠오르고 있다. 반려동물 시장의 확대와 더불어 수의 진료의 비중이 커지는 의료서비스에 대한 수요도 함께 높아질 것으로 예상한다. 줄기세포를 활용한 반려동물 치료연구는 상당한 진전을 이루고 있으며, 반려동물 줄기세포 치료제 시장의 규모는 2022년에 30억 달러에 이를 것으로 전망하고 있다.

참고문헌

AAAS Science. 2015. Dawn of the dog. Vol. 348, Issue 6232, pp. 274-279. DOI : 10.1126/science.348.6232.274.

Animal Medicines Australia. Pets in Australia : A national survey of pets and people. https://pfiaa.com.au/wp-content/uploads/2020/02/ANIM001-Pet-Surve y-Report19_v1.7_WEB_high-res.pdf.

AVMA. 2018. American Veterinary Medican Asscoation. The 2017-2018 AVMA Pet Ownership and Demographics Sourcebook.

Beck A.M. 2014. The biology of the human-animal bond. Animal Fronties 4 (3) : 32-36.

Davis, S.J.M., and Valla F.R. 1978. Evidence for domestication of the dog 12,000 years ago in the Natufian of Israel. Nature 276, 608-610.

Euromonitor International. www.euromonitor.com.

Grier, K.C. 2006. Pets in America : A history. Chapel Hill, NC : University of North Carolina Press.

IBIS World. 2018. IBIS World Industry Report OD4621. Pet Insurance in the US.

Sandøe, P., Palmer, C., Corr, S. and Serpell, J. (2015) History of companion animals and the companion animal sector. In : Sandøe, P., Corr, S. and Palmer, C. (eds.). Companion Animal Ethics. John Wiley and Sons : Chichester, pp. 8-23. ISBN 9781118376690.

김옥진. 2012. 최신 인간과 동물의 유대. 동일출판사.

김창호. 2019. 이슈와 논점. 반려동물보험 현황 및 향후과제. 국회입법조사처.

농림축산식품부. 2019. 2019 동물보호에 대한 국민의식조사. ㈜코리아리서치.

대한수의사회. www.kvma.or.kr.

반려동물. 두산백과. https://terms.naver.com/entry.nhn?docId=1166006&cid=40942&categoryId=32310.

반려동물. 위키백과. https://ko.wikipedia.org/w/index.php?title=%EB%B0%98%EB%A0%A4%EB%8F%99%EB%AC%BC&oldid=28482892.

비피기술거래. 반려동물 산업과 첨단 기술의 만남. ㈜비피기술거래.

손석준, 배정민, 박상준, 이현정, 이현순. 2017. 식품 산업의 새로운 영역; 반려동물 식품 시장. 식품과학과 산업 50 (4) : 92-103.

손은심. 2020. 인터넷을 통한 반려견 식품 구매자의 인식 조사. Journal of the Korean Academia-Industrial Cooperation Society 21:574-583.

신동철. 2019. 일본의 반려동물 정책과 산업 현황. 세계농업 225권 5월호 : 91-115.

정환도. 2016. 반려동물 관련 환경여건 및 산업활성화 기초연구. 대전세종연구원.

지인배, 김현중, 김원태, 서강철. 2017. 반려동물 연관산업 발전방안 연구. 한국농촌경제연구원.

최아라. 2019. 반려동물 보험에 대한 소비자 반응 및 요구에 관한 연구 : 반려견 사육 소비자를 중심으로. 석사학위논문. 충남대학교.

최지희, 박은정, 이해정. 2019. 국내 반려동물 식품 및 용품 시장현황 분석 연구. 한국콘텐츠학회논문지 19 : 115-122.

코리아리서치. 2019. 2019 동물보호에 대한 국민의식조사 결과보고서. 농림축산식품부.

통계청. 2019. 2019년 인구주택총조사.

황원경, 정귀수, 김도연. 2018. 2018 반려동물보고서. 반려동물 연관산업 현황과 사육실태. KB금융지주 경영연구소.

황지나. 2015. 반려동물 사료. KISTI Market Report 5 (3):3-6.

제2장

반려견에 대한 이해

강옥득, 김상동, 김옥진, 정하정

I 반려견의 역사

1. 반려견의 기원

개는 동물 중에서 인류의 가장 오래된 친구이며, 가족과 같은 존재이다. 그러나 개의 조상이 어떤 동물이었으며, 언제부터 사람과 함께 살게 되었는지 정확히 알려진 바는 아직 없다. 1만 2천여 년 전의 것으로 추정되는 중동지방의 화석으로 볼 때 호모 사피엔스가 존재하던 시대 즈음에서 인간과 개의 깊은 유대관계를 추정하고 B.C. 3,500년 전의 것으로 밝혀진 스위스의 원시인 유적에서 원시인과 개의 두개골과 뼈가 동시에 발견되었으며, 미아키스 (Miacis)설, 원시 늑대설, 자칼설 등 여러 가지의 가설로 아직까지 정립되어 있지 않다. DNA 조사결과 200만 년 전에 자칼, 100만 년 전에 코요테와 갈라졌으며, 10만 년 전에는 늑대와도 분리되므로 개의 직접 조상은 오늘날의 회색 늑대와 비슷한 동물인 것이 '가장 근접하다'라고 추정하고 있다.

최근 스웨덴과 중국에서 여러 품종의 개와 늑대의 DNA를 분석한 결과 개의 뿌리는 "동아시아 늑대"라고 보고한 연구가 있었는데 그에 따르면 거의 대부분의 개가 몇 세대에 걸쳐 이어져 온 공통의 유전자 영역을 가지고 있으며, 초기의 개는 적어도 여러 계통 늑대의 피가 섞여 있다는 것을 알아냈다. 또한 여러 지역의 개의 유전자형이 갈라져서 내려온 과정을 추적해온 결과, "약 1만 5,000년 전에 동아시아에서 이들 계통의 늑대가 가축화되어 유럽지역으로 퍼져나갔을 가능성이 크다"라고 밝혔다. 따라서 계속 진화되는 과정에서 현재 개의 직계 조상을 늑대로 추정하고 있다.

동물행동학 연구 분야에서는 개의 조상이 늑대가 아니라 다른 동물이라는 설도 제기되었는데 독일의 늑대 생물학자 에릭 치멘은 늑대와 대형 푸들의 사육 결과로 영국의 동물학자 케이트 폭스는 개와 늑대 그리고 울프 독의 행동 비교연구를 통해 이러한 주장을 뒷받침하고 있다. 하지만 개의 가축화된 기간을 고려할 때 이들의 행동학적 비교는 현재로선 무리가 있다.

화석의 연대측정으로 비교해보면 오스트레일리아의 야생견의 화석은 탄소연대 측정 결과 지금부터 30만 년 전이라는 것에 판정이 나왔으며, 핀란드의 고 척추동물학자인 구르텐은 개의 가축화시기에 대해 약 3만 5,000년 전이라 주장하고 네안데르탈인의 멸망과 크로마뇽인의 등장을 개의 가축화시기 근거로 들고 있다.

2. 반려견과 인간의 동거

현대에 이르러 반려견에 대한 문화와 인식들이 매우 높아지고 발전하고 있다. 특히, '애완동물'이라는 단어에서 '반려동물'이라고 부르는 명칭의 변화로 반려견을 바라보는 사람들의 인식 변화를 뚜렷하게 확인해 볼 수 있다. 과거의 애완견 (愛玩犬, Pet dog)은 문자 그대로 사랑스러워서 구경하고 싶은 개를 말하며 영어의 "pet"은 "귀여워하다"의 뜻인데 그대로 해석하면 옆에 두고 만지면서 귀여워할 수 있는 개라고 표현하였다. 하지만 이는 1983년 10월 27~28일에 오스트리아 빈에서 열린 국제 심포지엄에서 'Konrad Lorenz' 박사가 처음 'PET'이 아닌 'Companion animal'이라 부르자고 제안하여 시작되었다. 애완견이라는 단어에서 '완'자는 희롱할 '玩' 자를 사용하여 장난감, 놀이하다 등의 뜻으로 사랑스러운 사람의 놀잇감으로 해석되기 때문이다. 반려동물은 짝 '반', 짝 '려'의 뜻처럼 평생을 함께하는 동반자로서 동물에 대한 인식을 '가족 구성원'으로서 역할을 하는데 크게 기여하였다.

(1) 다양한 반려동물들 중, 반려견의 선호도가 가장 높은 이유는 무엇일까?

반려견과 함께 살아간다면 어떤 이점들이 있을까? 가장 먼저 우리가 바로 느낄 수 있는 것은 바로 인간에서 정서적 안정감에 도움을 받을 수 있는 것이다. 특히, 청소년 시기의 아이들에게 자신의 감정 상태와 관계없이 항상 같은 태도로 맞이해 주는 반려견을 통해 무조건적인 사랑은 느껴보며, 긍정적인 영향을 미친다고 한다.

그로 인해 올바른 생활태도와 심리적인 안정감을 가질 수 있고 반려견에게 애정을 쏟는 행위와 감정 전달은 사람과의 관계에서도 발전될 수 있으며, 청소년기에 발생할 수 있는 비행들을 예방할 수도 있다고 한다. 또한, 생명의 존엄성을 생각하게 하는 마음을 갖게 해주고 반려견의 새끼부터의 성장 과정과 노령견으로서 생명을 잃는 과정까지를 보고 느끼고 한 생에 대한 의미를 간접적으로 느낄 수 있게 해줄 수 있다고 한다.

노인들에게는 혼자 살면서 가장 견디기 힘든 외로움과 고독감, 소외감을 극복시키며, 우울증을 예방하기도 해준다. 자식들은 성장하면서 점차 독립하게 되고 점점 만날 수 있는 기회와 정서적 안정감이 자연스럽게 멀어지게 된다. 하지만 반려견은 언제나 곁에 있어 줄 수 있는 존재이기에 이들을 돌보면서 마치 친구처럼 가족처럼 느끼고 대할 수 있다. 이런 이점들은 사망률 감소에도 도움을 준다고 한다. 노년기에는 사회적 접촉이 아주 적어지고 운동량도 적어지면서 급격하게 쇠약해지는데 반려견을 통한 규칙적인 산책을 통한 심리적 안정감을 찾고 이들을 돌보기 위한 움직임 또는 운동하게 되면서 우울증 예방, 근어진 근육을 풀어주고 신체가 쇠약해지는 것을 예방하면서 사망률을 낮출 수 있다고 한다.

특히 반려견을 키우는 사람의 약 80%가 인생의 동반자라고 생각한다는 통계를 보면 얼마나 반려견에 대한 애정이 큰지 알 수 있다. 그뿐만 아니라 다양한 스트레스를 완화, 해소해 줄 수 있고 이타심을 높여주기도 하며, 자아 존중, 자립성 향상, 사회성 향상 등 어떤 반려 생활을 하냐에 따라 다양한 이점들이 존재한다.

(2) 반려견을 키우기 위해선 어떤 준비가 필요할까?

반려견을 키운다는 것은 결코 쉬운 일이 아니다. 강아지 때는 마치 신생아를 보는 듯 귀엽지만 성장함에 따라 그 크기가 상당해 중도에 포기하는 경우가 종종 있으며, 뒤늦게 알레르기 반응을 느끼고 포기하는 사람들도 있다. 따라서 다양한 이유로 유기 보호동물의 수가 증가하는 추세로 심각한 사회적 문제 중 하나가 되었다.

개의 수명은 대개 대형견이 10년, 소형견이 12~13년 정도지만 예방 주사를 접종하거나 건강관리를 철저히 하면 18~20년 이상까지 살기도 한다. 유행이나 인기견종에 휩쓸려 개를 키우기 시작하면 행복한 반려 생활을 하기는 힘들다. 가벼운 생각으로 반려견을 키우다 보면 다양한 문제행동을 일으키게 되고 하루하루가 행복한 반려생활이 아닌 문제의 나날들로 삶을 살 수도 있기 때문이다. 일단 반려견을 키우기 시작한다면 개에 대한 기본적인 필수 지식부터 풍부하게 공부하여 행복하게 살아갈 수 있도록 철저하게 계획하고 평생을 함께할 수 있도록 각오를 다지며 맞이해야 하는 것을 명심해야 할 것이다.

반려견을 기르기 전에 가장 먼저 해야 할 일은 위에 언급했듯이 '반려견을 맞을 자세가 되어 있는가?'에 대한 확신이 있어야 한다. 개에게 먹이를 주고 매일 규칙적인 운동과 브러싱 (빗질)을 해주어야 하며, 반려견의 경우 약 10일에 한 번 정도 목욕을 시켜줘야 하고 이런 나름 번거로운 일에도 충분히 반려견과의 생활을 즐기며, 살아갈 수 있어야 한다. 또한, 가족들의 동의는 절대적으로 필요하며, 가족 중에 1명이라도 거절의 의사가 있다면 충분히 고려하고 생각을 바꿔야 한다.

반려견을 키울 때 주거환경도 중요하다. 실내 아파트나 빌라와 같은 주거환경은 소형견 크기의 반려견이 적당하며, 너무 좁아도 반려견은 스트레스를 받을 수 있기 때문에 다른 활동들도 고려하고 같이 살아갈 공간을 선택해야 한다. 마당이 있는 넓은 집은 중형견 또는 대형견도 가능하지만 주변 이웃과 주거 형태에 따라서도 고려해야 할 부분이 있다.

반려견을 선택하는 기준은 개의 종류와 크기에 따라서 대형견, 중형견, 소형견으로 분류되며, 암컷과 수컷, 연령, 피모에 따라서 애견을 선택할 수 있다. 개를 분양 및 입양하고자 할 때는 개의 크기에 따라서 다음과 같은 특징이 있으므로 목적에 따라 적합한 크기를 골라야 한다.

첫째로 대형견은 체격이 매우 당당하고 크지만 성격은 오히려 온순한 품종이 많다. 대형견이라면 옥외에서 사육되므로 사육조건으로는 큰 개집과 운동장이 필요하다. 실내에서도 사육은 가능하지만 아파트와 같은 공동주택단지에서는 주위의 동의가 있어야 가능하다. 대형견은 식성도 좋으며, 배변량도 많기 때문에 일정한 사육공간과 배변의 처리 공간이 필수적으로 필요하다. 또한, 보호자의 개를 키우는 능력과 훈련을 시킬 수 있는 능력도 소형견에 비해 좀 더 전문적인 배경지식을 갖고 적시적기에 적절한 훈련을 시켜야 안전하고 행복한 반려 생활을 할 수 있다. 만약 훈련을 제대로 시키지 못한 대형견들은 민간 사람들에게 큰 사고로도 이어질 수 있기 때문에 주의가 필요하다.

둘째로 중형견은 실외와 실내에서 모두 사육할 수 있지만 대부분 실외에서 키우는 경향이 많다. 중형견은 대체로 가족과 집, 차에 잘 어울리기는 적당한 크기이며 품종도 많아서 선택의 폭이 대단히 넓다. 다른 조건들은 거의 대형견과 동일하다.

셋째로 소형견은 대부분 실내에서 같이 생활한다. 대부분의 소형견들은 평상시에 방어적이고 경계적인 성향으로 길러질 가능성이 크며, 따라서 사회화 훈련에 더 많은 시간을 할애하여 도시에서 다른 사람들에게 피해가 가지 않도록 교육을 잘 시켜주어야 한다. 품종에 따라 성질과 기질이 달라서 자신의 주거환경과 가족들 성향, 자신의 성격과 목적에 따라 신중한 선택을 해야 한다.

(3) 반려견을 기르는 장소에 따른 차이

반려견을 사육하는 장소에 따라 사육의 방법과 반려견의 종류가 달라지게 된다. 실내에서 사육할 때는 개의 잠자리를 따로 마련해 줘야 한다. 잠자리를 따로 마련해줘야 하는 이유는 교육적인 면에서도 있지만 조용히 혼자 쉴 수 있는 장소를 제공하기 위해서이다. 설치 장소는 햇볕이 잘 들고 통풍도 잘 되며, 습기가 적은 따뜻하고 조용한 곳에 상자나 플라스틱 바구니 등을 이용하여 잠자리를 만들어 준다. 나무나 골판지로 된 상자는 개가 물어뜯기 때문에 불편할 수 있다. 반려견의 보금자리는 수건이나 담요를 깔아주며, 그 옆이나 눈에 잘 띄지 않는 조용한 곳에 배변 장소를 만들어 준다. 반려견의 쉴 수 있는 자리는 한 자리만 국한하지 않고 가족들이 모이기 쉬운 장소 근처에도 놓아두어 개와 가족 간의 교류가 잘 이루어지도록 한다. 배변에 대한 훈련은 어릴 때부터 실시하여 대소변을 완전히 가릴 수 있도록 한다.

실외에서 개를 사육할 때는 비바람을 막아주고 편하게 쉴 수 있는 장소와 여유롭게 움직일 수 있는 운동장이 필요하다. 개집의 크기는 개가 길게 몸을 뻗고 잠잘 수 있는 공간 정도로 만든다. 운동장과 개집은 자유롭게 드나들 수 있도록 만들어 준다. 하지만 이러한 공간이 없을 때는 뜰에서 개가 밖으로 나가지 못하도록 튼튼한 울타리를 만든 다음 놓아 기른다.

개집은 지면에서 습기가 올라오는 것을 막기 위해서 지면에서 5-10cm 정도 높여 만든다. 또한 내부의 청소가 쉽도록 천장을 분리되도록 만들면 편리할 것이다. 개집의 설치 장소는 가능하다면 가족이 잘 보이며, 겨울에는 햇볕이 들고 여름에는 그늘이 지고 통풍이 잘 되는 장소에 설치한다.

(4) 반려견을 키우면서 주의해야 할 사항

① 금지된 음식

사랑스러운 반려견에게 급여하게 되면 중독을 일으키거나 신체에 좋지 않은 영향을 미치는 식물이 몇 가지가 있다. 양파나 '파' 종류가 들어간 조리된 음식물을 먹으면 중독 증상을 일으켜 혈뇨와 빈혈 등의 증상을 일으키므로 주의를 요한다. 당류 함량이 높은 음식인 경우 개들이 좋아하지만 비만을 일으키기 쉽다. 또한, 초콜릿은 과도한 흥분을 유도하여 헥헥거림이나 요실금의 발생, 심한 경우 경련 및 간질을 유발할 수 있으며, 햄 종류에는 염분이 과량으로 함유되어 있어 건강에 좋지 않다. 낙지, 오징어 등은 소화시키기 어려우며, 고추나 후추 등은 위에 자극을 일으키는 물질이다. 개에게 닭 뼈를 급여하면 날카로운 뼈의 끝으로 위와 소장 등의 소화기관에 상처를 내기 쉽기 때문에 주의를 요한다.

이 밖에도 포도는 신부전의 원인이 되며, 익지 않은 토마토, 개체마다 다른 알레르기성 과일들과 어류, 육류가 있을 수 있으므로 관리를 잘해주어 내 반려견의 건강을 책임져야 한다.

② 식이관리

최근 들어 애견에 대한 잘못된 사랑으로 '비만견'들이 늘어나고 있다. 비만은 여러 질병의 원인이 되기 때문에 비만관리는 매우 중요하다. 비만의 원인은 섭취하는 에너지양이 소비하는 에너지양보다 많으면 남은 에너지는 중성지방으로 체내에 축적된다. 어린 개에서는 암컷의 발생률이 수컷보다 높으나, 노령견으로 가면 성별에 대한 차이는 없다.

체지방의 함량이 체중의 20%를 넘으면 비만으로 판정한다. 비만은 서서히 진행됨으로 사료 섭취량의 조절과 운동을 적절히 조화시켜 비만하지 않게 한다. 비만으로 유발될 수 있는 질병은 관절염, 고관절의 이상과 호흡곤란과 심장질환이며, 복부의 지방으로 인한 소화기 계통의 기능 저하, 불임과 난산, 당뇨병과 질병에 대한 저항력이 약화된다.

비만견의 행동은 사료를 빨리 그리고 많이 먹거나 보호자의 잘못된 사랑으로 다양한 자극적인 음식들을 주기적으로 급여하면서 나타나고 게으르고 운동을 싫어하며, 잠자기를 즐긴다. 달리기하면 숨이 금방 차며, 계단이나 높은 곳을 향해 움직이는 것을 매우 싫어한다. 비만은 치료보다는 예방이 중요하다. 개체 사이에 맞는 식사량을 결정하고, 지방이 많은 식사를 제한시키며, 규칙적이고 일정한 운동을 시행하여 안정된 체중을 유지하여야 한다.

반려견에게 있어서 식이 관리는 매우 중요하다. 특히 일반인들은 먹이면 안 될 음식들과 기본적인 지식이 부족할 수 있어 건강에 큰 문제를 일으키게 하기도 하며, 잘못된 식이 습관으로 반려견과의 관계를 잘못 형성하여 훈련을 시키지도 못하면서 결국 공격적이고 방어적인 반려견이 될 확률이 높아지는 부정적인 현실에 맞닥뜨리게 된다. 특히 보호자가 반려견에 급여하는 습관을 잘못 들이게 된 경우에는 수많은 문제행동들을 야기할 수 있다. 왜냐하면, 모든 반려견을 훈련할 때 필요한 보상 과정에서 가장 간편하고 좋은 보상물은 간식이기 때문이다.

"굳이 훈련을 안 시켜도 되지 않나?"라고 생각하는 사람들도 있다. 하지만 과거 반려견과 달리 요즘은 다양한 문제행동들로 인한 피해 사례들이 매우 많고 그 문제들이 사회적 문제로서 자리 잡게 되어 현재는 반려견을 기른다면 기본적인 훈련과 문제행동을 예방할 수 있는 보호자 교육들이 필수적이라고 할 수 있다. 또한, 보호자가 훈련하지 않더라도 반려견은 생활하면서 자연스럽게 무언가를 배운다.

따라서 보호자가 반려견에게 무분별하게 급여하는 습관이나 과한 애정으로 인한 잘못된 급여 습관과 같은 행동들은 반려견에게 훈련할 기회를 잃게 해버리고 결국은 욕구가 없는 반려견이 되어 우울한 반려견이 되거나 다른 놀이나 환경에 적응을 잘못하여 보호자에게만 집착하는 분리불안증이 발생할 수 있다. 폐쇄성, 사회성 부족으로 인한 방어적 공격성, 훈련을 제대로 하지 못하여 관계 형성 실패로 인하여 보호자에게도 공격적인 반려견 등 훈련을 하지 않은 반려견에게서는 정말 다양한 문제 행동들이 나타나고 심지어는 반려견이 아픈데도 공격적이어서 보호자가 치료나 간호도 제대로 못 해주는 경우도 허다하다. 이렇듯 비만의 문제뿐만 아니라 식이관리는 훈련적으로도 매우 중요하기 때문에 더 경각심을 갖고 주의해야 할 필요가 있다.

II 반려견의 품종과 신체적 특징

1. 반려견의 그룹별 습성 및 종류

견종 그룹은 개의 외형이나 특성 및 그 역할에 따라 분류해 놓은 것이다. 하지만 견종 분류는 애견 단체에 따라 조금씩 다르다. 대표적인 견종 클럽은 크게 영국애견협회 (Kennel Club, KC), 미국애견협회 (American Kennel Club, AKC), 국제애견연맹 (Federation Cynologique Internationale, FCI)이 있다. 이 중에서 미국애견협회 (AKC)의 견종 분류는 7개의 그룹으로 정의된다.

(1) 조렵견 (총렵견) 그룹 (스포팅그룹, Sporting group)

총을 사용하여 물새를 사냥하기 위하여 사냥감을 찾아내고 이를 주인에게 사냥감의 위치를 알려주며, 주인의 명령에 따라 새들을 몰아내고 마지막으로 주인이 쏜 총에 맞은 새를 회수하는 임무를 수행해야 한다. 조렵견은 선조인 하운드에게 물려받은 후각으로 먹이를 찾아내는 일은 쉬운 일이나 조렵견으로 임무를 충실히 하기 위해서 철저히 훈련되어 있어야 한다. 철저한 훈련을 받기 위해서는 인간과 유대관계가 돈독해야 하기 때문에 아마도 조렵견은 온순한 기질을 지닌 목양견의 피가 혼합되었을 것으로 생각된다. 조렵견은 사냥 시에 수행하는 기능에 따라서 포인터, 세터, 레트리버와 스파니엘로 분류된다.

포인터는 폭스하운드, 그레이하운드, 블로드 하운드, 세팅스파니엘과의 교배로 만들어졌으며, 대담성과 총명함에 독립성이 조화되어 오늘날 최고 우수한 사냥견이라고 평가되고 있다. 포인터의 특징은 늘씬한 다리, 발달된 근육, 유연성 그리고 사냥 시에 시각적 효과를 나타내는 깨끗하고 산뜻한 짧은 털 등이며, 주인에 대한 충성심은 뛰어나다.

포인터   골든리트리버   아메리칸 코카스파니엘

그림 2-1. 조렵견 (총렵견) 그룹

잉글리쉬 코커스파니엘은 영국이 원산지이다. 활기차고 자세가 안정되며, 사냥 중에는 언제나 꼬리를 흔든다. 빠른 속력과 지칠 줄 모르는 체력과 좋은 균형을 갖춘 수렵견이다. 머리가 영리하고 집과 가족에 충실하며, 사냥터에서 우수한 능력을 자랑한다.

(2) 하운드 그룹 (Hound group)

① 후각 하운드 그룹 (Scent hound group)

고대로부터 개를 이용하는 사람들은 반려견에서 가장 뛰어난 후각을 이용하여 수렵 시에 야생동물을 몰아 수렵하거나 유해동물을 제거하는 데 사용하였다. 이렇게 후각을 중요시하는 반려견은 가장 먼저 품종 그룹으로 확립되었으며, 지금까지 유지되고 있다. 이 후각 하운드는 단독이나 무리 사냥을 하기 위해서 개발된 견종이다. 사냥은 지금도 전통적인 스포츠이며, 냄새를 추적하는 데 사용되고 있다. 이 그룹에 속하는 대부분 품종은 검정색, 흰색과 황갈색의 3색과 흰색에 레몬이나 황갈색의 2색의 매력적인 털색을 가지고 있으며, 인간과의 공동생활에도 잘 순응하여 애완동물로서도 그 역할을 잘 해내고 있다. 비글, 바셋하운드, 폭스하운드, 닥스훈트 등이 있다.

영국이 원산지인 비글은 소형 하운드 종으로 토끼사냥에 이용되었다. 1888년 비글 클럽이 조직되었고 공식규정이 만들었다. 귀는 아래로 내려뜨려져 있고 상당히 길어서 앞으로 잡아당기면 코끝까지 닿을 정도이다. 눈은 크고 미간이 넓으며, 보통 하운드종과 마찬가지로 부드럽고 온순한 느낌을 준다.

② 시각 하운드 그룹 (Sight hound group)

시각 하운드 그룹에 속하는 품종들은 시각에 의존하여 사냥을 하기 때문에 다른 품종보다도 빨리 달릴 수 있는 날씬한 체형이며, 먹이를 추적할 때에도 땅에 코를 대고 냄새를 맡기보다는 빨리 달리는 것이 장기인 것이다. 이 그룹에 속하는 견종은 살루키, 아프간하운드, 그레이하운드 등이 있다. 그레이하운드는 프랑스어로 들토끼 하운드 (를 래브리에르), 독일어로는 바람의 개 (윈드 훈트)라고 불리며, 소형 짐승을 추적하는 굉장한 속도를 내는 사냥개라는 시각 하운드의 전형적인 용도를 잘 나타내고 있는 호칭이다.

그레이 하운드

비글

바셋하운드

그림 2-2. 하운드 그룹

그레이하운드는 사슴, 여우 등 모든 종류의 작은 사냥에 이용되어왔으며, 토끼사냥에 전문적인 반려견으로 영국에서는 거의 2세기 동안 토끼사냥 경기에 이용되었다. 이 반려견이 미국에 들어온 것은 1776년이었으며, 우리나라에서도 많은 애견가의 관심을 사고 있는 품종 중 하나가 되고 있다. 그레이하운드는 두부가 길고 폭은 좁으며, 두 귀사이의 간격이 매우 넓다. 귀는 작고 가늘며, 뒤쪽으로 젖혀있고 흥분 시에는 반 직립이 된다.

(3) 테리어 그룹 (Terrier group)

대부분 테리어는 영국에서 만들어진 실용적인 작업견으로 생각되어 번식가들은 관심이 없었던 관계로 1800년대 이전에 테리어견종에 대한 역사적인 기록은 거의 없다. 전통적으로 테리어는 오소리를 굴속에서 몰아내거나 쥐를 잡고 유해동물을 제거하는데 사용되었던 만큼 성격이 강하고 용감하며, 지칠 줄 모르는 체력을 가지고 있다. 테리어의 특성을 극명하게 나타내는 품종은 스텐포드셔 불테리어로서 곰이나 황소와 싸움을 부추기는 스포츠에 사용되었다. 대표적으로 슈나우저, 에어데일 테리어, 불테리어, 잭 러셀 테리어, 베드링톤 테리어 등이 있다.

슈나우저는 독일이 원산지로서, 스탠다드 슈나우저로부터 자이언트와 미니어쳐로 분화된 견종이다. 미니어쳐 슈나우저는 테리어 그룹에 속하는 견종으로서 강한 몸체와 굵은 털, 풍부한 수염, 그리고 다리에 털이 많은 것이 특징이다. 또한, 활동적이며, 기민하고 골격이 튼튼한 반려견이다. 길이와 체고의 비율이 거의 정방형이며, 독특한 눈썹과 턱 수염이 있다. 털색은 검정과 흰색이 균일하게 섞여 회색으로 보이는 것, 흑색과 은색이 섞인 것, 전체가 검정인 것이 나타나는 것이지만 황갈색이 섞인 것도 가능하다. 체고는 34.5cm가 이상적이다.

슈나우저

불테리어

에어데일 테리어

그림 2-3. 테리어 그룹

(4) 목축 및 목양견 그룹 (허딩그룹, Herding group)

양이나 소를 지키려면 용기 있고 힘이 센 대형견이 필요했다. 또한, 어둠 속에서 곰이나 이리들과 식별될 수 있는 흰 털을 가진 것이 바람직하였다. 따라서 이 그룹에 속한 초기의 견종은 대형견으로 고대의 대형 투견이며, 군용견이었던 마스티프가 선조이다. 그러나 최종적으로 목축 및 목양견으로서 만들어진 견종은 대형견보다는 작았으며, 적응성을 갖춘 견이다. 목축 및 목양견의 역할도 가축의 무리를 흩어지지 않게 하며, 일정한 방향으로 무리를 인도하고 지정된 1마리만 무리에서 골라낼 수 있는 역할이었다. 이러한 역할을 수행할 수 있는 반려견은 온순하고 순간적인 상황에서 적절한 행동을 할 수 있는 결단력이 있고 영리해야 한다. 이 그룹에 속하는 대표적인 견은 져먼 셰퍼드, 콜리, 웰시코기, 셔틀랜드 쉽독, 올드 잉그리쉬 쉽독, 보더 콜리 등이 있다.

콜리는 스코틀랜드와 북부 잉글랜드에서 목양견에서 전해진 것이다. 콜리는 털이 긴 장모와 짧은 단모의 두 종류가 있다. 콜리는 유연하고 강인하며, 행동이 활발하고 뛰는 속도는 빠르고 몸 전체의 균형이 좋아서 우아한 모습이며, 얼굴은 영리한 인상을 준다.

콜리　　　　　　　　　　웰시코기　　　　　　　　　저먼 세퍼트 독

그림 2-4. 목축 및 목양견 그룹

(5) 작업 및 경비견 그룹 (워킹그룹, Working group)

이 그룹에 속하는 품종은 대형이며, 튼튼한 육체가 특징으로 선조는 마스티프 타입으로 추측되고 있다. 지금부터 4,000년 전에 동양에서 번영을 이루었던 인류 초기의 여러 문명에서 마스티프 타입의 반려견들은 사냥용, 군용으로서 활약하였다. 오늘날 이 그룹 품종의 주요한 역할은 인간의 생명과 재산을 지키는 일이며, 군용견으로도 최근까지 사용되고 있다. 이 그룹에 속하는 대표적인 품종은 스위스의 세인트 버너드, 로트와일러 등이 있다. 이 그룹에 속하는 반려견들은 체격은 물론 성격도 강하기 때문에 새끼 때부터 엄격하면서도 따뜻한 태도로 접할 필요가 있다.

세인트 버나드는 1660년에서 1670년대에 알프스 산에 있는 사원에서 조난당한 사람

을 구조하는 구조견, 사원의 경비견, 교통이 불편한 산악지대에서 우유와 버터 등 생필품
을 운반하는 작업견, 겨울 동안에 완전히 고립된 수도승들의 동반자로서 그 역할을 다하
였으며, 2세기 동안 인명구조견으로 활약하여 구조한 사람 무려 2,000명이 넘는다고 한
다. 그 당시 이 반려견은 호스피스독으로만 불리웠다. 1880년 후반에는 장모와 단모의
세인트 버나드가 독일을 통하여 유럽대륙과 영국으로 전래되었다. 세인트버나드는 가장
큰 대형견으로서 힘이 세며, 영리하고 검은 안면이 약간 예리한 인상이다. 머리 전체, 특
히 안면에 선명한 주름이 있고 아랫입술은 상당히 처져 있다.

　로트와일러는 로마의 목양견에서 유래한 것으로 추측되는 로트와일러는 독일이 원산
이다. 이 반려견은 중형견으로서 골격 균형이 좋고 강력한 힘을 가지고 있으며, 성격이 조
용하고 용감하며, 쉽게 훈련을 시킬 수가 있다. 호위견, 경계견으로서의 능력은 최고로 인
정받고 있으며, 반려견으로도 인기가 높다.

도베르만 핀세르

로트와일러

세인트 버나드

그림 2-5. 작업 및 경비견 그룹

(6) 비수렵견종 그룹 (논스포팅 그룹, Non-sporting group)

　이 그룹은 서로 공통된 선조를 가지고 있지 않은 품종의 집합체이다. 이 그룹에 속하는
품종은 소형반려견이 아닌데도 불구하고 가족의 애완동물이나 개인의 반려동물로서 사육
되고 있는 점이다. 대표적인 견종은 달마시안, 차우차우, 비숑 프리제, 프렌치 불독, 삽살
개, 보스톤 테리어 등이 있다.

달마시안

비숑프리제

삽살개

그림 2-6. 비수렵견종 그룹

달마시안은 유고슬라비아의 달마치아에서 유래하여 베니스 해안의 동쪽인 오스트리아 지방으로 내려왔다고 추측된다. 처음엔 군견으로서 달마타아와 유고슬라비아의 국경을 지키는 경비견으로 이용되었으며, 소방견으로서 소방서의 마스코트가 되기도 했다. 털의 색과 무늬는 달마시안에서 중요한 요소로서 바탕색은 순백색이거나, 잡색이 섞이지 않는 다른 색이다. 반점은 검은색 또는 적갈색이고 형태는 가늘며, 둥글게 나있다.

(7) 토이 그룹 (Toy group)

이 그룹에 속하는 반려견들은 체격이 소형이라는 점과 인간의 반려동물이라는 점을 제외하면 서로 아무런 공통점이 없다. 소형 반려견의 원형이 된 개들은 사냥용, 감시용, 목양용 등의 다른 그룹에 속하는 품종으로 소형화된 것이다. 스파니엘은 조렵견에서 소형화된 것이며, 말티즈는 지중해 지역에서 개발된 소형 반려견종이다. 2,000년 전에는 하운드견 그룹으로부터는 소형의 이탈리안 그레이하운드가 만들어졌다. 스피츠견에서는 포메라니안이 탄생하였으며, 테리어그룹은 지난 100년 동안에 매우 많은 소형견을 만들어 냈다. 이 외에도 소형 반려견의 원산지는 유럽에서 멀리 떨어진 곳에서도 품종이 개량되었다. 세계에서 가장 작은 개인 치와와는 아즈텍제국시대의 멕시코에서 사육되었으며, 페키니즈나 퍼그, 일본의 칭 등, 동양의 반려견은 장식적인 존재로서 사육되어 왔다. 이러한 소형견은 몸이 작아서 경비견 역할은 비록 하지 못하지만 날카로운 짖음 소리로 침입자의 존재를 알리기 때문에 가정의 경비 역할로서는 충분하다.

영국이 원산지인 요크셔테리어는 19세기 중반 스코틀랜드에서 영국으로 이주한 방직 공들에 의해서 개량되었다. 이 반려견은 풍부하고 비단 같은 긴 털을 갖기 위해서는 꾸준한 털 손질이 필요하다. 요크셔테리어의 성격은 지적으로 감각이 예민하고 활발한 테리어의 특징을 가지고 있다.

포메라니안은 원산지가 독일이며, 체중은 1.8-2.3kg, 체고는 27-28cm 정도이다. 포메라이언은 1870년 영국 켄널클럽에 의해서 인정되었으며, 1911년 미국의 포메라이언 클럽이 도그쇼를 개최하면서 알려졌다. 몸체가 짧으며, 균형이 알맞고 치밀한 구조를 가지고 있으며, 영리한 인상을 주는 동시에 성격과 행동이 기민하고 쾌활하다. 마치 여우를 닮은 듯한 인상을 주며, 가늘지만 뾰족하지는 않은 주둥이를 가지고 있다. 목은 풍부한 장식털을 가지고 있으며, 앞다리와 뒷다리는 긴 깃털 모양의 장식털이 무성하게 나있다.

말티즈는 이탈리아가 원산지이며, 체중이 3.2kg 이하인 반려견으로 많은 사랑을 받고 있다. 지중해 연안에 있는 몰타를 통치하던 로마인들은 말티즈를 반려견으로 사육하였으며, 상당히 애호되었던 것으로 알려졌다. 고대 이집트에서는 말티즈를 신성시하여, 이집트 여왕은 금으로 된 접시에 최상급의 음식을 담아 말티즈에게 먹였다고 한다.

원산지가 중국인 시추는 비잔틴 제국에서 서기 624년에 중국 당나라 황실에 선사되었고, 북경을 중심으로 사육되었다. 중국 사람들은 불교적 신앙에서 이 개를 사자와 부처의 중간 형태의 동물이라고 믿었다.

치와와는 AD 9세기경 멕시코 원주민들이 기르던 테치치라는 견종이 치와와의 조상이며, 짧은 털의 치와와와 긴털의 치와와로 구분된다.

| 요크셔테리어 | 푸들 | 말티즈 |
| 시추 | 페키니즈 | 치와와 |

그림 2-7. 토이 그룹

 ## 2. 반려견의 신체적 특징

반려견의 전신은 대부분 털로 덮여있으며, 크게 머리부위, 목부위, 가슴부위, 배부위, 등부위, 골반부위 및 앞다리와 뒷다리로 구분된다. 머리부위는 머리뼈와 안면뼈로 구성되며, 뇌와 감각기관 및 일부 소화기관과 호흡기관을 보호하고 있다. 머리는 경추에 의해서 몸통과 연결되어 있다. 척주는 목부위를 형성하는 7개의 경추골, 등을 형성하는 13개의 흉추골, 허리부위를 형성하는 7개의 요추골로 이루어져 있으며, 3개의 천추골과 골반골이 엉덩이와 골반부위를 이루고 있다. 꼬리는 약 20여개의 꼬리뼈들이 연결되어 형성된다. 흉곽은 등을 이루는 13개의 흉추골에서 연결되어 가슴부위의 흉골과 연결된 13쌍의 늑골에 의해서 흉강을 만들어 여기에 있는 폐와 심장을 보호한다. 또한 좌우측의 견갑부위에서 앞다리가 부착되어 있다.

복강은 횡격막을 경계로 흉강에서 연결되며, 근육과 체벽으로 둘러싸여 있고 간장, 위, 소장과 대장 및 신장 등이 있다. 복강의 뒤쪽으로는 골반으로 형성된 골반강이 있으며, 여기에는 생식기와 방광이 있다.

반려견의 크기를 말할 때는 체고와 체장이 사용된다. 체고는 견갑부 정점에서 지면까지의 거리이며, 체장은 견갑골관절끝과 골반 좌골단까지의 거리이다. 액단은 좌측과 우측의 양쪽 눈의 내측을 연결한 부위를 말하며, 품종에 따라서 액단의 선명도가 다르다. 액단은 코부위를 형성하는 뼈와 상악을 형성하는 상악골이 이마를 형성하는 전두골과의 결합부위로서 콜리처럼 굴곡이 없이 연결되면 액단이 미약하다고 하며, 푸들처럼 굴곡이 확실하면 액단이 명확하다고 한다. 이 부위는 품종을 구분하고 규정하는데 매우 중요한 요소이다.

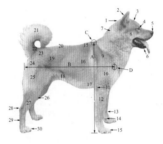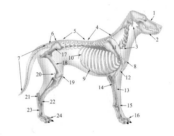

1 뒤통수, 2 귀, 3 이마, 4 눈, 5 코, 6 턱, 7 목, 8 볼, 9 어깨, 10 상완, 11 앞다리굽이, 12 전완, 13 앞발목, 14 곁갈고리발톱, 15 앞발가락, 16 옆가슴, 17 가슴, 18 배, 19 허구리, 20 허리, 22 꼬리뿌리, 23 엉덩이, 24 궁둥이, 25 넓적다리 (대퇴), 26 무릎, 27 하퇴, 28 뒷발꿈치 (비절), 29 뒷발허리, 30 뒷발가락
A 체고, B 체장, C 돋등마루, D 어깨끝

1 두개골, 2 하악골, 3 경추, 4 흉추, 5 요추, 6 천추, 7 미추, 8 흉골, 9 늑연골, 10 늑골, 11 견갑골, 12 상완골, 13 요골, 14 척골, 15 앞발목뼈, 16 발가락뼈, 17 관골, 18 대퇴골, 19 무릎골, 20 종자골, 21 뒷발꿈치골, 22 뒷발목뼈, 23 뒷발허리골, 24 뒷발가락뼈

그림 2-8. 반려견의 신체적 특징

반려견의 눈은 다른 동물에 비해서 큰 편으로 비교적 얼굴 전면쪽에 위치하여 수렵물의 거리를 측정하기에 유리하다. 안구는 대체로 공모양이며, 눈동자는 빛의 양을 조절하여 밝은 곳에서는 동공을 축소시키고 어두운 곳에서는 확대하여 빛량을 조절한다. 눈의 형태는 아몬드형, 둥근형, 삼각형 및 처진형이 있다. 눈동자의 색깔은 대부분 품종에서 어두운 색이 선호된다.

귀는 청각기능과 몸의 균형을 유지하는 평형감각기관이 있다. 형태는 품종에 따라 늘어뜨리기도 하고 세워진 형태이기도 하여 품종의 특징을 나타내는 요소이다. 일반적으로 세워진 귀가 늘어뜨려진 귀보다는 청각이 우수하며, 추운 지방에 사는 개는 체온 손실을 막기 위해서 귀가 작은 편이다. 귀는 형태에 따라서 세퍼드처럼 직립된 직립 귀, 콜리처럼 위쪽 부분이 앞으로 굽어있는 반 직립 귀, 비글처럼 아래쪽으로 늘어뜨리고 있는 내려뜨린 귀, 진돗개처럼 세워지거나 에어데일 테리어처럼 내려뜨리고 있지만 귀의 형태가 V자 형태인 V자형 귀, 프렌치불독처럼 귀의 폭이 넓으며, 끝부위가 둥근 형태로 마치 박쥐날개와 같은 박쥐형 귀 및 귀가 뒤쪽으로 눕혀져 있고 귀의 연골부위가 바깥에서 보여 마치 장미처럼 보이는 장미 귀 등의 6가지형으로 구분된다. 복서와 같은 일부 품종은 귀를 일정한 형태로 자르는 단이를 한다.

코는 냄새를 구분하고 방향을 감지한다. 코의 끝 부분은 털이 없이 피부가 노출되어 있는데 이를 코평면 (비경)이라고 한다. 일반적으로 이 부위가 습윤하고 광택이 있으면 건강하며, 열이 있으면 건조되어 있는 경우가 많다. 하지만 잠에서 막 깬 상태라든지, 흙을 파헤친 뒤에는 건조되기도 한다. 후각의 능력은 매우 뛰어나서 인간의 100만 배 또는 300만 배에 이른다.

이빨은 앞니, 송곳니, 작은 어금니와 큰 어금니로 이루어져 있다. 앞니는 털을 고르는 역할을 하고, 송곳니는 수렵물을 찢는 등의 역할을 하며, 어금니는 씹고 절단하는 역할을 하는데 초식동물처럼 음식물을 잘게 부수는 역할은 하지 못한다. 반려견은 처음 태어나서 나오는 이빨은 28개의 유치 (탈락치)와 그다음에 나오는 42개의 영구치가 있다. 이러한 이빨들은 상악과 하악에 위치하며, 특히 앞니가 맞물린 상태를 교합이라 한다.

I 앞니, C 송곳니, P 작은어금니, M 큰어금니   1 가위교합, 2 절단교합, 3 윗턱돌출교합, 4 아랫턱돌출교합

그림 2-9. 이빨과 교합의 형태

교합의 형태는 품종에 따라 다르며, 앞니의 맞물린 상태에 따라서 다음과 같이 4가지로 구분할 수 있다.

- 가위교합 : 정상교합 또는 협상교합이라고도 한다. 상악부의 앞니 내측에 하악부 앞니 외측이 맞물린 형태로 마치 가위날의 결합과 같은 상태로서, 이의 마멸이 적으며, 이 사이의 틈이 작아 무는 힘이 강하다.

- 절단교합 : 상악부 앞니와 하악부 앞니의 끝부분이 맞물린 교합상태이다. 이빨의 끝부분이 맞물리기 때문에 파손될 위험성이 있다.
- 윗턱돌출교합 : 과잉교합이라고도 하며, 상악부의 앞니가 앞쪽으로 돌출되어 하악부의 앞니와 맞물리지 않는 교합상태이다.
- 아랫턱돌출교합 : 역교합이라고도 하며, 하악부의 앞니가 상악부 앞니보다 돌출되어 교합시에 맞물리지 않는 상태이다.

Ⅲ 반려견의 행동심리 및 의사소통

1. 개의 행동심리

개의 행동은 수많은 요인에 의해 결정된다. 이 중에는 유전, 혈연, 본능, 성품, 기본적 감각, 과거 경험, 생활 환경, 보호자의 태도, 생활습관 및 기본적인 의욕에 의해서 행동에 많은 영향을 받게 되며, 이러한 모든 요인이 성공적으로 개를 훈련하는 데 영향을 주게 된다. 개의 행동에 영향을 주는 이러한 요인들 외에도 개가 보여주는 다양한 행동 형태 또한 고려해야 하며, 개의 행동도 인간의 행동에 사용하는 용어를 이용해서 논의할 수 있다.

개들의 행동에 의미를 이해할 수 있게 된다면 일반 반려견 보호자들도 훨씬 더 반려견을 배려하며, 생활할 수 있게 되고 다양한 문제 행동들을 예방할 수 있게 될 것이다. 특히 반려견을 배려하는 행동은 개에게 있어서 보호자를 더 신뢰하게 되고 올바른 리더로서 자연스럽게 각인시킬 수도 있다. 이런 행동에 의미를 파악하지 않고 강압적인 훈련만 강요한다면 그것은 결국 동물 학대가 될 수 있다는 것을 명심해야 한다. 이 분야의 전문가로서 발전하고 싶다면 개에 행동 언어를 관찰하고 연구하여 다양한 행동의 의미들을 이해할 수 있는 것은 필수 과정이다.

그렇다면 개의 행동 언어를 관찰하고 이해하기 위해서는 어떻게 해야 할까? '개'는 일반적으로 우리가 알고 있는 단순한 행동들보다 훨씬 더 다양하고 감정적인 표현을 솔직하게 행동하는 동물이다. 사람이 면접을 보고 있다고 예를 들어보자. 사람들은 무의식적으로 이런 긴장된 상태나 마음이 불편한 상황에 어떤 사람은 자신의 입술을 깨물거나, 땀을 흘리거나, 머리를 긁거나, 몸을 긁거나, 호흡이 불안정한 사람들도 있을 것이다.

개들도 마찬가지로 무의식적으로 하는 행동도 있는가 하면 의식적으로 자신의 감정을 행동으로 뚜렷하게 표현한다. 고개를 돌리거나, 시선을 피하거나, 귀를 뒤로 젖히거나, 심지어 눈썹 근육의 움직임까지 관찰해보면 다양한 상황과 감정마다 다른 모습을 볼 수 있을 것이다. 이렇게 개에 행동의 의미를 이해하고 관찰하기 위해서 몇 가지의 관찰 방법 숙지와 연습이 필요하다.

 ## 2. 개의 의사소통

(1) 견종의 생김새 파악하기

개는 정말 많은 교배와 번식으로 다양한 견종이 있다. 그러므로 개들을 관찰할 때는 다양한 생김새의 특징을 올바르게 파악하고 관찰할 수 있어야 한다. 특정 견종들은 꼬리가 매우 짧거나 안 보이기도 하고, 귀의 생김새, 얼굴의 생김새, 다리 길이, 피모의 생김새 등을 파악하여야 더 정확한 개에 행동을 읽을 수 있게 될 것이다.

베들링턴테리어를 보면 트리밍했을 때 허리가 말려있듯 미용을 한다. 이런 생김새를 파악하지 않고 그냥 외적인 모습으로 바라봤을 때 허리가 말려있다고 불안하거나 공포, 긴장했다고 볼 수 없다는 것이다. 웰시코기 팸브로크를 봤을 때도 마찬가지다. 웰시코기는 목양견으로 꼬리가 가축들에게 밟히는 사고들을 미리 방지하기 위해 어릴 때 단미를 한다. 따라서 이 견종을 관찰할 때는 꼬리의 모습으로 행동과 감정 상태를 관찰할 수가 없기 때문에 다른 특징과 행동들을 관찰하여 행동 언어를 파악할 수 있어야 한다. 그래서 견종마다 특징과 생김새를 기본적으로 알고 있는 상황에서 관찰을 시도할 수 있어야 한다.

(2) 전체적인 모습 관찰하기

개는 얼굴 근육, 표정, 눈동자, 시선, 눈썹 근육, 귀 뿌리의 근육, 입, 혀, 몸, 다리, 몸의 무게중심, 배설, 꼬리, 움직이는 속도 등 온몸을 사용하여 감정을 표현하는 동물이다. 그래서 작은 근육의 움직임과 호흡까지도 놓치지 않고 관찰하여 행동의 의미를 파악할 수 있어야 한다.

전체적인 모습과 행동을 관찰해보면 모든 행동에는 이유가 있는 것을 알 수 있을 것이다. 또한, 한 부위만 관찰하고 의미를 파악해 보려 해도 그 정보는 절대 정확할 수가 없다. 모든 행동은 동시다발적으로 이루어지기 때문에 전체적인 모습을 모두 연결하여 볼 수 있게 되면 개의 감정 상태를 이해할 수 있게 될 것이다.

(3) 상황과 함께 연결하여 행동을 파악하기

개의 모든 행동은 상황에 따라 다양한 형태로 나타난다. 특정 상황에 감정 상태와 행동이 다른 상황에 같은 행동으로 나타날 수도 있지만 감정 상태는 다를 수 있다는 것을 잊지 말아야 한다.

예를 들면, 반려견이 하품하고 있다고 생각해 보자. 상황을 모르고 반려견이 하품하는 것을 생각해 보면 대다수는 "졸린가?" 혹은 "피곤한가?"라고 생각할 수 있을 것이다. 하지만 상황이 발톱을 자르고 있다고 가정해보자. 이것도 졸려서 '하품'을 하는 것일까? 답은 그렇지 않다. 개들은 불편하거나 긴장을 할 때도 '하품'을 하는데 위와 같이 상황을 모르고 행동만을 바라본다면 개의 감정 상태를 오인할 수 있을 것이다.

몸을 터는 행동이나 노즈워크를 하는 행위 또한 마찬가지다. 상황을 모르고 행동을 본다면 개의 감정상태를 읽는 것은 불가능하다. 비가 내리는 상황에서 몸에 물이 묻어 몸을 털었을 수도 있고 긴장을 완화하기 위해서 몸을 털었을 수도 있다. 노즈워크 행위도 바닥에 간식이 떨어져 있어서 간식을 찾기 위해 노즈워크를 할 수도 있고 타인이 불편해서 딴청 피우는 행동일 수도 있는 것이다. 이렇듯 개의 행동을 읽기 위해서는 그 상황도 반드시 파악하고 관찰을 시도할 수 있어야 한다.

 ## 3. 개의 여러 가지 행동 표현

개의 행동들은 매우 다양하다. 먼저 개의 감정별로 나타나는 행동들을 이해한다면 행동들의 의미를 파악하는 데 많은 도움이 될 수 있을 것이다. 개의 감정 변화에 따라 아주 행복하고 흥분될 때부터 편안한 행동 시그널, 카밍 시그널, 스트레스 시그널, 공격 시그널 등 다양한 행동 자료들이 존재한다.

(1) 즐겁고 흥분될 때 (매우 행복한 상태)

① 전체적인 모습 : 움직임이 매우 빠르고 근육은 이완되어 보인다. '플레이 보우'라고 하여 상체를 아래로 숙이고 놀자는 듯 몸을 활처럼 휘어 금방 뛸 것처럼 행동하기도 한다.

② 눈 : 눈썹 근육은 이완되어 온화한 눈처럼 보인다.

③ 귀 : 귀는 뒤로 이완되어 젖혀있거나 행복한 대상에게 쫑긋 서 있다.

④ 입 : 입은 벌린 상태로 호흡이 가쁠 수 있고 요구성 짖음으로 감정을 표현할 수도 있

다. 혀는 살짝 나와 있는 모습을 보이기도 하며, 약간 웃는 표정으로 보일 수도 있다. 또한, 대상을 핥으려고 하거나 대상을 향하여 공기를 핥듯이 핥는 행위를 할 수도 있다.

⑤ 꼬리 : 꼬리는 세차게 흔들어 엉덩이가 같이 흔들릴 정도로 꼬리를 흔든다. 일명 '풍차 꼬리'라고도 불리며, 매우 즐겁고 행복할 때 많이 나타난다.

(2) 편안할 때 (행복한 상태)

① 전체적인 모습 : 좋아하는 상대에게 몸을 스치듯이 비비기도 하며, 머리를 앞으로 들이밀어 친근함을 표현한다. 전체적인 근육의 모습도 편안하게 이완되어 있다. 바닥에 늘어지게 누워있거나 배를 보이고 누워 있기도 한다.

② 눈 : 눈 주변 근육이 이완되어 매우 편안해 보일 수 있고 편안하게 대상을 지그시 바라보기도 한다.

③ 귀 : 귀 뿌리의 근육이 이완되어 뒤로 살짝 쏠리거나 늘어져 있다.

④ 입 : 입은 살짝 벌리며, 혀를 내밀고 웃는 상으로 보일 수 있으며, 호흡은 편안하거나 웃는 듯 '헤헤헤' 호흡하기도 한다.

⑤ 꼬리 : 꼬리는 수평으로 늘어지게 흔들거나 이완되어 편안하게 아래로 내려앉아 있다.

(3) 불편 또는 불안하거나 긴장될 때 (카밍 시그널)

개는 불편하거나 혹은 불안하거나 긴장될 때 자신의 감정을 표현함으로써 자신의 긴장감을 완화시키기도 하고 상대방에게도 자신의 행동을 보이면서 '진정하라고' 표현하듯 다양한 행동들을 보인다. 이를 '카밍 시그널'이라고 부른다.

카밍 시그널 (Calming signals)이라는 단어는 노르웨이의 반려견 전문가인 투리드 루가스 (Turid Rugaas)가 처음 책에서 선구하여 사용한 단어이다. 위에서 언급했듯이 '진정했으면 좋겠어'라는 뜻을 지녔으며, 경계를 풀고 호의적인 거절을 표현하는 등 이 부분부터는 놓칠 수 있는 다양한 행동 신호들이 존재한다.

① 눈 깜빡이기 : 시선을 약간 회피하며, 천천히 눈을 깜빡인다. 약간 불편하고 긴장된 상태이지만 상대방에게 적의가 없고 호의적으로 대상에게 거절을 표현하는 것으로 해석할 수도 있다.

② 시선 돌리기 (고개 돌리기) : 자신을 불편하게 하는 대상에게서 시선을 피하고자 자신의 시선을 돌리기도 하며, 고개를 돌리기도 한다. 모두 약간 긴장된 상태로 불편한

감정을 나타내는 것이며, 현재 상황을 회피하기 원한다.

③ 눈 감고 있기 : 불편한 상황을 겪고 있을 때 관찰할 수 있는 행동이다. 이런 경우에는 자는 것처럼 보일 수 있지만 실제로는 자는 것이 아니라 자는 척하는 모습으로 관찰된다. 불편한 대상이 움직이면 그에 맞춰 귀가 움직이기도 하며, 다가오면 긴장하거나 경계하는 행동으로 바뀔 수 있다.

④ 입술 핥기 : 입술을 핥는 행위는 반려견의 행동을 관찰할 때 매우 많이 볼 수 있는 행동 중 하나이다. 따라서 상황과 전체적인 그림을 잘 파악하여 행동을 읽을 수 있어야 한다. 입술을 핥는 행위는 조금 불편하거나 불안할 때, 긴장할 때, 스트레스를 받았을 때 등 습관적으로 많이 나타나는 행동이다. 보통 다른 시그널과 연결되어 나타날 수 있는 행동들이기 때문에 이 행동만을 보기보다는 전체적으로 연결되는 행동들을 종합적으로 관찰해야지 더 정확한 감정 상태를 읽을 수 있다.

⑤ 하품하기 : 하품은 상황과 연결하여 관찰하는 것이 매우 중요하다. 불편하거나 긴장했을 때 자신의 스트레스를 완화시키기 위해 하기도 하며, 상대방이 바라봤을 때 진정하기를 기대하는 표현이기도 하다.

⑥ 몸 털기 : 몸을 터는 행위는 하품하는 행위와 비슷하다. 자신의 긴장감을 완화하기 위해 습관적으로 몸을 터는 행위를 하며, 위와 마찬가지로 상황과 잘 연결하여 행동을 관찰해야 한다.

⑦ 몸 긁기 : 보통 긴장 상태 이후에 몸을 긁는 행위와 몸을 터는 행위를 같이 보이기도 한다. 실제로 몸이 가려워서 긁는 것인지, 무언가 어렵거나 불안했거나 긴장돼서 긁은 것인지 파악해 볼 필요가 있다.

⑧ 돌아서기 : 특정 대상이나 공간에서 불편하거나 불안감을 느꼈을 때 몸을 반대로 돌아서는 행동이다. 시선 돌리기나 고개 돌리기와 비슷한 행동으로 거절의 의미를 담고 있기 때문에, 반려견이 나를 불편하게 했다면 몸을 돌리는 행위를 보여주는 것도 좋은 방법이다.

⑨ 한 발 들기 : '어려움을 느끼거나 어떻게 해야 될지 모를 때' 개들은 다리 하나를 들기도 한다. 다양한 감정 상태에서 나타나는 행동으로 상황과 다른 시그널들을 연결하여 해석할 수 있어야 한다.

이 밖에도 다양한 카밍 시그널의 행동들이 있으며, 전체적인 모습과 상황들을 잘 파악하며 행동의 의미를 이해할 수 있어야 한다.

(4) 공격적일 때

① 우위적 공격행동

㉠ 전체적인 모습 : 화날 때의 행동시그널과 유사한 모습을 볼 수 있다. 우위적 행위로 대상 위에 올라타서 성적인 행위를 하는 마운팅을 할 수도 있으며, 자신의 힘을 과시하기 위해 몸을 크게 보이려 하고 모든 털이 바짝 서 있는 모습을 보이기도 한다. 공격 직전, 긴장감이 극대화되었을 때는 몸을 멈추는 프리징의 모습을 보이며, 호흡까지도 멈춘다.

㉡ 눈 : 눈 주변과 눈썹 근육이 긴장되어 보이며 노려보는 느낌과 화나 보이는 인상을 받을 수 있다.

㉢ 귀 : 불쾌한 대상을 향하여 귀가 쫑긋 세워져 있거나 쏠려있다. 공격 직전에는 귀가 약간 뒤로 넘어가는 형태의 모습을 보인다.

㉣ 입 : 입은 다물거나 살짝 벌려 '으르렁'대는 소리를 낸다. 혹은 입을 다물고 호흡을 하다가 볼에 바람을 넣는 모습을 보이기도 한다. 짖을 때는 두꺼운 소리를 내며, 공격적으로 짖는다. 또한, 잇몸을 최대한 벌려서 이빨을 보이게 하며, 공격적인 모습을 보인다.

㉤ 호흡 : 공격 직전에 호흡을 멈추며, 긴장감을 극대화하고 몸을 바짝 경직시킨다.

㉥ 코 : 콧잔등의 근육을 긴장시켜 이빨이 보이게끔 수축시키며, 무서운 인상을 보인다.

㉦ 꼬리 : 꼬리는 꼿꼿이 직각 또는 더 앞으로 기울어 있는 모습을 보이며, 적은 반격으로 빠르게 흔드는 모습을 볼 수 있다. 따라서 절대 꼬리를 흔든다고 무작정 개에게 다가간다면 큰 화를 당할 수 있으니 주의가 필요하다.

② 방어적 공격행동 (공포로 인한)

㉠ 전체적인 모습 : 전체적인 모습은 스트레스 시그널 또는 두려움과 공포의 행동신호와 유사하다. 전체적으로 몸의 자세가 긴장되어 말려있으며, 자세를 아래로 낮추는 모습이 보인다. 몸의 무게중심은 뒤 또는 옆으로 쏠려있으며 방어적인 자세를 취한다.

㉡ 눈 : 눈 주변과 눈썹근육이 긴장되어 있고 동공이 확대되어 일명 '고래눈'이라고 부르기도 한다. 이러한 상태로 두렵고 방어적인 대상을 흘겨보거나 곁눈질로 째려본다.

㉢ 귀 : 귀 뿌리 근육이 긴장되어 뒤로 강하게 젖혀있는 모습을 보인다.

㉣ 호흡 : 호흡은 입을 벌리고 거칠게 헥헥거리며, 침을 과도하게 분비한다. 공격 직전에는 호흡을 멈추고 몸을 최대한 경직시킨다.

㉤ 입 : 입은 다물거나 살짝 벌려 '으르렁'대는 소리를 낸다. 혹은 입을 다물고 호흡을

하다가 볼에 바람을 넣는 모습을 보이기도 한다. 또한, 이빨을 조금 보이게 하며, 공격적인 모습을 보인다.

이렇게 감정별로 개에게 대표적으로 나타나는 행동들을 간략하게 알아보았다. 이 밖에도 훨씬 더 다양한 개의 행동신호들이 존재하고 더 연구하며, 개의 행동을 관찰하는 습관을 들이면 개에 대한 이해도가 훨씬 발전될 수 있으며, 반려견의 행동마다 적절하고 현명하게 대처할 수 있는 전문가가 될 수 있을 것이다.

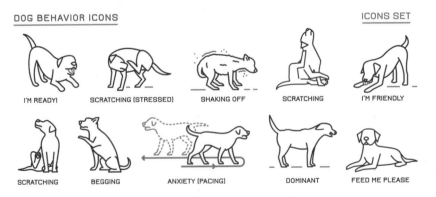

(출처 : 셔터스톡 코리아)

그림 2-10. 개 행동신호

IV 반려견의 번식

1. 번식생리

개의 성 성숙 (Puberty)은 번식이 가능한 상태를 의미하는 것으로 수컷의 정소에서는 정자가 생산되고 암컷의 난소에서는 난자가 생산된다. 개의 성 성숙은 견종, 영양상태, 관리 및 질병요인 등에 따라 다를 수 있으므로 개체 개마다 동일하다고 볼 수는 없으나 일반적으로 약 10~12개월 이후에 시작된다. 하지만, 최초 발정은 신체적 성숙이 완전하지 않을 경우를 대비하여 교배시키지 않는 것이 좋다 (김상동, 문승태. 2004).

(1) 개의 발정주기

발정주기 (Estrous cycle)는 발정기와 발정기 사이의 기간을 말한다. 일반적으로 개의 발정주기는 약 6~8개월 정도이며 2년에 3회 발정이 오지만 견종, 개체의 건강 상태에 따라 차이가 있을 수 있다 (Feldman and Nelson, 1996; 김상동, 문승태. 2004). 개의 첫 발정은 빠른 경우 6~8개월, 보통의 경우 8~10개월, 늦으면 12개월 전후에 시작되기도 하는 등 차이가 있다. 개는 번식기에 1회 발정과 1회 배란이 오는 단발정동물이며, 발정은 주로 늦봄 또는 가을에 많이 나타나고 소형견이 대형견에 비해 발정주기가 짧은 것이 일반적이다. 하지만, 암컷 개와 달리 수컷 개는 발정주기가 없이 언제나 발정중인 암컷을 만나게 되면 교미할 수 있으므로 주의해야 한다. 개는 1회 발정과 1회 배란이 오는 단발정 동물 (곰, 여우, 다람쥐, 사슴, 개 등)로서 개의 발정주기 (Canine estrous cycle)는 발정전기 (Proestrous), 발정기 (Estrus), 발정후기 (Metestrus) 또는 발정휴지기 (Diestrus), 무발정기 (Anestrus)로 구분될 수 있다 (Johnston et al., 2001).

① 발정전기 (Proestrous, 약 9일)

발정전기는 발정이 시작되는 것을 의미하는 것으로 생리가 시작되는 단계이다. 회음부가 부어오르고 불안해하며, 질 분비물이 배출될 수 있다. 또한, 평소보다 활발한 움직임을 보일 수 있고 방뇨를 자주 하게 된다. 질 분비물에 포함된 호르몬에 의해 수컷 개는 암컷의 발정을 알 수 있으나 이 시기의 암컷은 교미를 허용하지 않는다.

② 발정기 (Estrus, 약 9일)

발정기는 암컷 개가 수컷 개를 받아들여 교미를 허용하는 시기를 말한다. 주요 증상은 자궁에서 분비되던 생리혈은 적혈구가 줄어들게 되어 점차 엷어지고 외음부 부종의 경감 등의 변화가 일어난다. 이 시기의 암컷은 수컷 개가 접근하기 편리하도록 꼬리를 옆으로 돌려 교미하기에 편리한 자세를 취한다. 하지만, 발정기가 종료되면 교미를 허용하지 않는다. 따라서 교배적기는 발정개시 후 10~14일 후가 되므로 교배를 원할 경우 이 시기에 교배시키는 것이 적당하다.

③ 발정후기 (Metestrus) 또는 발정휴지기 (Diestrus, 약 2개월)

이 단계는 암컷 개가 교미를 거부하는 시점부터 계산된다. 에스트로겐 농도가 감소하기 시작하고 황체가 형성되기 시작한다. 황체는 프로게스테론을 대량 분비하여 배아의 영양공급 및 배아의 생존에 필요한 적절한 환경을 제공한다. 이 시기는 암컷이 임신했을 때만 해당하며, 수정, 임신, 출산, 수유 등에 관련되는 단계이다. 기간은 임신 시 약 2개월, 임신하지 않았을 경우 3개월 정도 지속된다.

④ 무발정기 (Anestrus, 약 3~5개월)

발정휴지기가 끝나고 다음 발정전기까지의 시기를 말한다.

2. 임신

(1) 임신기간 및 징후

개의 임신기간은 보통 60~65일 (평균 63일) 정도이다. 임신기간은 개의 견종, 건강상태, 태아의 수에 따라 달라지는데 태아가 많을수록 분만 시기가 조금 빠를 수 있다. 개의 임신 확인은 초음파를 이용하여 교배 후 25~30일령부터 진단할 수 있고, 교배 후 약 42일 이후부터는 X-ray를 이용하여 진단할 수 있다. 임신 50일경부터는 육안으로 확인이 가능해질 만큼 태아는 성장한다.

X-ray 진단으로 정확한 산자수와 분만전 어미 골반의 크기와 새끼의 크기를 확인할 수 있으며, 산자수는 출산 시 태아가 모두 출산이 되었는지를 확인하는 데 매우 유용하게 이용된다. 임신이 되면 교배 후 1개월 이내 입덧을 하게 되는데 개체에 따라 입덧을 하지 않는 경우도 있다. 교배 3주 후부터는 유선이 발달하며, 점차 젖꼭지가 커지고 체중이 늘어난다.

(2) 임신견의 영양 및 운동

임신견을 위한 충분한 영양공급과 운동시간의 제공은 필수적이다. 임신견에게는 소화 흡수가 잘되고 영양이 풍부한 고영양 사료를 급여해야 한다. 임신 1개월 이후부터는 태아로 인해 모견의 위를 압박할 수 있으므로 한 번에 많은 양의 사료를 주기보다는 급여 횟수를 늘려주어 소화가 용이하게 해 주는 것이 바람직하다. 또한, 무리하지 않는 범위 내에서 규칙적으로 운동을 시켜주어야 하고 편히 쉴 수 있는 공간을 제공해 주어야 한다. 단, 교배 후 3주간은 수정란이 완전히 착상되지 않을 수 있으므로 무리한 운동은 시키지 말아야 한다. 임신 중에는 약을 함부로 투약해서는 안 되며, 수의사와 상담 후 결정해야 한다.

3. 분만

반려견의 분만은 자견 또는 모견의 생명과 직접적인 연관이 있으므로 매우 중요한 과정이다. 모견이 안전하게 자견을 만날 수 있도록 보호자는 분만에 필요한 준비를 철저히 해 두는 것이 좋다. 또한, 난산이나 만약의 사고를 대비하여 가까운 동물병원 및 수의사를 연결할 방법을 준비해 두어야 한다 (김상동, 문승태, 2004).

◉ 난산에 의한 제왕절개가 필요한 경우
- 적은 산자수로 인해 거대태아 (골반강보다 큰 머리로 출산이 어려운 상태의 태아)로 인해 출산의 문제가 생김
- 첫 태아가 태어난 후 2시간 이상 분만의 징조가 없는 경우 (자궁무력증)
- 녹색 분비물이 나오기 시작했는데 분만을 하지 않는 경우 (어미와 새끼의 태반이 분리된 상태에서 분만지연이 생긴 경우) 등

그림 2-11. 난산에 의해 제왕절개 필요한 사례

(1) 분만 전 준비 사항

분만 예정 1주일 전부터 모견이 안전하게 출산에 집중할 수 있도록 편안한 분위기의 분만실을 제공한다. 분만이 가까워지면 사료를 먹지 않고 발로 바닥을 긁거나 불안해하는 등의 분만 징후를 보인다. 분만 24시간 전에는 체온이 평상시보다 1~2℃ 저하되므로 정확한 분만일을 모를 때에는 하루에 두 번 정도 체온을 측정하는 것도 도움이 될 수 있다. 개들은 주로 밤이나 아침 일찍 분만하는 경우가 많으므로 세심한 주의가 필요하다 (이홍구 등, 2012).

(2) 분만

① 제1기 (개구기)

진통이 시작되면서 자궁경관이 열리는 시기를 말한다. 자궁경관이 확장되면서 양수가 배출되어 분만이 원활하도록 돕는다.

② 제2기 (자궁수축기)

새끼를 낳는 과정, 즉 태아가 외부로 나오는 시기를 말한다. 이 시기는 진통이 심해지고 진통 빈도수가 높아지면서 태아의 두부가 골반강 입구에 위치하고 복부 수축이 시작된다.

태아는 머리부터 나오는 것이 일반적이며, 질구를 통해 두부가 만출되면 1회 또는 2회의 추가 진통으로 태아는 완전히 밖으로 나온다. 이러한 과정이 뱃속의 태아가 전부 밖으로 나올 때까지 반복되는데 첫 번째 태아가 태어난 후 30분~60분으로 다음 태아가 분만된다.

태아가 나오면 어미는 태막을 제거하고 탯줄을 끊어 (태아의 몸에서 1~2cm 위치) 태아를 핥아주는데 만약 어미가 태막을 제거하지 못할 경우는 보호자가 직접 태막을 제거하고 탯줄을 실로 묶은 후 소독된 가위로 잘라낸 후 마른 수건으로 태아를 잘 닦아준 후 호흡을 하는지 확인한다.

③ 제3기 (후산기)

태아가 분만된 후 태반이 배출되는 시기를 말한다. 태아가 태어날 때마다 하나의 태반
이 나오게 되고 모견은 본능적으로 태반을 먹어버린다. 태아가 여러 마리인 경우 제2기와
제3기가 반복적으로 진행된다.

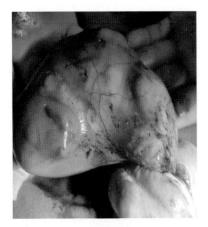

그림 2-12. 태막에 들어있는 강아지

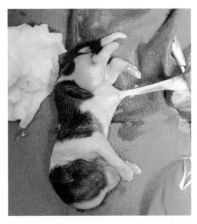

그림 2-13. 탯줄이 연결된 상태

그림 2-14. 갓 태어난 강아지

그림 2-15. 초유를 먹고 있는 강아지

(3) 분만 후 모견 관리

분만 후 5일 정도까지 모견에서는 초유가 분비된다. 갓 태어난 강아지에게 이 초유를
먹이는 것은 강아지가 질병으로부터 보호받을 수 있게 하기 위한 매우 중요한 과정이며,
분만 후 30분 이내 수유하는 것이 좋다 (이환희, 2020). 초유에는 면역글로불린 (면역항

체), 단백질, 비타민 등 다양한 영양소들이 풍부하게 포함되어 있어 강아지 건강을 지켜줄 뿐 아니라 태변의 배설에도 도움이 된다.

모견은 힘든 분만 과정과 포유로 인해 기력이 쇠약해질 수 있으므로 영양이 높고 소화가 잘되는 사료를 조금씩 자주 급여한다. 또한, 포유기간 중인 모견은 매우 예민할 수 있어서 신경이 안정되고 편하게 강아지를 돌볼 수 있도록 세심한 배려를 해야 한다 (이홍구 등, 2012).

(4) 강아지 관리

분만 후 강아지는 눈을 감고 있으며, 보지도 듣지도 못한다. 생후 2~3주 정도가 되면서 눈을 뜨고 귀도 열린다. 개의 평균 체온은 보통 38.5℃ 전후로 사람보다 높은 편이며, 소형견이 대형견에 비해 높은 편이다. 생후 1개월 이내 강아지는 체온 조절 능력이 약하므로 생후 2주 정도까지는 실내 온도를 27℃ 이상으로 맞추어 주어 보온에 신경 써야 한다. 생후 3주 전후부터는 배를 띄울 수 있고, 생후 4주 이후부터는 이유식을 시작한다.

분만 후 갓 태어난 강아지는 몇 가지 건강 체크를 해주는 것이 좋다.
① 정상적인 신체 상태 및 성별 확인 (발, 꼬리 등)
② 구순열 (입술 주변이 파여져 있거나 열려있는 경우) 또는 구개열 (입천장이 잘 닫혀 있는지) 확인을 통해 대책 마련
③ 청진을 통해 선천적 심장질환이 있는지 여부 확인
④ 혹시 단미술이 필요한 경우는 1주 이내 실시하는 것이 좋다.

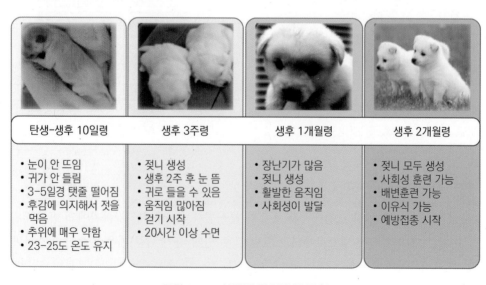

탄생-생후 10일령	생후 3주령	생후 1개월령	생후 2개월령
• 눈이 안 뜨임 • 귀가 안 들림 • 3-5일경 탯줄 떨어짐 • 후각에 의지해서 젖을 먹음 • 추위에 매우 약함 • 23-25도 온도 유지	• 젖니 생성 • 생후 2주 후 눈 뜸 • 귀로 들을 수 있음 • 움직임 많아짐 • 걷기 시작 • 20시간 이상 수면	• 장난기가 많음 • 젖니 생성 • 활발한 움직임 • 사회성이 발달	• 젖니 모두 생성 • 사회성 훈련 가능 • 배변훈련 가능 • 이유식 가능 • 예방접종 시작

그림 2-16. 시기별 강아지의 변화

Ⅴ 반려견의 관리

1. 반려견 미용

반려견 미용의 역사를 살펴보면 유럽에서 시작되었는데 처음에는 사냥개 등의 털을 깎아 사냥에 활동하기 쉬운 형태로 만들었던 것부터 시작되었다. 예를 들면 푸들도 과거에는 오리사냥에 사용한 견종으로 오리를 사냥할 때 수렁이나 연못을 헤엄치고 풀숲을 헤쳐 나가야 하기 때문에 푸들의 피모 (皮毛) 특성상 헤엄치기 좋게 하기 위하여 또한 풀숲을 헤쳐 나가면서 생기는 상처를 방지하기 위하여 털을 깎기 시작한 것이 현재의 반려견 미용의 트리밍 (Trimming)의 시초이다. 이러한 것이 시대와 유행의 흐름에 따라서 그리고 견종에 따라서 특색 있는 견종 자체의 매력을 최대한으로 발휘하게 하려고 견종의 표준에 맞는 스타일을 창조하기에 이르렀다. 미용에 관한 관심은 지역적인 성향에 따라 많이 다르다.

(1) 미용의 정의

반려견 미용은 반려견의 털을 중심으로 몸 전체의 일상적인 손질을 말한다. 즉 브러싱 (Brushing)을 시작으로 베이싱 (Bathing), 귀청소, 발톱손질을 기본미용으로 하여 반려견의 몸과 다리 얼굴 등을 각 견종의 특징에 맞도록 깔끔하게 털을 잘라주거나 정리하여 주는 것을 의미한다.

반려견 미용은 크게 쇼클립 (Show clip)과 펫트 클립 (Pet clip)으로 구분된다. 쇼 클립은 쇼에 참가하기 위한 그루밍 (Grooming)으로 출전 스타일에 맞추어 털갈이 시기 등도 고려한 후에 쇼 당일에 출전 견이 최고의 상태에 임하고, 견종 표준에 의해 트리밍 (Trimming)이 될 수 있도록 피모를 정돈하는 것을 말한다. 펫트 클립은 가정에서 애완견으로 키우기 위한 전반적인 손질을 의미하는 것으로, 피부와 털을 청결히 하고, 신진대사를 활발히 해줌으로써 피부병과 기생충 등의 질병을 예방하고 건강 상태를 관리하는 것을 말한다.

먼저 그루밍이라는 용어는 광의로는 반려견 미용의 총체적인 의미로, 반려견 미용의 모든 부분을 포함하는 의미가 있으며, 협의로는 털을 브러쉬, 빗 등으로 청결히 하고 건강하게 하기 위한 컷트를 제외한 전반적인 손질을 의미한다. 그리고 트리밍은 각 견종의 표준 및 특징에 어울리도록 장점을 살리고, 결점을 커버하여 컷트하는 방법을 의미한다. 즉

컷트를 주로 하는 미용을 말한다.

(2) 미용 도구 및 용도

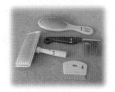

각종 브러쉬

1 핀브러쉬, 2 엉킨털제거기

3 슬리커브러쉬, 4 눈꼽빗 (참빗)

클리퍼와 날

1 발톱깍기

2 겸자

그림 2-17. 다양한 미용 도구

가위의 종류는 깎기가위, 단모가위, 빗살가위로 나눌 수 있다. 보통 반려견의 두부와 몸통의 모양을 잡을 때는 깎기가위 (장가위)를 사용한다. 귀 끝을 자르거나 패드 털의 제거, 푸들의 밴드 만들기, 수염, 눈썹 등 세밀한 부분의 컷트에는 단모가위를 사용한다. 빗살가위는 층을 두거나 단차를 마무리 할 때 사용한다. 테리어종이나 코커 스파니엘 등의 피모 다듬기, 털의 양을 줄이고 싶을 때 사용한다.

브러쉬의 종류는 슬리커브러쉬, 핀브러쉬, 콤으로 나눌 수 있다. 슬리커 브러쉬 (Slicker Brush)는 강한 털을 가진 견종의 죽은 털의 제거와 발모를 촉진하기 위하여 만들어진 것이나 현재에는 모든 견종의 털의 엉킴이나 뭉침을 풀고 죽은 털의 제거에 사용되고 있다. 핀 브러쉬 (Pin Brush)는 주로 장모종의 견종에서 털의 엉킴이나 죽은 털, 먼지, 비듬의 제거에 사용된다.

빗은 콤 (Comb) 또는 코움 (Combe)이라고도 하며, 죽은 털이나 털뭉치의 제거와 털의 정리에 사용된다. 빗의 종류에는 일자 빗, 꼬리 빗, 벼룩제거용 빗으로 나눌 수 있다. 빗을 선택할 때 먼저 빗은 핀 끝이 둥글어 반려견의 피부에 자극을 주지 않는 것을 고르며, 빗살의 간격이 고르고 녹이 잘 슬지 않는 것을 선택한다.

강아지의 털을 깎는 도구로 많이 이용되는 것이 클리퍼이다. 이러한 클리퍼는 원래 양의 털을 깎기 위해 만들어진 것으로 동물의 털은 사람의 머리털보다 강하기 때문에 사람의 미용에 사용하는 클리퍼보다 매우 강하고 고가이다. 클리퍼는 그 용도에 따라 클리퍼 날을 바꿔 끼우면서 사용할 수 있도록 되어있는데 깎아 남기는 털의 길이에 따라 날을 선택한다.

클리퍼 사용 시 주의할 점은 날을 피부와 수평이 되도록 하여 날에 의한 피부의 자극
주지 않도록 하고 귓볼이나 턱 등의 살갖에 상처를 내는 사고를 방지하기 위하여 세심
주의를 기울이지 않으면 안 된다.

강아지를 목욕시킨 후에 털을 말리는데 사용되는 도구로 드라이어가 있다. 드라이어
종류로는 한 손으로 조작하는 것으로 사람들이 머리털을 말리는데 사용하는 것과 같은
드 드라이어, 반려견을 상자 안에 넣는 자동식 케이지 드라이어, 매다는 식의 드라이
가장 많이 사용하는 스탠드식 드라이어 등이 있다. 주의할 점은 오랜 시간 사용 중에는
기구에 털이 막히는 사고를 초래할 수 있으므로 정기적인 손질이 필요하다. 또한, 케이
드라이어에서는 반려견의 움직임과 관계없이 드라잉을 할 수 있는 장점이 있기는 하지
장기간 사용에 의한 열사병의 위험이 있다.

발톱깎기는 크게 니퍼형과 길로틴형 두 가지 형태가 있는데 주로 니퍼형은 소형견에
많이 사용되면 길로틴형은 대형견에서 주로 사용된다. 발톱을 깎은 후 날카로운 발톱
끝을 둥글게 하여 강아지가 긁을 때 상처가 나는 것을 방지하거나 걷기 쉽게 하려고 사
하는 것으로 일반 줄과 전동 줄을 사용한다.

(3) 미용의 기본

반려견의 미용에는 모든 견종이 공통적으로 하는 기본 미용이 있다. 기본 미용에는
의 손질, 귀청소, 발손질, 발톱손질, 베이싱, 그루밍으로 나눌 수 있다. 반려견의 관리에
이러한 기본 미용은 필수적인 것으로 반려견의 건강관리에 빠져서는 안 되는 중요한 미
과정이며 반려견 미용의 기본이라 할 수 있다.

반려견의 눈물 흘리는 것을 방치해 두면, 눈물에 젖은 부분의 털이 흉한 빛깔로 변색되
어 반려견의 본래의 표정을 잃어버린다. 눈물 자국의 제거하는 방법은 다음과 같다. 변
된 부분의 털을 되도록 짧게 잘라준다. 유전적인 누선의 결함이 원인으로 계속 눈물을 흘
리는 반려견의 경우는 눈물로 젖은 부분의 피부가 짓무르는 수도 있으므로 피부에 상처를
내지 않도록 주의하여 털을 깎아 준다. 그리고 반려견용 눈 세정제를 탈지면이나 면봉에
묻혀서 눈과 눈 밑의 눈물 자국 부분을 가볍게 닦아낸다. 한쪽 눈을 닦은 후 탈지면을 갈
아서 다른 쪽 눈을 닦는다.

반려견의 귀는 구조상 물이 들어가거나 이 물질이 들어가면 나오지 못하는 구조를 가
지고 있다. 즉 고막이 귓구멍보다 낮은 곳에 위치하고 있어 물이 들어가면 나오지 못하고
반려견은 귀에도 털이 많은 종이 많아 자칫 관리를 소홀히 하면 귀에 진드기가 붙거나 귓
속에 염증이 생기는 외이염 (外耳炎)을 일으키기도 한다. 특히 귀가 긴 반려견들은 귓 속

이 건조하지 **않아** 악취가 나거나 때로는 외이염이 중이염으로 악화될 수도 있다. 이에 귀의 손질은 반려견의 건강을 위해 필수적이다.

귀 청소 방법은 먼저 이어 파우더를 귓속에 뿌려 털이 미끌어지지 않아 귓속 털을 제거하기 쉽도록 **한다.** 털 제거 시 귓구멍 입구의 털을 손가락을 잡고 뽑는다. 이때 털을 조금 잡아서 뽑아낸다. 귀속의 털을 제거할 때는 겸자를 사용하여 털을 뽑아낸다. 귓속의 털을 제거하였으면, 겸자에 탈지면 등을 감거나 초소형견일 경우에는 면봉에 귀 세정제를 발라서 귀의 안쪽을 **충분히** 닦고 귓바퀴도 닦아준다.

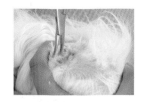

(이어 파우더를 뿌리고 귀속의 털을 겸자를 활용하여 뽑아낸다.)

그림 2-18. **귀털 뽑기**

반려견의 **발바닥**은 발가락 사이에 털이 많이 나기 때문에 각종 세균의 번식이나 피부병의 온상이 **되기** 쉽다. 또한, 가장 쉽게 더러워지는 곳이다. 이에 기본적으로 발바닥의 털을 정기적**으로** 제거해 주어야 한다. 손질 방법은 가위로 손질도 가능하지만 대부분 클리퍼를 활용하**여** 발바닥에 난 털을 제거해 주어야 한다. 특히 주의할 점은 발가락 사이의 털 제거 시에는 클리퍼나 가위 사용 시 상처를 내기 쉬우므로 신중하게 깎아 주어야 한다.

발톱의 손질**도** 중요하다. 가정에서 사육되는 반려견은 굳은 땅을 딛는 기회가 적은 관계로 방치해 두**면** 발톱이 길게 자란다. 발톱이 너무 길면 걸음걸이에 악영향을 주게 되며 살을 파고들어 **상처**를 입게 되기도 한다. 그래서 정기적으로 발톱을 깎아 주어야 한다. 발톱의 밑 부분에**는** 혈관이 통하고 있다. 발톱은 자라면 자랄수록 혈관도 발톱 속에서 자라게 되어 발톱을 자르면 피가 나와 한번 발톱을 깎고 나면 싫어하게 된다. 따라서 어렸을 때부터 애완용 **발톱** 깎기를 사용하여 얇게 깎아 주고 익숙해지면 점점 두껍게 깎아 주도록 한다. 자른 **후**에는 줄을 이용하여 깎은 곳을 부드럽게 갈아주는 것이 좋다. 발톱을 깎을 때는 반려견**이** 움직이지 않도록 잘 잡아야 하며 단번에 잘라주어야 아무 사고 없이 발톱 손질이 끝날 **수** 있다.

반려견의 **항문** 주위에는 배변의 찌꺼기나 기생충 알이 배변과 함께 배출되어 붙어 있는 경우가 많아 청결하게 하는 것이 중요하다. 항문낭이란 특수한 기관이 있는데, 항문을

기준으로 5시와 7시의 외복부 측에 위치하고 있는 일종의 낭으로 제각기 얇은 도관을 가진 항문피선의 부위에 열려 있다. 내용물은 낭벽에 발달한 지선 아포릭 대간선 (분비선 혹은 기름선)의 분비물이나 끈적끈적한 진흙 상태나 물 같은 것으로서 이런 분비물을 그대로 방치하면 세균이 감염되어 악취가 있는 낭으로 충만해지기 때문에 이것은 항문낭염, 항문낭종을 일으키는 원인이 되므로 주의해야만 한다. 따라서 항문낭을 정기적으로 짜주어야 한다. 항문낭을 짜주는 방법은 꼬리를 꽉 잡고서 등쪽으로 올리고 항문을 돌출시킨 후, 손가락으로 그림과 같이 항문의 5시와 7시 방향 부분을 누른다. 그러면 기름 같은 분비물이 항문을 통하여 나오는 것을 확인할 수 있다. 이때 너무 지나치게 누르면 오히려 상처를 입을 수 있기 조심하여 짜준다. 항문낭을 짜주는 시기는 강아지가 목욕할 때 항문낭을 청소해주는데 그 이유는 손가락이나 피모를 더럽히지 않기 때문이다.

항문 주위의 털 손질

항문 주위의 털을 제거 모습

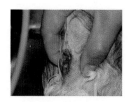
항문낭 짜기

그림 2-19. 항문 관리

털의 브러싱은 미용 중에서 가장 첫 단계이다. 반려견이 브러싱에 의해 건강을 유지하고 각 견종의 특성에 어울리는 아름다운 피모를 갖도록 손질을 해놓으면 그 사람과의 커뮤니케이션도 잘 되어, 서로 간의 애정과 신뢰가 싹튼다. 브러싱이나 코밍은 반려견을 빗겨준다는 것에는 동일하나 코밍은 트리밍을 하기 위한 빗질이다. 이 트리밍을 하기 위한 코밍은 브러싱보다 반려견에 대한 자세한 정보가 있어야 하기 쉽다. 견종마다 트리밍을 어떻게 할 것인가가 정해져야 모질과 털의 흐름을 알 수 있고, 이것이 선행되어야만 제대로 된 코밍을 할 수 있다. 코밍이 잘못되면 트리밍도 따라서 잘못되기 때문에 제대로 된 코밍이 잘된 트리밍의 기본이다.

브러싱은 빠질 털을 미연에 제거할 수 있는 장점이 있으며, 반려견의 피부에 자극을 주기 때문에 혈액순환을 원활하게 해서 피부병의 예방, 모질의 활성을 돕는다. 브러싱을 자주 해주어야 항상 윤기 있고 건강한 피모를 유지할 수 있다. 브러싱도 반려견에게는 스트레스이므로 어렸을 때부터 자주 하여 반려견이 익숙해지도록 하며, 짧은 시간에 실시하여 스트레스를 최소화시킨다.

목욕은 피부나 털이 더러워지는 것을 씻어 내고, 체취를 제거하여 피모를 아름답게 한다. 또 살갗에 낀 비듬이나 때를 제거하여 피부의 혈행 (血行)과 피부 호흡을 활발히 하여 왕성한 발모를 촉진한다. 또한, 털의 엉킴과 가려움증을 예방해 주기 위하여 정기적인 목욕은 필수적이다. 사람이 쓰는 샴푸는 두피가 반려견보다는 강하기 때문에 약 알칼리성인 반면에 반려견 전용 샴푸는 중성에 가깝다. 따라서 사람이 사용하는 샴푸를 사용하면 오히려 반려견의 피모를 상하게 하여 피부병 등의 질병을 유발하고 모질 또한 상하게 된다. 그래서 반려견의 목욕에 사용하는 샴푸는 반드시 반려견 전용 샴푸를 사용하여야 한다. 린스도 반려견의 목욕에 사용되는데 그 목적은 샴푸가 가지고 있는 알칼리를 중화시키며, 털을 부드럽게 해주고, 손상된 털을 보호하고 영양을 주는 역할을 하며, 정전기 발생을 억제시키고 빗의 통과를 쉽게 해준다. 즉 씻겨낸 피모를 보호하고 아름다움을 장기간 보존할 수 있다.

드라잉 작업은 풍력에 의해 털이 건조되기 때문에 완전히 물기를 닦아내면 털에 굴곡이 생기기 쉽다. 반면 물기가 너무 많이 남아있으면 드라잉 시간이 길어져 견이나 피모 모두에게 손상을 입힐 수 있다.

타올링을 하는 방법은 전신을 타올로 덮어 가볍게 누르듯이 해 수분을 빨아들인다. 그러나 물기를 완전히 제거해서는 안 된다. 털의 길이에 따라 그 정도가 다르나 물기를 완전히 제거하면 드라잉 작업시 털이 너무 빨리 건조돼 굴곡이 생기게 된다. 그러므로, 타올링이 드라잉 작업에 영향을 미친다. 드라잉하는 순서는 먼저 견을 엎드리게 해 머리에서부터 시작해서 목, 몸통, 배, 겨드랑이, 엉덩이, 꼬리 순으로 건조시켜 나간다.

Ⅵ 반려견의 질병 및 구충

1. 반려견의 질병

(1) 주요 질병

① 비전염성 질병

㉠ 자궁축농증 (Pyometra)

자궁축농증은 자궁 안에 염증으로 인한 화농이 쌓이는 질환이다. 7세 이상의 암컷에게 발생하기 쉬우며 내부 화농이 쌓여 나오지 않는 경우 신속히 치료하지 않으면 생명이 위험할 수 있다. 또 치료 시기를 놓치게 될 경우 패혈증으로 사망할 수 있다.

반려견의 경우 프로게스테론 반응에 따른 에스트로겐의 반복적인 노출 때문에 자궁축 농증이 발생한다. 고농도의 프로게스테론과 고농도의 에스트로겐이 자궁내막에 반복적으로 노출되면 자궁내막의 비후를 일으킨다. 이후 자궁내막에 낭포성 증식이 이뤄진 후 황체호르몬의 높은 혈중농도가 지속되면 감염에 대한 저항성이 낮아지고 대장균 등 다른 세균이 증식되어 급성자궁내막염을 일으키는 것이다.

자궁축농증은 출산 경험이 없거나 한 번만 출산한 반려동물에게 발병할 확률이 매우 높아 만일 출산계획이 없다면 자궁축농증 예방을 위해 중성화수술로 조기에 난소와 자궁을 적출 해주는 것을 추천한다.

㉡ 슬개골 탈구

슬개골 (Patella)은 무릎 관절 앞쪽에 위치한 밤알 모양의 무릎뼈를 말하는데, 슬개골 탈구란 무릎뼈가 빠지는 것이다. 슬개골 탈구가 있으면 다리를 들고 다니거나 절게 되는데 오래되면 관절 변형이 된다. 침대나 높은 곳에서 뛰어 내리면 갑자기 소리를 지르거나 갑자기 뒷다리를 절면 슬개골 탈구를 의심해 볼 수 있다. 하지만 경우에 따라서는 증상이 나타나지 않고 진행되는 경우도 있다. 무릎에 있는 인대가 무릎뼈를 감싸고 있는데, 슬개골 탈구는 인대와 무릎뼈 사이의 구조적인 변형이 되어 발생한다. 진행 정도에 따라 4단계로 구분을 하는데 일찍 수술을 하는 것이 좋다.

㉢ 고관절 이형성 (Hip Dysplasia)

고관절은 엉덩이 관절을 말하고 이형성은 형성이 잘 되지 못한 상태를 말한다. 즉 고관절 이형성은 대퇴골두를 잡고 있는 관골구가 정상적으로 형성되지 않아 탈구의 위험성이 높아져 있는 상태로, 생후 2살 이전에 발생하는 경우가 많다. 주로 대형견에서 자주 나타나지만 소형견에서도 종종 발생한다. 원래 고관절 이형성은 유전적인 소인인 강한 질병으로 이환된 개체는 번식 대상에서 제외되어야 한다.

㉣ 요로결석 (Urinary calculus)

결석은 몸 안의 무기질이 뭉쳐서 돌처럼 변한 것을 말한다. 결석은 종류가 아주 많은데 문제가 되는 것은 결석의 종류뿐 아니라 결석이 생긴 위치이다. 제거하기 편리한 곳에 생긴 결석은 쉽게 치료되지만 콩팥 안쪽에 생긴 결석 같은 경우 문제가 심각해진다.

콩팥에서 방광과 요도 사이에 어디든 결석이 생기면 오줌 색이 변하고 오줌을 자주 누려 한다. 결석은 위치에 따라 신장결석, 방광결석, 요도결석 등으로 구분하는데, 결석인 존재하는 위치에 따라 임상 증상이 조금씩 달라진다. 오줌 줄기에 피가 묻어나올 때 처음 나오는 오줌에 피가 있는 것과 오줌을 다 본 뒤에 피가 떨어지는 것은 증상과 결석의 위치가 다르기 때문에 보호자가 관찰하여 수의사에게 말해주어야 할 사항이다. 또한, 오줌색이 아주 붉게 변하는 것과 오줌에 빨간 피가 섞여있는 것은 다른데, 앞에 것은 피 속에 적혈구가 깨져 오줌과 뒤섞인 것이고, 뒤의 것은 오줌에 피가 묻어있는 것이다.

결석은 수술이나 내과적인 치료로 제거하거나 녹여내고 처방식을 통해 치료한다.

㉤ 백내장 (Cataract)

백내장은 수정체가 백색으로 탁하게 변화되는 것을 말한다. 노령견에게 보이는 대표적인 질병이다. 보스턴 테리어, 골든 리트리버, 코카 스파니얼, 미니어쳐 슈나우저, 시베리안 허스키, 올드 잉글랜드 쉽독 등에서 잘 발생하지만, 품종과 관계없이 백내장 증상을 보일 수 있다. 눈을 보아 수정체 안쪽이 하얗게 흐려져 있는 것을 관찰하게 되면 백내장을 의심해야 한다. 당연히 시력이 떨어지고 진행되면 실명할 수도 있다.

㉥ 유루증 (Tear staining syndrome, TSS)

유루는 눈물이 흐르는 것으로 유루증이란 눈물이 과도하게 흘러 눈 밖으로 넘쳐나는 것을 말한다. 주로 말티즈, 푸들 같은 품종에서 흔하게 나타나는데, 눈물 속의 라이소자임 색소가 흰털을 물들여 갈색이나 분홍색 또는 암적색으로 지저분하게 변색시키게 된다. 또한, 시츄같이 눈이 큰 품종에서도 유루증이 잘 발생한다. 안검내번증 등에서도 유루증이 나타나지만, 눈물이 흘러 코로 빠져나가는 코눈물관 (Nasolacrimal duct)이라는 눈과 콧구멍 사이에 연결된 관이 막히는 경우에도 발생한다. 눈물의 과다 분비는 눈물분비량 평가 검사로 알 수 있고, 눈물의 분비량을 줄여주는 수술을 하거나 누비관의 폐쇄 시에는 코눈물관을 뚫어주거나 눈물샘을 일부 절제하여 눈물 양을 줄여주는 수술을 한다.

② 전염성 질병
㉠ 세균 감염병
ⓐ 렙토스피라증 (Leptospirosis) : 인수공통감염병

1898년 이래 유럽 등지에서 많이 발생한 질병으로 갑작스러운 고열, 오한, 황달 그리고 유산을 일으키는 등의 증상을 보이며, 사람에게도 전파되어 비슷한 증상을 보이는 인수공통전염병으로써 렙토스피라 세균에 감염된 들쥐에 의하여 전파되는 질병이다.

ⓑ 켄넬코프 (Kennel cough) : 개과 동물 감염증

본 질병은 개와 늑대, 여우와 코요테 등의 개과 동물과 족제비, 밍크, 페렛 등의 족제비과 동물에 감염된다.

ⓒ 개 부루셀라병 (Canine brucellosis) : 인수공통감염병

유산을 제외한 특별한 임상 증상을 나타내지 않고, 진단상 어려움이 많고, 항상 보균동물로 존재함으로써 집단적으로 사육하고 있는 번식장에서는 매우 중요한 전염병이다. 사람에도 감염되어 유산을 일으킬 수 있는 인수공통감염병으로 발생 시 신고의 의무가 있는 법정전염병이다.

ⓓ 개 라임 병 (Canine Lyme Disease. canine Borreliosis) : 인수공통감염병

진드기에 의하여 전파되는 질병으로 사람에 감염이 일어나는 인수공통감염병이다. 다행히 한국에서 보고되지 않은 질병으로 미국에서는 많은 발생이 일어나고 있다.

ⓛ 바이러스 감염병

ⓐ 광견병 (Rabies)

모든 온혈 포유동물에 감염되는 치명적인 법정전염병으로서 사람이나 다른 동물을 물었을 때 타액을 통해 전파되며, 사람에서도 신경증상이나 공격성 등을 일으킨다. 국내에서는 철책선 인근의 오소리, 너구리 등 야생동물이 감염되어 이 동물이 개나 소 등의 동물을 물어 광견병을 전파시켰다는 보고도 있다. 사람도 감염되면 치명적인 인수공통감염병으로 주의를 필요로 한다.

ⓑ 개 파보 바이러스 감염증 (Canine parvovirus infection)

본 질병은 개와 늑대, 여우와 코요테 등의 개과 동물과 족제비, 밍크, 페렛 등의 족제비과 동물에 전염력과 폐사율이 매우 높은 질병으로 어린 연령의 개일수록, 백신 미접종의 개체일수록 증상이 심하게 나타나며, 심한 구토와 설사가 따르므로 강아지에게는 치명적인 질병이다.

• 심장형

3~8주령의 어린 강아지에서 많이 나타나며, 심근 괴사 및 심장마비로 급사하기 때문에 아주 건강하던 개가 별다른 증상 없이 갑자기 침울한 상태로 되어 급격히 폐사되는 것이 특징이다.

• 장염형

8~12주령의 강아지에서 다발하며, 구토를 일으키고 악취 하는 회색설사나 혈액성 설사를 하며 급속히 쇠약해지고 식욕이 없어진다. 강아지의 경우 설사에 의한 급속한 탈수로 인해 발병 24~48시간 만에 폐사되는 수가 많다.

ⓒ 개 홍역 (Canine distemper)

본 질병은 개와 늑대, 여우와 코요테 등의 개과 동물과 족제비, 밍크, 페렛 등의 족제비과 동물에 전염성이 강하고 폐사율이 높은 전신 감염증으로서 눈곱, 소화기증상, 호흡기 증상, 신경증상 등의 임상증상을 보이며 병이 경과하는데 소수의 사례에서는 발바닥이나 코가 딱딱해지고 균열이 생기는 경우도 있다. 일반적으로 개과와 족제비과의 4~5개 월령의 어린 동물 등이 많이 감염되며 임신한 모견이 홍역에 걸리는 경우에는 사산이나 허약한 강아지를 분만하게 된다.

ⓓ 개 전염성 간염 (Canine infectious hepatitis)

본 질병은 개와 늑대, 여우와 코요테 등의 개과 동물과 족제비, 밍크, 페렛 등의 족제비과 동물에 감염되며 개의 홍역 (Canine distemper)과 유사한 증상을 나타내는 질병으로서 강아지 때 급사되는 경우를 제외하고는 사망률이 10% 정도로 가볍게 내과 하는 경우가 대부분이며 국내에서 판매되는 백신에 의하여 비교적 잘 방어가 되는 질병이다.

ⓔ 개 코로나 바이러스 장염 (Canine coronavirus infection)

본 질병은 개와 늑대, 여우와 코요태 등의 개과 동물과 족제비, 밍크, 페렛 등의 족제비과 동물에서 전염성이 강하고 구토와 설사를 주 증상으로 한다. 개 파보 바이러스 감염증과 유사하여 개 파보 바이러스와 감별 진단이 필요하다. 다행히 사람에 감염되지 않는다.

ⓕ 개 감기 (Canine parainfluenza virus infection)

본 질병은 개와 늑대, 여우와 코요태 등의 개과 동물과 족제비, 밍크, 페렛 등의 족제비과 동물에 감염되는 개의 감기로서 켄넬코프와 증상이 유사하지만 병원체가 다르다. 개의 감기는 개 파라인프루엔자 바이러스 감염에 의하며, 다행히 사람에 감염되지 않는다. 그럼에도 불구하고 개가 감기에 걸리면 주인도 감기가 걸린 경우가 많은데 이는 집안 환경이 감기에 걸리기 쉬운 환경에 노출되어 있어 개와 주인 모두 감기가 걸린 것뿐이고 병원체는 다르다. 따라서 개에서 사람이 감기가 옮지는 않는다.

⑨ 개 헤르페스 (허피스)바이러스 (Canine herpesvirus infection)

본 질병은 개와 늑대, 여우와 코요태 등의 개과 동물과 족제비, 밍크, 페렛 등의 족제비과 동물에 감염된다. 개에서 한 번 감염되면 어린 연령에 치명적인 헤르페스바이러스 감염증으로 유사산의 원인이 된다. 다행히 사람에 감염되지 않는다.

ⓒ 기생충 감염병

ⓐ 심장사상충 (Heartworm)

심장사상충 (Heartworm, Dirofilaria immitis)은 현재 가장 광범위하게 퍼져있는 기생충성 질병으로 중간 숙주인 모기를 통해 전염된다. 사상충증은 유충이 죽어 폐 내에 전색을 형성하는 것으로 알려져 있는데 이러한 경우는 드물게 발생되며, 대개 무증상이다. 그러나 폐전색이 형성되면 방사선 사진에서 결절로 나타나며, 정확한 진단을 위해서는 외과적으로 생체검사와 조직학적인 평가를 받아야 하는 문제를 일으킨다. 사람의 사상충증 예방은 개의 심장사상충을 줄여나가는 것이므로 모든 심장사상충을 치료하는 것이 바람직하다. 또한, 심장사상충의 예방은 사람의 사상충증 발현율을 현격히 줄일 것이다.

ⓑ 지알디아증 (Giardia infection)

주 원인은 Giardia canis이며, 2개의 핵과 편모를 가진 이자형의 원충으로서 개의 상부소장에 기생하면 돌발적으로 악취가 나는 수양성 설사와 식욕감퇴를 주 증상으로 하는 급성형과 만성적으로 흡수장애를 일으키는 만성형으로 구분된다.

ⓒ 트리코모나스증

비위생적인 견사에서 사육되는 자견에 Trichomonas spp. 편모를 가지며, 운동성이 있는 원충이 감염되어 발생하는 질병으로서 수양성 설사를 유발하는 원인이 된다. 의심되는 증상을 보이는 경우는 동물병원에 내원하여 치료를 받도록 한다.

ⓓ 크립토스포리디아증 (Cryptosporidium infection)

콕시디아 속 원충인 크립토스포리디움 (Cryptosporidium)의 중요한 보균가축은 소이지만 개와 고양이의 분변에서도 검출되며 이 원충은 많은 동물을 감염시키고 감염된 동물의 대변으로 나온 낭포체는 전염성 가지고 있다.

ⓔ 개 선충 (Scabies)

주 원인은 개 선충 (Sarcoptes scabies)의 감염으로 옴이라고도 불리는 증상을 유발한다. 개선충에 감염된 개는 가려움에 피부를 긁고 긁는 상처에 감염된 세균에 의하여 피부에 염증이 유발된다. 인수공통감염병으로 사람도 감염되며, 감염된 피부에 오돌도돌한 빨간 돌기들이 생기고 가려움증을 느끼게 된다.

ⓕ 개 모낭충 (Demodex)

주 원인은 개 모낭충 (Demodex canis)의 감염으로 모낭충에 감염된 개는 모낭 안에 기생충 감염에 의한 염증으로 털이 빠지고 가려워 긁은 피부에 2차 세균감염으로 염증이 유발된다. 모낭충은 개선충 보다 치료가 어려워 장기 치료가 요구되며, 흔히 재발이 유발되기 때문에 관리에 주의를 요한다. 유전적 소인이 강하기 때문에 번식하지 않는 것이 바람직하다.

ⓖ 귀 이 (Ear mite)

주 원인은 Ear mite의 감염으로 증상이 유발된다. 귀 속에 귀지와 염증을 유발하며, 가려워 긁기 때문에 귀에 2차 세균 감염이 일어난다. 외부기생충 구제제 사용과 정기적인 귀 청소 및 위생적 관리로 예방할 수 있다.

ⓗ 이 (Lice) 및 벼룩 (Flea)

주 원인은 이와 벼룩으로 이와 벼룩의 감염은 위생적 관리로 예방할 수 있다. 외부 기생충을 예방하는 약제들이 다양하게 개발되어 있어 편리하게 이용할 수 있다.

ⓘ 선충류 (線蟲類)

선 형태의 모양을 한 견회충 (Toxocara canis), 견소회충 (Toxocara leonina), 개편충 (Trichuris vulpis) 등이 있으며, 구충류 (鉤蟲類)는 갈고리가 있는 형태를 갖춘 견십이지장충 (Ancylostoma caninum), 비경구충 (Uncinaria stenocephais) 이 있다.

ⓙ 조충류 (條蟲類)

납작한 선모양의 형태를 한 기생충으로서 긴촌충 (Diphyllobothrium latum), 촌충 (Echinococcus spp.), 일반조충 (Taenia spp.), 두상조충 (Taenia pisifomis), 고양이조충 (Taeniataenia formis), 다두조충 (Multiceps spp.) 등이 있다.

ⓚ 흡충류 (吸蟲類)

창형흡충 (D. lanceolatum), 묘흡충 (O. tenuicollis), 간흡충 (Fasciola hepatica), 폐디스토마 (P. westermanii) 등이 있다.

ⓔ 곰팡이 감염병

피부 곰팡이 감염증은 진균에 의하여 유발되며, 인수공통감염병으로 사람 피부에도 감염이 유발된다. 다양한 곰팡이에 의하여 피부 병변이 유발되며, 세균과 외부 기생충 감염증과 감별 진단이 필요하다. 우드 램프에 의하여 피부에 자외선을 쬐어 형광을 발하는 것을 확인하여 피부 곰팡이 감염증을 진단할 수 있다. 피부를 긁어 도말하여 현미경으로 관찰하여 곰팡이 포자를 관찰하는 것으로 진단하기도 한다. 곰팡이는 치료가 어렵고 흔히 재발하기 때문에 주의를 요구한다.

(2) 예방접종

① 모체이행항체 (母體移行抗體)

개는 분만 직후 일반 비유기 젖보다 더 진한 형질의 젖을 분비하는데 이를 가리켜 '초유'라고 하고 그 초유에는 모견이 살아오면서 체험한 질병에 대한 면역물질과 백신 접종으로 형성된 면역물질이 함유되어 있어 이를 모체이행항체라고 부르며, 그 항체의 수준을 계수화시켜 놓은 것을 항체가 (抗體價)라고 한다. 개체에 따라 모체이행 항체 소실 시기가 다르지만, 일반적으로 젖을 떼는 6주까지는 모체이행항체의 영향을 받으므로 이후부터 예방접종을 시작하도록 권장하고 있다.

② 개 종합백신 (DHPPL)

일반적으로 비교적 간섭 현상이 덜하고 표적 장기 (Target organ)가 다른 백신을 사용자가 쓰기 편하게 몇 개씩 묶어 DHP, DHPP, DHPPL, DHPPLL, DHPPCL로 명하는 혼합백신이 생산되고 있다. 국내에 주로 사용되는 종합백신은 DHPPL로서 개 홍역, 개 간염, 개 감기, 개 파보장염, 렙토스피라 감염증과 같은 5종 병원체에 대하여 예방할 수 있다.

③ 예방접종의 종류와 접종 프로그램

모체이행항체가 소실되기 이전인 생후 6주령부터 예방접종을 실시하여 방어항체 수준을 끌어올리기 위해서 표 2-1과 같은 백신을 프로그램에 따라 반복 접종을 한다.

표 2-1. 개 예방접종의 종류와 접종 프로그램

예방 목적 질병		접종 프로그램
종합백신 (DHPPL)	개 홍역, 개 간염, 개 감기, 개 파보장염, 렙토스피라	• 생후 6주부터 24주 간격으로 5회 접종 • 이후 매년 1회 보강접종
코로나 장염	Canine corona virus	• 생후 6주부터 2~4주 간격으로 2~3회 접종 • 이후 매년 1회 보강접종
켄넬코프	*Boardetella brochiceptica* Parainfluenza virus	• 생후 8주부터 2~4주 간격으로 2~3회 접종 • 이후 매년 1회 보강접종
광견병	Rabies virus	• 생후 3~4개월령 1회 접종 • 이후 6개월마다 보강접종
개 인플루엔자	Canine influenza virus	• 생후 10주부터 2주 간격으로 2회 접종 • 이후 매년 1회 보강접종

 2. 반려견의 구충 방법

(1) 내부 기생충의 예방

자연환경에 널리 분포되어 있어 다양한 전파방법으로 감염되는 기생충의 감염예방을 단순한 구충제로만으로는 어려움이 있어 기생충의 기초적인 생활사를 평소에 알아두어야 할 필요가 있으며 다음과 같은 요령으로 관리하면 구충은 물론 건강한 개의 상태를 유지할 수 있을 것이다.

① 조속한 분변 청소 및 위생적 처리

② 동물 자체 및 주변 정기적인 소독

③ 청결하고 영양이 풍부한 먹이급여

④ 이, 벼룩, 모기 등의 해충 구제

⑤ 쥐 등 설치류의 구제

⑥ 선충류 및 조충류, 흡충류 구충이 가능한 종합구충제

일반적인 구충 프로그램으로 신생 자견 15일, 25일, 40일령 쯤 구충을 실시한 후 집안에서 키우는 개는 2개월마다 야외에서 키우는 개는 월 1회씩 연속 구충하는 것이 현명하다.

(2) 심장사상충의 예방

중간 매개체인 모기의 활동기 동안 감염이 우려될 시에는 매월 1회씩 심장사상충 구충제를 투여한다.

(3) 외부 기생충의 예방

외부기생충에 감염된 개는 가려움에 피부를 긁기 때문에 긁은 부위 상처로 발톱에 묻어 있던 세균이 2차적으로 감염이 일어나고 피부에 염증이 유발된다. 반려견의 피부 기생충인 개선충 (옴, 스케비스), 모낭충, 이, 벼룩 등은 인수공통감염병으로 사람도 감염되며 감염된 피부에 오돌오돌한 빨간 돌기들이 생기고 가려움증을 느끼게 된다.

외부 기생충의 예방은 정기적인 피부 위생 관리가 필요하며 오염된 빗이나 클리퍼의 사용에 주의하고 감염된 개와의 접촉을 피하여야 한다.

참고문헌

AKC, 1998, The Complete Dog Book, 19 Ed., Howell Book House, USA.

Evans, 1993, Miller's Anatomy of the Dog, USA.

Feldman, E. C., Nelson, R. W. 1996. Canine and Feline Endocrinology and Reproduction. 2nd ed. Saunders, Philadelphia, pp. 526-546.

Japan Kennel Club, 1998, 最新犬種 Standard 圖鑑, 學研, 日本.

Johnston, S. D., Root Kustritz, M. V., Olson, P. N. S. 2001. Canine and Feline Theriogenology. 1st ed. Philadelphia : Saunders. pp. 16-40.

KC Japan, 1990, Standard of the Breeds, 日本社會福祉愛犬協會, 日本.

김상동, 문승태. 2004. 애완동물관리론. 서울, 호산당.

김옥진. 2012. 애완동물학. 서울 : 동일출판사.

김옥진, 김현주, 정태호, 황인수. 2015. 동물질병학. 서울 : 동일출판사.

김윤정, 2015, 당신은 반려견과 대화하고 있나요? p. 8-9, p. 55.

김정배, 김방실, 문병권, 윤창진, 박철호, 문진산, 서국현, 오기석, 손창호. 2008. Miniature Schnazer견에서 혈중 Estradiol 17β와 progesterone 농도 측정에 의한 배란시기의 추정. 한국임상수의학회지, 25 : 79-84.

박영석. 2000. 애견의 기원과 표준, 사이버여행아카데미.

박영석. 1994. 칼라아틀라스 개의 해부학, 도서출판 샤론.

박영석, 백영기. 1999. 계통별 개의 해부학, 도서출판 샤론.

백영기 외. 1994. 수의해부학, 정문각.

백영기. 1999. 수의비교해부학, 정문각.

스탠리 코렌. 2020. 개는 어떻게 말하는가 p. 136, p. 169-192.

양일석 외. 1999. 가축해부학, 광일문화사.

우한정, 오창영. 1995. 동물백과, 애완동물편, 아카데미서적.

윤신근. 1994. 세계 애견대백과, 대원사.

이홍구, 이종복, 문혜숙, 최옥화, 김옥진, 김병수, 민천식, 황인수. 2012. 동물매개치료학. 서울, 동일출판사, pp. 565-570.

이환희. 2020. 반려동물의 임신과 출산, 어떻게 대처해야하나. 시사저널 https://www.sisajournal.com/news/articleView.html?idxno=194536.

이흥식 외, 2000, 개의 해부학, 정문각.

林良博, 2000, The illustrated Encyclopedia of the Dog, 講談社, 日本.

제3장

반려묘에 대한 이해

이영주, 김다혜, 문승태, 신현국

I 반려묘의 역사

1. 반려묘의 기원

고양이 (*Felis Catus*)는 식육목 고양이과에 속하는 포유류다. 학명 Felis catus는 라틴어로 고양이를 뜻하는 fēlēs와 cattus에서 유래되었다. Cattus는 6세기부터 쓰기 시작했으며 어원에 대해서는 여러 가설이 있는데, 콥트어 ⲱⲁⲩ (šau)에 여성형 접미사 -t가 붙은 단어에서 온 것이라는 설, 고대 게르만어에서 왔다는 설, 아랍어 قطة (qiṭṭa)에서 왔다는 설이 있다. 근동 살쾡이가 현대의 집고양이와 가장 가까운 친척이며, 메소포타미아 농부들에 의해 사육되었고, 아마도 쥐와 같은 해충을 방제하는 수단으로 사육되었다고 추정된다. 이처럼 고양이는 인류로부터 오랫동안 반려동물로 사랑받아 왔다. 실례로 고대 이집트의 벽화에는 고양이를 새 사냥에 이용하는 그림이 있다. 우리나라에는 대체로 10세기 이전에 중국과 내왕하는 과정에서 들어온 것으로 추측된다.

그림 3-1. 고대 이집트 벽화에 표현된 사냥에 이용된 고양이

2. 반려묘와 인간의 동거

야생 고양이들의 가축화는 10,000년에서 12,000년 전 사이에 메소포타미아 이집트 문명의 발상지인 비옥한 초승달 지대에서 진행되었으며, 가장 오래된 반려묘의 유적은 2001년 키프로스 섬 남동쪽의 실로우로캄보스에서 발견된 약 9,500년 전의 무덤에서 발견되었다. 또한, 5,300년 전 중국 콴후쿤의 신석기 주거지에서 발견된 고양이 뼈에 대한 분석결과 그 당시의 고양이들은 집쥐 및 곡식을 먹고 살았던 것이 밝혀졌다. 고양이와 인간의 공생 관계는 농경의 발달로 이집트 문명이 발생했을 무렵 곡식을 저장하는 창고에 모여든 쥐를 따라온 것이 시작으로 알려져 있다. 이후 아라비아 상인들의 실크로드를 통해 유럽과 아시아 전역으로 퍼졌으며, 항해하는 데에도 도움이 되어 인간과 함께 항해를 동행하면서 전 세계로 퍼져 나갔다. 고양이의 품종 연구는 대단한 고양이 애호가였던 빅토리아 여왕에 의해 이루어졌다. 그때까지 각지에서 잡종과 돌연변이로 여러 품종의 고양이가 탄생하였지만 현존하는 대부분 19~20세기에 영국이나 미국에서 개량된 품종으로 고정된 것들이다. 새로운 품종을 만들어 내고 순수혈통 품종을 고정하는 작업은 지금도 품종 브리더 (Breeder)들에 의해 계속되고 있다.

Ⅱ 반려묘의 품종

1. 고양이의 품종 및 특징

고양이의 품종 개량은 19세기 말부터 시작되었다. 수천 년 전부터 인간의 필요에 의해 품종이 개량된 개와는 다르게 고양이는 가축화 이후 쥐를 잡는 용도로만 이용되어 왔고 품종 개발 기간이 매우 짧아서 겉모습만으로 품종을 구분하기가 쉽지 않다. 따라서 고양이는 상대적으로 유전적 다양성이 높다. 고양이의 품종은 일반적으로 집고양이 (Domestic)와 잡종 (집고양이×야생종; domestic×wild hybrids)를 포함하고 있으며, 국제고양이협회 (The International Cat Association)는 55종, 동물애호가협회 (Cat Fanciers' Association)는 44종, 국제고양이연방 (Fédération Internationale Féline)은 43종의 고양이를 품종으로써 인정하고 있다. 고양이는 체형의 크기가 크게 차이가 없으므로 털 길이에 따라 장모종, 중모종 및 단모종으로 구분할 수 있다.

(1) 단모종

① 아비니시안 (Abyssinian)

✎ 출처 : 게티이미지 뱅크

- 🐾 원산지: 에티오피아에서 유입되어 영국에서 개량됨
- 🐾 기원: 1872년 처음으로 알려진 품종으로 유전적 증거에 따르면 인도 양 연안지역과 동남아시아 일부에서 왔을 것으로 추정
- 🐾 크기: 2.5~4.5kg
- 🐾 털: 붉은 갈색이며 모발 끝이 어두워지는 것이 특징
- 🐾 특징: 운동량이 많고, 호기심이 많아 다양한 장난감을 제공해 주는 것이 중요하다. 사교적이고 사람분만이 아니라 개, 앵무새와 같은 기타동물들과도 잘 어울리는 것으로 알려져 있음

② 아메리칸 숏헤어 (American Shorthair)

- 🐾 원산지: 미국
- 🐾 기원: 1634년에 메이플라워호가 대서양을 횡단하는 항해에 동행 했으며 설치류를 제거에 큰 역할을 했다고 기록되었으며, 1904년에 품종 (Domestic Shorthair)으로 인정됨
- 🐾 크기: 수컷-5.5kg, 암컷-3.6~5.5kg
- 🐾 털: 흰색, 푸른색, 검은색, 크림색 및 갈색 등 다양하며 단색이거나 두세 가지 색이 섞이고, 다양한 패턴
- 🐾 평균 수명: 13~17년
- 🐾 특징: 중간크기이며 근육과 뼈가 잘 발달 되어 튼튼함. 대부분 야외에서 살았기 때문에 털이 두 껍고 조밀함. 설치류를 제거하기 위해 개량된 품종이기 때문에 강건하고 건강하며, 사냥 본능이 있음. 상대적으로 다른 품종에 비해 유전적 결함이 거의 없어 유전병이나 유전적 소인이 있는 행동문제가 없는 것이 특징

③ 뱅갈 (Bengal)

⟋ 출처 : 게티이미지 뱅크

- 😺 원산지: 미국
- 😺 기원: 1960년대 초 미국에서 첫 개량이 이루어졌으며 이 번식 프로그램은 일시적으로 중단된 후 1981년에 다시 시작됨. 품종의 기초에 사용된 야생 고양이는 Felis Bengalensis이었기 때문에 품종의 이름은 Bengal이 됨
- 😺 크기: 수컷-5.5kg 이상, 암컷-5.5kg 이상
- 😺 털: 갈색 및 회색 바탕에 검은색 무늬가 있고 점박이, 표범, 마블 형태의 다양한 패턴
- 😺 평균 수명: 9~13년
- 😺 특징: 삼각형 모양의 머리를 가지고 있으며, 야생 고양이를 연상시키는 외모이고 근육이 잘 발달하는 것이 특징임. 운동성이 매우 뛰어나고 활동적이므로 운동을 위한 충분한 공간이 필요함

④ 브리티시 숏헤어 (British Shorthair)

⟋ 출처 : 게티이미지 뱅크

- 😺 원산지: 영국
- 😺 기원: 빅토리아시대에 고양이 쇼가 등장하면서 개량을 시작했으며, 1967년에 미국고양이협회에서 브리티시 숏헤어 품종을 인정함
- 😺 크기: 수컷-5.9~9.1kg, 암컷-4~5.9kg 이상
- 😺 털: 흰색, 푸른색, 검은색, 크림색 및 갈색 등 다양하며 단색이거나 두세 가지 색이 섞인 다양한 패턴
- 😺 평균 수명: 14~20년
- 😺 특징: 브리티시 숏헤어는 비교적 느리게 발달하며 3~5살이 될 때까지 완전하게 육체적으로 성숙하지 못함. 새끼때는 활발하지만 1살 이후부터 활동량이 줄어듦. 브리티시 숏헤어는 치은염과 비대성 심근병증에 주의가 필요함

⑤ 이집트 마우 (Egyptian Mau)

출처 : 게티이미지 뱅크

- 🐾 원산지: 이집트
- 🐾 기원: 1953년 이집트에서 이탈리아로 이동 후 1956년 미국으로 들여와 1958년 품종이 인정됨
- 🐾 크기: 5.4~8.6kg
- 🐾 털: 실버, 브론즈, 크림색의 얼룩무늬
- 🐾 평균 수명: 9~13년
- 🐾 특징: 이집트 마우는 높이 앉아 주변을 바라보는 것을 좋아하며, 점프나 등반을 좋아함. 최대 48km/h의 속도로 달릴 수 있으며 가장 빠른 집고양이라는 특징이 있다. 활동적임에도 불구하고 비만으로 이어질 수 있어 관절 문제를 일으킬 수 있음

⑥ 하바나 브라운 (Havana Brown)

출처 : 게티이미지 뱅크

- 🐾 원산지: 태국, 영국
- 🐾 기원: 1890년대 태국에서 온 샴과 영국의 검은 고양이를 교배해 영국에서 개량을 시작함
- 🐾 크기: 수컷-3.6~5.4kg, 암컷-3.6kg
- 🐾 털: 갈색, 라일락, 어두운 갈색
- 🐾 평균 수명: 8~13년
- 🐾 특징: 삼각형 모양의 머리를 가지고 있으며, 폭보다 길이가 길고 뺨이 들어가 있음. 이마는 높고 큰 귀는 약간 앞으로 기울어 돋게 솟아 있으며 큰 타원형의 눈은 초록색임. 하바나 브라운은 멸종위기의 희귀한 품종이므로 보전하기 위해서 노력이 필요함. 일반적으로 건강한 편이지만 어릴 때 상부호흡기 감염에 주의가 필요함. 호기심이 많고 지능이 높음

⑦ 러시안블루 (Russian Blue)

✏ 출처 : 게티이미지 뱅크

🐾 원산지: 러시아 유래, 영국에서 개량
🐾 기원: 러시아의 아르한겔스크의 항구에서 유래한 자연 발생 품종. 1875년 처음으로 러시아 밖에서 아칸젤고양이로 기록됨
🐾 크기: 수컷-4.5~5.4kg, 암컷-3.2~4.5kg
🐾 털: 짙은 회색. 희미한 줄무늬는 새끼 때 보이지만 성장하면 사라짐
🐾 평균 수명: 15~20년
🐾 특징: 삼각형 모양의 머리를 가지고 있으며, 녹색눈을 가지고 있음. 매우 조밀한 이중털을 가지고 있지만 다른 품종에 비해 털빠짐이 적음. 또한, 고양이 알러지의 원인인 glycoprotein Fel d 1를 적게 생산하기 때문에 타 품종에 비해 알러지 반응이 낮음. 사람에 대한 친근감과 높은 지능을 가지고 있으며, 기억력이 뛰어나 좋아하는 장난감의 위치를 기억해 보호자를 안내하고, 좋아하는 방문자를 기억하는 예리한 능력이 있음. 유전적 결함이 거의 없으며, 질병에 강하고 일반적으로 건강 문제가 없음

⑧ 샴 (Siamese)

✏ 출처 : 게티이미지 뱅크

🐾 원산지: 태국
🐾 기원: Siam 왕의 사원 고양이로 길러졌으며 절묘하게 아름다운 고양이라고 왕의 평가를 받았을 뿐만 아니라 경비 고양이로도 사용되었음. 1700년대에 카스피해 탐험에 관한 Pallas의 보고서에서 최초로 언급됨
🐾 크기: 수컷-3.6~5.4kg, 암컷-3.6kg
🐾 털: 일반적으로 크림색이나 황갈색 바탕에 귀, 얼굴, 꼬리, 발에 어두운 갈색의 포인트 패턴
🐾 평균 수명: 8~12년
🐾 특징: 머리는 긴 삼각형이고, 다리는 길고 가늘며 눈은 아몬드 모양의 밝은 파란색임. 얼굴의 포인트 무늬는 성장함에 따라 점차 증가함. 점프와 높이 올라가는 것을 좋아하며 장난감을 가지고 노는 것을 좋아함. 체중이 빠르게 증가하므로 식이조절이 필요함. 표현력이 뛰어나서 기분에 따라 소리를 내는 것이 특징

⑨ 스핑크스 (Sphynx)

✒ 출처 : 게티이미지 뱅크

🐾 원산지: 캐나다
🐾 기원: 1966년 캐나다 토론토에서 자연적으로 발생하는 유전적 돌연변이의 결과로 털이 없는 domestic shorthair가 태어나면서 개량이 시작됨
🐾 크기: 5.5kg
🐾 털: 털이 거의 없거나 매우 짧음
🐾 평균 수명: 8~14년
🐾 특징: 털이 없고 주름진 피부와 큰 귀로 식별되는 눈에 띄는 외모를 가졌음. 넓은 눈을 가진 삼각형 형태의 머리에 근육질의 형태의 몸이 특징. 보호자의 관심을 끄는 것을 좋아하고 호기심이 많고 지능이 높음. 스핑크스는 심장근육을 두껍게 만드는 심근병증에 주의해야 하며, 피부궤양 및 치주질환 검진을 받아야 함

⑩ 코니시렉스 (Cornish Rex)

✒ 출처 : 게티이미지 뱅크

🐾 원산지: 영국
🐾 기원: 1950년대 자연적인 돌연변이로 생겨났으며 1967년 품종으로 등록
🐾 크기: 3.6kg 이하
🐾 털: 흰색, 담황색, 옅은 회색 등 다양하며 단색이거나 두세 가지 색이 섞이고, 무늬가 다양함
🐾 평균 수명: 9~15년
🐾 특징: 삼각형의 작고 좁은 머리에 큰 귀와 큰 눈을 가지고 있음. 옆에서 보면 곡선이 유려하면서도 튼튼하며, 털은 매우 짧다. 털 색깔에 따라 눈은 금색, 녹색 또는 적갈색으로 나타남. 높은 곳에 오르는 것을 좋아하고 호기심이 많고 장난치는 것을 좋아함. 선천성인 탈모증이 발생하기도 함

(2) 단·중모종

① 아메리칸 컬 (American Curl)

출처 : 게티이미지 뱅크

- 원산지: 미국
- 기원: 1981년 캘리포니아에서 발생한 자발적인 돌연변이의 결과로 나타났으며, 이러한 자연의 변형에 관심을 두고 1993년 품종으로 등록
- 크기: 수컷-3.6~5.4kg, 암컷-3.6kg
- 털: 흰색, 회색, 크림, 갈색 및 블랙 등 다양하며 다양한 패턴
- 평균 수명: 9~13년
- 특징: 귀는 넓고 열린 모양으로 끝이 말려있으며 약 90°로 양쪽 귀는 뒤를 향해 구부려 있음. 그러나 고양이의 청력에는 영향을 미치지 않음. 운동공간이 충분하면 스스로 체중을 잘 유지함

② 재패니즈 밥테일 (Japanese Bobtail)

출처 : 게티이미지 뱅크

- 원산지: 일본
- 기원: 6세기부터 일본에서 길러왔으며, 1976년에 단모종을 등록했고, 1993년 장모종을 등록함
- 크기: 수컷-3.6~5.4kg, 암컷-3.6kg
- 털: 흰색, 회색, 크림, 갈색 및 블랙 등 다양하며 단색이거나 두세 가지 색이 섞이고, 무늬가 다양함. 단모, 장모종이 있음
- 평균 수명: 9~15년
- 특징: 재패니즈 밥테일의 짧은 꼬리는 우성 유전자의 발현으로 인해 발생하는 고양이체형 돌연변이로 꼬리 척추의 수를 줄이고 꼬리 척추의 일부 융합을 유발함. 머리는 정삼각형이며 귀가 똑바로 솟아 있고 약간 앞으로 기울어져 있음. 뒷다리는 앞다리보다 길지만 평평한 자세로 서 있으며, 짧고 꼬인 꼬리가 특징적임. 고도로 점프할 수 있는 발달 된 근육을 가지고 있음

③ 오리엔탈 롱헤어 (Oriental Longhair)

출처 : 셔터스톡 코리아

- 🐾 원산지: 영국
- 🐾 기원: 20세기 중반 러시안블루, 브리티쉬 숏헤어 및 아비시니안과 샴을 교배하여 1995년 오리엔탈 롱헤어 품종으로 인정됨
- 🐾 크기: 수컷-3.6~5.4kg, 암컷-3.6kg
- 🐾 털: 흰색, 청회색, 크림, 붉은색, 갈색 및 블랙 등 다양하며, 패턴이 다양한 중모
- 🐾 평균 수명: 8~12년
- 🐾 특징: 머리는 긴 삼각형으로 몸통, 목, 다리, 꼬리가 가늘고 긴형태. 눈은 아몬드 모양이며, 일반적으로 밝은 녹색을 띠고 있음. 체중증가가 빠른 품종으로 영양관리를 신중하게 해야 함. 표현력과 발성이 뛰어나서 관심을 끌거나, 기분이 좋지 않을 때 큰소리로 표현하는 것이 특징

④ 먼치킨 (Munchkin)

출처 : 게티이미지 뱅크

- 🐾 원산지: 영국, 러시아, 뉴잉글랜드, 루이지애나
- 🐾 기원: 자연적인 유전적 돌연변이로 다리가 짧은 품종으로 1944년 부터 발견되었고 2003년에 국제고양이협회에 품종을 인정을 받았음
- 🐾 크기: 2~4kg
- 🐾 털: 흰색, 청회색, 크림, 붉은색, 갈색 및 블랙 등 다양하며 무늬도 다양함. 단모, 중모, 장모 모두 있음
- 🐾 평균 수명: 12~14년
- 🐾 특징: 먼치킨은 인간의 선택적 번식으로 생긴 형태가 아닌 자연 발생 돌연변이로 다리가 다른 고양이 보다 약 7.6cm 짧음. 몸통은 길고, 삼각형 귀를 가졌으며, 사냥꾼의 본능이 남아 나중을 위해 물건을 숨겨 놓기도 함

⑤ 스코티시 폴드 (Scottish Fold)

출처 : 게티이미지 뱅크

🐾 원산지: 영국
🐾 기원: 1961년 스코틀랜드 퍼스셔에서 귀가 접힌 새끼고양이가 태어나 품종을 등록했으나 1970년에 귀 진드기 감염 및 청력 문제로 인해 품종 등록이 중단됨. 그러나 미국으로 보내져 개량하여 1973년에 품종을 등록함
🐾 크기: 수컷-5.4kg 이상, 암컷-3.6~5.4kg
🐾 털: 흰색, 청회색, 크림, 붉은색, 갈색 등 다양하며 다양한 무늬임. 털 길이는 단모, 중모, 장모 모두 있음
🐾 평균 수명: 9~12년
🐾 특징: 머리는 둥글고 귀는 접혀있으며, 눈은 둥글고 파란색, 녹색 및 금색이 있음. 다른 품종에 비해 활동적이지 않으므로 영양조절이 중요함. 스코티시 폴드는 같은 품종끼리 교배를 시키면 새끼고양이는 걷기가 어려울 정도로 연골 및 척추가 손상될 가능성이 크므로 아메리칸 숏헤어 및 브리티쉬 숏헤어를 번식에 이용함.

⑥ 터키쉬 앙고라 (Turkish Angora)

출처 : 게티이미지 뱅크

🐾 원산지: 터키
🐾 기원: 1954년 터키쉬 앙고라를 미국으로 보내 1968년 등록하여 1972년 품종을 인정받음
🐾 크기: 수컷-5.4kg 이상, 암컷-3.6~5.4kg
🐾 털: 흰색, 크림, 붉은색, 청회색 등 다양하며 다양한 무늬이며, 중모종과 장모종이 있음
🐾 평균 수명: 9~14년
🐾 특징: 귀는 약간 기울어져 있으며 뒷다리가 앞다리보다 길다. 갑작스러운 환경변화에 예민하며, 조용함. 뼈가 타 품종에 비해 가는 것이 특징이고 과체중인 경우 뼈 및 관절에 무리가 올 수 있음. 눈이 파란색인 경우 청각에 문제가 있을 수 있음

(3) 장모종

① 버만 (Birman)

출처 : 게티이미지 뱅크

- 원산지: 미얀마
- 기원: 버마 미얀마의 성전에서 길러졌다고 알려졌음. 1919년에 프랑스로 보내져 품종으로 등록했으며, 1960년대에 미국으로 진출함
- 크기: 5.4kg 이상
- 털: 흰색, 담황색, 황색의 바탕에 귀, 주둥이, 꼬리의 색은 어두움. 발은 흰색
- 평균 수명: 9~13년
- 특징: 머리는 실제로 삼각형이지만 얼굴이 둥글게 보일 정도로 넓은 두개골을 가짐. 털은 부드럽고 매끄러우며, 얽히지 않는 질감을 지녀 관리하기가 쉬움. 뼈가 무겁고 튼튼하고 근육질 체형을 가지고 있음

② 노르웨이숲 (Norwegian Forest Cat)

출처 : 게티이미지 뱅크

- 원산지: 노르웨이
- 기원: 1938년 노르웨이 오슬로에서 처음으로 공개되었지만 1975년이 되어서야 유럽 고양이 등록 기관에서 공식적인 인정을 받음
- 크기: 10kg
- 털: 흰색, 담황색, 황색 및 갈색 등 다양하며 단색이거나 두세 가지 색이 섞이고, 다양한 패턴
- 평균 수명: 14~16년
- 특징: 삼각형 머리를 가지고 있으며, 턱이 둥근 편. 몸집이 크고 뼈가 무거우며, 근육질 체형을 가지고 있음. 5살이 될 때까지 천천히 자라는 특징이 있음. 운동량이 많으며, 높은 곳을 오르는 것을 좋아함. 털이 길고 풍부하며, 두꺼운 모질을 가졌음

③ 페르시안 (Persian)

출처 : 게티이미지 뱅크

- 원산지: 페르시아
- 기원: 1620년경 페르시아에서 이탈리아로 수입되었으며, 19세기 후반 영국인에 의해 개량되었고 미국에서 더 활발한 개량이 진행됨
- 크기: 수컷-5.4kg 이상, 암컷-3.6~5.4kg
- 털: 흰색, 담황색, 황색의 등 다양하며 단색이거나 두세 가지 색이 섞임
- 평균 수명: 10~15년
- 특징: 둥근 머리, 짧은 얼굴, 코, 통통한 뺨, 작고 둥근 귀, 큰 눈을 가지며, 짧은 몸, 두꺼운 짧은 다리와 목이 특징. 침착한 성격을 가지고 있어 높은 곳에 오르거나 높은 곳에서 뛰어내리지 않고 접근이 용이한 낮은 위치에 자리 잡음. 개량으로 인한 유전적인 건강 문제가 있음. 콧 구멍 수축으로 인한 호흡 곤란 또는 시끄러운 호흡, 치아 부정 교합, 다낭성 신장질환, 백선 및 피부질환에 취약함

④ 랙돌 (Ragdoll)

출처 : 셔터스톡 코리아

- 원산지: 미국
- 기원: 1960년대 캘리포니아에서 개량되었고 1993년에 품종으로 등록
- 크기: 수컷-9kg 이상, 암컷-4.5~7kg
- 털: 흰색, 담황색, 황색의 등 다양하며 패턴은 두 가지 색이 섞이고 포인트나 미티드 무늬
- 평균 수명: 7~12년
- 특징: 삼각형 모양의 크고 넓은 머리를 가지고 있으며, 입은 부드럽게 둥글고 눈은 선명한 파란색 타원임. 네다리, 얼굴 및 귀에 포인트 컬러가 있거나, 이마에 거꾸로 된 V형태의 무늬가 있고 배, 네다리, 배는 흰색인 것이 특징임. 큰머리를 지탱하기 위해 목은 튼튼하고 두꺼우며, 크고 긴 몸통으로 골격이 무겁고 큼

✏ 출처 : 셔터스톡 코리아

🐾 원산지: 미국
🐾 기원: 1950년대 샴의 장모종에서 자연적인 돌연변이로 생겨났으며 1970년 품종으로 등록
🐾 크기: 수컷-5.4kg 이상, 암컷-3.6~5.4kg
🐾 털: 흰색, 담황색, 옅은 회색 등 다양하며 얼굴이나 다리에 반점
🐾 평균 수명: 9~15년
🐾 특징: 길고 날씬한 체형으로 역삼각형의 얼굴과 커다란 귀가 특징적이다. 털 길이가 샴고양이와 비교하면 약 5cm 정도 길며, 긴 꼬리 끝부분의 털은 깃털처럼 끝이 퍼져 있다. 꼬리는 통통하고 길다. 털은 매끈하고 부드러워. 흰색, 담황색, 옅은 회색 등에 얼굴이나 다리에 반점이 있다. 털빛의 기준은 국제 고양이 관련협회에 따라 약간씩의 차이가 있는데 국제고양이애호가협회 (CFA)에서 공식적으로 인정하는 색은 각각 진갈색 털에 옅은 황갈색의 반점, 고동색 털에 황갈색의 반점, 흰 털에 밝은 푸른색의 반점, 무늬가 없는 밝은 크림색의 4가지임

2. 고양이의 신체적 특성

① 신체구조

일반적으로 고양이는 외모, 털 길이 및 기타 특성에 따라 다르지만, 평균적으로 4~6kg의 체중을 가지며, 고양이의 골격은 민첩성과 스피드를 필요로 하는 생활상에 맞게 진화되었다. 다리는 가냘프지만 매우 강하여 좁은 흉곽과 유연한 척추를 받치고 있으며, 어깨뼈는 몸통의 골격에 직접 붙어 있지 않아 어떤 속도에서도 유연성을 잃지 않는다. 고양이의 몸은 250개의 뼈로 구성되어 있으며, 그중 10%가 꼬리에 존재해 꼬리는 균형을 유지하는 데 사용된다. 고양이는 허벅지의 500개 이상의 근육을 사용하여 도약, 점프, 전력 질주한다. 이 근육은 수축과 이완 기능이 우수해 먼 거리를 도약하고 높은 장소로 점프할 수 있다.

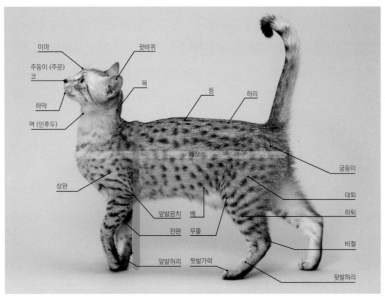

(출처 : 게티이미지 뱅크)

그림 3-2. 고양이의 신체 부위별 명칭

② 눈

수정체를 잡아당기는 근육이 없어 근시이지만 눈의 망막 중앙에 집중된 Cone이라고 불리는 특정 유형의 세포에 의해 움직이는 사냥감을 잘 볼 수 있으며, 속도와 거리를 판단해 사냥한다. 또한, 망막 세포인 rods를 많이 가지고 있어 희미한 빛에서 사람보다 6배 더 잘 볼 수 있으며, Tapetum lucidum이라는 반사 층이 있어 들어오는 빛을 확대하고 밤에 특유의 파란색 또는 녹색 빛을 발한다. 어둠 속에서 동공을 크게 열고 밝은 곳에서는 1mm 폭으로 좁힐 수 있을 만큼 동공이 발달되어 있다.

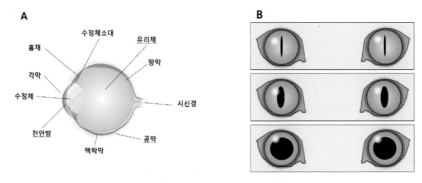

그림 3-3. A : 고양이 눈 구조. B : 밝기에 따른 동공 확장

③ 귀

고양이는 외이를 제어하는 32개의 근육을 가지고 있어 소리에 매우 민감하다. 독립적으로 귀를 180도 회전하며 위치를 정확히 찾아낼 수 있다. 또한, 내이에서 발견되는 반원형 관은 체액으로 채워져 몸의 균형을 유지하는 능력이 우수하여 높은 곳에서 뛰어내려도 안전한 착지가 가능하다.

④ 코

인간의 후각 수용체가 1,000만인 것에 비해 고양이의 후각 수용체는 6,500만 개를 가지고 있다. 그러나 코가 낮은 구조로 비강이 좁으므로 후각 기능이 다른 동물들에 비해 떨어진다. 고양이는 앞니와 잇몸을 드러낸 다음, 몇 초 동안 냄새를 빨아들이는 방식(Flehmen response)으로 비구개관을 열어 냄새를 야콥슨 기관 (Jacobson's organ)으로 보내 냄새를 분석한다. 야콥슨 기관은 페로몬과 같은 화학자극을 감지하는 역할을 하는 장기로 짝짓기와 영역표시에 이용한다.

⑤ 피부와 털

고양이는 모낭에 작은 근육이 발달 되어있으며, 체온조절을 하기 위해서 뿐만이 아니라 상대를 위협하기 위한 표현으로 모발을 똑바로 세워 경고할 수 있다. 털갈이는 기후, 영양 및 전반적인 건강 상태에 따라 다르지만, 일반적으로 가을과 봄에 하며, 스트레스로 인해 털 빠짐이 증가하는 경우 주의 깊게 관찰해야 한다.

⑥ 치아와 입

고양이는 고기를 뚫고 찢기 위해 설계된 이빨을 가진 육식 동물이다.

26개의 유치, 30개의 영구치를 가지며, 생후 4개월 무렵부터 영구치가 나기 시작한다. 앞니 12개와 큰 송곳니 4개를 포함하는 앞니는 고기를 뚫고 찢는 기능을 하고 후방 소구치와 어금니는 음식을 삼킬 수 있도록 더 작은 조각으로 저작한다. 입에는 타액을 공급하고 소화를 시작하는 침샘이 있다. 혀는 음식을 인후 뒤쪽으로 밀어낼 수 있도록 하며, 작은 음식 조각을 핥고 물을 감싸는 데 중요한 역할을 한다. 고양이의 혀는 거친 사포 같은 질감을 주는 작은 가시 같은 구조로 덮여 있어 뼈에서 고기를 긁어내기 위해 발달되었다.

⑦ 발

고양이 발톱은 발가락 사이에 가려져 있다가 위급할 경우 무기가 된다. 고양이가 발톱을 감추는 이유는 사냥감에 접근할 때 소리 없이 걷기 위해서이고 발바닥의 기능은 소리

흡수 및 쿠션이다. 발톱은 싸울 때나 나무에 오를 때 필요하고 앞발에 다섯 개, 뒷발에 네 개가 있고 필요할 때 발톱을 내세운다. 발톱을 숨길 때는 힘줄이 늘어나고 인대는 수축하고, 반대로 발톱이 밖으로 나올 때는 인대는 늘어나고 힘줄이 안쪽으로 수축하면서 위쪽에 있는 발톱이 밖으로 나온다.

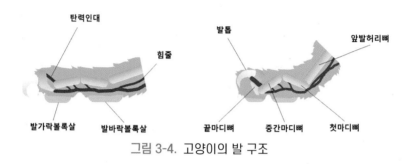

그림 3-4. 고양이의 발 구조

⑧ 체형

일반적으로 고양이는 외모, 털 길이 및 기타 특성에 따라 다르지만 평균적으로 4~6kg의 체중을 가지며 고양이의 체형은 크게 6가지로 분류할 수 있다.

◉ 오리엔탈 (Oriental)

오리엔탈은 가늘고 유연한 몸통과 긴 다리와 꼬리를 가지고 있는 것이 특징이다. 오리엔탈은 비교적 온난한 지역에서 자란 품종으로 몸의 열을 발산하기 쉬운 단모종이 많다. 오리엔탈의 대표적인 고양이로는 코니시 렉스, 샴, 오리엔탈 숏헤어, 발리네즈 등이 있다.

◉ 포린 (Foreign)

오리엔탈보다는 덜 가늘지만 날신하고 매끈한 체형을 가진 고양이이며, 길고 균형잡힌 단단한 몸매를 가지고 있으며, 꼬리도 길고 가늘다. 머리는 쐐기모양에 큰 귀와 타원형의 눈을 가지고 있다. 포린의 대표적인 고양이로는 아비시니안, 소말리, 재패니즈 밥테일 롱헤어, 러시안블루, 네벨룽 및 터키시 앙고라가 있다.

◉ 세미포린 (Semi-foreign)

더 짧은 체형에 둥글고 근육질 타입이다. 선은 길고 뼈대가 마르지도 않고 통통하지도 않은 중간체형으로 근육질의 다리와 긴 꼬리를 가지고 있는 것이 특징이다. 세미포린의 대표정인 고양이는 아메리칸컬, 아메리칸컬 숏헤어, 데본렉스, 이집션 마우, 하바나 브라운, 라펌, 먼치킨 및 스핑크스 등이 있다.

⊚ 세미코비 (Semi-cobby)

코비에 근접하나 코비에 비해 다리와 몸통이 긴 편이다. 전체적으로 짧고 둥근체형을 가지고 있으며, 대표적으로 아메리칸 숏헤어, 아메리칸 와이어헤어, 봄베이, 브리티시 숏헤어, 스코티시폴드 등이 있다.

⊚ 코비 (Cobby)

코비는 머리가 둥글고 몸통이 짧으며, 어깨나 허리의 폭이 넓다. 꼬리는 짧고 주둥이가 납작하고 짧으며, 굵은 다리와 둥근 발끝이 코비의 특징이다. 또한 눈은 크고 둥근 것이 특징이다. 코비는 비교적 한랭한 지역에서 완성된 품종이므로 체온유지를 위한 장모종이 많다. 코비의 대표적인 고양이는 페르시안, 히말라얀, 맹크스, 친칠라, 엑조틱 숏헤어 등이다.

⊚ 롱앤 서브스텐셜 (Long and substantial)

서브스텐셜은 앞의 모든 분류에 해당하지 않는 타입으로 골격과 근육이 발달하여 몸집이 크고 튼실한 체형을 가지고 있다. 롱앤 서브스텐셜의 대표적인 고양이로는 렉돌, 메인쿤, 버만, 노르웨이의 숲 등이 있다.

Ⅲ 반려묘의 행동 및 의사소통

1. 고양이의 행동 심리

(1) 습성

고양이는 생후 함께 태어난 새끼들과 생활을 하며 다양한 상황과 자극들에 접촉하게 된다. 보통 태어난 후 8-12주 동안에는 어미로부터 사회적 기술을 배우게 되고 이 시기 이후에는 야외생활이나 입양 등 새로운 환경에 맞닥뜨리게 된다. 고양이는 사회화와 적응을 통해 점차 성묘가 되면서 자신의 고유영역 (Home area)과 다른 고양이와 공유하는 영역 (Hunting area)을 구분하며 단독적인 생활을 영위해 나간다. 이를 위하여 자신의 영역을 표시하기 위한 수단으로 소변을 이용한 마킹 (Marking)이나 스프레이 (Spray) 행위를 하기도 하고, 공간에 발톱을 가는 스크래칭 (Scratching)이나 입이나 얼굴을 비벼서 발바닥과 안면, 꼬리 부위의 분비샘들로부터 분비되는 특유의 냄새를 묻히기도 한다. 함께 생활하는 고양이들은 이렇게 서로의 영역 표시를 하면서 사회적 유대 관계를 형성하고 침입자에 대한 정보를 공유한다 (이규원, 2019).

고양이가 가지고 있는 기본적 본능 중 하나인 야생성은 사냥을 통해 잘 나타난다. 야외 생활사 고양이는 사냥을 통해 먹이를 포획함으로써 생존해 나아가고 반면에 실내에서 사육하는 고양이의 경우에는 사료를 섭취하므로 사냥이 필요하지는 않지만 움직이는 피사체를 잡으려고 하는 놀이를 통해 이를 발휘한다. 또 다른 특성으로는 야행성을 들 수 있는데, 실내에서 사육되는 고양이의 경우, 낮에는 12시간 이상 잠을 자거나 휴식을 취하고 밤에는 활기있게 움직이는 것을 관찰할 수 있다. 만약 야외로 드나드는 고양이라면 외출을 하기도 하며, 다른 고양이들과 무리지어 한 장소에 모이기도 한다.

고양이 집단의 사회적 특징은 무리 중 서열이나 우열 가리기, 자신의 영역 확보 그리고 번식을 위한 암고양이 획득 등을 통해 나타난다. 이를 위해 서로 싸움을 하게 되는데 고양이 간의 싸움에서 승패가 결정되면 이후 더 이상 충돌하지 않으며, 싸움에서 진 고양이는 구역에서 떠나거나 싸움에서 이긴 고양이에 대하여 피해 다닌다. 고양이는 생활 환경에 대해 민감하면서 뛰어난 적응력을 갖고 있어서 먹이가 충분히 공급되고 쾌적하며, 스트레스를 덜 받는 곳이라면 정착을 하지만 그렇지 못할 경우에는 집을 떠날 수도 있다. 따라서 실내에서 사육하는 고양이는 이러한 생활 조건이 충족되지 못할 경우 심한 스트레스를 받아 식욕감퇴나 식욕부진, 탈모 등을 나타날 수 있으므로 항상 고양이를 키우는데 있어서 쾌적한 생활 환경을 조성하는데 주의를 기울여야 한다.

(2) 털 손질 (Grooming)

그루밍은 보통 "외모를 가꾸는 미용 행위"를 가리키는데 고양이에게 있어서 그루밍은 미용 이외에도 자신의 몸을 청결히 유지하는 행동을 말한다. 고양이는 주로 먹이를 먹은 후 혀로 털을 세심하게 핥아서 그루밍을 하는데 이는 사냥 후 먹이를 먹은 후 냄새를 없애서 포식자로부터 자신을 보호하고 상처나 부상을 치료하고 소독을 하기 위한 목적으로 볼 수 있다. 또한 혀와 입으로 피지선을 자극하여 피지를 몸 전체 퍼지게 함으로써 몸에 붙어 있는 벼룩이나 기생충을 제거하기도 하고 체온조절 역할을 하기도 한다. 어미고양이는 출산 후 새끼고양이를 쉼없이 핥아줌으로써 숨을 쉬게 도와주고 젖은 몸을 닦아주어 체온저하를 막는다. 그리고 먹이 섭취 후 새끼고양이를 핥아줌으로써 깨끗하게 씻겨 냄새를 제거함으로써 포식자로부터 새끼들을 지키고 위생적으로 생활할 수 있게 한다.

그루밍 행동은 이외에도 고양이의 심리적 안정을 도와 스트레스를 완화시키거나 해소할 수 있도록 해주며, 서열이 높은 고양이는 낮은 고양이에게 그루밍을 해줌으로써 서로 친밀감을 형성하기도 한다. 하지만 피부의 상처, 질병 발생 등이 있을 경우나 많은 스트레스를 받고 있을 때 또한 심한 그루밍을 하므로 이러한 부분들을 세심하게 관찰하여 원인을 파악한 뒤 적절한 조치를 취하도록 한다.

 ## 2. 고양이의 의사소통

(1) 고양이 언어의 이해

고양이는 입, 수염, 눈, 귀, 꼬리, 소리 등 신체 각 부위를 이용하여 다양한 감정을 표현할 수 있다. 예로써 귀가 정면을 향해 서있고 수염이 정면이나 측면을 향하여 있다면 이는 무언가에 흥미를 나타내고 있음을 표현하는 것이고 귀가 뒤로 향하고 수염이 정면으로 있다면 공격적 심리 상태를 나타낸다. 그리고 귀가 양옆으로 처지고 수염이 얼굴 쪽에 붙어 있다면 이는 두려움을 표현하는 것일 수 있다.

꼬리를 통한 특징적 신호로는 고양이가 꼬리를 꼿꼿이 세우고 머리를 사람에게 비빈다면 이는 친밀감을 표현하는 것이다. 그리고 불안하고 위협감을 느낄 때는 꼬리를 세우고 털을 세우며, 상대를 공격하려고 할 때에는 전신의 털을 세우고 귀는 뒤쪽으로 향하게 하며, 머리와 몸을 낮추어 금세라도 달려들 수 있는 자세를 취한다. 반면에 두려움과 공포를 느낄 시에는 몸을 작게 보이려고 하고, 불안감에 수없이 몸을 핥는다. 상대에 대해서 복종을 할 때는 꼬리를 다리 사이에 끼고 몸을 움추린다 (이규원, 2019).

(2) 고양이의 여러 가지 행동표현

① 스트레스

고양이는 환경 순응력이 좋고 비교적 독립적인 생활을 하는 동물이긴 하나 여러 가지 요인들에 의하여 스트레스를 받는다. 일반적으로 장시간 홀로 집 안에 있을 경우나 주인의 무관심 또는 지나친 애정 표현, 불규칙한 식사 시간, 더러운 화장실, 소음, 외부인의 잦은 출입 등에 의하여 스트레스를 받게 된다. 스트레스를 받은 고양이는 주인의 행동에 두려워하거나 불안해하는 행동을 보일 수 있고 식욕감퇴, 구토, 변비, 탈모 등을 나타낸다. 고양이의 스트레스를 해소하여 주기 위해서는 평소 하루 1~2회 정도 충분한 시간 동안 함께 놀이를 해주고 발톱갈기판을 마련하여 발톱을 갈 수 있도록 해준다. 발톱갈기를 통하여 정신적인 스트레스를 해소할 수 있고 또한 발톱 안쪽의 각질화된 부위를 제거하고 발톱의 길이를 조절할 수 있다. 식욕감퇴가 보일 경우에는 고양이가 좋아하는 먹이나 간식 등을 주어 식욕이 회복되도록 도와준다. 이외에 고양이의 식사 장소, 사료, 물, 화장실 등을 깨끗이 관리해주도록 하고 이러한 여러 조치에도 불구하고 회복이 되지 않는다면 질병이 의심될 수 있으므로 즉시 수의사에게 검사를 받도록 한다.

② 화남

고양이가 기분이 좋지 않을 경우에는 꼬리를 양옆으로 움직이거나 바닥을 쳐서 불만을 표현한다. 공격할 상대가 보일 경우에는 꼬리를 휘갈기듯 움직이며, 상대에 경계를 표현하다가 몸을 낮추고 꼬리는 세워 전방으로 향하여 공격 자세를 취한다. 이때 고양이가 화가 나있을 경우 다가가게 되면 공격을 받을 수 있으므로 주의해야 한다 (이규원, 2019).

③ 즐거움

고양이가 사람에게 다가가 꼬리를 세우고 얼굴과 몸을 비빈다면 관심을 표현하는 것이다. 꼬리를 위로 향하게 하고 부르르 떤다면 이는 매우 흥분된 상태를 나타낸다. 고양이가 배를 드러내고 누워있을 때는 순종의 표현일 수 있는데 이때 심하게 배를 만지면서 장난을 할 경우 갑자기 발톱으로 할퀴거나 물 수도 있으니 주의한다. 만약 발톱으로 옷을 끌어당기면서 길게 소리를 낼 경우에는 원하는 것이 있음을 표현하는 것이다 (이규원, 2019).

 ## 3. 고양이 훈련

고양이는 매우 영리한 동물로 알려져 있으며, 인간의 행동을 잘 관찰하여서 이를 이용하여 다양한 수단을 학습할 수 있는 것으로 알려져 있다. 하지만 개성이 매우 뚜렷하며, 학습을 좋아하지 않고 반려견이 주인의 말을 잘 따르는 주종관계의 형태를 보이는 반면에 고양이는 주인과의 동등한 관계를 원하기 때문에 훈련이 쉽지 않다. 고양이의 훈련을 위해서는 적절한 타이밍과 일관성이 중요하다. 기본적으로 때리거나 큰 목소리로 소리를 지르지 않도록 하고 칭찬해줄 때와 혼내는 것을 명확히 구분하여 준다. 그리고 잘못을 하였을 때나 문제 행동을 보였을 경우에는 그 자리에서 즉시 혼내도록 한다. 고양이에게는 보상심리를 이용한 훈련이 많이 이용되는데 즉 훈련 결과에 대하여 칭찬과 함께 맛있는 음식이나 간식을 준다. 하지만 고양이는 훈련 후 먹이 보상에 대한 흥미를 쉽게 잃을 수도 있다. 따라서 훈련을 하면서 보상되는 간식의 양을 줄여가거나 주지않는 훈련도 반복하여 익숙해지도록 한다. 이외에 클리커 (Clicker)와 간식 주기를 함께 이용할 수도 있는데 간단한 훈련에 대하여 잘 따라서 하였을 경우 클리커의 '찰칵' 소리를 내고 간식을 주어 훈련 효과를 높일 수도 있다 (이규원, 2019).

Ⅳ 반려묘의 번식

 ## 1. 반려묘의 번식

(1) 성성숙

고양이는 평균 생후 6~9개월 (종에 따라 4~18개월)에 성성숙이 일어난다. 성성숙 시기는 품종, 혈통, 나이, 광주기, 생활 환경, 건강, 발육 및 영양상태 등에 영향을 받는데 장모종 (페르시안) 보다 단모종 (아비시안, 버만, 샤미즈)이 성성숙이 빠르고, 순종보다 잡종 그리고 집에서 키우는 고양이보다 야외에 서식하는 고양이가 성성숙이 조금 더 빠른 편으로 알려져 있다. 암컷의 발정은 일조 시간에 의해서도 영향을 받을 수 있는데 일조 시간이 증가하는 초봄부터 늦가을 사이에는 여러번 발정을 반복한다. 수컷은 성성숙에 이르면 "스프레이 행위"를 통해 영역을 표시한다.

(2) 발정기 행동 특성

암코양이의 발정은 일반적으로 월 1~2회로 그 주기는 2~3주 간격으로 이뤄지고 약 4~7일간 지속한다. 이 시기에 들어서면 몸을 비벼대거나 달라붙는 행동을 하고 몸을 둥글게 하고 꼬리를 바깥쪽으로 감거나 아이 우는 소리를 낸다. 배란은 교미자극에 의하여 교배 후 약 25~35시간 후 일어나는데 만약 수정이 이뤄지지 않았다면 약 2주가 지난 후 다시 발정기에 들어간다. 수컷의 경우 암컷의 성호르몬 냄새와 울음소리에 자극을 받아 발정 행동을 개시한다.

2. 반려묘의 임신과 출산

(1) 임신

암고양이는 생후 12개월 이후부터 1년에 2~3회 새끼를 낳을 수 있다. 고양이는 교미자극 배란을 하므로 임신 성공률이 높은 편이고 임신기간은 약 63~67일 (9주)로써 한마리당 4~6마리씩 낳는다. 임신이 되면 식욕이 왕성해지고 피모가 윤택해지며, 배뇨횟수와 수면시간이 증가한다. 임신 3주부터 유두가 분홍빛을 띠게 되고 초음파로 새끼의 심장을 관찰할 수 있으며, 6~7주 이후에는 임신된 태아의 마리 수를 확인할 수 있다. 출산전에는 영양공급이 많이 요구되므로 과비되지 않는 선에서 충분하게 급여하고 임신 동안동물병원에 내원하여 분변검사를 통해 기생충 감염여부를 확인하여 태아에게 기생충이전염되지 않도록 주의한다.

(2) 출산

① 출산 전 준비

약 출산 1주일 전에는 고양이가 안정되게 출산할 수 있도록 상자를 이용하여 분만실을준비한다. 분만실 상자는 깨끗하고 튼튼한 것으로 하고 바닥면은 푹신하게 만들어 준 뒤그 위에 종이패드를 깔도록 한다. 분만실 상자의 위치는 구석지면서 어둡고 조용한 곳이좋고, 고양이가 드나들면서 상자에 익숙해지면 화장실과 사료그릇을 옮겨주도록 한다. 위생적인 분만이 이루어지도록 항문, 생식기, 복부, 젖꼭지 주변의 털들은 정리해주는 것이좋고, 출산 시 탯줄을 자를 가위와 실, 소독용 알콜, 거즈, 종이패드, 비닐장갑 등을 미리준비해둔다 (노진희, 2011).

② 출산

출산이 다가오면 고양이는 어두운 곳에 있거나 분만실 상자로 들어가서 나오지 않는다. 진통이 시작되면 숨을 가쁘게 쉬며 배에 힘을 주기 시작한다. 양수가 터지고 첫 번째새끼가 나오면 어미는 양막을 입으로 찢은 후 새끼를 핥아준다. 이때 어미는 같이 딸려 나온 탯줄과 태반을 먹게 되는데 이러한 행동을 통해 어미의 모성애가 발현되며, 비유가 촉진되게 된다. 이후 약 30분~1시간 간격으로 다음 태아가 순서대로 태어난다. 갓 태어난새끼들은 체온 조절 능력이 떨어지고 젖은 상태이므로 재빨리 말려주고 보온에 신경 쓰도록 한다. 이후 새끼들은 스스로 어미의 젖꼭지 쪽으로 기어가 젖을 빨아 먹는다. 새끼고양이의 성별은 태어난 즉시 구별하기 어려운데 수컷은 항문과 외부 생식기 사이의 거리가 떨어져 있으며 (1-2cm), 암컷은 항문과 외부 생식기가 거의 붙어있다. 새끼고양이는 태어나고 약 7~10일 후에 눈을 뜨며, 약 3~4주 동안 모유를 먹고, 이후에 반고형식을 먹기 시작하여 약 6~8주령 사이에 이유하게 된다. 생후 6~8주령부터는 예방접종을 실시하고 기생충 감염을 예방하도록 한다.

V 반려묘 관리

1. 고양이의 목욕 및 미용

(1) 고양이 목욕

고양이의 목욕은 월 1~2회 정도가 적당하다. 목욕물의 온도는 체온에 가까운 36~37℃의 따뜻한 물이 적당하며, 보통 고양이는 물을 좋아하지 않는 편이므로 조금씩 물을 묻혀 적응하도록 한 뒤 몸을 물에 담근다. 그리고 고양이 전용샴푸를 취하여 충분히 거품을 내어 몸을 닦아주는데 이때 눈, 코, 귀, 입 등에 거품이 들어가지 않도록 주의한다. 물로 깨끗이 헹궈준 다음에는 린스나 컨디셔너를 이용하여 털에 마사지해 주듯이 문지른다. 마지막으로 거품이나 잔여물이 남아 있지 않도록 깨끗이 여러 번 헹궈주도록 한다. 목욕이 끝나면 수건으로 물기를 제거하고 헤어드라이기를 이용하여 잘 말리고 빗질한다.

(2) 고양이 미용

① 털 손질

고양이의 털을 손질해 주기 전 주인은 고양이를 쓰다듬고 달래는 말을 하여 빗질에 대해 안심하도록 한다. 만약 심하게 고양이가 빗질을 거부한다면 나중에 다시 고양이를 달래본 후 하도록 한다. 이러한 털 손질을 통하여 주인과 고양이 사이에 친밀감과 유대감을 형성시키고, 털에 숨어 붙어있던 해충을 제거하고 상처나 부스럼 등을 발견할 수 있으며 체형 변화와 건강상태 등을 확인할 수 있다. 또한 빠진 털이나 잔털을 제거해줌으로써 고양이의 잦은 그루밍으로 인하여 소화기관 내에 털이 축적되어 뭉치는 현상인 "헤어볼 (Hair ball)" 형성을 방지할 수 있다.

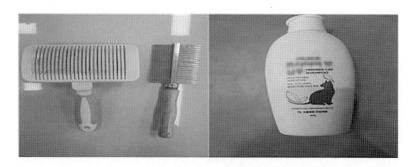

그림 3-5. 고양이 미용에 사용되는 빗과 샴푸

② 장모종 관리

장모종 고양이는 매일 30분 정도 빗질을 해주어서 엉킨 털을 풀고 빠진 털을 제거하도록 한다. 우선 빗살 간격이 넓은 빗을 이용하여 머리부터 꼬리까지 털이 난 방향으로 빗겨준 다음 핀이 가는 슬리커 브러시나 부드러운 강모 브러시를 이용하여 털의 방향으로 빗으면서 빠진 털과 각질 등을 제거한다. 마지막으로 빗살 간격이 넓은 빗이나 브러시를 이용하여 턱과 꼬리를 잘 빗어주어 풍성한 볼륨이 되도록 한다.

③ 단모종 관리

단모종의 경우 빗살이 촘촘한 빗으로 머리에서 꼬리까지 털이 난 방향을 따라 빗은 뒤 슬리커브러시나 부드러운 강모 브러시로 털의 방향으로 빗으면서 빠진 털과 각질을 제거한다. 또는 부드러운 솔이나 마사지 장갑으로 털이 난 방향과 반대방향으로 쓸면서 마사지를 해주어 빠진 털이나 잔털을 없애주도록 한다.

 2. 발톱관리

고양이의 건강한 발톱을 유지하기 위하여 주기적으로 발톱을 관리해주는 것이 좋다. 특히 실내에서 키우는 반려묘의 경우 운동을 충분히 하지 않기 때문에 발톱이 마모되지 않아 부러지거나 갈라질 수 있고 긴 발톱이 볼록살로 파고들 수 있다. 일반적으로 앞발은

2주일, 뒷발의 발톱은 3~4주일 간격으로 전용 발톱깎이를 이용하여 잘라준다. 고양이 발톱을 깎을 때에는 발톱 바로 뒤의 뼈를 위에서 아래로 살며시 눌러 발톱이 나오도록 하고 혈관이 분포되어 있는 곳을 피하여 잘라주도록 한다. 만일 혈관이 있는 발톱부위를 잘라 출혈이 발생하였을 경우에는 지혈하도록 한다.

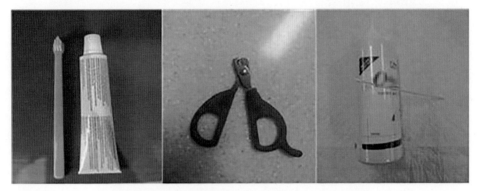

그림 3-6. 고양이 칫솔과 치약, 발톱깎기, 귀청소 용품

 3. 이빨 닦기와 귀 청소

(1) 이빨 닦기

고양이의 치아관리는 일주일에 1~2회 이빨을 닦아주고 매년 1~2회 동물병원에서 정기 구강검진을 받도록 한다. 이빨을 닦아줌으로써 치아와 잇몸 상태를 점검할 수 있으며, 구취 등을 통해 질병의 유무를 의심할 수 있다. 이빨을 닦아줄 때는 고양이의 머리를 붙들어 고정하고 입을 열어 고양이 전용치약을 전용칫솔이나 거즈에 묻혀서 어금니부터 꼼꼼히 닦아주도록 한다.

(2) 귀 청소

귓속에서 냄새가 나거나 암갈색의 이물질이 발견된다면 동물병원에서 검사를 받도록 한다. 이는 진드기나 세균 등에 의한 감염증이 유발된 것일 수 있으며, 특히 세균성 질병은 전염력이 강하여 함께 키우는 고양이가 있다면 전염이 될 수 있다. 귀의 관리는 전용세척액을 탈지면에 적시어 귓속을 조심스럽게 닦도록 한다. 이때 탈지면은 양쪽 귀 각각에 새로운 것을 사용하여 닦아주도록 하고 외이도 안쪽으로 지나치게 밀어넣어 닦지 않는다.

귀 청소를 하면서 눈과 코의 분비물도 세척액으로 닦아주는데 만약 분비물이 보이거나 충혈이 보인다면 이 또한 동물병원을 방문하여 검사받도록 하는 것이 좋다.

 ## 4. 규칙적인 운동

(1) 고양이 산책

고양이는 주로 자신이 정한 영역 내에서 활동을 하기 때문에, 갑자기 새로운 환경이나 장소에 노출되게 되면 스트레스를 받을 수 있다. 또한 고양이는 하루 12시간 이상 잠을 자거나 쉬며, 주인과의 충분한 놀이로 운동과 스트레스 해소가 가능하고 실내에 캣타워 등과 같은 수직 공간을 마련해줌으로써 운동이 가능하다. 따라서 반려견과 다르게 매일 규칙적으로 산책을 시킬 필요는 없다. 만약 고양이와 함께 산책하기를 원한다면 갑작스런 사고나 위험을 방지하기 위하여 고양이에게 보호벨트를 착용시키고 여기에 리드줄(Leash)을 연결시켜 단단히 잡은 후 나가는 것을 권한다. 산책은 정해진 코스와 시간으로 일정하게 산책하는 것이 좋다. 그리고 산책을 시작하게 되면 야외 기생충이나 진드기 등에 의한 감염이 발생할 수 있으므로 백신접종과 구충제 복용을 반드시 하도록 한다. 고양이를 풀어놓을 수 있는 환경이라면 집에 고양이가 드나들 수 있는 전용문을 설치할 수도 있다. 규칙적인 운동이 고양이에게 필수적이지는 않지만 건강을 유지하기 위해서는 주기적으로 충분한 일광욕을 시켜주는 것이 좋으므로, 창가나 빛이 잘 드는 곳에 고양이가 머무를 수 있는 자리를 만들어 주도록 한다.

(2) 고양이 이동

동물병원에 가거나 고양이와 함께 이동해야 될 경우 전용 이동용 가방에 고양이를 넣어 이동한다. 가방은 고양이의 체구보다 약간 크고, 외부가 보이지 않으며, 고양이를 가방에 넣거나 꺼낼 때 용이한 것이 좋다. 고양이를 넣을 때는 들어가기를 거부할 수 있으므로 쓰다듬거나 진정시키는 말을 하여 고양이의 두려움을 줄이면서 잘 넣도록 한다. 이동용 가방의 바닥에는 분비물이나 배설물 흡수를 위하여 종이패드를 까는 것이 좋고 목적지에 도착하기 전까지는 고양이에게 말을 걸거나 밖으로 꺼내는 것은 피한다.

VI 반려묘의 질병 및 구충

고양이는 반려견에 비하여 잔질병이 적은 편이나 근래 반려묘의 사육이 증가함에 따라 질병 발생이 해마다 늘어나고 있는 실정이다. 따라서 건강하고 위생적으로 고양이를 키우고, 사육자의 건강 또한 안전하게 지키기 위하여 고양이와 관련된 주요 질병을 다음과 같이 소개한다.

 ## 1. 피부사상균증 (Dermatophytosis : Ringworm)

주로 새로이 분양받은 어린 고양이, 혹은 면역억압이 있는 성묘에서 이환되는 반려묘의 대표적인 피부질환이며, 사람으로의 감염이 빈번히 발생하는 공중위생상 중요한 질병이다.

(1) 원인

여러 종의 피부사상균이 원인이 될 수 있으나 대부분 *Microsporum cannis (M. canis)* 가 주된 감염원이고 다른 동물이나 사람에게 전염될 수 있으며, 피부의 상처나 면역력 저하가 감염을 더 용이하게 만든다.

(2) 증상

초기에는 소양감을 동반하는 홍반과 구진양상이나 병태가 진행될수록 원형의 가피와 낙설이 동반되며, 다른 부위로 번지게 되고 만성적인 병변으로 진행되면 검게 색소침착이 되는 경우도 있다. 주로 안면, 두부, 전지, 후지, 몸통 배쪽에 빈발한다.

(3) 진단

① 우드램프 검사 : 자외선 빛이 장치되어 있어 환부를 비추면 *M. canis*의 경우 형광양성으로 보인다. 피부사상균증의 70% 정도의 진단이 가능하다.
② 현미경 검사 : 환부를 외과용 Blade 등으로 긁어서 염색하여 균사와 포자 등을 확인하여 진단한다.

③ 피부사상균시험배지 검사 (Dermotophyte test medium, DTM) 접종 : 환부의 털 혹은 낙설 등을 소독한 기구로 채취하여 심어 놓으면 7-10일 정도 지나서 보라색으로 배지색이 변하게 될 경우 양성으로 진단할 수 있다.

 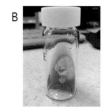  

그림 3-7. A : 우드램프를 이용한 피부사상균의 진단. B : DTM 배지를 이용한 피부사상균의 진단. C : 피부사상균증에 감염된 피부

(4) 치료

① 환부의 소독 및 세정 : 요오드 혹은 클로르헥시딘 소독약을 사용한다.
② 약용샴푸 : 소독제 및 항진균제가 첨가된 약용샴푸로 10~15분 정도 샴푸하고 세정한다.
③ 약물치료 : 항진균제와 2차 감염에 의한 피부염에 준한 경구약을 투약한다.
④ 진균백신의 사용 : 4주 간격으로 2회 진균백신을 접종한다.

 ## 2. 위장관내 이물

반려묘의 경우 큰 덩어리를 삼켜서 식도에 걸리는 경우는 드물지만 소화가 되지 않는 이물을 삼키거나 스스로 그루밍한 털뭉치가 위나 장을 막아서 구토, 설사, 식욕절폐를 주증으로 내원하는 경우가 있다.

(1) 원인

휴지, 비닐 혹은 실타래 등을 가지고 노는 것을 좋아하기 때문에 놀이 중 삼키거나 간혹 장난감의 일부나 바닥매트를 물어뜯으며, 놀다가 삼키는 경우도 있다. 장모종의 경우 그루밍을 한 헤어볼이 이물이 되어 장폐색을 유발하기도 한다.

(2) 증상

① 구토, 식욕절폐 등이 주로 확인되며, 배변은 감소하거나 보지 않으나 간혹 점액혈변이나 흑갈색의 배변을 하는 경우도 있다.

② 이물에 의한 천공이 야기된 경우 복막염이 발생하는 경우도 있으며, 구토가 심한경우에는 오연성 폐렴을 동반하는 경우도 있다.

③ 대부분이 활력의 저하와 탈수증상을 동반한다.

(3) 진단

① 내시경 검사 : 마취를 필요로 하지만 비침습적인 검사로 검사와 동시에 위 혹은 십이지방 상부의 이물을 제거할 수 있다

② 방사선 검사 및 위장관 조영 검사 : 밀도가 높지 않은 물체는 단순 방사선에서 확인되지 않기 때문에 조영검사가 필요하다. 최근에는 숙련된 영상의와 내시경 기술의 발달로 조영촬영은 빈번하게 실시하지는 않는다.

③ 초음파 검사 : 마취를 필요로 하지 않으며, 비침습적 검사 방법이나 숙련된 영상의에 의한 검사가 필요하다.

④ 탐색적 개복술 : 모든 검사에서 애매한 결과가 도출되는 경우 원인을 육안적으로 확인하기 위한 개복술이 지시된다.

(4) 치료

① 구토유발 : 주사나 약물에 의한 구토를 유발할 수 있으나 크기가 작고 구토 시 위험하지 않은 이물에 적용할 수 있다. 다만 고양이에서는 개에 비해 구토유발이 쉽게 유발되지는 않는다.

② 내시경에 의한 이물제거 : 식도, 위내, 십이지장 상부의 이물을 제거하는데 효과적이고 치료 후 회복이 빠르다.

③ 외과적인 개복에 의한 이물제거 : 이물의 크기가 너무 크거나 날카로운 경우, 십이지
　장 뒤쪽의 소장, 대장내 이물의 제거를 위한 가장 확실한 방법이나 수술 후 금식기
　간이 필요하고 회복에 시간이 소요된다.

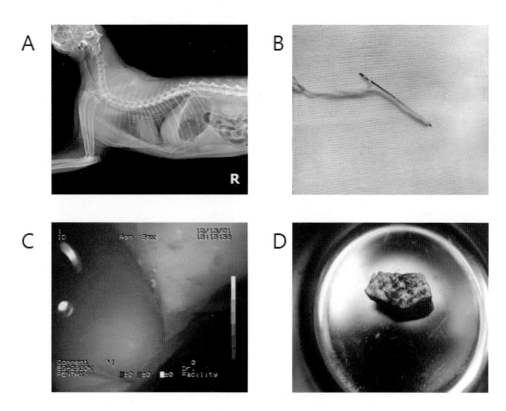

그림 3-8. A : 위장관내 이물 및 식도내 바늘. B : 내시경에 의한 식도내 바늘 제거.
C : 위내 이물의 내시경적 제거. D : 소장내 이물의 수술적 제거

 ## 3. 고양이 하부요로 질환 (Feline lower urinary tract disease, FLUTD)

　고양이의 방광과 요도에 영향을 줄 수 있는 질병의 포괄적인 표현으로 특발성 방광염,
세균감염에 의한 방광염, 결석에 의한 모든 질병상태를 뜻한다. 수컷 고양이에서 가장 빈
번하게 발생되는 비뇨기계 질환이다.

(1) 원인

스트레스나 환경적 변화, 관리가 잘 되지 않는 배뇨박스 등에 의해 교감신경이 항진되어 특발성 방광염이 유발될 수 있으며, 신장 혹은 방광결석에 의해 발생할 수도 있다. 세균감염에 의한 방광염 혹은 스트루바이트 (Struvite) 결정에 의한 요도플러그가 형성되어 나타나기도 한다.

(2) 증상

① 빈번하게 배뇨 동작을 반복하거나 배뇨 시 소리를 지르는 등의 통증호소, 배뇨박스 내 오줌 덩어리 크기의 감소 등을 보이고 간혹 혈뇨를 보기도 한다.
② 증상이 심해져서 요도가 폐쇄되어 배뇨를 장시간 하지 못한 경우 급성신부전이 발생하여 구토, 활력저하, 식욕절폐 등의 요독증 증상을 나타내기도 한다.

(3) 진단

① 방사선검사 : 신장 및 요관, 방광, 요도의 결석 유무와 방광의 확장 정도를 확인한다.
② 초음파검사 : 신장과 방광의 형태를 평가하고 비뇨기계 결석의 유무 및 이의 위치, 요관, 방광 그리고 요도의 확장 유무와 방광 내 부유물을 확인한다.
③ 요 검사 : 염증과 세균감염의 유무를 확인하고, 부유물의 성상 및 요내 크리스탈을 평가한다.
④ 혈액 검사 : 요도의 폐쇄가 있는 경우 염증 및 신장관련 효소의 상승여부를 확인한다.

(4) 치료

① 환경 및 식이관리 : 반려묘의 스트레스 환경을 개선시키고 음수량을 늘릴 수 있게 환경 조성 및 처방식을 급여한다.
② 요도카테터의 장착 : 요도폐쇄가 있는 경우 전신마취 하에서 요도카테터 및 배뇨팩을 장치하여 배뇨를 유도한다.
③ 수액요법 : 탈수 및 염증, 신부전의 개선을 위한 수액요법을 실시한다.
④ 약물요법 : 감염 방지를 위한 항생제 및 요도근 이완을 위한 약물을 투약한다.
⑤ 외과 치료 : 빈번하게 재발되는 경우 외과적인 회음요도루성형술 실시한다.

(5) 예방

① 스트레스 줄이기 : 갑작스런 환경의 변화, 새로운 동거묘 입실 시 특히 주의해야 하며, 숨을 곳을 만들어 주거나 함께하는 시간을 늘려본다.

② 식이관리 및 음수량 늘리기 : 처방식을 급여해보고 음용수를 자주 교체해서 신선한 물을 급여하고, 물그릇의 수를 늘려주거나 사료를 물에 불려 주는 등의 방법으로 음수량을 늘려보고, 그래도 부족하면 강제로 먹여볼 수 있다.

③ 체중관리 : 비만도 소인이 될 수 있으므로 적정 체중을 유지하도록 한다.

④ 환경관리 : 특히 다묘 가정의 경우 화장실의 개수를 여유있게 준비하고 항상 깨끗하게 유지하며, 쉽게 접근할 수 있도록 한다. 모래의 종류에 예민한 아이도 있으니 주의해야 한다.

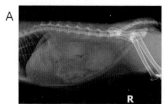
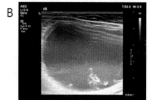
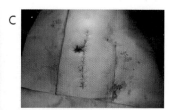
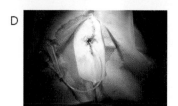

그림 3-9. A : 복부 방사선검사-요도폐색으로 인한 방광 확장.
B : 복부 초음파검사-요도폐색으로 인한 방광 확장.
C : 복부 요도루 조성술. D : 회음부 요도루 조성술.
E : 요도카테터 장치 후 제거한 혈액성 뇨

# 4. 심근병증

특발성 심근병증이라 불리며, 이는 원인 또는 관련성이 불명료한 심근의 질환을 말한다. 일반적으로 비대형 (Hypertropic), 확장형 (Dilated), 구속형 (Restrictive)의 세 가지 형태로 분류되며, 고양이의 경우 증상의 표현이 명확하지 않은 경우가 많아서 어느 정도 질병이 경과한 이후에 발견되며, 예후가 좋지 않은 경우가 많다.

(1) 원인
원인은 아직 불명료하며, 따라서 대부분 특발성으로 여겨지고 있다.

(2) 증상
① 중증도에 따라 증상은 다양하게 나타나지만 임상 증상을 나타내지 않고 건강검진이나 수술전 검사 시에 발견되는 경우도 많다.
② 가장 빈번한 증상은 기침, 운동불내성, 식욕부진, 개구호흡을 동반한 호흡곤란, 빈호흡 등이다.
③ 동맥혈전색전증이 병발한 경우에는 편측 혹은 양측 후지의 마비, 냉감, 피부색의 변화 등이 나타난다.
④ 간혹 발작이나 혼수상태에 빠지는 경우도 있다.

(3) 진단
① 흉부방사선 검사 : 심장비대 특히 좌심방과 우심방이 확장되어 Valentine shaped heart 형태를 보인다. 흉수나 폐수종 소견이 확인되는 경우도 있다.
② 심장초음파 검사 : 심근증의 형태를 확인하고 중증도를 확인하기 위해서 꼭 필요한 검사로, 심근의 비대, 심실내강의 확장, 심내막의 비후, 심실의 압력, 심방의 확장, 혈전의 유무 등을 확인할 수 있다.
③ 혈액 응고계검사 : 프로트롬빈 시간 (PT), 활성부분트롬보플라스틴 시간 (APTT)의 연장이 동맥혈전 발생 시 확인된다.

④ NT-proBNP 검사 : 최근에 사용되고 있는 심장근육 손상의 지표가 되는 Bio-marker로 심근의 손상 시 증가하게 된다. 건강한 반려묘의 건강검진 및 수술전 검사 시에도 많이 사용되며, 현저히 증가 시 흉부방사선 및 심장초음파검사를 수행하여 확진한다.

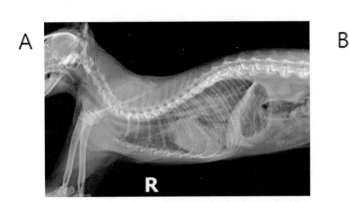

그림 3-10. A : 심근증에 걸린 고양이의 흉부 방사선 사진 (폐수종).
B : 심근정에 걸린 고양이의 pro-BNP 검사 양성

(4) 치료

① 산소공급 : 호흡곤란의 개선을 위해 환자를 안정시키고 100% 산소를 공급한다.
② 약물요법 : 심근증의 종류와 중증도에 따라서 강심제, 이뇨제, B-blocker 등의 약물을 사용한다.
③ 혈전용해제 투여 : 동맥혈전에 의한 후지의 마비가 발생한 경우에는 혈전용해제를 투여할 수 있으나 예후는 좋지 않다.

5. 구내염

구강점막, 치은, 혀 등 구강 안에 발생하는 염증을 통틀어 구내염이라 한다. 치아와 치은에 관련되어 혹은 전신감염증과 전신질병과 연관되어 발생하기도 한다.

(1) 원인

다양한 원인이 존재하며, 고양이 칼리시바이러스 (FCV), 범백혈구감소증 (FPV), 백혈병바이러스 (FeLV), 면역부전바이러스 (FIV) 등의 전염병과 관련하여 발생할 수 있다. 혹은 쇠약한 상태이거나 장기간에 걸친 화학요법 등을 받은 면역이 떨어진 고양이에서 칸디다 (*Candida* spp.) 종의 진균에 의해 드물게 구내염을 유발되기도 한다. 이 외에도 그루밍을 하면서 몸에 부착된 화학제품인 약품, 도료, 세제, 표백제, 쥐약 등을 핥으면서 발생하기도 한다. 비타민 A의 결핍증은 전신점막의 건조를 일으켜 구내염을 일으키기도 한다. 전신질환인 신부전이 진행되어 요독증이 발생한 경우에도 혀의 괴사나 구내염을 일으킬 수 있다.

(2) 증상

① 주된 증상은 구취, 침흘림, 입주변을 만졌을 때 예민하게 반응, 통증, 저작 장애, 치은부 출혈, 식욕저하 등을 보인다.
② 원발성 질병의 종류에 따라서 다양한 전신 증상이 동반되며, 백혈병바이러스나 면역부전바이러스에 의한 구내염은 원발질환이 완치되더라도 살면서 면역력이 저하되는 상황이 되면 빈번하게 재발한다.

(3) 진단

① 구강 검사 : 육안으로 구강 안을 확인하고 필요하다면 멸균면봉 등으로 염증부위의 삼출물을 채취하여 현미경을 이용한 염색도말검사를 실시할 수 있다.
② 실험실 검사 : 원발성 바이러스질환이 의심되는 경우에는 PCR 검사를 의뢰할 수 있다.
③ 종합검사 : 당뇨병이나 요독증에 의한 구내염의 경우 혈액검사와 요검사 등을 통해 원발질환을 진단할 수 있다.
④ 치과방사선 검사 : 치료를 염두로 치과방사선검사도 도움이 될 수 있다.

(4) 치료

① 원발질환의 치료 : 속발성 구내염이 의심이 되는 경우에는 원인이 되는 질환을 먼저 진단하고 치료를 해야 구내염의 치료를 기대할 수 있다. 원인이 되는 바이러스 질환, 당뇨병, 요독증 등에 의한 치료가 우선 되어야 한다.
② 구강 소독 : 순응도가 높은 고양이는 클로르헥시딘 소독액을 사용하여 염증이 발생

한 구강내 조직을 소독한다. 소독약이 쓴맛을 내기 때문에 너무 싫어하는 경우에는 실시할 수 없다.

③ 약물 요법 : 항생제와 항진균제의 적용을 고려할 수 있으며, 면역관련 질환 의심 시 스테로이드의 적용을 고려한다.

④ 스케일링 및 발치 : 치아 스케일링과 치아 상태에 따라서는 전체 치아의 발치를 고려해 볼 수 있다.

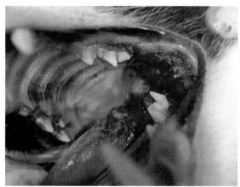

그림 3-11. 구내염에 걸린 고양이의 구강

 # 6. 범백혈구감소증

고양이의 바이러스 질환 중 전염력이 가장 강하며, 면역력이 약한 어린 고양이에서 주로 발병하고 예방접종에 의한 예방이 가능한 전염병이다. 사망률도 매우 높으나 최근에는 치료방법의 발전 때문에 과거보다는 완치되는 고양이도 많아지고 있다.

(1) 원인

파보바이러스에 속하는 고양이 범백혈구감소증 바이러스 (Feline panleukopenia virus, FPV)의 감염에 의해 이환되며, 주된 감염 경로는 감염된 고양이와의 직접접촉 및 소변, 대변, 구토물, 사육시설 및 사람에 의한 간접접촉이 주된 경로이다.

(2) 증상

① 잠복기는 일반적으로 2~6일 정도이며, 최대 3달까지도 잠복감염이 가능하다.

② 주된 증상은 소화기와 관련된 장염이기 때문에 식욕저하, 구토, 설사, 탈수, 발열 등 이며, 골수억압에 의한 백혈구 감소증, 면역력 저하에 의한 2차 감염 등이 병발한다.

(3) 진단

① 전혈구 검사 (CBC) : 현저한 백혈구의 감소가 확인된다.
② 초음파 검사 : 장 전반에 걸친 장염 소견을 보이고, 심해지면 복막염 및 복수 소견을 보이기도 한다.
③ 검사 키트 : 고양이 파보검사를 위한 키트를 사용하여 확진할 수 있다.

(4) 치료

① 약물 및 수액요법 : 소화기 증상의 완화를 위한 약물치료 및 탈수 전해질 교정을 위한 수액처치가 필요하기 때문에 입원치료가 추천되며, 2차 감염 예방을 위한 항생물질 의 투여도 필요하다.
② 혈청 요법 및 수혈 : 항체가가 높은 고양이의 면역혈청을 정맥내 주사한다. 필요한 경 우 전혈수혈도 고려할 수 있다.

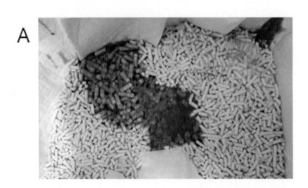 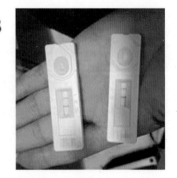

그림 3-12. A : 범백혈구감소증 설사. B : 범백혈구감소증 키트검사 양성

(5) 예방

반드시 분양 후에 3회 정도 고양이 종합예방접종을 실시하여 예방한다.

7. 반려묘의 예방접종

예방 접종은 전염원이 되는 바이러스 항원을 화학적으로 독성을 약화시킨 후 체내에 주사하여 면역체계에서 이에 대해 저항할 수 있는 항체를 생성하게 하고 이를 기억하게 함으로써 다시 항원과 접촉했을 때 항체를 분비하여 질병에 걸리지 않도록 하는 방법이다. 이렇게 생성된 면역이 평생 유지되지는 않기 때문에 1년에 한번정도 추가접종을 통해 면역력을 유지하여야 한다.

(1) 접종시기 및 접종 간격

어린 고양이의 경우 보통 생후 8~9주령에 첫 예방접종을 실시하기 시작한다. 개체가 작을 경우 조금 더 늦게 시작할 수 있다. 접종 간격은 종합백신은 보통 3~4주 간격으로 3회, 백혈병, 전염성복막염은 3~4주 간격으로 2회, 광견병은 1회 실시한다.

(2) 백신의 종류

예방접종의 종류에는 3종, 4종, 5종 종합 백신이 있는데 동물병원에서 가장 보편적으로 사용하는 백신은 3종 종합 백신 또는 4종 종합 백신이다. 3종 종합 백신은 고양이 범백혈구 감소증 (Feline panleukopenia), 고양이 바이러스성 비기관염 (Feline viral rhinotracheitis), 고양이 칼리시바이러스 (Feline calicivirus)를 예방할 목적으로 사용한다. 4종 종합 백신은 고양이 헤스페스 바이러스 (Feline herpesvirus-1), 고양이 칼리시 바이러스 (Feline calicivirus), 파보 바이러스 (Feline parvovirus), 고양이 클라미디아 (Chlamycia psittaci)를 예방한다. 5종 종합 백신은 4종 종합 백신에 고양이 백혈병 (Feline leukemia)이 포함된다.

(3) 백신 부작용

백신 접종 후 가장 빈번하게 발생하는 부작용은 과민반응이다. 보통 30분에서 1시간 이내에 눈주변이나 입주변이 붓거나 가려움증을 느끼게 되는데 바로 접종한 병원에 내원하여 처치를 받으면 크게 문제가 되지는 않는다. 사람에서와 마찬가지로 접종 후 3~5일간은 목욕이나 스트레스가 될 만한 것은 하지 않는 것이 좋으며, 간혹 식욕이나 활력이 1~2일 정도 저하되었다가 회복되는 경우도 있다.

8. 반려묘의 구충

크게 내외부 기생충과 심장사상충에 대한 구충이 필요하다. 내부 기생충의 예방을 위해 시중에 많은 종류의 구충제가 판매되고 있으며 (eg. 파나쿠어), 내부 기생충의 구충 간격은 생활환경에 따라서 차이가 있을 수 있으나 실내에서 생활하는 반려묘의 경우에는 보통 3~6개월 정도에 한 번이면 충분하다. 심장사상충 예방은 년중 매월 진행하는 것이 바람직하며, 3개월 이상 예방하지 않았을 때에는 예방약은 감염이 되는 유충에 효과적이고 성충에는 효과가 없으므로 검사를 통해 음성임을 확인하고 예방하는 것이 바람직하다. 이외에도 심장사상충 예방약 중에 내부기생충과 외부기생충, 심장사상충이 한번에 예방되는 약들도 존재하며, 이는 동물병원에서 처방이 가능하다. 고양이 특성상 억지로 먹이는 것이 쉽지 않으므로 목뒤에 바르는 spot-on 제제들이 적용하기에 수월하다.

 참고문헌

Brian Handwerk. 2007. House Cat Origin Traced to Middle Eastern Wildcat Ancestor. National Geographic.

John Huehnergard. 2008. Classical Arabic Humanities in Their Own Terms. Leiden : Brill; Beatrice Gruendler.

McKnight, G.H. 1923. Words and Archaeology. English Words and Their Background. New York, London : D. Appleton and Company.

Savignac, J.P. 2004. Chat. Dictionnaire français-gaulois. Paris : Errance.

강면희. 1995. 한국민족문화대백과사전. http://encykorea.aks.ac.kr/Contents/Item/E0003811.

고양이 백과사전 (the cat encyclopedia). 2019. 이규원 옮김. 서강문 감수. (사)한국방송통신대학교 출판문화원.

고희곤. 2004. 고양이의 이해와 건강관리. 한국임상수의학회 학술대회논문집. 5:48-65.

노진희. 나는 행복한 고양이 집사 (Daum 백과). 2011. 넥서스BOOKS.

김옥진 외 4인. 반려동물관리학 (companion animal management). 2019. 동일출판사.

김상동, 문승태. 애완동물관리론. 2004. 호산당.

김옥진. 애완동물학개론. 2011. 동일출판사.

진중권. 2017. 고로 나는 존재하는 고양이, 지혜로운 집사가 되기 위한 지침서. 서울. 천년의 상상.

제4장

관상어에 대한 이해

김상동, 문승태, 신현국, 이영주

I 관상어의 역사

관상용으로 집에서 키울 수 있는 물고기는 금붕어, 잉어, 토종 민물고기와 외국에서 수입된 열대어 등이 있다. 관상어는 시끄럽게 울지 않으며 불결하지도 않고 유지비가 많이 들지 않으며, 얼마 동안은 방치해 두어도 무방하다는 장점을 지니고 있어 훌륭한 반려동물 중 하나라고 할 수 있다.

 ## 1. 관상어의 기원

인간의 취미나 여가의 활용, 정서 생활을 위하여 기르고 매매되는 물고기를 우리는 관상어라 말한다. 그렇다면 관상어 사육은 언제부터 시작되었을까? 오래 전 로마와 이집트에서는 신선한 물고기를 얻고자 사람이 살고 있는 인근에 연못을 만들고 그곳에 물고기를 키우기 시작했다. 이렇게 신선한 물고기를 얻기 위하여 시작한 양식은 동방에서 장식과 관상을 위한 취미 생활의 일종으로 발전하게 되면서 관상어의 사육은 시작되었다.

이미 10세기경 중국에서는 금붕어를 키웠고 700년 후에는 영국의 수도원 대부분이 금붕어를 비롯하여 야생 상태의 잉어도 키우기 시작했다. 이것은 즐기기 위한 관상보다 신선한 물고기의 공급에 더 큰 목적이 있었다. 또한 송나라 때에는 돌로 만든 화기 안에서 사육되기도 하였다.

오늘과 같은 의미로 물고기를 기르기 시작한 것은 1800년대 영국에서부터 시작하여 1854년 빅토리아시대에 수초와 물고기를 담아 두는 수조를 의미하는 "아쿠아리움(Aquarium)"이 알려지면서, 집안에서 물고기를 수조에서 기르는 것이 대중화되기 시작하였다. 우리나라에서는 관상어 사육이 1970년대 후반부터 급속히 인기를 얻기 시작하였으며, 현재는 누구나 가정에서 쉽게 사육할 수 있을 정도로 자리를 잡았다.

 ## 2. 관상어와 인간의 동거

사람들이 취미로 열대어를 기르기 시작한 것은 20세기에 들어와서부터 시작되었다. 초기의 관상어 사육은 단순히 취미와 여가 활용으로부터 시작되었는데, 지금은 사람의 정서적 심리치료에 이용하고 있을 정도로 우리가 생활하는데 많은 도움을 주고 있다. 관상어의 사육은 인간의 생활에 있어서 다음과 같은 이점을 가지고 있다.

첫째, 사람의 생활에 있어서 정서적·심리적 안정을 부여한다. 주거생활이 핵가족화 되어감에 따라 사람들은 외로움과 소외감으로부터 보상을 받기 위해 반려동물을 기르기 시작하였다. 하지만 주거양식이 단독 주택에서 대부분 아파트로 옮겨지면서 반려동물을 기르는데 어려움이 있다. 하지만 관상어 사육은 어항의 설치가 용이하고, 사육에 있어서 많은 공간을 필요로 하지 않으며 사람의 손질을 자주 요구하지 않는다. 따라서 관상어 기르기는 스트레스에 쌓이기 쉬운 현대인들의 긴장을 풀어 줄 수 있는 취미로 적합하게 되었다. 이러한 정서적 효과의 예로써, 병원의 대기실은 환자의 마음을 불안하고 초조하게 만드는 장소인데, 이러한 곳에 물고기를 키우는 수조를 설치함으로써 심리적 안정을 유도할 수 있다. 또한 가정에서 관상어의 사육은 자녀들의 정서적 안정과 학습태도에 긍정적인 영향을 미치는 것으로 알려졌다.

둘째, 실내 환경을 조절하는 역할을 한다. 생활수준이 높아지면서 인간은 외부의 기온으로부터 영향을 받지 않기 위하여 여름에는 시원하게 겨울에는 따뜻하게 살기 위하여 냉난방기를 사용하고 있다. 그러나 옛날 황토가옥의 경우 황토 자체에서 방안의 습도를 조절할 수 있었지만, 요즘과 같이 콘크리트 재질로 되어 있는 단독주택과 아파트는 주택 내의 습도 조절이 어렵고, 습도를 극도로 낮아지게 하여 호흡기 질환의 유발과 같은 우리 인체에 좋지 않은 영향을 미치게 된다. 관상어 사육은 화초와 어항으로 습도를 조절할 수 있게끔 하여, 실내 환경을 개선하는 효과를 가진다.

셋째, 교육적 효과를 얻을 수 있다. 뉴턴은 무심코 지나칠 수 있는 현상인 사과나무에서 사과가 떨어지는 것을 보고 만유인력을 발견하여 과학발전에 큰 영향을 미쳤다. 이처럼 과학의 토대인 탐구력은 새로운 것에 대한 강한 욕망, 끝없는 호기심과 함께 세밀한 관찰을 통해서 얻어지는 것이라 할 수 있을 것이다. 이렇게 살아 움직이는 열대어와 금붕어를 보면서 아름답고 활동적인 관상어를 보면서 교육의 효과를 가진다. 활발히 움직이는 물고기가 들어 있는 어항 유리에 어린아이가 얼굴을 들이대고 뚫어지게 쳐다보는 광경을 볼 수 있는데, 이는 어린아이가 투명한 유리 속으로 움직이는 작고 예쁜 생명체를 보면서 호기심을 자극하기에 호기심은 관찰을 부르고, 관찰은 알고자 하는 욕망을 불러 일으켜 탐구력을 키워나 갈 수 있을 것이다. 또한 어린아이에게 생명의 신비감과 함께 생명의 소중함을 일깨워 줄 수 있을 것이다.

II 관상어의 품종

1. 관상어의 품종

현재 지상에는 약 20,000종이 넘는 물고기가 있으며, 관상어로 사육되는 종류는 약 1,000종에 달한다. 이렇게 많은 관상어는 흔히 민물에서 서식하고 있는 담수어와 바닷물에서 서식하고 있는 해수어로 구분할 수 있다. 또한 열대지방에서 서식하는 열대어와 차가운 물에서 서식하는 냉수성 어류로 구분할 수 있다.

(1) 난태생 물고기

일반 물고기는 알을 낳아 부화하지만 새끼를 직접 낳는 물고기가 있다면 쉽게 믿어지지 않을 것이다. 난태생 송사리과는 고등 동물과 같이 어미와 새끼가 복잡한 구조의 태반으로 연결되어 있어 태생으로 번식을 한다. 즉, 모체에서는 알의 상태였던 것이 부화하면서 태어날 때에는 새끼 물고기가 되어 나오는 것으로 정확하게는 난태생이라고 불리는 것이다. 색채가 아름답고 성질이 온순하며 번식과 사육이 쉬워 예로부터 많이 사육되는 종류로 품종 개량이 가장 발달하여 다양한 색채와 모양, 형체를 가지며 암수 구별이 명확하고 수컷이 약간 작지만 색채는 화려하다. 또한 번식기가 되면 밑지느러미에 막대기처럼 생긴 교적기를 갖는다. 이렇게 난태생 송사리과는 번식이 쉽기 때문에 흔히 가정에서도 번식이 용이한 편이다. 난태생의 송사리과는 북미대륙의 일부와 중남미의 일부 섬들에 광범위하게 분포되어 있고 대표적으로 구피, 플래티, 스워드 테일, 몰리 등이 있다.

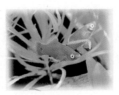

| 구피 | 블랙몰리 | 플래티 | 세일핀몰리 |

그림 4-1. 난태생 송사리과

구피는 남아메리카의 기아나, 베네수엘라가 원산으로 몸길이가 3~9cm 정도이며, 적수온은 23~28℃이다. 작고 귀여운 난태생어로 열대관상어 중에서 애호가가 가장 많고 대중화 되어 있다. 색상이 대단히 화려하고 기르기에도 용이하며, 가격도 저렴하여 초보자들의 입문어로 적당하다. 수질의 급변화에 민감함으로 구입 시 건강한 개체를 선택하는 것이 좋다. 자웅의 구별은 암컷의 경우 일반 송사리와 비슷하며, 색깔도 단조롭다. 하지만 수컷은 암컷보다 소형이지만 아름다운 색깔과 무늬를 갖고 있고 특히 꼬리지느러미의 색깔은 매우 찬란하다. 지느러미에 손상이 없고 활발히 움직이는 개체를 구입하여야 하며, 혼영 시 다른 어종에게 꼬리지느러미를 뜯기기 쉬우므로 조심해야 한다. 구피는 1년에 산술적으로 10,000마리까지 번식을 하기 때문에 외국에서는 밀리언 피쉬로 불리기도 한다. 치어에서 성어로의 성장기간이 생후 3개월에서 6개월까지이며, 이때부터 번식을 할 수 있고 번식주기는 20~30일이며, 암컷의 상태에 따라서 한배에 10~100마리까지의 새끼를 낳는다.

블랙몰리는 중앙아메리카가 원산으로 크기는 4~7cm 정도이며, 수온은 23~28℃이다. 블랙몰리는 동종끼리 살기를 좋아하는 편이고 소금기가 있는 물을 좋아한다. 수질변화에 민감하기 때문에 알카리성 수질에 조금 오래된 물에서 사육하는 것이 포인트다. 자웅의 판별은 수컷의 꼬리지느러미는 막대모양이며, 암컷의 꼬리지느러미는 넓적하다. 어항 내에서는 검은색의 독특한 색깔을 띄며 물속에서 노는 모습이 잠수함을 연상케 한다. 번식은 구피와 거의 비슷하다.

스워드테일은 멕시코 동부, 과테말라가 원산으로 크기는 3~10cm로 구피보다 조금 크다. 수온은 24~29℃로 체질이 튼튼하고 사육하기 쉽다. 수컷의 꼬리지느러미는 막대모양이며 꼬리지느러미 밑이 칼처럼 날카롭고 길고 암컷은 몸이 큰 편이며, 색채가 다채롭지 못하나 개량되어 지금은 갖가지 색깔을 갖게 되었다. 무리에서 수컷의 숫자가 부족하거나 없을 경우 암컷의 50% 이상이 후천적으로 성전환을 하여 수컷이 되는 후천성 성전환이 특징이다. 한 어항에 수컷이 적게 들어 있으면 힘이 가장 센 수컷이 다른 수컷을 해칠 우려가 있기 때문에 한 어항에 많은 수컷을 넣어 주어 텃세를 방지하여야 하며, 새끼를 잡아먹는 버릇이 있으므로 어미가 새끼를 낳으면 즉시 격리시켜 새끼를 해치지 않도록 하거나 수초를 많이 심어 새끼가 숨을 곳을 만들어 주어야 한다.

플래티는 멕시코, 과테말라가 원산으로 크기는 3~7cm 정도로 한국인의 기호에 잘 맞는 품종의 하나이다. 종류도 다양하지만 무엇보다 색채가 아름답고 선명하여 뚜렷한 색을 좋아하는 사람들의 취향에 맞다. 수질은 중성~약알카리성이 알맞으며, 온도는 23~28℃가 적온이고 수명은 1년 정도이다. 혼영 난이도 용이한 편이다. 성질도 온순하며 기르기도 아주 쉬워 초보자들도 쉽게 기르고 부화까지 쉽게 할 수 있다. 구피와 같이 산란주기는 23일을 주기로 1회에 10~200마리 정도의 새끼를 낳는 것으로 알려져 있다.

세일핀 몰리는 멕시코가 원산으로 8~10cm정도이다. 일반적으로 '베리펠라'라고 불려진다. 수온은 23~30℃가 적당하며, 사육, 번식, 혼영 난이도가 용이한 편이다. 수컷은 대단히 큰 등지느러미를 갖고 있는데 암컷에게 구애할 때나 다른 수컷이 위협할 때 전개되는 특징이 있다. 활동적인 물고기이기 때문에 60cm 이상의 큰 수조에서 기르는 것이 무난하다. 세일핀 몰리는 골든과 실버로 나누어지는데 골든 세일핀 몰리는 몸 전체가 오렌지색을 띄고 있는 개량 품종으로 수초어항에 기르면 오렌지색과 수초·수조의 어두운 부분과 대비를 이루어 더욱 아름답게 보인다. 반면에 실버 세일핀 몰리는 몸 전체가 은백색을 띠고 있는 개량 품종으로 골든 세일핀 몰리와 인기를 얻고 있다.

(2) 난생 송사리과

일반적으로 송사리는 이 난생어를 말하며 체외수정을 통해 어미의 몸 밖에서 부화하는 종류로 유럽북부와 오스트레일리아를 제외한 세계 대부분에 서식하고 있다. 열대지방에 서식하고 있는 송사리과는 비교적 색채와 모양이 아름답고 몸체가 작아 실내에서도 사육할 수 있기 때문에 관상어 애호가들이 특히 귀하게 여기고 있다.

팬책스

그림 4-2. 난생 송사리과

대부분 체구가 작아 큰 수조가 필요하지 않으며, 수컷이 훨씬 아름다워 암수구별이 쉬우나 성질이 거칠고 살아 있는 먹이를 좋아하기 때문에 작은 관상어를 잡아먹거나 횡포가 심한 편이기 때문에 구피나 카라신과의 작은 물고기와 공생하기가 곤란하다. 어항 내에서는 오래 사는 편이나 자연에서는 대체로 1년 정도가 그 한계이다. 난생 송사리과의 관상어를 키우기 위해서는 소형의 어항에 수초를 많이 심어주고 조용한 환경에서 한 쌍씩 사육하는 것이 좋고 물은 연수에 약산성인 묵은 물을 좋아하는 편이며, 수질변화에 민감하므로 물갈이를 할 경우 상당한 기술이 필요하다.

번식은 어려운 편이지만 환경만 조성된다면 1회에 10~20개씩 며칠에 걸쳐 계속 낳고 부화 일수도 빠른 경우 1~2주 정도 걸리며 사료는 1일 3회 이상 나누어 조금씩 자주 급여하는 것이 좋다. 난생 송사리과에는 라이어테일, 아메리칸 플래그 피쉬, 아피오세미온, 팬첵스, 스왈로우 킬리 등이 있다.

팬첵스는 원산지가 동남아시아로 약산성에서 중성의 수질을 좋아하며, 수온은 24~28℃가 적온이다. 수명은 2년 정도로 크기는 8cm 정도이다. 사육 난이도는 용이하나 번식 난이도와 혼영 난이도는 보통이다. 수컷 성어의 채색은 황홀하며, 대단히 매력적인 품종이다. 물의 표면에 살기 때문에 물에 뜨는 수초와 함께 기르면 좋다. 수조 내에서 움직임은 활발하지는 않지만 작은 물고기를 먹기도 한다.

(3) 잉어과

잉어과는 담수어계에서 비중이 큰 그룹으로 남미, 오스트레일리아, 마다카스카르의 지역을 제외한 세계 각지에 분포하고 있다. 대체로 잉어과의 열대어는 동남아시아산이 많으며 매우 활동적이고 식성도 좋아서 사육이 쉽다. 열대어를 키우는 사람들의 각별한 사랑을 받고 있는 잉어과에는 1,500종 이상이 있는데 그중 수마트라와 발버 종류, 다니오 종류가 흔히 볼 수 있는 열대어이다.

| 수마트라 | 실버샤크 | 제브라다니오 | 골든발브 |

그림 4-3. 잉어과

가장 큰 특징은 지방질의 지느러미를 갖고 있지 않다는 것이며, 입에 한 쌍 또는 두 쌍의 수염이 있다는 것이나 간혹 전혀 없는 것도 있다. 무리를 지어서 살며 수조에 키울 때도 무리로 키우는 것이 좋다. 잉어과와 같은 난생의 번식은 난태생보다 번식이 어렵기 때문에 반드시 산란용 수조를 별도로 마련해야 한다. 그렇지 않으면 어미 자신이 알을 잡아먹을 확률이 높다. 잉어과에는 제브라 다니오, 펄다니오, 골든발브, 수마트라, 실브발브, 라스보라, 블랙샤크, 실브샤크, 엔쭈이 등이 있다.

수마트라는 수마트라, 보르네오가 원산지이며 수온은 22~28℃가 적당하며, 크기는 4~6cm 정도이다. 몸의 옆에 짙은 4개의 세로 줄무늬가 있는 아름다운 관상어로 튼튼하고 사육하기가 쉽다. 잉어과의 대표 어종으로 모양이 아름다워 오래전부터 전세계 사람들에게 사랑을 받아왔다. 무리를 짓는 습성을 갖고 있으며, 부드러운 수초를 갉아먹음으로 가급적 딱딱한 수초로 조경해야 하며 움직임이 느린 타어종과의 혼영은 피하는 것이 좋다. 특히 엔젤과 구루아미의 수염을 뜯는 버릇이 있으므로 혼영을 하지 않는 것이 좋다.

골든 발브는 원산지가 말레이반도이며, 수질은 약산성이 적당하다. 수온은 22~28℃가 적온이며 수명은 2년으로 보통 6cm정도 자란다. 사육 난이도와 혼영 난이도는 용이하며, 번식 난이도 보통이다. 그 모습이 대단히 화려해 개량 품종으로 간주되기도 하지만 확실한 이유는 아직 밝혀지지 않고 있다. 건강하고 사육이 용이하여 소형 수조에서도 기를 수 있다.

라스보라 행겔리는 인도네시아가 원산이며 수질은 약산성이 적당하다. 수온은 22~28℃가 적온이며, 수명이 2년 정도이고 보통 3cm 정도 자란다. 사육 난이도 보통이며 혼영 난이도는 용이하지만 번식 난이도는 어렵다. 헤테로 몰파종보다 몸의 하반부에 삼각형의 색채가 그리 강하지는 않지만 빨간색은 한층 더 강하게 나타난다.

실버샤크는 태국이 원산지이며, 수온은 26℃ 정도가 적당하고 크기는 최대 30cm까지 성장한다. 사육은 대체적으로 쉬운 편이며, 다른 물고기와 혼영사육도 가능하다. 하지만 번식은 어렵다. 잉어과로써 입에는 수염이 있고 지느러미는 붉고 등과 꼬리의 지느러미에 검은띠가 있고 몸통은 은빛이다.

제브라 다니오는 원산지가 인도이며 크기는 4~5cm 정도로 매우 작다. 몸 전체에 얼룩말 무늬 비슷한 아름다운 옆줄 무늬가 있는 점에서 이런 이름이 붙여졌다. 튼튼한 물고기이므로 기르기 쉽고, 성질이 온화하다는 점과 값싸고 손에 넣기 쉬울 뿐더러, 열대어 중에서도 어느 물고기에 지지 않는 아름다움을 갖고 있다는 점 등으로 말미암아 예로부터 애호가가 많다. 암수구별은 수컷보다 암컷이 약간 크고 산란 전이 되면 암놈의 배가 두드러지게 커지며, 몸의 흰 부분이 수컷은 금색으로 반짝이고 암놈은 은색으로 반짝인다.

크라운 로치는 원산지가 인도네시아이며 수질은 약산성이 적당하다. 수온 22~30℃가 적당하며, 수명은 3년 이상이고 보통 30cm까지 자란다. 아름다운 색채를 자랑하는 크라운 로치는 무리를 지는 습성이 있어 여러 마리를 사육하므로 매력을 맛볼 수 있다.

(4) 시클리드과

열대어로는 중형, 대형이 많고 형체나 색깔이 매우 다양하여 우리나라에서도 많은 종류가 소개되고 있는데 그중 대표적인 것이 엔젤피시이며, 아프리카, 미국 남부, 멕시코, 남아메리카와 인도의 일부 지역에 분포하고 있다.

시클리드과의 대부분은 성질이 거칠고 난폭하기 때문에 다른 관상어와 함께 사육하기 어렵다. 발정기가 되면 더욱더 난폭하여 자기 짝을 맺은 암수가 다른 무리를 쫓아내거나 공격하여 약한 쪽이 죽는 경우가 발생한다. 성질이 거친 것에 비하여 모성애가 강하기 때문에 산란 후에 수초에 붙은 알을 지키기 위해 필사적이며, 부화 후에도 새끼가 헤엄칠 수 있을 때까지 새끼를 돌본다. 짝짓기가 까다로워 5~10마리 정도를 함께 사육하면서 그 중에서 자연스럽게 짝이 맺어지면 한 쌍을 다른 수조로 옮겨서 사육한다. 그렇지 않고 다른 암수를 가져다 기를 때에는 짝을 맺지 못하고 싸우다가 죽이는 경우가 발생한다. 시클리드과에는 엔젤피쉬, 디스커스, 세베럼, 블랙밴드, 골든 제브라, 블루아카라 등이 있다.

| 엔젤피쉬 | 디스크스 | 골든제브라 | 세베럼 |

그림 4-4. 시클리드과

　엔젤피쉬는 남미의 아마존강 유역이 원산지로 크기는 보통 12~15cm 정도이며, 시클리드과의 대표적인 물고기이다. 성질이 온순하고 사육이 쉬우며, 먹이를 가리지 않지만 보통 동물성 먹이를 좋아한다. 다른 관상어와 혼영하여 사육하여도 무방하지만 번식기에는 다른 어항으로 옮기는 것이 좋다. 성장이 빠르고 수명은 7년 정도로 긴 편이며 암수의 구별은 전문가로서도 쉽게 구별하기 어렵다. 엔젤피쉬는 알템엔젤, 마블엔젤, 쓰리칼라엔젤, 골든엔젤 등 많은 변종이 있다.

　디스커스는 열대어의 제왕이라고 불리울 만큼 수컷의 색깔이나 모양이 아름다운데 원산지는 아마존이며 크기는 보통 15cm 정도 자란다. 암수 구별은 조금 힘들지만 성어가 되면 수컷의 색깔이나 모양이 더 좋은 편이다. 수질에 민감하므로 물을 정기적으로 갈아주고 수질에 변동이 없도록 주의해야 한다. 온도는 약간 고온이 좋으며, 특히 조용한 환경을 좋아한다. 번식은 다소 어려우나 환경이 갖추어지면 번식하여 부화가 되면 비늘에서 젖을 내어 먹여 키운다. 그러나 산란 후 어떤 충격으로 알을 먹어 버리면 그 후 버릇이 되어 번식이 어려우므로 처음부터 조용한 곳을 선택하는 것이 좋다. 먹이는 실지렁이나 빨간 장구벌레를 즐겨 먹는다.

　골든 제브라는 아프리카가 원산지이며, 크기는 보통 15cm 정도로 사육은 쉽지만 혼영은 어렵다. 성격이 몹시 거칠고 영역 싸움이 심하기 때문에 항시 한 마리의 수컷과 여러 마리의 암컷을 기르는 것이 이상적이다. 넓적한 돌위에 알을 50개 정도 낳으며, 알을 암놈이 입에 넣고 부화시킨다. 한 마리의 수컷에 5마리 정도의 암컷을 함께 사육하는 것이 좋다.

세베럼의 원산지는 아마존이고 수온은 24~27℃가 적당하며, 약알칼리성의 수질을 좋아한다. 10~12개월이 되면 성어가 되는데 보통 15~18cm 정도 자란다. 몸의 색깔은 전체적으로 연한 녹색이나 황색, 연한보라색이지만 기분이 좋지 않을 때는 온몸이 검게 변하기도 한다. 또 몸에 몇 줄의 세로줄이 있고 꼬리에 가까운 줄은 보다 짙다. 자웅의 판별은 치어일 때는 구별이 어렵지만 성어가 되면 수컷의 등지느러미와 꼬리지느러미의 끝이 예리하고 뾰족해진다. 세베럼은 대체로 온순하여 타 종류와 함께 기르기가 쉬우나 잡식성이기 때문에 수초는 심지 않는 것이 좋다.

블랙밴드는 파나마, 살바도르가 원산이며, 온도는 26℃가 적온이다. 수질은 중성이 좋으나 체질이 강건하여 늦은 온도와 약산성에서도 사육이 용이하다. 보통 6개월 이상이면 성어가 되고 보통 10cm 정도까지 성장한다. 몸통을 구분하는 검은 줄무늬가 아홉줄 있으며, 앞의 세 줄은 직선이 아닌 비스듬한 느낌이다. 일명 "얼룩말 물고기"라 하며, 쌍이 이루어지면 바닥과 돌밑에 알을 붙이고 부화를 시킨다. 자웅의 구별은 수컷의 지느러미 끝이 뾰족하고 덩치가 조금 크고, 암컷은 볼 주위에 분홍빛을 띈다.

(5) 아나반티과

아나반티과는 라비린스라는 특별한 신체 구조를 갖고 있다. 이를 우렁이 기관이라 부르며 물의 표면에서 대기 중의 산소를 흡수하도록 한다. 라비린스는 자연상태에서는 산소의 농도가 희박한 흙탕물 속에 살며 대기 중의 산소를 얻어야만 생존할 수가 있는 것이다. 동남아시아와 아프리카에 분포하며 베타와 같이 전투적인 것이 있는가 하면 대부분은 온화한 성격을 가지고 있어 다른 물고기와 혼영 사육이 가능하다.

또 다른 특징은 산란 습성에서 볼수 있는데 수면에 거품으로 만든 집에 알을 낳는다. 암수의 구별은 수컷이 암컷보다 지느러미가 크고 길며, 색채가 훨씬 아름답다. 아나반티과에는 베타, 키싱구라미, 펄구라미, 실버구라미, 블루구라미, 드와프구라미 등이 있다.

| 베타 | 키싱구라미 | 드워프구라미 | 실버구라미 |

그림 4-5. 아나반티과

베타는 흔히 투어라고 하여 동남아지역이 원산지이다. 베타는 같은 수컷끼리는 죽을 때까지 싸우지만 다른 종류와는 싸우지 않는다. 수온은 26~28℃이며, 수질에 매우 민감하다. 크기 5~8cm 정도이며 수명은 2년 정도이다. 산란할 때에는 수컷이 거품집을 만들고 부화시킨다. 크기는 보통 5~8cm 정도로 산란주기는 2~4주이며 한번에 100~500개의 알을 낳는다.

키싱구라미의 원산지는 동남아시아로 약산성의 수질을 좋아하며, 수온은 23~30℃ 적당하다. 사육과 번식은 용이하다. 우리나라에서 영화의 '쉬리' 때문에 많이 알려진 관상어로 보통 25cm정도로 핑크색이 섞인 백색으로 암수감별이 어렵지만 산란기가 되면 암컷의 배가 부푼다. 사료를 먹을 때 또는 수컷끼리 싸움을 할 때 힘자랑을 하기 위하여 입을 맞추는데, 한쪽의 힘이 모자라면 도망을 가지만 힘의 균형이 이루어지면 도전현상이 일어나 싸우게 되는데 우리가 보기에 열정적으로 키스를 하는 것 같이 보이게 된다.

펄구라미의 원산지는 말레이시아, 타이와 같은 동남아시아로 수질은 약산성이 적당하며 22~27℃의 수온에서 생활한다. 보통 21cm 정도까지 성장하며, 사육난이도는 용이하며 번식은 보통 정도이다. 몸 전체에 마치 진주를 뿌려 놓은 듯한 작은 반점이 있으며, 고운 색채를 지녔다. 수컷은 지느러미끝이 뾰족하고 색깔이 더 곱고 발정기가 되면 혼인색이 턱에서부터 배에 걸쳐 짙은 오렌지색을 띠게 된다.

드워프 구라미의 원산지는 인도로 수질은 약산성이 적당하며, 25~28℃의 수온에서 생활한다. 크기는 보통 6cm 정도이며, 수명은 2년 정도로 사육 난이도와 혼영 난이도는 용이하나 번식 난이도 보통이다. 세계적으로 인기가 높은 어종으로 튼튼하고 아름다우며, 소형어와 혼영도 가능하다. 수컷은 수초를 이용해서 거품집을 만들고 암컷은 산란을 한다. 수많은 개량품종이 유통되고 있으며, 구라미류 중 가장 아름답고, 조용한 분위기를 좋아한다.

실버구라미의 원산지는 태국이며, 수질은 중성이 적당하고 23~28℃의 수온에서 생활한다. 10~15cm정도의 크기이며, 사육 난이도는 용이하나 번식과 혼영 난이도는 보통이다. 문라이트 구라미라고도 하며, 몸 전체가 실버색으로 이루어져 있다. 또한 콧등이 오똑하다.

(6) 카라신과

열대어 중 비교적 소형이며 색깔이 매우 아름답고 원산지는 아프리카와 중남미에 주로 분포하고 있다. 관상가치가 높으며 몸의 모양이 잉어과와 비슷하지만 잉어과 와는 달리 입에 이빨을 가지고 있다. 또한 등지느러미 뒤에 또 하나의 작은 기름 지느러미를 가지고 있는 것이 특징적이다. 성격은 네온 테트라와 같이 아주 온순하여 다른 물고기와 혼영하여 사육 가능한 것부터 피라나와 같이 난폭한 식인 물고기까지 있다.

번식은 비교적 쉬운편이지만 어미가 알을 먹는 버릇이 있기 때문에 산란용 수조를 따로 만들어 수초를 많이 심어야 하고 산란 후에는 어미와 알을 분리하여야 한다. 알이 부화한 후에도 치어가 너무 작기 때문에 특별한 먹이 관리가 있어야 한다.

카라신과의 대표적인 물고기는 네온테트라, 카디널테트라, 블랙테트라, 피라나, 콩고테트라, 칼라테트라 등이 있다.

네온테트라   블랙테트라   마블헤체트   피라니아

그림 4-6. 카라신과

네온테트라는 아마존강이 원산지로 몸 크기는 3~4cm 정도로 매우 작지만, 푸른색의 광택과 붉은색의 조화가 어우러져 카라신과 중에서 대표적인 물고기로 사람들에게 인기가 높다. 예전에는 번식이 어려워 값이 비쌌으나 최근에 번식 기술이 개발되어 대중화되었다. 튼튼하고 기르기 쉬우며, 성질이 온순하여 작은 물고기와의 혼영사육이 가능하며 1회 산란수는 200~500개의 알을 놓는다.

블랙테트라는 남아메리카 원산으로 몸길이는 5cm가량이며 오래 전부터 사육되어 친숙해진 관상어 중 한 종류이다. 몸의 윗부분과 등지느러미는 검은색이고 꼬리지느러미는 투명하므로 보기에 몽땅한 느낌을 준다. 건강과 기분에 따라 꼬리의 색이 변화하므로 눈여겨 볼 필요가 있다.

마블 헤체트의 원산지는 페루, 아마존으로 약산성의 수질을 좋아하며, 수온은 23~28℃가 적당하다. 보통 크는 4cm 정도로 소형이며, 사육 난이도와 번식 난이도는 조금 어렵고 혼영 난이도 보통이다. 동남아시아에서 대량으로 사육되고 있으며 건강하여 기르기 쉽고 타종과 혼영이 가능하다. 처음 보기에는 수수해 보이지만 기르며, 관찰하면 화려한 색채와 함께 대단히 아름다운 모습이 관찰된다. 군집성이 강하여 여러 마리를 넣어 무리를 지어주면 좋다.

흔히들 식인 물고기라 불리기도 하는 피라니아는 원산지가 브라질 네그로강이며, 약산성의 수질을 좋아하고 수온은 25~30℃이다. 크기는 보통 중형 정도이며, 사육 난이도는 보통이지만 번식 난이도와 혼영 난이도는 곤란한 어종이다. 다른 물고기의 비늘을 먹는 식성으로 잘 알려진 품종이기는 하나 수조 사육 시에는 생 먹이를 섭취하기 때문에 굳이 비늘을 첨가해 줄 필요는 없다. 모양이 꽤 화려하지만 식성의 특이함으로 인해 혼영은 피하는 것이 좋다.

(7) 메기류 및 대형어

우리나라의 메기는 관상가치가 없지만 열대지방의 메기류는 아름다운 것이 많으며, 몸의 형태도 매우 다양하여 미꾸라지인지 메기인지 의심할 정도의 것들이 많다. 대체적으로 튼튼하고 기르기가 쉬우며 대부분 성질이 온화하여 크기가 비슷한 종류끼리 혼영하여 사육가능하기에 애호가도 많고 종류도 다양하다. 특히 수조의 바닥에 있는 찌꺼기를 깨끗이 먹어치워 수질 악화를 막아주며, 유리벽면과 수초에 있는 이끼를 제거해주는 역할을 한다. 그러나 바닥의 모래를 뚫고 들어가서 수초를 쓰러뜨리는 단점이 있다.

대표적인 것으로는 코리도라스, 비파, 캣피쉬, 아로아나, 인디안나이프피쉬, 스포티드나이프 피쉬 등이 있다.

셀핀프레코	코리도라스	스포티드	실버아로아나
(이끼물고기)	(청소물고기)	인디안나이프 피쉬	

그림 4-7. 메기류 및 대형어

셀핀프레코의 원산지는 아마존강으로 약산성에서 약알카리성의 수질을 좋아하며, 수온은 23~28℃가 적당하다. 크기는 8cm 정도이며 수명이 2년 이상으로 사육 난이도와 혼영 난이도는 보통이지만 번식 난이도는 어렵다. 가장 많이 보급되어 있는 프레코의 한 종으로 튼튼하고 기르기 쉬우며 무엇이든지 잘 먹으므로 까다롭지 않다. 수조 내에서도 크게 자라는 것들도 있다. 사육 시 물흐름이 좋게 하고, 식물성 먹이를 많이 준다.

코리도라스의 원산지는 페루로 약산성에서 중성의 수질을 좋아하며, 수온은 20~27℃가 적당하다. 크기는 5cm 정도로 수명이 3년 이상으로 사육 난이도와 혼영 난이도는 용이하며 번식 난이도는 보통이다. 비교적 온순한 성질의 종류이고 대형 특히 롱노즈계의 코리도라스하고의 혼영에는 적합하지 않다. 몸이 빨갛게 보이는 개체의 입수는 피한다.

이외에도 코리도라스는 청소물고기로 우리에게 친숙하며, 종류도 다양하다.

글라스켓의 원산지는 태국이며 약알카리성의 수질을 좋아하며, 수온은 24~28℃가 적당하다. 크기는 8cm 정도이며 사육 난이도와 혼영 난이도는 조금 어렵다. 또한 번식 난이도는 곤란하다. 뼈가 훤히 들여다 보이는 투명한 물고기로 유명한 본 어종은 수질에는 다소 민감하기 때문에 세트 되어진 어항에 직접 넣는 것은 매우 위험하다. 구입 시 몸이 탁하거나 수염이 물에 풀리지 않는 개체는 구입하지 않도록 유의해야 하며 성격이 온화함으로 활동성이 강한 타 어종과의 혼영은 피해야 한다.

스포티드 인디안나이프의 원산지는 동남아시아 지역으로 약산성에서 중성의 수질을 좋아하고 수온은 22~28℃가 적당하다. 크기는 보통 50cm까지 자라며 수명은 5년 이상으로 사육 난이도는 용이하지만 혼영 난이도와 번식 난이도는 조금 어렵다. 보통 인디안나이프라고 부르며 오래 전부터 인기있는 대형어로 사랑을 받고 있으며 육식성이므로 소형어와의 혼영은 불가능하다.

실버아로아나의 원산지는 아마존강이며, 약산성에서 중성의 수질을 좋아하고 수온은 26~30℃가 적당하다. 크기는 100cm 정도이며, 사육과 혼영 난이도는 보통이지만 번식 난이도는 곤란하다. 원시의 화석고기로 고대의 모습을 그대로 간직하고 있다. 대형어의 입문어라 할 수 있으며, 점프력이 있으므로 수조에는 덮개가 필요하다.

 ## 2. 관상어의 신체적 특성

관상어는 수중생물이므로 아가미를 비롯한 일부 기관의 형태와 구조는 육상의 척추동물과 매우 다르다. 수중생활에 필요한 지느러미, 부레, 아가미를 제외한 다른 기관들은 고등 척추동물과 기본적으로 비슷하다고 할 수 있다. 물고기는 아가미를 통하여 물속의 산소를 받아들이고 탄산가스를 내어 보내는 역할을 하는데 우리 인간의 폐와 같은 기능을 가진다.

아가미는 눈 뒤에 있으며, 표피를 지키기 위한 사상체를 갖고 있다. 반면에 베타나 구라미 등의 아나반티드과의 관상어는 아가미 외에 보조 호흡기를 가지고 있는데 물속에서 아가미 호흡과 함께 수면에 얼굴을 내놓고 우리들 인간과 같이 공기 중에서 산소를 직접 얻을 수 있는데 이는 물속의 산소가 적은 곳에서도 생활할 수 있도록 진화되어 왔다고 할 수 있다. 그리고 아로와나와 같은 고대어들은 부레의 내면에 많은 모세혈관이 있어서 산소를 얻는데 부레를 이용하기도 한다. 즉 몸의 균형을 유지하고 가라앉을 때나 떠오르기 위해 필요한 내부기관인 부레를 호흡에도 이용하는 것이다. 따라서 물고기 아가미에 상처가 생기거나 기생충이 기생하는 등 이상이 생기면 물고기의 생존에 치명적이다.

몸의 정중선 위에 붙어있는 수직지느러미는 등지느러미, 꼬리지느러미, 뒷지느러미가 있다. 이 지느러미의 기능은 추진력을 내며 몸의 평형을 유지한다. 또 지느러미는 가슴과 배에 각각 쌍을 이룬다. 이 지느러미는 좌우평형, 방향전환, 유영정지등의 역할을 수행한다. 배지느러미는 포유동물에 비한다면 뒷다리에 해당되며, 진화된 고등 어류일수록 몸의 앞부분에 위치하게 된다. 등지느러미 경우 네온테트라와 같은 카라신과의 물고기는 등지느러미 뒤에 작은 기름 지느러미를 가지고 있는 것이 특징이다.

열대어는 1,000종 이상의 많은 종류와 더불어 매우 색다른 생태와 형태를 보여 주는 것이 많다. 최근 열대어 사육에는 아름다운 외모를 가진 관상어들 뿐만 아니라 색다른 생활을 하는 종류가 주목받고 있다. 번식생태에서는 구내 보육을 하는 골든제브라는 산란 직후에 어미가 자신의 입에 알을 물고 부화시키고 자유롭게 치어가 헤엄치기까지 2~3주 동안 거의 절식상태에서 알과 새끼를 보호하는 것이다.

디스커스와 같은 경우는 밀크새끼라 불리는 100여 마리의 새끼들이 어미의 체표로부터 분비되는 영양분을 먹고 자라는 물고기도 있는가 하면 구피와 몰리의 경우 새끼를 출산하는 것으로 잘 알려져 있다.

송사리무리 중에서 아프리카에 사는 노트브랑카우스는 건조에 견딜 수 있는 알을 낳고 1~3월에 걸쳐 건기가 끝나고 비가 내리면 그 빗물에 자극되어 일제히 부화하여, 우기와 건기 동안에 교묘하게 살아남는 종류도 있다. 용존산소량이 적은 수역에 적응된 종류도 있는데, 동남아시아 지역에 많은 구라미, 베타의 무리는 수컷이 수면에 기포를 모아 만든 거품을 이용하여 그 안에 알이나 새끼물고기가 부착되게 하고 자유롭게 치어가 헤엄쳐 다닐 수 있게 되기까지 보호한다.

몸의 형태에 따라 살펴보면 몸이 길고 가느다란 뱀장어와 미꾸라지 종류는 수조의 바닥에서 주로 생활을 하지만 키가 크고 마른 엔젤피쉬 같은 종류는 수초 사이를 헤엄치며 자기 몸을 숨길 수 있는 장소에서 서식하고 있다. 또한 등이 곧고 배가 넓적한 종류는 물의 표면에서 발견된다.

입의 형태에 따라 살펴보면 물고기 특유의 생활 습성에 따라 입의 위치와 모양이 달라진다. 구피와 같이 수중의 상부에 있는 먹이를 먹는 종류는 입이 윗쪽으로 치우쳐 있고 반대로 미꾸라지나 청소물고기 같은 경우는 바닥에 있는 먹이를 먹기 위하여 입이 아래쪽으로 치우쳐 있다.

관상어의 번식에 있어 수온은 가장 중요하다. 금붕어의 경우는 보통 12~21℃ 사이의 수온이면 산란을 하며, 또 35℃가 넘는 물에서도 살아간다. 이처럼 물고기는 수온이 40℃까지 올라가는 북아메리카의 네바다 사막 웅덩이에 서식하고 있는 물고기가 있는가 하면 남극 지하의 바다에서 서식하는 물고기도 있다. 보통의 관상어는 수온이 24~26℃로 따뜻한 지방에서 서식하고 있는 물고기로 대부분이 화려한 외모를 가지고 있다. 아프리카와 같은 열대지방은 건기와 우기가 뚜렷하기 때문에 빠른 시간 내에 성장하고 번식을 끝내야 하므로 대부분의 물고기 성장이 빠른 편이다. 이처럼 우리가 키우고자 하는 물고기를 선택하게 되면 물고기의 서식처 환경을 조사하여 이에 맞는 온도를 맞추어 주어야 강한 관상어로 키울 수 있을 것이다.

Ⅲ 관상어 사육기구

1. 수조의 선택

관상어를 기르기 위하여 맨 먼저 준비해야 하는 것이 바로 수조이다. 수조는 관상어의 아름다운 모습을 충분히 볼 수 있도록 측면이 투명하여 내부를 볼 수 있어야 한다.

수조에 사용되는 재질은 일반적으로 유리 수족관이 많이 판매되지만 아크릴 수지 등의 합성수지 수족관도 있다. 수조를 구입하고자 할 때에는 아름다운 것도 중요하지만 테두리의 휘어짐 여부를 알아보아야 하며, 유리의 흠집 여부를 살펴보아야 하는데 이는 물의 수압에 견딜 수 있어야 한다.

수조의 물이 적어 보여도 물의 수압은 대단하기 때문에 휘어짐이나 유리의 파손상태를 꼼꼼히 살피지 않는다면 조그만 충격에도 유리가 파손되어 거실과 방안으로 수조의 물이 유출되게 될 것이다. 또한 접착제 안에 기포나 불순물이 있는지 여부와 접착제의 균일성, 용접의 적절성, 납땜 부위의 견고성 등도 꼼꼼히 살펴보아야 수조를 안전하게 지킬 수 있을 것이다.

수조에는 많은 종류가 있는데 앵글 수조는 가장 많이 사용되는 것으로 구조는 금속의 틀로 테두리를 하고 그 틀 속에 수조용 접착제인 실리콘으로 판유리를 고정시킨 것이다. 밀착도가 높은 합성수지의 접착제로 판유리를 틀에 접착시켜 내구력을 높이고 있다. 이때 사용되는 접착제는 어류나 수초에 대한 독성도 없이 안심하고 사용할 수 있는 것이어야 한다. 테 없는 수조는 유리를 접착제로 접합한 수조인데 이때 사용되는 실리콘은 물의 압력에도 견딜 수 있어야 하지만 무게는 그만큼 가벼워지게 된다. 사육자가 원하는 모양이나 크기로 직접 제작할 수 있다는 좋은 점도 있다. 그러나 바닥면이 깨지기 쉽고 이동할 때 위험이 큰 단점이 있다.

배트 수조는 틀에 유리를 부어서 만들기 때문에 물이 새지 않고 틀이 없어 관상하기에 좋으며 유해 물질이 녹아 나오지 않는다. 그러나 대형의 수조는 만들 수 없고 유리 두께가 고르지 않거나 기포가 있어 내부를 선명하게 볼 수 없으며, 바닥면 모서리가 깨지기 쉬운 단점이 있다. 따라서 산란 부화용 또는 치료용 수조로 이용된다.

수조의 크기는 설치하고자 하는 곳의 공간이 얼마나 되며, 또 어떤 물고기를 기를 것인가에 따라 달라진다. 수조는 되도록 큰 것이 바람직하지만 설치 공간과 경제성을 고려할 수밖에 없다. 하지만 관상어의 성장과 생활에 필요한 공간을 충분히 제공하지 않으면 관상어의 아름다움을 감상할 수 없다.

관상어의 성장은 수조의 크기에 따라 충분히 자랄 수도 있고 제대로 자라지 못할 수도 있다. 수조가 클수록 수질이나 수온의 변화가 적으므로 장소가 허락하는 범위 내에서 큰 것이 좋다. 깊은 수조는 크고 넓적한 물고기에게 적합한데 엔젤 피시가 그 종류의 하나이다. 그러나 깊은 수조의 밑바닥까지 빛이 골고루 가도록 조명을 하기란 쉬운 일이 아니다. 수조의 뚜껑은 물의 증발을 막고, 물의 온도가 낮아지는 것을 막아주며 집안의 먼지가 수조 내로 침투하는 것을 막을 수 있을 것이다. 수조의 물과 뚜껑 사이의 공기가 같은 온도를 유지하는데 보온의 비결이 있는 것이다. 또한 점프를 하는 아로아나와 같은 종류의 물고기가 수조 밖으로 떨어지는 것도 방지해 줄 수 있다.

그림 4-8. 다양한 수조

조명은 관상어와 수초의 생활 및 성장에 필수적이라 할 수 있다. 자연적인 조명은 계절과 기상 조건 등에 따라 달라지기 때문에 조절하기가 어려워 형광등을 이용한 인위적 조명을 실시한다. 형광등은 다양한 색상의 것들이 있지만 열대어의 관상을 중시하는 경우는 백색광이 좋고, 관상어나 수초의 생육을 돕기 위해서는 식물 육성용 적색 형광등을 사용하는 것이 좋다. LED 조명은 요즘 흔히 사용하는 것으로 다양한 색상을 만들 수 있고 전

력소모도 적어 많이 사용되고 있다. 조명은 수초가 무성하고 유리면에 녹색이나 갈색 이끼가 끼지 않은 상태가 알맞은 상태인데 조명이 강하면 녹색 이끼가 많이 끼고 약하면 갈색 이끼가 많이 끼며 수초의 성장에 영향을 미친다.

 ## 2. 가온 및 여과장치

열대 관상어의 적당한 수온은 26℃ 정도이다. 여름철을 제외한 대부분의 기간 동안 가온이 필요한데 이때 가온 방법은 히터를 수조 내에 넣어 열을 가하는 직접적 방법과 수조를 온실 안에 넣어 전체적으로 열을 가하는 간접적 방법이 있다. 이때 간접 가온방법은 번식이나 전문적인 시설에서 사용하지만 일반적으로 가정에서는 히터를 사용하는 직접 가온법을 사용하고 있다. 또한 적당한 온도를 유지하기 위해서는 자동 온도 조절 장치가 필요하다. 직접 가온법은 수조를 개별적으로 가온할 경우에 가장 널리 쓰이는 방법으로 히터는 굵은 시험관 속에 니크롬선을 넣고 그 둘레에 석영 모래를 넣은 다음 고무마개로 막아 놓은 단단한 구조를 가지고 있다. 60W, 100W, 150W, 300W 등이 있는데 수조의 크기에 따라서 종류나 수를 정한다.

설치 방법은 수조 바닥에 놓는 방법과 수조의 벽에 수직으로 세우는 방법이 있다. 바닥에 놓는 방법은 열이 고르게 전달되는 장점이 있지만 고무마개가 낡아 물이 들어가면 누전이 되거나 감전의 우려가 있다. 하지만 수직으로 세우는 방법은 열의 전도가 고르게 되지 않는다는 단점이 있지만 에어레이션이나 여과기를 사용하는 경우에는 열전도에 별 문제가 없다.

수분의 증발이 많으면 히터가 수면위로 노출되는 경우가 있는데 이는 열에 의하여 히터의 유리가 파손되어 누전의 우려가 있기에 주의가 필요하다. 일반적으로 물 100L당 100W의 히터가 적당하며 수조의 크기에 따른 히터의 용량도 맞추어 구입하여야 한다. 히터는 쉽게 깨질 수 있기 때문에 조심해서 다루며 물속에 넣을 때는 완전히 식혀서 넣는다. 평상시에도 가끔 꺼내서 정상적으로 작동하는지 점검하여야 한다.

간접 가온방법은 전문 번식장, 수족관, 아쿠아리움과 같이 수조가 많이 있는 경우에 사용하는 방법으로 노동력이나 경제적인 낭비를 줄일 수 있는데 온실 안이나 건물 안에서 자체적으로 열원이 있기에 온도를 유지할 수 있는 방법이다.

온도 조절기는 바이메탈의 원리를 이용하고 있으며, 자동 온도 조절 장치는 관리자가 조절할 수 있다. 온도 조절기는 수조의 가장자리에 설치하는데 흔들리지 않도록 하고 히터와는 거리를 둔다. 하지만 시중에 시판되고 있는 히터 속에 온도 조절기가 설치되어 있어 사용하기에 편리하도록 되어있다.

수조 내부에는 자연계와 달리 바람이나 물의 흐름이 없는 반면 산소를 필요로 하는 관상어의 밀도가 높기 때문에 산소가 부족하기 쉽다. 수조 내의 산소는 수초를 통해 생산되거나 수면을 통해 공급된다. 또한, 수면은 작은 먼지에 의해 얇은 막이 형성되어 물과 공기의 접촉을 방해할 수 있다. 따라서 항상 부족하기 쉬운 산소를 충분히 공급하기 위하여 에어레이션, 즉 통기가 필요하다.

통기란 공기 펌프를 이용하여 공기를 에어 스톤에 보내고 그곳에서 공기 거품을 방출시켜 물속에 산소를 녹아들게 하며, 물결을 일으켜 표면을 통한 산소 공급을 돕는 작용을 말한다. 통기는 산소 공급과 더불어 히터의 열을 고르게 전달하는 중요한 역할을 하며, 거품을 통해 수조내의 물을 여과하고 수조의 아름다움을 더해주는 역할도 한다.

에어 펌프는 물의 순환과 산소 공급 그리고 수조내의 수온을 전체적으로 일정하게 유지시키는 작용을 한다. 에어 펌프에서 공기를 에어 스톤이나 여과기로 보내는 관을 송기관이라고 하며, 비닐제의 투명 튜브 형태로 제작되어 판매되고 있다. 에어레이션과 여과기 등 두 가지 이상의 기구로 공기를 나누어 보낼 경우 조인트를 사용하게 되고 펌프로부터 보내진 공기를 작은 거품 모양으로 물속에 방출하는 기구를 에어 스톤이라고 하는데 가는 모래를 인공적으로 굳힌 것이다.

관상어의 배설물이나 먹이 찌꺼기에 의해 물고기에게 매우 해로운 독소를 발생시키기 때문에 필터를 통하여 물을 걸러 주는 장치를 말한다. 여과 장치는 단순히 물을 걸러 주는 역할뿐만 아니라 거기서 붙어 있는 박테리아가 관상어의 배설물 등을 분해하여 무해한 물질로 바꿔준다.

여과기는 일정 기간이 지나면 성능이 떨어지거나 막힐 수 있으며, 필터에 낀 유기물이 부패할 수도 있으므로 교환하도록 한다. 여과 방법은 물을 필터 속으로 통과시키는데 크게는 내부여과법과 외부여과법이 있다. 내부여과법은 필터를 넣은 여과기를 수조 옆면에 매다는 방법과 바닥으로 가라앉히는 방법이 있다. 또 다른 방법으로 저면 필터를 수조 바닥에 설치하고 그 위에 모래를 깔아 여과하는 방법도 있다.

저면여과기

측면여과기

측면여과기

외부여과기

그림 4-9. 다양한 여과장치

위 방법들은 모두 에어 펌프를 통해 발생된 공기 거품의 상승과 하강을 이용하여 물을 필터 속으로 통과시키는 방법이다. 필터는 나일론 울이나 활성탄을 사용하며 물을 끌어올리는 방법은 에어 펌프와 모터를 사용하는데 주로 모터식 펌프를 사용한다. 외부여과법은 보기에 좋고 수조 내부를 넓게 효과적으로 사용할 수 있다는 것과 여과기 청소를 할 때 간편하다는 장점이 있다. 외부여과법은 값이 비싸지만 대형 수조에 알맞고 초보자는 에어 펌프식을 사용하는 것이 좋다.

 ## 3. 그 밖의 기구 및 재료

열대어의 이상적인 사육온도는 26℃가 좋은데 20~30℃의 범위 내에서 생존이 가능하다. 따라서 오차가 많은 것은 좋지 않으므로 정확한 수온계를 사용하는 것이 좋다. 수온계는 물위에 띄우는 것과 유리면에 흡반으로 고정시키는 것이 있으며, 대부분 온도뿐만 아니라 최저 온도, 최적 온도, 최고 온도가 표시되어 있다. 수온계는 눈금이 분명하고 보기 쉬운 것을 사용한다.

관상어를 잡을 때 손을 잡는다는 것은 어려운 일이므로 물고기를 잡아 올리거나 먼지 등을 떠낼 경우에 필요한 기구다. 뜰채는 관상어를 건지기 좋고 상처를 주지 않으며, 저항이 적은 것이 좋다. 따라서 재질이 부드럽고 그물코가 적당한 크기여야 한다. 주로 나일론 뜰채가 많이 이용되며 모양은 사각형이 편리하다.

실지렁이와 같이 살아 있는 먹이를 공급하기 위한 도구로 먹이가 적당할 경우에는 문제가 없으나, 바닥에 너무 많이 급여하면 모래 속으로 들어가 관상어가 먹을 수 없으며 시간이 지나 죽게 되면 수질을 악화시킨다. 먹이통은 수조의 크기와 관상어의 수 및 크기에 따라 다른데, 수면에 뜨는 것과 유리면에 고정시키는 것이 있으며 어느 것이든 사용할 수 있다. 수조에 물이 더러워지지 않았다고 해도 유리면에 이끼가 붙는 경우가 있다. 이렇게 유리면에 끼는 이끼와 먼지를 제거할 때 사용한다. 막대 끝에 면도칼을 끼워서 만든 구입품이나, 자석을 이용한 이끼 닦기를 만들어 사용할 수도 있다.

사이펀은 물을 환수하는데 사용되는 것으로 기압의 차이를 이용하여 수조의 물을 교환하거나 물밑에 쌓인 먼지를 제거하는데 이용되며, 스포이드는 부화한 치어들에게 물벼룩이나 브라인시림프, 달걀의 노른자위 등의 먹이를 공급할 때 사용한다. 핀셋은 수초를 심거나, 실지렁이 등의 살아 있는 먹이를 급여할 경우에 사용하며 큰 것과 작은 것을 함께 준비하는 것이 좋고 가위는 수초의 손질에 필요하고, 가능하면 자루가 긴 것이 좋다.

산란 상자는 플라스틱 제품의 소형 상자로 태생어의 새끼를 번식할 경우에 수족관 내부에 매달아 사용하며 분리판은 서로 싸우는 관상어를 분리하거나, 강한 관상어와 약한 관상어를 하나의 수족관에 사육할 경우 내부를 분리하는데 이용한다.

유리닦기   생먹이통   부화통   사이펀

그림 4-10. 다양한 수조 관리 재료

IV 관상어의 번식

대부분의 관상어는 번식이 까다롭지 않지만 몇 가지 종류는 어려운 것들도 있다. 초보자의 경우는 난태생 송사리과의 물고기를 구입하여 번식시켜보면 재미를 느낄 수 있을 것이다. 그 뒤 점차 특별한 습성을 가진 물고기의 번식을 시도해 보는 것이 좋을 것이다. 일반적으로 같은 과에 속하는 관상어는 번식법이 비슷하다. 여기에서는 종류별 번식방법을 알아보기로 한다.

1. 번식 조건 및 준비

물고기를 스스로 번식시켜 그 새끼가 자라는 것을 보는 즐거움은 단순한 관상의 차원을 넘어서는 것이다. 특히 구피와 같은 종류는 다른 종류에 비해 초보자라도 쉽게 번식시킬 수 있다. 특별한 습성을 가진 종의 물고기가 가진 번식 습성을 주의 깊게 살펴 노트를 해두면 상당히 유용하게 쓸 수 있는데 종의 먹이나 좋아하는 물의 경도, 수소 이온농도 및 산소의 비율, 온도 등도 알아 둘 필요가 있다. 물고기가 번식에 적합할 만큼 성숙했는가, 즉 그 발정기를 알려 주는 눈에 띄는 표시들이 많이 있다. 그중 가장 일반적인 것이 암컷의 배가 부르는 현상이다. 평소보다 뚱뚱해 보이는 것이다. 또한 암컷은 본래 색깔보다 색깔이 현란해지고 때로는 지금까지는 볼 수 없었던 색깔이 나타나기도 한다. 대부분의 물고기들이 산란기가 되면 행동이 활발해지고, 공격성을 띄운다. 따라서 다른 어항으로 분리시킬 수 없을 때는 칸막이를 이용하여 수조를 분리해 주어야 한다.

그림 4-11. 칸막이를 이용한 수조 분리

어떤 종의 열대어의 암컷은 알을 낳아 부하 시키는 생식 습성을 갖고 있다. 반면 어떤 종류는 직접 새끼를 낳는다. 암컷이 일단 산란을 하면 수컷은 그 위에 정액을 배출, 수정 부화한다. 그러나 실험 결과에 의하면, 직접 접촉에 의하여 알을 낳는 종류와 암컷 가까이에 수컷이 정액을 배출하면 물의 흐름과 함께 자연스럽게 정자가 암컷의 몸속으로 들어가 수정이 이루어지는 종류가 있다.

난태생 송사리과의 물고기인 구피와 플래티는 짧은 시간 동안 직접적인 교미를 하여 체내 수정을 하고 새끼를 직접 낳는다. 카라신과의 네온테트라의 경우 크기가 작기 때문에 알의 크기 역시 작아 눈에 보이지 않을 정도로 작은 알을 낳고 또 부화된 새끼 역시 동물성 플랑크톤처럼 작다. 대부분의 알은 부화에 소요되는 시간이 짧고, 물의 온도가 부화에 큰 영향을 미친다. 반면 킬리피쉬 같은 경우에는 몇 달씩이 걸리기도 한다.

태반이 없이 새끼를 낳는 난태생 어류의 경우는 난생에 비해 새끼를 잃을 확률이 적다. 반면 난태생 어류는 한 번에 많은 새끼를 낳을 수 없다. 포유 동물은 태반을 갖고 있지만 물고기에게는 태반이 없다. 따라서 물고기가 알이 아닌 새끼를 낳는다는 것은 그 암컷 물고기의 체내에 알을 보호하는, 즉 알이 부화될 때까지 보호하는 장소가 있다는 의미이다. 난태생 종류의 물고기는 한 번에 약 1백 마리의 새끼를 낳으며 처음 세상으로 나오는 새끼의 모습은 마치 기형어처럼 구부러져 있는 경우가 보통이다. 그러나 곧 정상적인 형태로 성장한다. 이 난태생 물고기의 어미는 보통 3주일에서 3달 정도 알을 몸 속에서 보호하는데 이에는 물의 온도가 큰 작용을 한다.

관상어의 번식이 쉽더라도 번식에 알맞은 조건을 조성하는 것은 무엇보다 중요한데 일반적인 관상어의 번식에 필요한 조건은 다음과 같다.

첫째, 관상어의 건강 상태를 최상으로 유지해야 하며

둘째, 좋은 짝을 구해야 한다.

셋째, 산란 및 새끼 낳는 시기를 적절히 선택하고

넷째, 관상어의 크기에 알맞은 적당한 번식용 수조를 사용하며

다섯째, 수질 및 수온을 알맞게 유지한다.

마지막으로, 무엇보다 중요한 것은 조용한 환경을 조성하는 것이다.

따라서 충분히 성숙한 암컷의 복부가 크게 부풀고 수컷은 혼인색에 의하여 아름다워지면 번식 준비를 하는데, 관상어의 크기에 알맞은 수조를 준비하여 수돗물로 깨끗이 씻는다. 그리고 조용한 장소에 수조를 설치하여 수조에 물을 채워 1~2일간 에어레이션을 하고 히터와 온도 조절기를 작동하여 수온을 25~28℃로 조절한다. 이때 수조의 물을 채울 때 물고기 전용소독약을 투여하여 세균의 감염에 의하여 알이 상하는 일이 없도록 주의하여야 한다.

암컷과 수컷은 교미 전에 각각 다른 어항에 3주 정도 분리시켜 두어야 한다. 다시 암컷과 수컷을 번식용 수조로 옮긴 뒤에는 물의 온도를 약간 낮춰 주는 것이 좋다. 마치 야생 상태에서 계절이 바뀌면 물의 온도가 낮아지는 것과 같은 상태를 만드는 것이다. 평소보다 밝은 조명은 찬물에 사는 물고기에게 좋다. 이러한 종류는 계절의 변화에 민감하게 반응하여 번식을 하기 때문이다.

번식용 수조의 설비 및 장소는 물고기의 종류에 따라 다르다. 엔젤피쉬와 같은 난생의 경우, 흔히 수조 내의 히터 위에 산란을 한다. 따라서 그 알은 부화될 확률이 극히 낮다. 이때 잎이 넓은 수초를 한두 포기 심어 주거나 염화 비닐통을 알맞은 길이로 잘라 산란용 대롱을 만들어 수조 한구석에 세워 두면 이러한 현상을 방지 할 수 있다.

거품집이 필요한 물고기의 경우에는 반드시 수조 뚜껑을 덮어 주어야 바람 등으로 인한 거품집의 손상을 막을 수 있다.

2. 관상어 품종별 번식 형태

(1) 송사리과 번식

난태생 송사리과는 번식은 초보자도 쉽게 할 수 있을 정도로 간단하다. 20일 정도의 주기로 한배씩 낳게 되는데 그대로 두면 어미에게 모두 잡혀 먹히게 된다. 이를 방지하기 위해 니텔라, 카봄바, 워터 스프라이트와 같은 수초가 밀식하고 있는 곳에서 낳게 하면 많은 수가 살아 남는다. 또 난태생 종류는 낳은 어미가 새끼를 잡아먹기 때문에 다른 물고기와 격리시켰다고 하여 안심하여서는 안 된다. 이때 수초로는 가능하지만 산란상을 이용하는 것이 좋다. 플라스틱이나 아크릴로 만든 빽빽하게 수중을 덮는 수초가 좋다.

이 밖에 새끼를 채집할 때는 그림과 같은 산란사를 이용하는 것이 좋다. 상자 모형의 용기 내부에 특수한 얼개를 한 것으로 낳은 새끼 물고기를 어미로부터 완전히 분리하게 되어 있다. 이 산란상을 사용하면 다른 장치를 하지 않아도 보온이 되고 네 면에 작은 구멍이 뚫려 있어 물도 흐를 수 있다. 하지만 아직 새끼를 낳을 시기도 안 될 물고기를 분리해 두면 아무런 효과도 없다. 암컷의 복부 변화를 유심히 관찰한 뒤에 격리시키면 2~3일 후 새끼를 낳는다. 초산일 때는 10여 마리 전후이다. 갓 낳은 물고기는 5mm 정도의 크기이며 육안으로 볼 수 있다. 낳은 날부터 작은 먹이를 먹으며 3~6개월이면 성어가 된다.

출산장면

부화통

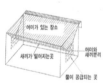

다양한 수초 심기

그림 4-12. 송사리과 번식

(2) 카라신과 번식

카라신과에는 작고 아름다운 것이 많고 대부분이 남미산이고 일부분이 아프르카산이다. 네온 테트라 등과 같이 얼마 전까지만 해도 인공 부화가 어려웠던 것이 현재는 일반적으로 누구나 번식시킬 수 있게 되었다. 그러나 초보자가 인공부화를 하려고 하면 어려움이 많으므로 라이트 테트라과 같이 쉬운 품종을 택해야 한다. 특별한 종류 이외에는 카라신과에서는 이 번식법만 알아두면 대부분 이 방법의 응용이므로 번식에 경험이 없는 사람도 적당하게 할 수 있다. 다만 태생어와 달리 암수 구분이 어려우므로 잘 살펴본다.

암수 구별은 수컷의 밑지느러미 부분에 독특한 카라신 혹이라는 것이 있다. 또 전체적으로 보아 수컷이 암컷보다 적은 것이 보통이고 암컷 한 마리에 수컷 두세 마리 꼴로 짝을 만들어 주지 않으면 산란하지 않으며 산란의 경우에도 무성란(無性卵)이 되는 경우가 대부분이다. 산란 후 부화하지 않는 경우는 이와 같은 이유 때문이다.

산란에는 종려털을 열탕으로 몇 시간 정도 삶아서 떫은 액체를 빼낸 것을 사용하거나 합성 섬유를 이용할 수도 있으며 터널과 같이 둥글고 둥둥 뜨게 바닥에 떨어뜨리면 수컷이 산란상으로 암컷을 유도하여 암컷과 함께 몸을 부딪히듯 하면서 그 속에 파고 들어가 산란 동작을 취한다. 이때 산란 수조로는 5호 정도가 알맞고 이때 수조는 모래와 수초를 넣지 않고 물을 끓여 소독 후 이틀 정도 에어레이션을 한 뒤 26℃로 수온을 맞춘다. 산란은 보통 외부로부터 광선이 들어오는 오전 중에 이루어지나 인공 광선일 경우에는 외부의 광선을 차단하고 점등하면 야간에도 산란을 하는데 반투명으로 크기도 1mm 이하로 아주 작은 알을 초산의 경우 100개, 큰 암컷은 500개 정도를 산란한다. 알은 마치 물거품처럼 깔리게 된다. 산란·부화 시의 수온은 26~28℃ 정도가 적당하며 24~48시간이면 부화한다. 갓 부화된 새끼는 바늘끝처럼 가늘게 생겨서 처음에는 종려털에 매달려 있지만 이후 수조 바닥이나 측면에 달라붙은 상태로 보이며 2~3일 내지 1주일 정도면 수평 상태로 헤엄을 치기 시작한다. 이때부터 달걀의 노른자위를 물에 풀어 넣어 주거나 인푸소리아를 주는데 주간에는 2시간마다 주는 것이 이상적이다.

인푸소리아는 경험자들이 자주 이용하는 방법으로 미생물의 일종인데 그 종류는 다양하며 일반적으로 쓰이는 것은 하수구나 웅덩이에서 발생하는 0.3mm 정도의 원생동물인 짚신벌레 등이다. 단 인푸소리아 가운데는 백점병의 병원균이 포함되어 있으므로 주의해야 한다.

2~3주가 지나면 먹이로는 브라인 시림프가 이상적인데 갑각류 엽각목에 속하는 새우와 같은 것으로 냉동 건조 상태로 5년은 보존할 수 있는 편리한 먹이다. 브라인 시림프를 1주일 정도 먹인 뒤에는 물벼룩을 채에 거른 것이나 실지렁이를 잘게 자른 것을 먹인다. 이 무렵이 되면 어미 모양을 닮게 된다. 그동안 새끼 물고기가 들어 있는 수조의 물갈이는 하지 않으며 먹이가 남지 않을 정도로 주어 물의 부패를 막아야 한다. 같은 어미의 배에서 태어나도 어린 새끼들의 발육이 고르지 못하기 때문에 그대로 두지 말고 큰 것부터 분리시킨다. 분리하지 않을 경우에는 큰 것이 작은 것을 잡아먹는 일이 생긴다. 또한 먹이에 문제는 없었는지 검토해 볼 필요가 있다.

(3) 잉어과 번식

잉어과의 번식도 카라신과의 번식방법과 비슷하다고 할 수 있다. 잉어과의 대표적인 물고기로 수마트라는 엔젤피쉬와 함께 많은 사람에게 사육되고 있는데 번식을 위주로 하는 사람은 적은 편이다. 그럼 가장 쉬운 제브라 다니오부터 알아보기로 한다. 어떤 경우든지 좋은 어미의 선택이 중요하다. 제브라 다니오의 경우, 수컷이 날씬하고 혼인색은 금색이며 암컷은 은색이고 몸이 볼록하다.

산란수조는 3~45호 정도가 좋으며, 물을 끓여서 26~28℃로 수온을 맞춘다. 수조 내에는 모래를 깔고, 사란으로 만든 망으로 산란상을 준비하여 어항의 윗부분에 매단다. 이 안에다 포란한 암컷 1마리에 튼튼하고 건강한 수컷 2~3마리를 넣으면 얼마 후 수컷이 암컷 주위를 쫓아 돌다가 몸이 닿았는가 하면 10여개의 알을 낳게 된다. 산란은 2~3시간 만에 끝나며 500~1,000개의 투명한 알을 낳는다. 산란 후에는 어미와 산란상을 제거하고 예방약을 18ℓ 당 2~3방울을 떨어뜨린 뒤 에어레이션을 한다.

다음은 잉어과에서 가장 유명한 수마트라의 번식을 알아보기로 하자. 마찬가지로 번식을 위해서는 좋은 어미를 선택하여야 한다. 암컷 중 큰 것은 5cm 이상이고 수컷은 암컷보다 약간 작다. 수마트라의 암수 구별은 배지느러미가 다르므로 구별이 가능하며 혼인색이 나타난 수컷의 코 부분이 빨갛게 되고 동작도 활발해진다.

산란용 수조로는 5~6호를 사용하며, 물을 끓인 뒤 26~28℃로 수온을 맞추어 에어레이션을 한다. 종려털의 떫은 맛을 우려낸 다음 물에 띄워 준다. 먼저 수컷 2~3마리를 수조에 넣고 2~3시간이 경과되어 충분히 적응되었다고 생각될 때 포란한 암컷을 1마리 넣는다. 자연광이 들어오는 곳이면 오전에 대개 산란을 마친다. 인공광선인 경우 보통 때보다 조금 강한 광선을 쬐여 주면 3~4시간만에 산란하게 된다. 수마트라의 1회의 산란 수는 100~1,000개 정도이고 종려털 속이나 사란 주변에 낳는다. 부화는 적온에서 1~2주 만에 이루어지며 산란이 끝나면 어미는 분리시킨다. 부화 후의 처리는 카라신과와 같다.

(4) 아나반티과 번식

베타, 펄구라미, 실버구라미 등 이과의 대부분 물고기는 수면에 거품집을 만들고 암컷을 유인하여 산란을 한다. 산란용 수조는 5~6호 (키싱 구라미는 8호)가 적당하고 바닥에는 아무것도 놓을 필요가 없다.

워터 레터스, 워터 스프라이트와 같은 부초 (수면에 떠는 수초)를 수조의 수면 1/5 정도 덮을 수 있도록 띄운다. 이때 에어레이션과 같은 산소 공급 시 수면이 출렁거리는 것을 방지해야 하며, 수온은 26~28℃가 적당하다. 이와 같이 수조를 준비해 주면 산란 시기가 된 수컷은 부초를 지주로 하여 거품집을 만든다.

아나반티과의 대부분은 수컷의 지느러미가 크고 암컷보다 한결 아름다워 쉽게 구별할 수 있다. 암컷은 포란하게 되면 복부가 불룩해지며 수컷은 이와 같은 암컷을 보면 수면에 뜬 부초 중에서 마음에 드는 가지를 찾아 수면 위로 오르내리면서 공기를 흠뻑 마신 다음 수초의 잎사귀 밑부분에 작은 거품을 내뿜어 집을 만든다.

거품은 보통 직경 5~10cm에 보통 5~10mm 정도의 두께이다. 거품집을 만들고 난 후 수컷은 암컷을 쫓아다니다가 밑지느러미와 꼬리지느러미로 암컷을 감싸 마치 짜내듯이 알을 낳게 한다. 1회에 10~15개의 알이 느린 속도로 떨어지는데, 이때 수컷은 떨어지는 알을 입으로 물어 거품집에 매달아 준다. 이와 같은 동작을 수십 회 거듭하여 100~500개 정도의 알을 낳게 된다. 암컷은 산란만으로 그치지만 수컷은 부화하기까지 거품집을 새로이 만들거나 떨어진 알을 제자리로 되돌려 놓는 등 정성껏 보살핀다.

수온 28℃에서 1~2일이면 부화되는데 치어들은 아나반티과의 호흡 방법인 보조 호흡 기관으로 호흡하는데 수면 바로 밑에서 호흡하므로 물 속에서 떨어지면 호흡이 어렵기 때문에 수컷은 바닥으로 떨어진 새끼를 처음의 거품집으로 옮기는 일을 하루 종일 계속한다. 3~4일 쯤 지나면 치어 스스로 헤엄치게 되는데 이때 수컷은 거품집을 흩트리고 새끼 물고기는 복부의 양분이 다 떨어져 먹이를 찾기 시작한다. 먹이를 공급할 때 처음에는 달걀의 노른자나 인푸소리아, 그리고 브라인 시림프, 물벼룩 등을 앞에서 설명한 방법으로 주면 된다.

수면 위 거품집　　　　　　산란장면

그림 4-13. 아나반티과 번식

(5) 시클리드과 번식

엔젤피쉬를 포함한 시클리드과의 대부분은 성어가 되어도 외형만으로는 암수의 구분이 불가능하다. 시클리드과의 대부분은 암수 두 마리의 물고기를 넣어 두어도 마음에 들지 않으면 상대를 죽이는 매우 재미있는 습성을 갖고 있다. 그러므로 최저 6마리 이상이 아니면 한 쌍씩 짝 지우기가 어렵다. 어린 치어도 6개월 정도만 관리를 잘하면 어미가 되기 때문에 처음부터 10마리 정도를 함께 구입해서 기르는 것이 좋다.

6개월 정도가 되어 몸통이 40mm에 이르면 서서히 혼인색을 나타낸다. 또 이 무렵에는 사이좋은 한 쌍 정도는 생기게 되는데 발견 즉시 다른 물고기는 수조에 격리시킨다. 암컷은 복부가 볼록해지고 수컷은 배지느러미나 몸 전체가 오랜지, 코발트 색 등으로 변하는 등 혼인색이 나타나게 되는데 이때 가장 아름다운 상태가 된다. 오래지 않아 짝을 지은 한 쌍이 생기게 된다. 짝을 지은 한 쌍의 엔젤은 수조 내의 여기저기를 핥으면서 마음에 드는 곳을 찾기 시작한다. 마음에 드는 곳을 찾으면 두 마리가 입으로 철저하게 청소를 한다.

산란 장소로는 대부분 잎의 폭이 넓은 수초의 중간쯤을 택하는 경우가 많으므로 미리 수초를 심거나 인공적으로 가는 토관이나 유리판을 45℃ 각도로 세워 주는 것이 좋다. 산란은 먼저 암컷이 한 알씩 늘어놓듯이 아래에서 위로 낳고 한 줄을 다 낳으면 암컷이 뒤로 물러나고 그 뒤를 이어서 수컷의 사정을 통하여 수정이 되게 된다. 이와 같은 동작을 수십 회 반복하여 300~1,000개의 알을 낳는다.

엔젤피쉬 번식

그림 4-14. 시클리드과 번식

산란이 끝나면 암수가 함께 알을 보호하며 알의 색깔은 반투명으로 26℃ 정도의 수온에서 1주면 부화되고 그 자리에서 꼬리를 흔들기도 한다. 치어가 산란상에서 떨어지면 서로 머리를 맞대면서 꼬리를 흔드는 모습을 볼 수 있다. 이때는 아직 어린 물고기의 복부 내에 양분이 있으므로 먹이를 줄 필요가 없고 1주일 정도가 지나 스스로 헤엄을 치기 시작하면 달걀 노른자, 브라인 시럼프 등의 먹이를 주며, 3주일이 지나면 실지렁이를 잘게 썬 것을 준다. 보통 1개월이면 성어의 모양을 갖추게 된다. 극히 주의할 사항은 산란 동작중 주위의 자극이 심하면 신경질적으로 흥분하여 알을 먹어 버리기 때문에 알을 어미로부터 격리시키는 것이 좋다.

V 관상어의 사육 관리

1. 관상어의 선택과 운반

대부분의 관상어는 번식이 까다롭지 않지만 몇 가지 종류는 어려운 것들도 있다. 초보자의 경우는 난태생송사리과의 물고기를 구입하여 번식시켜보면 재미를 느낄 수 있을 것이다. 그 뒤 점차 특별한 습성을 가진 물고기의 번식을 시도해 보는 것이 좋을 것이다. 일반적으로 같은 과에 속하는 관상어는 번식법이 비슷하다. 여기에서는 종류별 번식방법을 알아보기로 한다.

(1) 관상어의 선택과 운반

아름다운 수조를 감상하기 위하여 먼저 관상어의 올바른 선택과 함께 올바른 관리가 이루어야 한다. 관상어를 키우고자 한다면 우선 사육자의 기호, 시설 및 관상어의 특성을 고려하여 가장 알맞은 것을 선택하도록 하여한 한다. 수조의 설치가 끝나고 여과기 및 산소 공급기 등 모든 기구가 정상적으로 작동하는 것이 확인되면 관상어를 신중히 선택하여 구입한다.

관상어를 키우고자 할 때 우선 다음과 같은 사항을 고려하는 것이 좋다.

첫째, 값이 저렴하고 건강한 관상어를 선택하는 것이 좋다. 가격이 저렴한 관상어는 비교적 번식이 쉽고 기르기 쉬우며 체질이 튼튼하여 사육에 있어서 실패할 확률이 낮아진다. 관상어는 값이 비싼 것이 관상 가치가 높은 것은 아니므로 처음부터 비싸고 아름다운 것을 선택할 필요는 없다. 예를 들면 구피, 엔젤 피쉬, 스워드 테일, 플래티, 제브라 다니오, 블랙 테드라, 헤드 엔드 테일 라이트 테드라, 화이트 클라우드 마운틴 피시, 수마트라 등은 가격이 금붕어 정도에 불과하며, 아름답고 튼튼하다.

둘째, 성질 및 습성을 고려하여야 한다. 관상어는 종류에 따라 습성이 다르기 때문에 한 어항에 다른 종류의 물고기를 혼영 사육 할 수 있는지를 먼저 살펴보아야 한다. 종류에 따라서 같은 품종끼리는 문제가 없는데 다른 것과 함께 기르면 싸우는 것이 있다. 예를 들면 엔젤피쉬와 수마트라는 엔젤피쉬의 긴 수염끝을 수마트라가 건드리기 때문에 엔젤피쉬가 스트레스를 받게 되어 먹이를 먹지 않게 될 수 있다. 이렇게 태어날 때부터 성질이 거칠고 공격적인이거나 성장하면서 환경에 의해 성질이 거칠어지는 것도 있다. 그리고 물의 pH 정도에 따라 산성의 물을 즐기는 물고기와 알카리성을 즐기는 종류가 있으므로, 이렇게 서로 다른 사육 환경을 가진 관상어들은 같이 기를 수 없다. 따라서 가능하면 하나의 수조에 한 가지 종류를 기르는 것이 좋다.

셋째, 크기가 비슷한 종류를 사육하도록 한다. 즉, 얌전한 관상어일지라도 먹이를 주면 체격이 큰 것들이 독점하여 작은 관상어를 쫓아 버리는 습성이 있다. 이러한 경우 작은 관상어는 먹이를 제대로 먹을 수 없어 점점 쇠약해지고 심지어 죽게 되는 경우도 있다. 카라신과의 물고기와 시클리트과의 대형어를 함께 넣어 두면 큰 물고기가 작은 물고기를 먹이로 인식하여 잡아먹을 수 있다. 따라서 관상어는 성질이 온순한 종류일지라도 크기가 비슷한 것을 고른다.

넷째, 건강하고 결함이 없는 물고기를 선택하도록 한다. 활발하게 헤엄치는 것이 있는가 하면 등을 굽히고 그다지 움직이지 않는 것도 있다. 건강하지 않거나 결함이 있으면 사육에 실패할 가능성이 높으므로 반드시 이를 고려하도록 한다. 건강한 관상어는 움직임이 활발한 것으로 먹이를 주었을 때 맨 먼저 달려오고 무리 중 맨 앞에서 헤엄친다. 태어날 때부터 또는 병에 걸려 기형이 된 것은 헤엄치는 모습을 보고 쉽게 구별할 수 있고, 지느러미가 찢어져 있거나 상처가 있는 경우도 질병의 원인이 되므로 피하도록 한다.

다섯째, 수조의 수용력을 고려하여 마리 수를 결정한다. 수조의 크기에 따라 관상어의 크기나 수를 정하는 것이 중요하다. 수조가 작은데 큰 관상어를 많이 넣으면 산소가 부족하여 물이 빨리 흐려지며 관상어의 활동 공간이 부족하여 충분한 생육을 기대할 수 없게 된다. 반면 수조는 크고 훌륭한데 크기가 작은 관상어 즉, 네온테트라 같이 종류가 100마리씩 군집을 이루어 간다면 관상어의 생육은 뛰어나더라도 미관상 가치는 떨어지게 된다. 수조 내의 수질악화를 막기 위해서는 통기 또는 여과장치를 이용한다.

수조의 설치에 따라 관상어의 크기나 모양, 색채 등을 선택하여 다양한 관상어 중에서 무엇을 사육할 것인지 앞에서 살펴본 여러 가지 사항을 참고하여 가깝고 믿을 수 있는 건강한 개체를 수족관에서 구입하도록 한다.

수족관에서 키우고자 물고기를 선택하였다면 관상어를 운반해야 한다. 거리가 가까우면 물통이나 비닐 주머니에 넣어서 간단히 운반할 수 있으나, 장거리 운반의 경우는 수온의 변화, 관상어의 수에 따른 물속의 산소 부족 현상 등을 고려하여야 한다. 수족관에서 관상어를 구입할 경우 대부분 비닐 주머니에 산소와 함께 넣어 준다. 거리가 가깝거나 외부 기온이 생활 적온과 차이가 없을 경우에는 이렇게 운반하더라도 문제가 없다. 수송 중에 수온 변화가 있는 겨울의 경우, 폴리에틸렌이나 비닐을 이중으로 하여 신문지로 싸서 수송하는 것이 좋다.

여름철 기온이 높을 경우에는 비닐 주머니에 물을 1/3 정도 넣고 에어 펌프를 이용하여 주머니 안에 산소를 주입한다. 이어서 고무 끈으로 주머니 입구를 단단히 묶은 후 상자에 넣어 운반한다. 일반적으로 물의 양은 전체의 1/3~1/2 정도로 채우는 것이 좋고, 남은 공간에는 압축 산소를 넣으면 어느 곳이든 장거리 운반이 가능하다. 만약 물을 가득 채우게 된다면 물속의 산소가 부족하게 되어 관상어가 질식할 수 있으므로 주의한다. 또한 운반 전날에는 먹이를 급여하지 않는 것이 좋으며 수송 스트레스에 의한 질병 예방을 위하여 옮기기 전에 수송 예방약으로서 물속에 메칠렌블루 등을 몇 방울 떨어뜨린다.

 ## 2. 수조의 설치 및 꾸미기

관상어를 사육하는데 필요한 기구, 장치, 수초가 준비되면 수조를 설치장소에 안전하게 위치시키고, 기구나 장치를 설치한 다음 관상어를 넣는다. 수족관이나 기구의 설치는 관상어를 구입하여 운반하기 1주일 전에 완전히 끝내고, 물을 담아서 가동시킨 후 수온이나 수질상태를 체크하여 물고기를 입식시키도록 한다. 수조의 설치에서 가장 먼저 결정할 사항은 수조의 위치 선택이라고 할 수 있다.

첫째, 온도의 변화가 적은 곳을 선택해야 한다. 일반적으로 낮에는 수온이 상승하고 밤에는 다시 하강되는데 이렇게 온도의 차가 극심하게 되면 물고기가 스트레스를 받게 된다. 따라서 창, 출입구, 히터 가까이에 설치하지 않도록 한다.

둘째, 여러 가지 전기 설비를 사용하게 되므로 전원 (電源)에 가까운 장소여야 하며, 관리에 충분한 공간이 되는 장소이어야 한다. 또한 위치가 너무 높으면 물갈이가 어렵고, 물을 갈 때 물방울이 튀기기 쉬우므로 이러한 점도 고려해야 한다.

셋째, 깨끗하고 아름다운 수조를 유지하기 위해 햇빛이 들지 않는 곳에 설치한다. 햇빛에 노출되는 수조는 이끼가 쉽게 생겨 이를 자주 제거해 주어야 하고, 미관상도 좋지 못하다.

넷째, 수조의 물갈이를 용이하게 할 수 있도록 급배수가 가까운 곳에 설치하는 것이 좋다.

마지막으로 큰 수조는 물을 빼내지 않고는 들 수가 없을 정도로 중량이 많이 나가므로 튼튼한 받침대를 사용해야 한다 (약 용적 1ℓ 당 0.8kg의 무게). 또한 받침대 위에 폴리스티렌 (Polys-tyrene) 등을 깔고 수조를 설치하는 것이 좋다. 이는 수조가 수평을 이루게 해주는데, 수평유지가 안될 경우 수조의 어느 부분에만 압력이 가해져 수조가 새는 원인이 될 수도 있다.

수조의 아름다움과 안전성을 고려하여 설치장소가 정해지면 우선 첫째로 수조를 깨끗이 씻는데, 수조가 새것이라도 눈에 보이지 않는 먼지나 기름 등이 묻어 있으므로 물을 이용하여 안과 밖을 깨끗이 닦는다. 이때 세제를 사용하였다면 물고기에게 해롭기 때문에 세제를 완전히 헹구어 내도록 한다.

둘째, 수조를 받침대에 안전하게 설치하여야 하는데 수조를 운반할 때는 물을 넣고 운반하면 수조가 변형되어 유리의 접합부 접착면이 벗겨져 물이 새거나 유리가 깨질 수가 있다. 또 들어올릴 때에는 미끄러워 수조를 놓치거나 변형의 우려가 있기 때문에 수조의 상부를 잡지 말고 반드시 바닥을 들어서 운반한다.

셋째, 수조에 모래를 넣는데 진흙이나 오물이 섞인 경우가 많으므로 수돗물을 이용하여 맑은 물이 나올 때까지 깨끗이 씻은 뒤 모래를 넣는다. 바닥면에 여과장치를 사용할 경우에는 모래를 넣기 전 여과장치를 설치하고 모래를 수조의 바닥에 넣는다. 모래의 두께는 수초의 종류나 크기에 따라 다르지만 5cm 이상 필요하고 두꺼울수록 좋으나 수조와의

균형을 고려한다. 모래를 얇게 깔면 여과의 효과가 떨어지게 된다. 보통 바닥에 모래를 평평하게 깔지만 그렇지 않을 경우에는 앞면을 낮게 또는 왼쪽으로 낮게 하는 방법으로 입체감을 살리고 알맞은 바위를 넣어주면 한층 보기가 좋다.

넷째, 수조에 물과 약품을 넣는데, 물은 수조용량의 70~80%를 조용히 넣는다. 물을 세차게 넣으면 모래를 휘저어 좋지가 않다. 물을 가득 채우지 않는 것은 히터의 설치나 수초를 심을 때 작업이 힘들기 때문이다. 이때 물, 우물물, 담아 놓았던 수돗물에는 중화제를 넣을 필요가 없지만, 수돗물을 직접 넣었을 때는 중화제를 넣어 염소를 제거하도록 하고, 병원균의 제거를 위하여 관상어 전용 소독약품을 넣어준다.

다섯째, 수조 내에 내부 기구의 설치인 여과기와 히터 및 온도조절기를 설치하여야 한다. 여과기를 설치할 때에는 여과기에 나일론 울을 넣어 수조 안에 설치하고 비닐 튜브로 에어 펌프와 연결하며 히터에 온도 조절기를 설치한다. 여름에는 필요하지 않으나 가을부터 다음 해 봄까지는 가온을 위하여 히터와

온도조절기의 설치가 필요하다. 히터는 물속에 넣기 전에 시험을 거친 뒤, 바로 물속에 넣지 말고 유리관이 충분히 식은 다음 넣는다. 히터는 바닥면의 바위그늘이나 모래 속에 감추어 관상에 방해가 되지 않도록 하고, 온도 조절기는 수조 가장자리에 흡착판 등으로 튼튼하게 고정시킨다. 그 다음 에어레이션을 설치하여 공기를 주입하는 경우에는 에어 스톤을 가라앉히고 비닐 튜브로 에어 펌프와 연결시킨다. 이와 동시에 액세서리도 넣는다. 또한 수온계를 설치하는데, 수온계는 사육 관리에 매우 중요하므로 수조 높이의 보기 쉬운 부분에 설치하고 되도록 히터로부터 떨어뜨린다.

여섯째, 수초를 심는다. 수초는 심기 전에 소독하여 잡균이나 스네일류의 알 등을 제거하고, 죽은 잎이나 상한 잎이 있으면 가위로 잘라서 모양을 정리해준다. 수초의 종류, 모양, 성질을 고려하여 수초의 배치를 구상한 다음 바위나 그 밖의 액세서리 등과의 조화를 고려하여 수조 내부에 정원을 만드는 기분으로 심는다.

마지막으로 조명 기구의 설치와 시험가동을 하여 본다. 수초를 심고 나면 다시 물을 부어서 수조를 가득 차게 하고 유리 뚜껑을 얹은 다음 주명 기구를 설치한다. 수조의 설치가 끝나더라도 바로 관상어를 넣으면 위험하다. 히터, 온도 조절기, 에어 펌프, 필터를 실제로 작동시켜 정상적으로 작동하는지 1~2일 동안 시험한다. 모래를 깨끗이 씻어서 넣었더라

도 물을 넣으면 다소 흐려지므로 필터를 이용하여 물을 맑게 한다.

물고기를 수조에 넣기 전에 가능한 한 1주일 전에 수조를 완벽한 상태로 준비해 두는 것이 좋은데 이는 수초가 자리를 잡게 되고 물의 수질 또한 어느 정도 안정화되기 때문이다. 한 수조에 넣을 물고기는 가능한 한 같은 수족관에서 같은 시간대에 구입하는 것이 좋다. 물고기가 이미 있는 수조에 새 물고기를 넣을 경우 기존의 물고기가 새로운 물고기에게 텃새를 부리는 등의 문제가 발생할 수 있으므로 주의하여야 한다.

수족관에서 물고기 운반 시 그 물고기가 살았던 수조의 물을 이용하여 비닐봉지에 담아 이동하게 되는데, 겨울에는 운반동안 수온이 상당히 낮아지게 되므로 도착 후 수조에 봉지채 그대로 한동안 띄어두는 것이 좋다. 이는 봉지 내 수온을 높여 물고기의 온도스트레스를 줄이고, 새로운 환경에 적응할 시간을 준다. 그 다음에 비닐봉지의 주둥이를 열어

천천히 물고기를 수조 속으로 흘려보낸다.

수조에 기존의 물고기가 있는 경우 새로운 물고기를 넣을 때 함께 병원균이 침투되지 않도록 세심한 주의를 기울여야 한다. 또 기존에 살고 있는 물고기들이 새 물고기를 공격하지 못하도록 하는 것도 필요한데, 가장 좋은 방법은 따로 작은 수조를 마련하여 하루 정도 새 물고기를 그곳에 넣어 먹이를 먹는 습성과 건강 상태 등을 체크하고, 또 그 물고기에게는 새로운 환경에 적응할 수 있는 시간을 주도록 한다.

비용은 들지만 똑같은 크기의 수조 2개를 마련해 두는 것이 가장 이상적인 방법이다. 급작스런 사고 발생 시 등에 설비를 그대로 옮길 수 있고, 대처도 그만큼 완벽하게 되기 때문이다. 단 이때도 수조의 청결을 유지해야 함을 잊어서는 안 된다.

 3. 관상어의 일상관리

수조가 설치되고 관상어를 수조에 넣게 되면 이때부터 필요한 관리 사항은 먹이 급여, 수족관 청소, 물 보충 및 물갈이, 수조내의 설비 관리, 조명관리 등을 들 수 있다. 아름다운 수조를 계속 유지하기 위하여 일상적인 관리는 반드시 필요하다.

관상어의 일상적인 관리에서 중요한 사항은 먼저 먹이는 아침과 저녁에 시간을 정해서 주고, 수온이 알맞게 유지되는지 살펴야 하며, 수질이 정상인지 수시로 조사하여야 한다.

수질은 물이 흐린 정도를 살펴야 하며 물이 흐린 경우에는 그 원인을 찾아 물을 일부 또는 전체를 교환한다. 물이 흐려지는 원인은 먹이를 많이 급여하여 먹고 남은 것이 부패하여 박테리아가 발생한 경우와 관상어의 수가 너무 많을 경우인데, 이는 필터의 결함으로 이어질 수 있다. 따라서 여과 기능이 저하되어 관상어의 배설물 등 유기물이 부패되고 세균이 증식하게 되어 수질이 뿌옇게 흐려지게 된다. 또한 조명이 너무 강한 경우, 유기물에 의해서 식물성 플랑크톤이 대량 증식하여 녹색으로 흐려진다. 그리고 물이 맑아도 수질이 악화되는 경우가 있으므로 가끔 뚜껑을 열고 물에서 냄새가 나는지 조사한다.

관상어의 건강 상태를 수시로 관찰해야 하는데 건강 상태는 먹이를 급여할 때의 먹는 모습이나 식욕의 관찰, 헤엄치는 모습을 통해 판단할 수 있는데 식욕이 없거나 질병의 징후가 나타나면 치료 등의 적절한 조치를 취하도록 한다. 또한 관상어끼리 싸우거나 강한 것이 약한 것을 학대하고 상처를 입히는 경우가 발생하는지 관찰한다.

조명은 아침에 점등하고 밤에 소등하는 방법으로 매일 규칙적으로 한다. 날씨에 따라서 불규칙하게 점등하거나 소등하면 관상어와 수초의 생활 리듬이 교란되어 생육이 나빠진다.

한편 일상적인 관리와 달리 정기적으로 수조의 유리면, 바위, 수초의 표면에 붙은 이끼의 청소와 바닥에 고인 물고기의 배설물 청소는 몇 개월마다 정기적으로 실시하여야 한다. 그리고 필터의 손질, 물의 보충과 일부 또는 전부 교체도 정기적으로 실시하도록 하고, 온도 조절기 및 기구의 정기적인 손질도 하도록 한다. 그 외에도 수초의 손질도 정기적으로 실시하여야 깨끗하고 아름다운 수조를 항상 감상할 수 있도록 관리하는 것이 중요하다.

관상어가 야생에서 생활할 때는 자신이 좋아하는 여러 가지 먹이를 직접 찾아 먹을 수 있으나 수조에서는 사람이 공급하여 주는 먹이만을 섭취하게 되므로 먹이 급여방법이 매우 중요하다. 대개의 경우 먹이를 적게 급여하여 죽는 경우는 드물고 오히려 먹이를 많이 급여하여 관상어를 죽이는 경우가 많다. 실제로 관상어는 먹이 자체를 많이 먹어서 죽는 것이 아니라 먹다 남은 먹이가 부패해서 수질을 악화시키기 때문에 죽게 된다. 관상어는 초식성, 육식성, 잡식성이 있으나 대체로 잡식성이므로 무엇이든 잘 먹는다. 따라서 먹이의 질보다는 어떤 방법으로 얼마나 급여하느냐 하는 점이 중요하다.

먹이의 종류를 살펴보면 다음과 같다. 관상어는 잡식성이므로 무엇이든 잘 먹지만 먹이는 크게 살아있는 먹이, 건조먹이, 배합사료로 나눌 수 있다. 먼저 동물성의 살아 있는 먹이로 관상어들이 즐겨 먹는데 영양이 풍부하고 소화가 잘되어 관상어의 생육에는 바람직한 먹이지만, 보존이 어렵고 지역에 따라 구하기 어려운 단점이 있다. 살아있는 먹이로는 실지렁이, 물벼룩, 붉은 장구벌레, 브라인시림프, 히드라, 큰 지렁이 등이 관상어의 먹이로 이용될 수 있다. 특히 어린 관상어 먹이로 브라인 시림프의 알을 부화시킨 것을 많이 먹인다.

하수도나 개천가 같은 진흙에서 물결처럼 흔들리는 실지렁이 무리를 볼 수 있다. 실지렁이는 영양이 풍부하고 몸길이가 3~4cm 정도로 작기 때문에 중·소형 관상어의 대부분이 즐겨 먹는다. 실지렁이는 수족관에서 쉽게 구입할 수 있는데 지렁이 몸의 병원균을 없애기 위해 소량의 메틸렌 블루 수용액 속으로 통과시켜 소독 후 사용하여야 한다. 실지렁이는 살아 있는 것을 급여해야 하므로 보존이 중요하며 전용 먹이 그릇을 이용하여 급여하는데, 먹이 그릇은 수면에 띄우는 것과 빨판을 이용하여 유리에 고정시키는 것이 있다. 급여량은 관상어가 5분 동안에 전부 먹을 수 있는 정도가 적당하며 너무 많이 급여하여 찌꺼기가 남으면 바닥에 떨어져 모래 속으로 들어가 살면서 산소를 소비하거나, 죽어서 부패하면 수질을 악화시킨다.

둘째로, 건조 먹이는 실지렁이, 물벼룩, 브라인시림프 등을 인공으로 건조시켜 보존하기 쉽도록 가공한 것으로 산 먹이에 비해 영양 가치는 떨어지지만 구입과 취급이 쉬워 많이 이용되고 있다.

　마지막으로 어분, 조개류, 달걀 노른자, 푸른 채소 등을 원료로 비타민, 광물질을 첨가해 만든 배합사료는 사용하기 편하며 관상어가 즐기는 향을 첨가하여 관상어도 좋아한다. 배합사료에는 분말, 플레이크, 알갱이 형태가 있는데 어린 관상어는 분말이나 플레이크를 잘게 부셔서 먹이고 성장한 관상어는 알갱이 상태로 급여한다. 또한 수면 가까이 헤엄치는 습성의 관상어는 물에 뜨는 플레이크 먹이를 급여하면 된다.

　관상어에게 먹이 급여 시 주의사항을 살펴보면 다음과 같다. 먹이를 급여한 뒤에는 수조 내의 모든 물고기가 먹이를 먹는 모습을 유심히 살펴보아야 한다. 식욕의 감퇴는 질병 감염을 의심할 수 있으나 디스커스, 엔젤 피시는 이유 없이 식욕을 잃기도 하므로 이때는 먹이의 종류를 바꾸어보는 것이 좋다. 먹이를 먹은 후 토하는 경우는 대부분 장에 이상이 생긴 것으로 볼 수 있으므로 분리시켜야 한다. 수조 안에 여러 종류의 관상어를 기를 때는 세심한 주의가 필요하다. 공격성이 강한 관상어는 먹이를 급여할 때 약한 관상어를 공격하므로 주의한다. 그리고 급여시간도 항상 아침, 저녁으로 또는 일정한 시간에 먹이를 급여하는 것이 바람직하며 급여량도 물의 부패를 막기 위하여 너무 많이 주는 것은 금물이다.

　관상어를 사육하다 보면 수조의 유리벽이나 돌, 수초의 표면에 이끼가 끼는 것을 볼 수 있는데 이는 관상어의 좋은 먹이가 되지만 이끼의 성장을 억제하는 것이 좋다. 관상어의 수나 먹이 급여가 적절하더라도 시간이 지나면 반드시 이끼가 낀다. 이끼류를 잘 먹는 키싱 구라미, 블랙 샤크 등을 기를 경우도 이끼는 막을 수 없다.

　이끼는 조명의 세기에 따라 조명이 강하면 녹색, 조명이 약하면 갈색의 이끼가 발생하게 되고 조명 시간이 길면 이끼의 성장이 빨라지므로 하루에 8시간을 넘지 않도록 한다. 이렇게 조명뿐만 아니라 자연광선인 직사광선을 받으면 이끼는 급속히 성장하게 되므로 수조는 직사광선을 받지 않는 곳에 두어야 한다.

　이끼도 수초와 마찬가지로 밤이면 물속의 산소를 소비하게 되므로 수중 산소 농도를 떨어뜨리고 수초의 성장을 방해하며 수질을 악화시켜 관상어에게 피해를 끼치므로 지나치게 많이 발생하면 좋지 않다. 지나친 이끼의 발생으로 유리벽이 덮여 수족관 내부를 볼 수 없는 경우도 있으며, 여과장치나 필터에 연결된 튜브에 번식하여 기능을 떨어뜨릴 수도 있다.

　이끼를 제거하고자 할 때는 수조로부터 관상어를 꺼내고 80℃ 이상의 끓인 물을 이용하여 이끼를 죽인다. 수조의 모든 부분 특히, 모래는 뜨거운 물 속에 15분 이상 두어야 하고 이러한 과정을 한 번 더 반복하여야 한다.

유리벽면의 이끼는 이끼 닦개를 이용하여 이끼를 제거하고 물밑에 떨어진 이끼는 사이펀이나 배설물 제거튜브로 빨아내면 간단하다. 돌에 붙은 이끼는 밖으로 꺼내 씻을 수 있지만, 수초의 잎에 붙은 이끼는 부드러운 거즈를 이용하여 닦아준다. 요즘은 이끼 제거용 약품이 나와 있지만 이끼가 한번 발생하게 되면 쉽게 제거하기 어렵기 때문에 자주 수조를 청소하며 관리하는 것이 필요하다. 수족관 내의 물은 시간이 지나면 증발되어 서서히 줄게 들게 되는데 난방을 사용하여 실내가 건조한 겨울철에는 증발이 심하여 물 보충에 주의해야 하는데 적은 양의 물을 보충할 경우는 수온이나 염소 성분에 대한 염려를 하지 않아도 되지만 많은 양일 경우는 수온을 조절하고 염소 성분을 제거한다.

관상어의 수, 수초의 상태, 먹이의 양과 질, 필터의 유무 등과 같은 조건에 의해 수조내의 수질은 달라지는데 적절한 수조 관리를 하더라도 잦은 물 보충으로 인하여 물의 상태가 달라지면 수초와 관상어의 생육에 좋지 않은 영향을 주게 되므로 부분적 또는 전체적인 물갈이가 필요하다.

부분적인 물갈이는 대체적으로 한달에 한번, 전체 수량이 1/3 정도를 갈아주고 전체적 물갈이는 6개월에 한번 정도 실시하는 것이 좋다.

VI 관상어의 질병 및 구충

1. 관상어의 질병

관상어의 질병은 주로 원생동물이나 곰팡이의 기생에 의해 발생하며 관리 잘못이 주된 원인이다. 관상어의 질병 원인을 살펴보면 다음과 같다.

첫째, 부적절한 물 관리를 들 수 있다. 수온이 부적당하면 관상어가 쇠약해지고 병원균에 대해 저항력이 떨어져 질병이 발생한다. 수온의 갑작스런 변화도 관상어의 질병을 일으킬 수 있다. 대표적으로 백점병의 경우 수온의 변화가 심한 경우 발생하게 된다. 또한 수조에 산소가 부족하여 면역력이 떨어져도 질병이 발생한다.

둘째로 먹이 및 수초 관리의 소홀을 들 수 있다. 살아 있는 먹이를 급여하거나 수초를 옮겨 심을 때 세척 및 소독을 잘못하여 병원균이 침입할 수 있고 먹이를 과다 급여하면 남은 먹이가 부패하면서 병원균이 발생할 수도 있게 된다.

셋째는 관상어의 구입과 운반 부주의를 들 수 있다. 관상어를 구입하면 운반할 때 부주의하여 상처를 입거나, 전염병에 걸린 관상어가 들어올 수 있다. 관상어의 전염병은 전염성이 매우 강하여 치료할 여유도 없이 죽는 경우가 있으므로 믿을 수 있는 곳에서 구입해야 한다.

마지막으로 영양소의 부족 및 과다를 들 수 있다. 과다한 영양소의 급여나 영양 결핍도 질병 발생의 원인이 될 수 있다. 특히 비타민C가 부족하면 등뼈가 굽는 경우가 있으며, 비타민A가 부족하면 시력의 저하, 발육 부진, 지느러미 부분의 출혈이 발생한다. 특히 어린 물고기에 심하게 나타난다. 특히, 관상어가 질병을 이기기 위해서는 항상 건강해야 하며 건강하기 위해서는 수질이 오염되지 않게 관리하며 항상 정성을 다하여 관상어를 사육하는 것이 최선이다.

관상어의 질병을 조기에 발견하기 위해서는 아침에 일어나 조명을 켜고 먹이를 급여할 때, 또는 평상 시 관상어를 감상할 때 식욕이나 헤엄치는 모습, 상처의 유무 등 관상어의 상태를 평소 철저히 관찰하여야 한다. 건강이 좋지 못한 관상어는 식욕이 없거나, 헤엄치는 모습이 힘이 없고 어색하며, 수조 바닥의 바위나 모래에 몸을 비비고, 수조 구석이나 수초 그늘에서 지느러미를 오므리고 있다. 그리고 몸의 색깔도 화려하지 못하고 생기가 없다.

관상어의 질병은 일반적으로 박테리아에 의한 질병, 바이러스에 의한 질병, 기생충에 의한 질병, 곰팡이에 의한 질병 등으로 나누어 볼 수 있다. 관상어의 질병은 보통 약품을 물에 녹여 치료한다. 치료약은 황산 키니네 또는 염산 키니네, 메틸렌 블루, 아크리프라빈, 페니시린, 마이신 등이 쓰이고 있고 오래 전부터 사용된 치료제로 소금을 들 수 있으나 질병 초기에만 효과를 볼 수 있다.

백점병은 관상어를 기르면서 누구나 겪을 수 있는 질병으로 가장 많이 발생한다. 발생의 원인은 기생충의 일종인 섬모충이 관상어의 표피 속에 기생하면서 물고기의 적혈구와 표피 세포를 먹고 성장한다. 대부분 살아있는 먹이를 통해 들어오며 수온이 내려가 관상어가 쇠약할 때 주로 발생한다. 이렇게 물고기의 상피 조직에 기생한 유충은 물고기의 표피를 손상시켜 박테리아나 곰팡이에 의한 2차 감염을 유발시켜 지느러미나 아가미에 희고 작은 반점이 생겨 몸 전체에 퍼진다. 활발하던 관상어가 피부에 흰 점이 퍼짐에 따라 바위나 바닥의 모래에 몸을 비빈다. 식욕이 없어지고 표피가 짓물러 피가 나오고 심하면 호흡이 곤란하여 죽게 된다. 백점병을 일으키는 섬모충은 25℃ 이상의 높은 수온에서는 번식이 어렵기 때문에 수온을 28~30℃로 유지하면서 약품을 함께 사용하면 효과적이다. 약품을 이용한 치료는 메틸렌 블루를 이용한 치료방법으로 물 10ℓ 당 4~5방울 떨어뜨려

치료하는데 이때 많이 사용하게 되면 수초에 피해가 발생하며 관상어도 중독되어 죽게 되므로 주의한다.

솔방울병은 물이 심하게 더러워지면 발생하게 되는데 이는 에로모나스 세균이 주원인으로 혈액 속에 침입한 세균이 심장을 통해 전신으로 들어가 수종이 생겨 비늘이 서는 증상을 보이는데 이때 비늘이 솔방울과 같이 일어서고 몸이 부어 복부에 복수가 차게 되고 심하면 죽게 된다. 솔방울병은 감염력이 강하므로 수질관리에 철저한 신경을 쓰고 불량먹이를 중기하고 발병하면 다른 물고기에게 전염될 수 있기 때문에 격리하는 것이 좋다. 솔방울병은 설파제나 관상어용 파라잔등의 항균제를 공급해주는 것이 좋다. 질병이 악화되어 먹이를 먹지 않는 경우에는 옥소린산 5ppm 용액에 약욕 시킨다. 약욕 시키면 약이 피부나 환부에 직접 작용하는 동시에 혈액 속에 흡수되므로 체내의 병원균도 퇴치된다.

수생균병은 곰팡이에 의해 발생하며 수온이 낮거나 관상어에게 상처가 발생했을 때 발병하게 되는데 관상어의 몸 여러 부분에 흰솜털과 같은 것이 붙고 몸을 수조 바닥의 바위나 모래에 비비며 심하면 죽는다. 백점병과 같이 메틸렌 블루를 10ℓ당 4~5방울 떨어뜨려 치료할 수 있다.

아가미 썩음병은 아가미의 일부가 썩어 변색하여 오물이 붙은 상태로 아가미를 벌려보면 금방 알 수 있다. 세균에 의한 발병이 많으나 약제량이 너무 많거나 물이 콘크리트 독성으로 인해 알칼리화 되었을 때 또는 현저하게 산화된 경우에 발병하게 된다.

증상은 입이나 볼이 하얗게 부종이 생기고 식욕을 잃고 시간이 지나면 죽는다. 전염성이 강하므로 발견 즉시 치료하여야 하는데 물 1kg의 수량에 5g의 소금과 파라잔D 100mℓ를 넣고 약욕을 24시간 시키면 치료 효과가 매우 높으며, 다른 방법으로는 수용성 페니실린을 물 1ℓ당 1~2만 단위의 비율로 넣는다.

 ## 2. 관상어의 구충

수조내의 관상어는 자연 상태의 관상어보다는 피해가 적지만 살아 있는 먹이나 수초를 통해 침입하여 피해가 발생한다. 수조 내에 침입하는 해충의 종류와 피해 및 제거 방법을 살펴보면 다음과 같다.

관상어 이는 지름 3~5mm의 원반 모양의 갑각류로 관상어의 비늘사이로 스며들어 피를 빨아 먹는 흡혈 기생충이다. 금붕어나 잉어에 잘 붙는 해충으로 수가 적을 때는 핀셋으로 하나씩 제거하고 대량으로 발생하면 과망간산칼륨을 물 10ℓ당 2~5g 정도 넣어 제거한다.

닻벌레는 몸길이가 1cm 정도의 투명한 갑각류다. 몸의 생김새가 배의 닻과 비슷하며, 발견되면 핀셋으로 제거하고 대량으로 발생하면 과망간산칼륨을 물 10ℓ당 3~5g 정도 넣는다.

히드라의 경우는 크기가 1cm 정도의 강장 동물로 3~7개의 촉수를 가지고 있어 작은 관상어를 잡아먹는다. 물벼룩이나 실지렁이와 섞여 수조 안으로 들러오며 생명력이 강하여 몸의 일부라도 수조에 남아 있으면 순식간에 재생하여 번식한다.

수가 적을 때는 핀셋으로 제거하고 대량으로 발생하면 관상어를 다른 곳으로 옮긴 다음 과망간산칼륨을 물 10ℓ당 5~10g의 비율로 넣는다. 대형 구라미 종류가 히드라를 잡아먹으므로 이들을 넣는 것도 한 가지 방법이다.

잠자리 애벌레와 물방개의 애벌레도 살아있는 먹이와 함께 들어가 어린 관상어를 해치는 경우가 있으므로 발견되면 즉시 뜰채를 이용하여 제거한다. 종종 거머리가 발생하는 경우가 있는데 관상어에게 별로 피해를 주지는 않으나, 미관상 좋지 않으므로 제거한다.

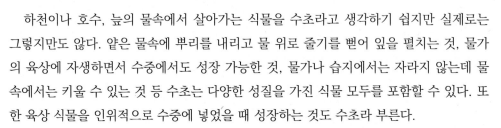

VII 수초관리

하천이나 호수, 늪의 물속에서 살아가는 식물을 수초라고 생각하기 쉽지만 실제로는 그렇지만도 않다. 얕은 물속에 뿌리를 내리고 물 위로 줄기를 뻗어 잎을 펼치는 것, 물가의 육상에 자생하면서 수중에서도 성장 가능한 것, 물가나 습지에서는 자라지 않는데 물속에서는 키울 수 있는 것 등 수초는 다양한 성질을 가진 식물 모두를 포함할 수 있다. 또한 육상 식물을 인위적으로 수중에 넣었을 때 성장하는 것도 수초라 부른다.

열대어 사육에서 말하는 수초란 어항 내에서의 수중 사육이 가능한 식물을 말한다. 자연계에서 물고기와 수초는 밀접한 관계에 놓여있다. 수초는 광합성을 실행하여 물고기가 배출하는 이산화탄소를 흡수하지만, 대신 산소를 물고기들에게 공급한다. 또 물고기들의 배설물을 뿌리에서 영양 자원으로 흡수함으로써 물을 정화시킨다. 이와 똑같은 일을 작은 수조세계에서 완전하게 재현하기는 어렵지만 어느 정도는 실현할 수 있다.

어항에 수초를 넣는 것과 넣지 않는 것에는 차이가 생기게 된다. 우선 수초가 작은 물고기의 은신처가 되어 잡아먹히는 일을 막아주며 물고기에서 나오는 배설물을 수초는 영양분으로 흡수해주기 때문에 수조의 정화에는 다소는 도움이 된다. 즉, 먹다 남은 먹이나 물고기의 배설물 등은 우선 박테리아에서 의해 분해되며 박테리아가 만들어낸 영양분을 수초가 광합성에 의해 흡수하는 것이다. 수질도, 물고기의 배설물에 의해 산성으로 기우는 것을 물이 알칼리성으로 되돌려 놓는 일을 함으로써 pH를 중성 정도로 안정시켜준다.

수초는 전경수초, 유경수초, 활착수초, 로제트형 수초, 후경수초로 나누어 볼 수 있다. 전경수초는 보통 수조의 앞부분에 심는 키가 작은 수초로 글로소스티그마종류와 로제트형인 에키노도루스 종류가 보편적이다. 성장해도 거대화하지 않고 뿌리를 뻗어 증식하는 수초를 심는 것은 기본이다. 대표적인 글로소스티그마는 전경용 수초로서 인기 높은 종류로 수초로 장식할 때 바닥에 깐 노래를 덮는데 편리하다. 아름답게 번식시키는 첫째 조건은 탄소를 넉넉히 첨가하는 것이다. 미니 머슈룸은 튼튼해서 사육이 용이한 수초로 잎줄기가 길게 늘어나는 등 의외로 잘 자라지 않는다. 독특한 체형을 살리기 위해서는 전·중경에 원포인터로 심는 것이 좋다. 비료가 과다할 때 이끼가 부착되기 쉽다.

유경수초는 흔히 수족관에 가면 볼 수 있는 대중화 되어 있는 수초들로서 종류가 풍부하고 사육도 용이하다. 경관에 맞게 줄기 높이를 조정할 수 있고 정아를 비스듬이 맞추어서 배치할 수도 있다. 대표적인 레드카붐바는 경수와 알칼리성 수질을 극단적으로 싫어해 사육이 까다롭고 강연수, 적은 영양, 식물육성 형광등 등의 환경을 갖춰 놓아야 잎 끝의 붉은 색채를 유지시킬 수 있다. 일반 카붐바는 대중화 되어 있으면서 적당한 빛만 갖춰주면 아름다운 잎으로 사육이 가능하다. 로탈라 그린은 초보자가 즐길 수 있는 유경수초로 수족관에서는 대부분 수상엽으로 판매하지만 탄소첨가로 어항 내에서도 간단히 사육할 수 있다.

글로소스티그마	미니머슈룸	레드카붐바	하이그로필라
그림 4-15. 전경수초		그림 4-16. 유경수초	
윌로모스	아누비아스 나나	크립토코리네	에키노도루스
그림 4-17. 활착수초		그림 4-18. 후경수초	

활착 수초는 수중의 바위와 유목에 붙어 자라는 수로를 말하며 유목에 활착하여 성장하는 아누비아스가 대표적이며 흐르는 물속에서 자라는 미크로소리움, 윌로모스가 유명하다. 미크로소리움은 줄기와 잎이 딱딱하고 튼튼한 수생 양치그룹으로 정글에 흐르는 물줄기 주변에서 자생한다. 바닥의 유목이나 돌에 활착시켜도 관계없이 잘 자라며 수초 길이가 짧은 것은 성장이 느리지만 사육조건이 양호하면 거대하게 자란다.

윌로모스는 유목에 활착시키거나 파이프에 감는 등 이용이 높으며 최근에는 테라리움에 빼놓을 수 없을 정도로 인기가 있다. 적용 범위가 넓어 수중에 어느 정도 영양분이 있으면 초보자도 손쉽게 키울 수가 있다.

로제트형 수초는 에키노도루스와 크립토코리네 그룹이 대표적이다. 이 수초들을 어항에 넣고 자세히 관찰하면 그 은은한 아름다움에 매혹될 뿐만 아니라 실제로 종류도 풍부하고 전경용 수초와 후경용 수초까지 다양한 타입이 존재한다. 또한 수질이나 광량, 비료의 성분에 따라 마치 다른 종류처럼 변화하는 것도 매력적이며 크립토코리네는 무려 50종 이상이 있다. 에키노도루스는 하나의 구경에서 잎이 성장하는데 가격이 저렴하고 튼튼하며 대중에게 인기 있는 수초중의 하나로 아마조니쿠스, 멜론스워드, 루빈 등이 있으며, 바닥비료가 적당히 첨가된 모래에 식재하게 되면 성장이 좋다.

후경용 수초는 볼륨감이 있는 대형 수초로 액센트를 준다. 수조의 뒷부분을 수면 가까이에 다다른 수초는 불륨감과 함께 박력도 있어 보이므로 스크류 발리스테리아, 아포노게톤, 발리스테리아 그룹의 수초가 알맞다. 스크류발리스테리아는 일본의 하천 등에 자생하고 있으며 잎이 이름처럼 스크류 형태로 말려 있는 것이 특징이다. 수초 길이는 60cm에 달해 후경용 수초로 알맞으며 튼튼하고 잘 자란다.

참고문헌

김상동, 문승태. 2004. 애완동물관리론. 호산당.

김상동. 2003. 관상어 사육입문. 김해농업고등학교.

박수용. 2004. 관상열대어 사육과 번식. 오성출판사.

수조의 설치방법. 세라 가이드북. 밀레펫닷컴 (주).

천종렬. 1999. 비단잉어 금붕어 사육 입문. 지당출판사.

천종렬. 2000. 수초사육입문. 지당출판사.

제5장

다양한 반려동물에 대한 이해

이해연, 민태선, 조진호

I 페렛

1. 개요 또는 특징

페렛은 육식 동물인 족제비과 (Mustelidae)에 속하고 조상은 유럽 캐나다의 족제비이다. 'Ferret'이라는 이름은 '작은 도둑'을 의미하는 라틴어 'Furittus'에서 유래되었는데 이 이름은 페렛이 작은 물건을 숨기는 습관을 지닌 것 때문에 붙여진 이름이다. 족제비를 가축으로 개량한 것으로 야생동물 가운데 페렛이라는 동물은 없고 최근 미국에서 애완동물로 순치되어 전 세계에 널리 퍼지게 되었다.

페렛은 약 2,500년 전에 야생에서 인간에 의해 처음 길들여졌다. 역사적으로 페렛은 유럽과 캐나다에서 토끼와 설치류를 사냥하는데 사용되었다. 페렛이 애완동물로서의 인기가 있는 이유는 다른 설치류와는 달리 익살스러운 몸짓으로 사람들과 놀기를 좋아하기 때문이다. 페렛은 사람을 잘 따르고 잘 가르치면 간단한 재주도 부리고 때로는 사람의 핸드백이나 주머니에 들어가 얌전히 있는 등 애완동물로서의 매력이 있다.

페렛의 평균 길이는 보통 꼬리 (13cm)를 포함하여 51cm이고 무게는 약 0.7~2.0kg이다. 페렛은 몸 색깔에 따라 (1) Fitch-polecat marking, (2) Albino 또는 English ferret, (3) Silver, (4) Sandy, (5) Dew의 5가지 유형으로 나뉜다.

페렛의 평균 수명은 7년에서 10년 사이이며, 정상적인 심박수는 분당 200~250회이다. 페렛은 시력이 상당히 나빠서 후각, 미각, 청각에 주로 의존한다. 애완용 페렛은 사교적이며 단체생활을 즐기지만, 페렛의 각 개체는 각자의 개성을 가지고 있다. 페렛은 장난스럽고 활동적이지만 건강한 페렛의 경우 보통 하루에 18~20시간의 수면을 취한다.

페렛은 일반적으로 체형이 길고 좁은 공간과 좁은 터널에서 움직일 수 있다. 따라서 페렛은 머리가 들어가기만 하면 파고 들어가는 습성이 있다. 그러므로 텔레비전이나 장롱 뒤, 에어컨의 배기구, 냉장고 뒤쪽, 침대 아래 등 조금이라고 구멍이나 공간이 있는 곳에서는 조심해야 한다.

구멍을 막는 데는 나무 조각이나 판자 철망을 이용하는 것이 일반적이지만 알루미늄 포일을 이용하는 것도 효과적이다. 대부분의 페렛은 알루미늄 포일을 깨무는 것을 싫어하므로 알루미늄 포일로 구멍을 막아 놓으면 된다.

페렛은 인간 인플루엔자 바이러스에 매우 취약하며, 또 바이러스를 인간에게 감염시킬 수 있다. 2020년에는 미국 콜로라도주에서 실험용 COVID-19 백신을 테스트하기 위해 검은 발 페렛 (Mustela nigripes)을 실험용으로 사용하였다. 또한, 페렛에 의한 물림으로 인한 부상의 위험이 있으므로 5세 미만의 어린이가 있는 가정에서는 페렛을 사육하지 않는 것이 좋다.

A

B

C

(출처 : Maggie, 2013)

그림 5-1. 페렛 케이지 및 욕조
A : 페렛의 모습 (CDC, 2019), B : 페렛 케이지, C : 페렛의 욕조

 2. 사양관리

대부분의 페렛은 청결한 동물임에도 불구하고 중성화 수술을 받지 않으면 강한 사향 냄새가 나는 것으로 알려져 있다. 고양이와 개처럼 페렛은 두려운 상황에서 강한 악취를 분비하는 한 쌍의 항문샘을 가지고 있다. 따라서 애완용 페렛을 구매하기 전에 중성화 여부를 확인해야 한다. 수컷의 경우 성 성숙기가 올 때 중성화해야 하고 암컷은 생후 6~12개월 사이에 중성화하여야 한다. 또한, 수컷의 경우 거세 수술을 하지 않으면 발정기에 난폭해지고, 피임 수술을 하지 않은 암컷은 발정기가 되었는데도 교미시키지 않으면 배란이 되지 않은 채 발정 상태가 계속되어 골수의 기능이 저하하는 병에 걸려 손쓰기도 전에 죽어 버리는 경우가 있어 번식시키는 경우를 제외하고는 거세 수술 혹은 피임 수술을 하여 사육하는 것이 좋다.

페렛은 보통 한 달에 두 번 정도 최소한의 목욕이 필요하다. 그러나 페렛을 과도하게 입욕하면 지질 물질의 분비를 통해 페렛의 피부에서 악취가 날 수도 있다. 목욕 중에는 애완견용 샴푸와 따뜻한 목욕물을 사용하여 피부의 가려움증이나 건조함을 줄이는 것이 좋다.

페렛의 사육케이지는 최소 18×18×30인치 와이어 케이지로 2단 이상의 계단이 있어야 한다. 케이지 바닥은 재사용을 위해 세척 가능한 카펫으로 덮어야 하며, 침구의 경우, 빨 수 있는 수건이나 담요를 페렛에게 제공해야 한다.

페렛은 장난기가 많아 작은 플라스틱 장난감, 공, 헝겊 장난감을 가지고 논다. 또 페렛은 터널과 딸랑이를 좋아한다. 터널의 경우 페렛은 좁고 어두운 곳을 좋아하는 습성 때문에 좋아하는데, 시판용 터널을 구입해도 되고 파이프나 종이로 만들어 사용하여도 무방하다. 또한, 페렛은 딸랑이를 좋아해 딸랑이 소리만 들어도 좋아서 달려온다. 그 외 공이나 동그랗게 만든 종이 등을 던져 주면 좋아하며 그것을 쫓아다닌다. 페렛은 케이지에 24시간 동안 가둬두면 안 되며, 운동으로 정신적 스트레스를 풀어주기 위해 케이지 밖으로 꺼내 놓아주는 것이 좋다. 다만 이 경우 탈출 가능성이 있으므로 주의를 해야 한다.

건강진단은 최대 5세까지 1년에 2회 동물병원에서 진단을 정기적으로 받는 것이 좋다. 최소 1년에 1회 건강진단을 받아야 한다. 페렛의 청결을 유지하고 바이러스에 감염되지 않도록 정기적으로 귀를 청소하고 손톱을 다듬어 주어야 한다. 애완견용이나 애완동물용 귀 세척제를 사용해 5일에 한 번 정도 귀를 잘 닦아준다. 귀를 닦을 때는 귓속의 유연한 조직이 손상될 염려가 있으므로 면봉을 이용하거나 겸자에 솜을 말아 사용하여 부드럽게 닦아 주면 된다.

3. 번식

페렛은 일반적으로 수컷이 암컷보다 크기 때문에 성적 이형이다. 암컷 페렛 (Jills)은 생후 8~12개월의 생후 첫봄에 성적으로 성숙하며, 수컷 페렛 (Hob)은 생후 약 9개월에 성적으로 성숙한다.

페렛의 번식기는 대략 3월부터 9월까지이며, 임신기간은 39~42일이다 (표 5-1). 교미할 때에는 수컷이 암컷을 심하게 물어 상처를 입히기도 하니 주의해야 한다. 교미 후에는 반드시 수컷을 격리하고, 암컷에게는 영양분이 풍부한 먹이를 공급해 주어 체력을 보강해 주어야 한다.

표 5-1. 페렛의 번식관련 데이터

임신 기간	39~42일
평균 유두 수	8개
생시 체중	8~10g
개안 시기	4~5주
탈락성 치아의 생성	3~4주
영구 치아의 생성	7~10주
이유 시기	6~8주

(출처 : Chitty, 2009; Powers and Brown, 2012)

어미 페렛은 출생 시 무게가 8~10g인 평균 8개의 젖꼭지를 새끼들에게 제공한다. 보통 생후 8주령에 이유하지만 빠른 경우 6주령에 이유시킬 수 있다. 성적 성숙기에 암컷 페렛은 혈중 에스트로겐 (Estrogen) 호르몬의 증가로 인해 외음부 부종이 나타난다 (그림 5-2). 그러나 부종이 장기적으로 나타나면 과잉 에스트로겐증 (Hyperestrogenism)이라고 하는 심각한 빈혈을 유발할 수 있다. 수컷 페렛의 번식기는 1월 초에 시작하여 혈중 테스토스테론 (Testosterone) 호르몬이 증가하면서 7월 말까지 지속된다. 그러나 혈액 내 테스토스테론 수치가 높으면 피지선 활동과 체중 증가가 발생할 수 있다.

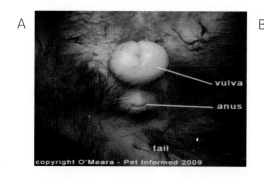 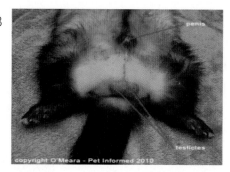

(출처 : O'Meera, 2009)

그림 5-2. 페렛의 암수 생식기관

A : 부종이 나타난 암컷 페렛의 외음부, B : 수컷 페렛의 생식기관

Ⅱ 고슴도치

 ## 1. 개요 또는 특징

고슴도치는 Erinaceidae 과 (Family) 아래에 있는 Erinaceinae 아과 (Subfamily)의 가시 포유류이다. 유럽, 아시아, 아프리카 및 뉴질랜드에서 5속 17종의 고슴도치가 서식하고 있다. 고슴도치 (Hedgehog)라는 이름은 1450년 이후 '산울타리 (Hedgegrow)'라는 단어와 '돼지 (Hog)'처럼 주둥이를 가진 것에서 유래되었다.

반려동물로 많이 사육되고 있는 고슴도치는 아프리카 피그미 고슴도치 (Atelerix albiventris)이다. 이외에 이집트 장귀 고슴도치 (Hemiechinus auritus)와 인도 장귀 고슴도치 (H. collaris)가 있다. 고슴도치의 평균 체중은 700~1,100g이며, 길이는 14~30cm, 꼬리는 1~6cm 정도이다. 고슴도치의 안면부는 흰색, 갈색 또는 가면 형태가 일반적이며, 팔다리는 얇고 매우 짧지만 발은 크고 길고 구부러진 발톱이 있다. 고슴도치는 눈이 크지만 시력이 나쁘나 청각과 후각은 예민하다.

고슴도치는 곤충, 달팽이, 개구리, 뱀, 새 알, 버섯, 풀뿌리, 딸기 및 수박을 먹는 잡식성이다. 고슴도치는 야행성으로 낮에는 잠을 자고 밤에는 매우 활동적이다. 특히 약한 비가 내린 다음 날 낮에 활동적이다. 몸의 크기에 비해 활동 범위가 매우 넓어 하룻밤에 암컷은 약 1km, 수컷은 3km나 이동할 수 있다. 고슴도치의 가장 큰 특징은 약 5,000~7,000개나 되는 등에 있는 가시이다. 이 가시의 용도는 위험이 다가오면 가시를 세우고 몸을 공처럼 둥글게 말아서 자신을 보호하는 데 사용된다. 고슴도치가 몸을 완전히 둥글게 말면 온몸은 거의 가시에 쌓여 상대의 공격을 거의 불가능하게 만든다. 이 가시는 뻣뻣한 각질을 가진 속이 빈 머리카락으로 만들어져 있으며 독성은 없다.

A  B  C

(출처 : Hannah, 2017; Wooster, 2020)

그림 5-3. 고슴도치의 모습

A : 가시를 세우고 있는 고슴도치, B : 돼지주둥이처럼 나온 코, C : 공처럼 말고 있는 모습

고슴도치는 '안팅'이라는 행동을 한다. 처음 보는 물건 또는 새로운 냄새를 만나면 물건을 핥거나 씹은 뒤, 그 침을 몸에 묻혀 냄새에 익숙해진다. 고슴도치는 추운 기후 (약 20℃)에서 동면하고 20∼50℃에서 깨어있다. 사막에서는 고온과 가뭄을 이용해 수면을 취하며, 온대 지역에서는 일 년 내내 활동적이다. 고슴도치는 모든 연령대의 고슴도치에게 마비를 일으키는 고슴도치 증후군 (WHS, Wobbly Hedgehog Syndrome)이라는 유전적 및 신경학적 질병에 취약하다.

 ## 2. 사양관리

고슴도치는 매우 활동적이고 장난기가 많기 때문에 사육을 위한 추가 공간이 필요하다. 케이지의 경우 보통 어항 같은 유리 탱크나 와이어 벽이 있는 플라스틱 바닥 케이지를 이용하여 사육하게 된다. 이는 사육 공간을 넓게 활용할 수 있고 보온이 잘 되는 장점이 있기 때문이다. 그러나 넓은 공간을 위해서는 케이지보다는 유리 탱크에서 기르는 것이 좋으나, 유리 탱크를 사용하면 습기가 많다는 단점이 있다. 고슴도치는 생각 외로 피부가 강하지 않아 습도가 높으면 피부가 상할 수도 있으므로 통풍을 생각해 주는 것이 중요하다. 유리 탱크를 사용할 때는 습기방지를 위한 통풍을 위해서 망으로 된 뚜껑이나 철망을 해 주는 것이 좋고 바닥에는 고양이용 화장실 모래를 깔아주는데 잘 뭉치지 않는 재질로 선택하여야 한다. 보통 수조의 크기는 60cm 이상의 것이 보편적이다.

고슴도치는 개별 케이지에서 사육하여 서로 싸우지 않게 하는 것이 좋다. 각 개체의 케이지 공간은 최소 바닥 치수를 위해 2×3피트를 유지해야 한다. 고슴도치는 위로 잘 올라가고 작은 구멍을 통해서도 탈출할 수 있으므로 케이지를 단단히 닫아야 한다.

또한, 케이지에 숨는 곳을 만들어주기 위하여 둥지를 넣어주면 정신적인 면에서 안정감을 주지만 습기 때문에 겨울에만 넣어 주는 것이 좋다. 케이지 기판은 부드럽고 흡수성이 있어야 하는데, 재활용 신문, 펜 부스러기, 알팔파 알갱이 및 건초 등으로 만든 것이 좋다. 철사, 삼나무, 옥수수 속대, 먼지가 많거나 향이 나는 기질은 권장하지 않으며 천으로 만든 침구는 사지가 끼일 위험이 있어 좋지 않다.

고슴도치의 사육에 좋은 온도는 24∼29℃ 사이이며, 겨울철에는 가열 패드를 사용하여 온도를 보정할 수 있다. 고슴도치는 정기적인 손톱 손질과 목욕을 통해 항상 청결을 유지해야 한다. 더러운 고슴도치는 순한 반려동물용 샴푸로 목욕시키고 부드러운 칫솔모와 야채 브러쉬를 사용할 수 있다.

고슴도치는 밝은 빛을 피하는 습성을 가지고 있으나 유리 탱크나 우리 안에 습기가 차면 기생충이 발생할 우려가 있으므로 가끔 햇볕을 쬐어주어야 한다. 일광욕을 시킬 때는 햇빛이 잘 드는 곳에 케이지를 놓고 케이지의 반은 천 등으로 덮어 그늘을 만들어 주고 반은 햇빛이 들어오게 하면 고슴도치가 스스로 이동하여 활동한다. 주의할 점은 점토나 모래는 고슴도치에게 달라붙을 수 있으므로 사용해서는 안 된다.

고슴도치가 좋아하는 식단은 상업적으로 시판되고 있는 고슴도치 사료이다. 그러나 고슴도치 사료를 국내에서 구할 수 없는 경우 고양이나 개 사료를 급이 하여도 된다. 개 사료를 급이 할 경우 건조한 타입의 사료를 따뜻한 물에 불려서 아침, 저녁으로 2회 급이 한다. 급이량은 엄지, 검지, 약지 세 손가락으로 집어 한 움큼 정도가 적당하다. 고슴도치는 육식에 가까운 잡식성 동물로 지렁이나 갑충류, 집게벌레 등의 벌레를 주 영양원으로 생활하고 있다. 따라서 사료 이외에 다양한 축축한 식품 및 무척추동물 먹이 (예 : 고양이 또는 개 사료 통조림, 조리된 고기 또는 달걀, 저지방 치즈, 지렁이, 귀뚜라미) 및 채소 및 과일 믹스 (예 : 콩, 익힌 당근, 호박, 완두콩, 토마토, 잎채소, 바나나, 포도, 사과, 배, 베리류)를 급이 할 수 있다. 고슴도치는 물을 잘 마시지 않는다. 하지만 적당한 수분 섭취는 필요하므로 조금씩 신선한 물을 공급하여야 한다.

(출처 : Kruzer, 2019)

그림 5-4. 고슴도치의 은신처 및 정기적인 목욕

 ## 3. 번식

고슴도치는 개체별로 따로 생활하는 동물이며 짝짓기 시에만 다른 고슴도치와 방을 같이 사용한다. 고슴도치는 4~7주령에 구애와 교미를 통해 짝짓기 행동을 시작한다.

수컷 고슴도치의 음경은 배의 중간 정도에 위치하며, 커다란 배꼽처럼 보인다. 암컷의 경우 성기는 항문 옆에 바로 인접해 있다. 남녀 모두 배의 털 안쪽에 양옆으로 젖꼭지가 위치한다. 새끼는 크기가 매우 작아 성별을 구분하기가 어려울 수 있다. 연간 1~3번 출산을 하며, 1년에 1~11마리의 새끼를 갖는다. 임신기간은 31~42일이다. 새끼 고슴도치는 태어날 때 눈이 멀고 힘이 없으며 부드러운 가시를 가지고 있는데, 이 가시는 3~5일 이내에 더 어두운 색깔의 영구 가시로 대체된다.

암컷 고슴도치는 출생 직후 둥지가 방해를 받으면 때때로 새끼를 잡아먹는다. 수컷 고슴도치는 때때로 갓 태어난 다른 둥지의 새끼 고슴도치를 공격하여 먹을 수 있다. 이 경우 암컷은 새끼를 구하기 위해 다른 수컷 고슴도치로부터 아기를 보호해야 하는 임무를 갖는다. 보통 고슴도치는 일반적으로 5~6주에 이유가 이루어지며, 8주에는 별도의 우리로 옮겨져야 한다.

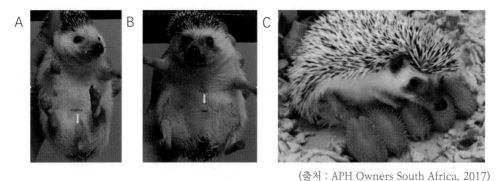

(출처 : APH Owners South Africa, 2017)

그림 5-5. 암수 고슴도치 생식기 및 출산 후 모습

A : 암컷 고슴도치, B : 수컷 고슴도치, C : 새끼 고슴도치들과 어미 고슴도치

Ⅲ 햄스터

 ## 1. 햄스터의 기원

햄스터는 설치목 비단털쥐과에 속하는 동물로 꼬리가 짧으며, 크기는 집쥐(10~15cm) 정도이다. 독일어로 'Hamster'은 '축적하다, 비축하다'라는 뜻이다. 햄스터는 볼 양쪽에 있는 한 쌍의 볼 주머니에 곡식을 넣고 다니기 때문에 붙여진 이름이다. 햄스터는 쥐처럼 한없이 자라는 날카로운 이빨을 가지고 있는 설치류 동물이다. 움직임이 민첩하고 밤에 활발히 움직이는 모습도 쥐와 아주 비슷하다.

그림 5-6. 햄스터

　햄스터가 처음으로 대중에게 알려진 것은 1839년, 중동, 시리아에서 영국의 동물학자, 조지 워터하우스에 의해 햄스터가 최초로 발견되면서부터 시작됐다. 그는 햄스터 암컷을 발견하고 햄스터에 대한 문헌을 남기고 골든 햄스터라 명명했다.

　그 후, 1930년, 이스라엘의 동물학자, 알레포니 교수가 시리아의 한 사막에서 암컷 햄스터와 새끼 햄스터들을 발견했다. 그는 햄스터를 실험동물로 연구하기 위해 이들을 포획, 자신의 연구실로 데리고 갔다. 연구실로 오는 도중, 새끼 일부가 죽고, 탈출하기도 했지만, 예루살렘 헤브르 대학으로 옮겨져 잘 사육되어, 연구실 안에서 성공적으로 새끼를 출산하게 되었다. 이로써 골든 햄스터 (또는 시리안 햄스터)가 처음으로 사람의 손에서 자라게 되었다.

　그 후, 두 쌍의 골든 햄스터가 실험동물로 영국의 유명한 연구소에 보내어졌고 다른 햄스터들도 프랑스와 미국에 보내어졌다. 유럽과 미국에 보내어진 햄스터와 그 새끼들은 모두 1930년 시리아에서 수집된 햄스터의 자손들이다. 러시아 햄스터와 중국 햄스터는 1970년대에, 로보로브스키 햄스터는 1990년대부터 애완동물로 사육되기 시작했으며 그 후 다양한 종들이 생겨났다.

2. 햄스터의 형태

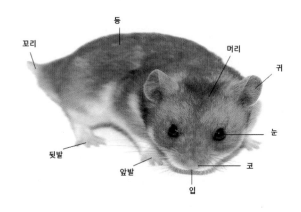

그림 5-7. 햄스터의 형태

(1) 눈

야행성이기 때문에 어두운 곳에서도 시야를 확보할 수 있지만, 색은 구별하지 못한다.

(2) 코

항상 실룩거리고 있으며 후각이 발달해 적과 같은 편을 구별할 수 있고, 먹을 것을 찾거나 암수의 발정 신호를 알아낸다.

(3) 입과 이빨

입은 음식을 운반하는 가방의 역할로 좌우에 주머니가 하나씩 있어 음식을 모아놓을 수 있다. 이빨은 전부 16개로 옅은 황색이 돈다. 건강한 이빨은 굉장히 힘이 세며 상하 4개의 앞 이빨은 일생 동안 계속 자란다.

(4) 앞발

앞발은 먹이를 집는 용도이며 발가락이 5개로 보이나 실제로는 4개이다.

(5) 뒷발

앞발보다 크고 발가락이 5개이다. 발가락의 힘이 매우 강해 우리를 잡고 올라갈 때도 있다. 뒷다리 두 발로만 설 때는 소리에 집중할 때나 상대방을 위협할 때이다.

(6) 수염

코 주위의 긴 수염이 있다. 주변의 위험 신호를 감지하는 안테나 역할을 한다.

(7) 귀

상황에 따라 세웠다 누웠다 한다. 귀가 서 있을 때는 멀리서 들리는 소리에 귀를 기울이고 있다.

 ## 3. 햄스터의 특성

햄스터가 어릴 때는 집단으로 사육하여도 문제가 없다. 그러나 자라서는 일반적으로 따로 사육하는데 이는 서로 싸우려는 경향 때문이다. 그래서 모두 성장하면 케이지에 한 마리씩 사육하는 것이 좋다.

분만한 어미와 새끼는 단단한 바닥을 필요로 한다. 임신한 암컷은 둥지를 만드는데 부드러운 종이를 사용할 것이다. 배뇨는 케이지 한구석을 이용한다. 깔짚 교환은 주 1회나 2회로 한다. 새끼들이 동요하지 않기를 바란다면 10~14일 정도 남겨둔다.

습도는 40~60%, 온도는 18~24℃로 하고 번식하는 곳은 22~24℃를 유지한다. 햄스터는 비교적 추위에 잘 적응하고 실제로 동면을 하는 환경보다 약간의 온도가 높은 것을 좋아한다. 하지만 극도로 더운 환경에는 적응하지 못한다. 따라서 직사광선은 차단하는 것이 좋으며, 12~14시간 조명을 켠다.

햄스터는 야행성이기 때문에 낮에는 상당히 조용한 편이다. 또한, 다른 동물과는 달리 수컷은 암컷과 비교하면 온순하며 다루기 쉽다. 자주 만지는 것이 야생적인 면을 줄이나 깜짝 놀라거나 잠이 덜 깨어 있으면 물기도 한다. 햄스터는 꼬리가 매우 짧고 (약 6mm), 볼 주머니 (Check pouch)를 가지고 있고, 사료를 볼 주머니에 잠시 저장할 수가 있다. 동면을 하는 정도는 종과 개체에 따라 차이가 있다. 추위에 노출되면 햄스터는 음식을 모으며, 5℃ (±2)의 온도에서도 동면한다. 설치류 중에서 뇨가 특히 점도가 높고 고름 모양의 색깔을 가진다. 그러므로 랫트용 대사 케이지로 채뇨할 때는 뇨가 떨어지는 곳의 각도를 높여주어야 한다.

이 밖에도 햄스터는 특이한 생리적 특성이 많아서 의학 연구에 실험동물로서 많이 이용되고 있다.

 ## 4. 햄스터의 종류

(1) 시리안 햄스터 (골든 햄스터)

시리아 사막에서 발견되어서 그렇게 부르게 되었다. '골든'이라는 이름은 사막의 모래와 같은 누런 황금빛 때문에 붙여진 이름이다. 시리안 햄스터는 누런색만 있는 것은 아니다. 다양한 빛깔과 여러 가지의 털 모양이 있다. 크게 시리안, 골든, 테디베어, 팬시, 스탠더드로 불린다.

(출처 : Pixabay)

그림 5-8. 시리안 햄스터

'테디베어'는 털이 긴 장모종의 햄스터이다. 긴 털을 텁수룩하게 가진 이 햄스터는 두 발로 서면 마치 곰처럼 보인다. '팬시'라는 이름은 대게 무늬가 없고 누런빛 단색으로 된 햄스터를 팬시라고 부른다. '스탠더드'는 표준이라는 뜻으로 골든 햄스터가 제일 흔하고 먼저 발견되었기 때문에 '보통 햄스터'라는 의미로 쓰인다. 여러 가지 종류가 있으며 길이는 15~20cm 정도이고 몸무게는 100~160g 정도이다. 일반적으로 단모종 보다 장모종의 성격이 온순하다. 드워프 햄스터에 비해 큰 편이며 가장 많이 보급된 햄스터이기도 하다.

(2) 드워프 햄스터

드워프 (Dwarf)는 '난쟁이'라는 뜻으로 아주 작다는 것을 의미하는 것으로 골든 햄스터에 비해 상대적으로 작은 햄스터들을 총괄하여 말할 때 사용한다. 드워프 햄스터는 크게 4가지 종으로 캠벨러시안, 시베리안, 중국 햄스터, 로보로브스키 햄스터이다.

(출처 : Pixabay)

그림 5-9. 드워프 햄스터

캠벨러시안 햄스터는 중앙아시아, 러시아의 북쪽 지방, 몽골과 중국의 북쪽 등지, 사막의 모래 언덕에서 서식하며, 몸길이는 약 10~12cm이고 통통한 둥근 형태의 몸을 하고 있다. 신경질적인 기질이 있지만 잘 길들여진 러시안 햄스터는 사람을 물지 않는다. 햄스터 중 쳇바퀴를 제일 좋아하는 품종이다.

시베리안 햄스터는 카자흐스탄의 동쪽 지방과 시베리아의 남서쪽 지방의 수풀이 우거진 초원 지대에서 서식한다. 몸길이는 캠벨 러시안보다는 약간 작은 8~10cm이고 눈이 많이 돌출되어 있고 오똑한 코에 역시 통통한 둥근 몸을 하고 있다. 성격이 까다롭지 않아 사람과 잘 친해진다.

겨울이 되면 털 색깔이 하얗게 변하는 까닭에 윈터 화이트 러시안이라고 한다. 이처럼 털 색깔이 변하는 이유는 추운 북쪽 지방은 겨울에 낮의 길이가 무척 짧기 때문이다. 그래서 시베리안 햄스터는 다른 햄스터보다 추위에 더 강하다. 그리고 털 색깔이 하얗게 변하면 번식을 중단하는 습성이 있다. 최근에 많이 길러지고 있는 '정글리안', '펄', '블루사파이어' 등이 여기에 속한다.

로보로브스키 햄스터는 몽골의 동쪽과 서쪽, 그리고 중국의 북쪽에서 서식하며 오렌지, 밝은 갈색 계열의 털 색깔에 독특한 하얀 눈썹이 인상적이며 몸길이가 4~5cm정도로 가장 작은 종류이다. 로보로브스키는 매우 활동적이고 빨리 움직이기 때문에 다른 드워프 햄스터처럼 다루기가 쉽지 않고, 희귀한 관계로 그리 많이 알려지지는 않았다.

중국 햄스터는 중국의 북쪽과 몽골에서 서식하며 다른 햄스터에 비해 꼬리가 긴 편이며, 등에 검은 띠가 있다. 중국 햄스터는 손 위에 올려놓으면 꼬리를 손가락에 감는 특이한 습성이 있는데, 번식이 매우 까다로워서 그다지 선호되지 않다가 냄새가 적게 나고 새끼도 덜 낳는다는 이유로 최근에 많이 길러지고 있다 (출처 : 애완동물학. 2014. 김옥진, 정성곤 / 애완동물사육. 2005. 안제국).

5. 햄스터의 사육

햄스터 케이지에는 수조형 케이지와 철망형 케이지를 많이 사용하고 있다. 때로는 커다란 채집장을 케이지로 사용하기도 한다. 수조형 케이지는 유리나 플라스틱으로 되어있어 햄스터의 관찰에 용이하며 면적이 넓어 여러 마리의 햄스터를 기를 때 좋다. 또 유리벽도 꽤 높아서 햄스터가 점프해도 여간해선 탈출하기 힘들다. 이것은 번식용 케이지로 아주 적합하다. 그러나 베딩도 매우 많이 소모되며, 통풍이 잘 안 되어 습기 찰 우려가 있고, 좀 무거운 편이며, 플라스틱과 아크릴은 가볍지만, 흠집이 잘 나는 단점이 있다.

(출처 : Pixabay)

그림 5-10. 햄스터 사육 케이지

또한 조립형 케이지는 햄스터 표준 사육 케이지라고 불리는 다단계 조립형 플라스틱 케이지가 있다. 무제한으로 여러 개를 연결할 수 있으며, 미로식이라 햄스터들이 좋아한다. 그러나 각 터널과 연결부의 청소가 어려우며, 워낙 좁아서 여러 마리를 같이 기를 수는 없다.

마지막으로 철창형 케이지는 단층, 2층, 3층 등 종류가 다양하다. 2층이나 3층으로 된

케이지는 종종 햄스터의 추락으로 인해 햄스터가 다치는 경우가 있다. 바닥은 철망이 없는 것이 좋다. 철망은 세로로 되어있는 것을 사용해야 한다. 가로로 된 철망은 햄스터가 철망을 잡고 오르내릴 수 있지만, 종종, 추락하여 다치는 경우가 많기 때문이다. 그리고 철망의 창살 간격이 조밀하며, 햄스터를 꺼내기 편리하도록 되어있는 것이 좋다.

이러한 철창형 케이지의 장점은 청소가 가장 쉽고, 통풍도 잘된다는 점이 있지만, 햄스터가 베딩을 헤치면 먹이, 베딩, 햄스터 변 등이 케이지 주위에 떨어져 주위가 지저분해지는 단점이 있다. 또한, 번식 시에는 새끼가 창살 틈새로 빠져나올 수 있으므로 좋지 않다.

케이지 청소 시 주의사항은 햄스터는 특유의 냄새를 집안 곳곳에 묻혀둔다. 따라서 청소를 한 후 자신의 냄새가 사라져 버리면 불안해하고 스트레스를 받는다. 햄스터의 집을 청소할 때는 바닥에 깔아주었던 깔짚 일부를 남겼다가 깔아주는 것이 중요하다.

햄스터는 잡식성이지만 먹여서는 안 되는 것도 있으니 주의해서 먹이를 주어야 한다. 생강, 양파, 부추, 생콩 (알레르기를 유발), 생감자 (독소), 소금, 감미료, 기름에 튀긴 것은 중독을 일으킬 수 있으므로 조심해야 한다. 먹이의 급여는 햄스터가 야행성인 것을 고려할 때, 하루에 한 번, 저녁때 주는 것이 좋다. 먹이의 양은 햄스터마다 차이가 있지만, 대개 햄스터 체중의 약 5~10% 정도의 양을 주는 것이 좋다.

(출처 : Pxhere)

그림 5-11. 햄스터 먹이 급여

먹이 급여는 기본적으로는 사료와 곡류, 야채 등을 주면 되고 먹이의 양은 조금 넉넉하게 주어야 한다. 먹이는 신선하고 영양이 풍부한 먹이를 주고 과일과 야채는 물에 깨끗이 씻어서 반드시 물기를 잘 털어서 주어야 한다. 보통 햄스터용 사료만을 급여하는 것이 가장 무난하다. 별도의 먹이를 줄 때는 먹이를 갑자기 바꾸면 안 되며, 매일 조금씩 그 양을 늘려 주면서 교체한다.

햄스터는 먹이를 볼 주머니에 저장하거나 둥지에 저장하므로 넣어 준 먹이가 줄어들지 않을 수도 있다. 여름철에는 야채나 날 것은 시간이 얼마 지나지 않아서 부패하기 쉬우므로 저녁에 먹이를 주고 다음 날 아침에 체크하여 남긴 먹이는 반드시 치워줘야 한다.

　물은 야생의 햄스터는 야채나 과일 등에서 필요로 하는 수분을 섭취하기 때문에 따로 물을 먹지 않지만, 햄스터를 기르다 보면 햄스터에게 매일 야채나 과일을 줄 수 없을 때가 많으므로 급수기를 통해 햄스터에게 물을 공급해 주어야 한다.

그림 5-12. 햄스터 음수 급여

　햄스터는 매일 아주 조금의 물을 먹는다. 딱딱한 햄스터용 건조 사료는 충분한 물 없이는 잘 먹지 않는다. 특히 임신하거나 출산한 암컷은 새끼들에게 젖을 주느라 몸의 수분이 거의 바닥나므로 물을 충분히 공급해 주어야 한다.

　물은 항상 깨끗하고 신선한 것을 주어야 한다. 찬물이나 얼린 물은 햄스터가 설사할 수 있으므로 주어서는 안 된다. 특히 수돗물은 수도꼭지에서 받아 바로 주면 안 된다. 수돗물의 염소 성분은 조그만 햄스터에게는 아주 치명적이기 때문이다. 이에 수돗물은 반드시 끓인 후 식혀 주거나, 하루 정도 그릇에 담아놨다가 그다음 날 주어야 한다.

　먹이통은 없어도 되지만 있는 게 좋다. 먹이통이 있으면 햄스터가 먹는 양을 알 수 있으므로 급이량을 조절하기 쉽기 때문이다. 햄스터는 원래 먹이를 모으는 습성이 있어서 먹이를 그냥 흩뿌려주어도 알아서 찾아 먹는다. 될 수 있으면 먹이를 엎지르지 못하도록 무거운 재질의 그릇 (조그만 사기그릇)을 쓰는 것이 좋다.

　급수기는 야채나 과일을 많이 먹인다면 굳이 필요하지 않지만, 햄스터가 알아서 물을 먹고 싶을 때 먹을 수 있도록 물통을 달아주는 것이 좋다. 케이지 바닥에는 대팻밥이나 잘게 찢은 종이 (세로 1cm, 가로 10cm)를 5~8cm 정도로 듬뿍 깔아주면 된다.

　베딩은 먼지가 적고 대팻밥의 입자가 부드럽고 조금 큼직한 것이 좋다. 입자가 너무 작은 것은 햄스터의 눈이나 호흡기에 들어가 질병을 유발하기 때문이다. 향기 나는 베딩은 일반 베딩과 섞어 사용하는 것이 좋다. 특히 나무 재질이 Cedar (삼나무 또는 향나무)인 것은 사용해서는 안 된다. 햄스터에게 자극을 주어 알레르기를 유발할 수도 있기 때문이다.

둥지 재료는 햄스터가 둥지를 만들 때 사용하는 것으로 집에서 사용하는 키친 타월이나 화장지를 잘게 찢어서 넣어주면 된다. 케이지에 넣어 주면 햄스터가 알아서 물고 집으로 들어간다. 햄스터는 맹금류 등의 천적이 공중에서 공격하는 것을 두려워한다. 그래서 지붕이 없는 집은 매우 불안해하므로 집은 반드시 지붕이 있어야 한다.

쳇바퀴는 모서리가 날카롭지 않게 처리된 것을 설치하여야 하며 쳇바퀴의 바퀴살 사이로 햄스터의 다리가 걸려서 다치는 경우가 있다. 그래서 바퀴살이 막혀 있는 쳇바퀴도 있다. 쳇바퀴는 대형 (시리안용)과 중형, 소형 (드워프용) 이 있으며, 스테인리스, 플라스틱, 나무 등 여러 가지 재질로 만들어져 있다.

햄스터는 일정한 장소에 용변을 보는 습관이 있다. 둥지와 되도록 먼 곳에 소변을 보는 것을 보는 것이 일반적인 습성이다. 배변 길들이기를 할 때는 화장실 용기 안에 모래나 베딩을 조금 넣어주고 햄스터의 변과 소변에 젖은 베딩을 화장실 안에 넣어주면 햄스터가 항상 이곳에만 용변을 보게 된다.

이렇게 화장실 습관을 들이면 베딩을 좀 더 오래 깨끗하게 유지할 수 있다. 화장실 용기로는 조그만 사기그릇이나 종이상자 등을 이용하면 된다.

 ## 6. 햄스터의 번식

햄스터는 갓 태어났을 때부터 생후 3주까지는 거의 암수 구분이 어렵다. 생후 한 달 정도가 지나면 조금씩 암컷인지 수컷인지가 드러나게 되는데 수컷은 뒷부분이 점점 불룩하게 부풀어 오르기 시작하고, 암컷은 배 부분에 두 줄로 점점이 젖 (유두)이 보이기 시작한다.

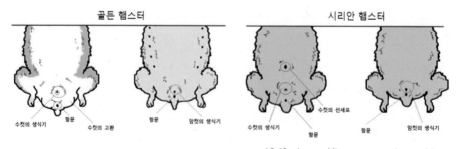

(출처 : https://hammy-guide.weebly.com/)

그림 5-13. 햄스터 생식기 구분

가장 확실한 구분 방법은 햄스터의 배 밑을 자세히 보면 생식기 (위)와 항문 (아래)이 보이는데, 생식기와 항문 사이의 거리가 가까운 것은 암컷이고 먼 것은 수컷이다. 하지만 이것도 3주 이전에는 구별이 잘 안 된다.

암컷은 젖꼭지가 8개 있다. 털에 가려 잘 안 보이지만 휴지에 물을 묻혀서 보거나 털 반대 방향으로 바람을 솔솔 불면 털 사이로 젖꼭지가 보인다. 앞다리 안쪽에 2개, 배 가슴 부분에 4개, 뒷다리 허벅지 안쪽에 2개가 자리 잡고 있다. 금방 낳은 새끼들은 털이 없는데, 이때 자세히 관찰해보면, 젖꼭지가 있으면 암컷이고 없다면 수컷이다. 젖꼭지 크기는 드워프 (작은) 햄스터인 경우에는 좁쌀만 해서 자세히 봐야 한다. 반면, 수컷은 항문과 생식기의 거리가 멀며, 젖꼭지는 없고 자라면서 고환이 생긴다. 햄스터의 생식기와 항문 사이에 혹 두 개가 만져지는데 이것이 고환이다.

햄스터는 일반적으로 생후 3~4개월령 이후에 번식에 이용하며, 1년 중 봄과 가을 2회 번식에 이용하는 것이 좋다. 햄스터는 토끼, 고양이와 더불어 번식력이 강한 동물로 연중 번식이 가능하므로 계획적인 번식이 필요하다.

햄스터의 발정주기는 3~4일이며 발정 지속시간은 약 20시간이다. 암컷의 경우 발정이 일어나면 움직임이 활발해지고 생식기가 충혈되고 흰 분비물이 나온다. 엉덩이를 누르면 가만히 있거나 쳐들어 수컷을 맞을 자세를 취한다. 암컷이 발정을 하게 되면 옆에 있는 수컷이 흥분해서 이리저리 움직인다. 교배할 때는 암수 모두 건강해야 하며 근친 번식을 피하도록 한다. 조기에 번식에 이용하면 새끼 기르기를 포기하거나 자신이 낳은 새끼를 잡아먹는 경우가 발생하기도 한다. 햄스터의 교배 시간은 움직임이 활발한 저녁이 좋다.

임신기간은 18~21일 (로보로브스키는 23~30일) 정도되며, 암컷이 배란했을 때만 임신할 수 있다. 발정 시간대는 주로 밤이기 때문에 밤에 교미하게 된다. 보통 4~6마리의 새끼들을 낳지만 주위환경에 따라 2~3마리의 새끼를 낳기도 한다. 같은 케이지에서 어렸을 때부터 같이 자란 암수는, 어른 햄스터가 되면 알아서 교미하므로 별 어려움이 없다. 하지만 근친교배로 인하여 태어나는 새끼 햄스터가 기형이거나, 태어나면서부터 건강이 좋지 않은 경우가 많다. 때문에 교배를 위하여 처음 보는 햄스터 암컷과 수컷을 한 케이지에 넣으면 반드시 엄청난 싸움을 하게 된다. 따라서 암수를 교미시키기 전에 앞서, 먼저 서로의 냄새에 충분히 익숙해질 수 있도록 해주는 것이 좋다.

그 방법은 2개의 철창형 케이지에 각각 암수를 분리하여 넣은 상태에서 케이지를 연이어 붙여 놓으면 된다. 혹은 서로의 오줌이 묻어 있는 베딩을 같이 사용해 주면 좋다.

교미는 한 번으로 끝나는 게 아니고, 짧게 2~5초 동안 하고 내려와서 쉬었다 또 덤벼들고 하며 여러 번 하게 된다. 교미가 끝나면 둘 다 지쳐서 털을 고르는 등 딴 짓을 하므로 교미가 끝난 시점을 파악할 수 있다.

햄스터 암컷의 임신 판별은 거의 임신기간에는 모르고 출산하기 며칠 전에 확인이 가능해진다. 임신징후는 평소와 같이 자던 암수가 서로 떨어져서 잠을 자고, 평소보다 먹이,

물, 야채 등을 많이 먹고 많이 잔다. 또한, 갑자기 성격이 예민해져 수컷이나 다른 햄스터가 둥지에 접근을 못 하게 하기도 한다.

이처럼 순하던 암컷이 갑자기 수컷에게 공격적으로 변했다면 (다른 햄스터나 사람에게도) 임신일 확률이 높은 것이다. 또한, 임신 말기에 가서는 햄스터의 허리 부분이 뚱뚱하게 된다.

임신한 암컷의 생활은 보통 때와 같으며 먹이는 야채나 과일 등을 많이 먹으며, 사료도 평소보다 많이 먹는다. 하지만 임신한 암컷의 몸무게가 아주 많이 늘지는 않는다.

암컷은 새끼를 낳기 전에 복부 근육을 2번 혹은 3번 정도 수축하고 약 2~5분 정도 지나면 새끼를 낳는다. 이런 간격으로 1마리씩 새끼를 낳게 된다. 케이지 여기저기에 돌아다니면서 새끼를 낳는데 곧 둥지로 새끼들을 모아 놓는다.

일단 새끼를 낳게 되면 새끼가 2주 정도 클 때까지는 새끼를 만지거나 둥지를 열어 보아서는 절대 안 된다. 만약 그렇게 한다면 어미가 새끼를 거부하는 일이 발생하고 심하게는 어미가 새끼를 먹을 수도 있다.

(출처 : Pxhere)

그림 5-14. 햄스터 새끼

이렇게 출산한 날부터 새끼들이 둥지 밖으로 기어 나와 돌아다니는 2주 정도까지는 케이지를 청소할 수 없게 된다. 마찬가지로 베딩도 갈아줄 수 없게 된다. 따라서 임신을 했다면 출산을 대충 계산해서 되도록 출산하기 전에 미리 케이지를 청소해 주고 새 베딩으로 갈아주는 게 좋다.

갓 태어난 새끼들은 4~6일 동안은 털이 없는 빨간 피부를 그대로 드러내고 눈을 뜨지 못한다. 6일 후에는 피부에 털이 돋아나기 시작한다. 이때쯤이면 암컷은 수컷이 둥지에 접근하는 것을 허용한다. 수컷은 새끼들을 암컷과 같이 돌보게 되는데 암컷에게 먹이를 날라 주기도 하고 암컷이 먹이를 먹기 위해서 둥지 밖으로 나가면 새끼들이 춥지 않게 품어 주기도 한다.

새끼들은 태어난 지 8~10일 정도 되면 케이지의 여기저기를 돌아다니게 된다. 태어난 지 16일 정도 지나면 몸 전체가 완전히 털로 덮이고 눈도 뜨게 된다. 이때부터 새끼들을 볼 수 있으며, 케이지를 청소해 줄 수 있다. 새끼들은 태어난 지 3주 정도면 (로보로브스키는 4주) 어미의 젖을 떼게 되는데 이때 새끼들의 성별을 감별하여 암컷과 수컷을 분리해 놓는 것이 좋다. 뭐 그냥 놔두어도 상관은 없으며 태어난 지 6주가 되면 새끼들은 독립할 수 있는 상태가 된다.

7. 햄스터의 질병

햄스터의 질병은 불결한 환경에 기인하는 게 많다. 일정한 주기로 케이지와 그 외 모든 것들을 완전히 소독해 주어야 하며, 햄스터를 만지기 전에는 꼭 손을 깨끗이 씻어야 한다.

비만은 케이지가 너무 좁아 운동할 공간이 없거나 쳇바퀴 등이 없는 경우, 먹이를 너무 많이 먹을 때에 생긴다. 이때는 넓은 집으로 바꾸거나 사다리나 쳇바퀴 같은 운동기구를 넣어주는 것이 좋다. 햄스터가 비만에 걸리면 운동할 수 있는 활동공간을 마련해주고 꺼내어 놀아주는 것이 가장 좋다.

햄스터도 알레르기가 생기는 경우가 있다. 파, 양파, 마늘 등은 햄스터에게 알레르기를 유발하는 대표적인 먹이다. 그 외 밥 재질, 케이지 클리너, 먼지 등도 햄스터에게 알레르기를 일으킨다. 알레르기는 재채기, 호흡곤란으로 오는 거친 숨소리, 피부질환, 눈에서 눈물 같은 분비물을 다량 배출하거나 털이 빠지는 것 등 증상이 다양하게 나타난다.

(출처 : https://www.sjpost.co.kr/news/articleView.html?idxno=50814)

그림 5-15. 햄스터 질병

일단 알레르기가 생각되면 알레르기의 근원을 알아야 하는데 먼저, 햄스터가 사는 케이지나, 케이지가 있는 방 등에 바뀌거나 새로 들어온 물건이 무엇인지 알아보는 것이 좋다. 새로 들여온 먹이나, 베딩, 햄스터가 있는 방에 추가된 물건 등에 의해서 알레르기를 일으키는 게 대부분이다. 베딩이 원인이라면 일단은 화장지나 티슈 등으로 바꾸어 주는 것이 좋다. 먹이가 원인이라면 당분간은 기본적인 먹이만 주는 게 좋다.

오줌에 피가 섞여 나오고 물을 많이 먹으며, 오줌을 눌 때 아파서 꺅꺅거리거나 맥이 풀린 모습을 하고, 오줌을 자주 누는 증상이 보이면 햄스터가 방광염이나 신장염을 의심해 볼 수 있다. 즉시 가까운 동물병원에 데리고 가서 치료를 받도록 한다.

햄스터가 설사하는 이유는 먹이가 원인인 경우가 많다. 먹이의 종류를 갑자기 바꾸었거나 수분이 많이 함유된 먹이를 많이 주었기 때문에 유발될 수 있다.

설사병에 걸린 햄스터의 변은 원래보다 밝은 색깔을 띠며 수분을 많이 함유하고 있다. 그리고 항문 주위가 축축해지며, 지저분하게 된다. 또한, 탈수증상에 의해서 몸의 체중이 줄어든다.

설사에 걸린 햄스터에게는 수분이 함유된 먹이는 피하고 건조 사료 등을 주어야 한다. 탈수 현상이 심할 때는 물에 흑설탕을 조금 타서 햄스터에게 주면 도움이 된다. 탈수 현상으로 물을 점점 많이 먹게 되므로 케이지에서 물병을 제거하고 몸을 따뜻하게 유지할 수 있게 해주어야 한다.

치유된 후에는 회복된 날로부터 약 1~2주 정도는 야채나 과일을 주지 않는 게 좋다. 설사는 생명이 위독해지는 경우가 많으므로 동물병원에서 치료를 받는 것이 좋다.

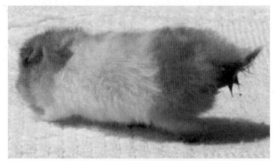

(출처 : https://www.sjpost.co.kr/news/articleView.html?idxno=50814)

그림 5-16. 햄스터 설사

햄스터의 피부병은 대부분 옴, 진드기, 이 등과 같은 기생충에 의한 것이다. 물론 알레르기나 물리거나 할퀸 상처 때문에 피부에 질병이 발생할 수 있다.

피부병의 감염경로는 피부병에 걸린 다른 햄스터와 접촉하거나, 피부병에 걸린 햄스터가 사용하던 톱밥이나, 기타 액세서리나 케이지에 의해서 감염된다.

일단 피부병에 걸리면 무척 많이 긁는 것을 볼 수 있다. 주로 많이 감염되는 부위는 등, 귀, 코, 생식기 등이다. 많이 긁고, 털이 빠지며, 너무 긁어 피부에 상처가 나서 피가 나는 증상을 볼 수 있다.

피부병이 발생하면 감염된 햄스터를 따로 격리해야 하며, 감염된 햄스터가 쓰던 모든 것을 완전히 소독해 주어 전염을 막아야 한다. 또한, 감염된 햄스터를 만지기 전에 반드시 비닐장갑이나 고무장갑을 착용하는 것이 좋다. 피부병은 사람에게 감염될 수 있는 인수공통전염병인 경우가 많기 때문에 동물병원에서 햄스터의 치료를 하는 것이 좋다 (출처 : 애완동물학. 2014. 김옥진, 정성곤 / 애완동물사육. 2005. 안제국).

IV 이구아나

도마뱀 중 다리와 눈, 꼬리가 특히 발달한 종을 이구아나라 하며, 유린목 이구아나과 이구아나 속에 딸린 파충류로 분류된다. 국내에 들어와 있는 이구아나 대부분은 중앙아메리카와 남아메리카 전역에 걸쳐 분포한 녹색 이구아나이며, 전체 약 200여 종이 알려져 있다.

(출처 : kindpng)

그림 5-17. 이구아나

1. 이구아나의 특징

(1) 서식 환경

이구아나는 열대우림의 나무 상층에서 살아가며, 성체는 어린 개체에 비해 높은 위치에서 서식한다. 이 습성은 암컷의 산란기를 제외하고 대부분을 햇볕을 쬐기 위해 바닥에 내려오지 않는다. 하지만, 나무 위뿐만 아니라, 개방된 곳, 특히, 수영을 잘하기 때무에 물가 근처를 좋아해 포식자를 피하고자 물속으로 잠수를 하기도 하는 특징을 가지고 있다 (출처 : 국립생태원 동물종 확보 및 관리 방안 연구. 2010. 환경부 국립생태원건립추진기획단).

(출처 : Pxhere)

그림 5-18. 이구아나

(2) 외형적 특성

고막 아래로 1개 내지 여러 개의 크게 부풀어 오른 둥근 비늘이 있다. 특히 멕시코와 아메리카 중북부 지방의 녹색 이구아나는 주둥이에 돌출된 뿔과 같은 덩어리가 있다.

녹색 이구아나의 꼬리가 긴 것이 특징인데 몸길이의 2/3 이상 된다. 알에서 갓 깨어난 녹색 이구아나의 몸길이는 12g의 17.8cm 정도 된다. 하지만 3년이 되면 약 1kg이 되며, 완전 성장 시 4~6kg 이상 나간다. 알에서 갓 깨어났을 때나 어린 이구아나일 때 사지와 몸통 연접부에 수직으로 된 어두운 부분이 있다. 성체는 연령에 따라 단일 색을 띠며, 각 개체의 색깔은 기온, 기분, 사회적 지위, 건강 상태에 따라 다양해진다. 아침 기온이 낮을 때 피부색은 어두워지며, 정오가 될 무렵 기온이 높을 때, 색이 연해지고 밝아져 태양열을 반사하고 적게 흡수한다. 채색 변화는 주로 수컷에서 나타나며, 스테로이드 성호르몬에 기인한다. 번식 6~8주 전부터 교미기 동안 수컷은 밝은 주황색에서 금빛을 띠지만, 대부분 암컷은 초록색을 띤다.

그림 5-19. 이구아나의 외형적 특성

녹색 이구아나의 꼬리는 몸집이 큰 육식동물들이 공격해오면 무기가 된다. 1~1.2m 정도 되는 이구아나의 꼬리를 휘두르면 포식자에게 위협을 줄 수가 있다.

다 자란 이구아나는 1.5~1.8m 정도까지 자라며, 성숙한 이구아나가 낳는 알은 보통 10~60개 정도이고 부화 기간은 60~68일 정도이며 10일 후면 수정이 안 된 알들은 노란색으로 변해 부식된다. 수정된 것은 알들이 흰색을 띠며 부풀어 오른다 (출처 : 한성동물병원. 동물 상식. 이구아나).

2. 이구아나의 사육

(1) 이구아나 사육환경

케이지 안에서 이구아나가 살기 적당한 온도는 평균 25~28℃이며, 선호하는 온도는 35~37℃이며, 이 온도를 유지하기 위해 열원지점은 45℃까지도 올라간다. 그렇기 때문에 등 [UVB (적외선 등), 백열등]을 설치하여 온도를 유지해 주고, 또한 이구아나는 일광욕으로 비타민D를 생성해 내기 때문에 등을 설치해 주어야 한다.

그림 5-20. 이구아나 사육 케이지

케이지 안의 바닥에는 신문지, 포장 종이, 인공 잔디, 카펫, 토끼풀 등을 깔아주어야 한다. 종이나 톱밥도 사용할 수 있다. 이러한 바닥재는 지저분해지면 바로 버리고 다시 깔아주어야 한다.

이구아나는 물을 무척 좋아한다. 그러므로 신선하고 미지근한 미온수에 몸을 담그고 있기를 좋아하기 때문에 몸 크기에 맞는 물 접시를 준비하는 게 좋다. 또한, 안개 분무식 분사기를 이용해 미온수를 분사해 주면 놀라지 않고 아주 좋아한다. 이때 이구아나는 활기차게 머리와 꼬리를 들며 목이 마르면 나뭇가지나 잎에 맺힌 물방울을 먹는다. 습도의 경우 낮에는 60~80%, 밤에는 80~95%, 우기에는 70% 이상 유지해 주는 것이 좋다.

케이지 안에는 이구아나의 몸통보다 큰 나뭇가지와 작은 바위, 관상용 인조 식물 등이 필요하다. 이구아나는 어릴 때 잠깐 육지 생활을 하지만 클수록 나무 위에서 생활하므로 사육장 안에는 나뭇가지가 필수적으로 있어야 한다. 단, 소나무나 향나무 등과 같은 침엽수 계열의 나무에서 나오는 기름이 이구아나에게 치명적이라 사용을 삼가야 한다. 케이지 안에 작은 바위를 넣어주면 이구아나가 오르락 내리락할 수 있는 놀이터로도 좋고 발톱을 긁어서 자연 마모시키게 하므로 발톱 손질에도 좋다.

청소할 때는 이구아나가 도망가지 못하게 다른 우리 안에 넣어 두어야 한다. 우리가 나무나 철망으로 되어있다면 솔로 부스러기를 털어내고 문도 깨끗이 해준다. 그다음 깨끗한 신문지나 덮개를 넣어준다. 청소가 다 끝났으면 이구아나를 옮기고 적외선 등을 다시 켜준다.

(2) 이구아나 먹이

이구아나는 초식성에 가까운 파충류로써 약간의 잡식성 기질을 겸비하고 있다. 이구아나의 먹이 종류로는 동물성 먹이와 식물성 먹이로 분류할 수 있으며 그 예는 다음과 같다. 동물성 먹이는 작은 곤충류, 삶은 달걀, 닭고기 등이 있고 식물성 먹이는 과일류나 야채류, 미나리, 콩나물, 알팔파, 선인장, 클로버 등이 있다. 먹이를 구하기 힘들다면 이구아나 전용 사료 (필요영양소+미네랄)와 함께 구하기 쉬운 야채를 급여하면 된다.

그림 5-21. 이구아나 먹이

먹이 급여 방법에는 모든 식물성 먹이는 씻어서 잘게 잘라서 골고루 잘 섞어 편식하지 않도록 하여 균형 잡힌 식단을 급여해 준다. 부화한 후 35cm까지는 하루에 2회 또는 지속해서 먹이를 먹을 수 있도록 급여한다. 식물성 먹이는 잘게 썰어서 섞어놓는다. 어린 연령 (2.5년까지 또는 0.9m까지)의 경우는 하루에 한 번 먹이를 급여한다. 식물성 먹이는 작거나 중간 정도 크기로 썰어서 섞어놓는다. 성령 (2.5년 또는 0.9m 이상)은 매일 또는 이틀에 한 번씩 먹인다. 식물성 먹이는 거칠게 썰어 급여한다.

비타민과 미네랄 보충제를 통해 이구아나에게 필요한 비타민과 미네랄 부족 현상을 줄여야 한다. 그러나 칼슘과 지용성 비타민 (A, D, E, K)은 과량 공급될 수 있다. 급이 시 분말로 된 보충제를 먹이에 뿌려 급여한다.

그림 5-22. 이구아나 먹이 급여

(3) 이구아나의 건강

주행성인 이구아나는 야생에서는 약 8년 정도를 살지만, 인위적으로 사육을 했을 경우 20년까지 산 기록이 있다. 사육과정에서 불결하거나 영양 불균형일 때 수명이 짧아진다. 이구아나의 수명은 부적절한 먹이, 수분 섭취 불균형, 스트레스 등의 이유로 짧아질 수 있지만 건강하게 사육하고자 생각한다면 다음 사항을 참고하여야 한다.

그림 5-23. 이구아나

수분이 불충분하거나 깨끗하지 못한 물을 주었을 때 통풍이 발생할 수 있으며, 이때는 인 성분이 많이 포함된 먹이를 주어야 한다. 적당한 수분과 칼슘, 인의 균형을 유지해 주면 통풍의 원인이 되는 요산염을 배설한다. 이러한 배설 행위로 균형을 유지하게 되면 이 병은 곧바로 치유된다.

정상적인 장운동을 하는지 확인해 보려면 배설물의 색이 갈색인지를 살펴보아야 한다. 변비에 걸렸을 경우 미지근한 물에서 수영하는 것도 변비 예방에 큰 도움이 된다. 너무 심할 경우는 전문의의 수술을 통해 숙변 제거를 하기도 한다. 변비와 반대로 설사를 하는 경우도 있다. 먹이의 변화, 수분이 많이 함유된 과일, 스트레스, 질병과 기타 이유에 의해 설사를 하게 된다. 섬유소가 많이 포함된 사료를 먹이게 되면 설사는 완화될 수 있다.

이구아나도 다른 동물과 마찬가지로 기생충에 감염되기 때문에 잊지 말고 애완동물 전용 구충제를 정기적으로 투약해야 한다.

이구아나도 필요에 따라 꼬리가 잘려 나가기도 한다. 그럴 때 적은 양의 출혈이 자동으로 멈추면 꼬리는 다시 재생되지만, 원래의 꼬리와는 다르게 보인다. 꼬리가 잘렸을 때의 처치방법은 꼬리 끝부분의 1/3이 잘렸을 때는 굳이 치료가 필요 없지만, 몸체에 가까운 부위가 절단되거나 상처가 나면 지혈을 하고 때로는 봉합 수술도 해주어야 한다.

(출처 : Pxhere)

그림 5-24. 이구아나

이구아나는 허물을 벗어가며 성장을 한다. 그러나 뱀들과는 달리 한 번에 허물을 벗지 않고 조각조각 나누어서 허물을 벗는다. 이때 벗겨진 피부에 큰 조각들을 붙인 채 돌아다니는 것은 문제가 될 수 있다. 따라서 허물벗기를 할 때 습도를 높여주고 피부에 물을 적셔서 허물 벗는 것을 도와주어야 한다.

3. 이구아나의 번식

이구아나는 애완동물로 키우면서 번식시키기는 매우 어렵다. 그러나 번식을 위한 조건을 살펴보면 다음과 같다.

(1) 짝짓기

수컷은 머리를 들고, 주름 턱을 뻗어 암컷의 목에 코를 비비거나 깨문다. 이때 암컷은 대퇴골로부터 왁스 같은 페로몬이 함유된 물질을 분비하며, 수컷이 암컷의 미근부 아래로 휘감는 것을 허용한다. 쌍을 이루면 수컷과 암컷의 총배설강은 결합되며, 교미는 보통 10~45분간 지속된다. 이때, 암컷은 몇 년 동안 정자를 보존할 수 있어 몇 년 후에도 알을 수정시킬 수 있다.

(출처 : Pxhere)

그림 5-25. 이구아나 짝짓기

(2) 임신기간

수정란을 낳기까지 50~100일이 소요된다. 알의 발육은 온도, 습도, 먹이 공급 등의 상태에 따라 빨라지거나 느려질 수 있으며, 적당한 시기에 알을 낳는다. 산란 전 2~3주 동안 먹이를 안 먹을 수도 있으나 물의 섭취량은 증가한다.

(3) 보금자리 및 산란

적당한 산란장소를 찾는 것은 본능으로, 태양의 방향, 땅을 파기 쉬운 장소, 안전함 등을 고려하여 선정된다. 앞다리로 땅을 파고 뒷다리로 흙을 밀어내며 60cm 깊이에 1~2 m 길이로 둥지를 만든다. 이를 위해 충분히 큰 사육장에 이구아나를 키운다면 약 90cm

의 축축한 모래 채취장을 갖춰 주는 것이 좋다. 만약 사육 시 제공된 산란장이 만족스럽지 못할 경우, 바닥 이곳저곳에 알을 낳아 버리는 경우가 있다. 교미 후 65일 정도면 알을 산란할 준비를 하며, 어미의 영양 상태, 성숙 정도, 크기에 따라 알의 개수가 달라진다. 산란은 3일이 넘는 기간 동안 발생하며, 10~30개의 알을 둥지에 낳는다. 부화 기간은 90~120일이며, 온도는 24.9~32℃로 유지해줘야 하므로 부화기를 이용하는 것이 권장된다. 1주일의 기간이 지나면 수정이 안 된 알들은 노랗고 단단하여 부서지기 시작하여 무수정란을 제거한다. 부화 시 태아의 난치를 이용하여 강하고 가죽같이 질긴 난각을 찢고 나온다. 이 난치는 주둥이의 끝에 날카롭게 돌출되어 있고 부화 후에는 곧 빠진다. 새끼는 부화 시작 시 난각에서 빠져나오는데 24시간 이상 걸리며, 나오지 않는다고 도와줘서는 안 된다. 이때 습도 조절을 통해 새끼가 쉽게 빠져나올 수 있도록 해야 한다.

(출처 : https://animallova.com/steps-to-take-care-of-iguana-eggs)

그림 5-26. 이구아나 산란

(4) 부화한 새끼 관리

(출처 : http://www.kingsnake.com/rockymountain/RMHPages/RMHgreen.htm)

그림 5-27. 이구아나 새끼

새끼가 난각에서 빠져나와 자유롭게 움직이게 되면 보육기로 옮긴다. 환기되는 뚜껑이 있는 유리 또는 플라스틱 수족관이 이상적이며, 넓으며 열이 공급되는 사육장에 새끼들만 모아둔다. 수조 안에 얕은 물통을 넣어주고 하루 2회 따뜻한 물을 분무해주며 높은 습도를 유지한다. 부화 후 1~2주 동안은 난황에 있는 영양분에 의존하기 때문에 일부러 떼어줄 필요가 없다 (출처 : 한성동물병원. 동물 상식. 이구아나).

 ## 4. 이구아나의 질병 관리

이구아나의 질병의 원인에는 비타민 결핍, 부적합한 먹이, 햇빛 부족, 비타민 과다, 칼슘 부족 등이 있으며, 바닥 재료로 쓰이는 신문지 잉크의 기름, 케이지 위생, 날카로운 모서리나 자신의 발톱 등이 원인이 된다.

(1) 알 걸림
흔한 질병은 아니지만, 알이 기형적으로 크거나 칼슘 부족에 의해 자궁의 수축력이 약하여 발생할 수 있다. 자외선 조사나 칼슘 공급을 통하여 예방할 수 있으며 걸린 알은 동물병원에 의뢰하여 강제로 빼내어야 한다.

(출처 : https://www.lizards101.com/iguana-health-issues-and-diseases/)
그림 5-28. 에그 바인딩으로 인한 복부 팽창

(2) 식욕 부진
새로운 환경에 적응을 못 하였거나 심한 스트레스 또는 온도나 습도의 불균형으로 인해 식욕 이상을 초래할 수 있다.

(3) 칼슘 부족

이구아나에게 잘 나타나는 질병으로서 골격이 구부러지거나 근육의 전해질 불균형 때문에 경련을 일으키면서 마음대로 다리를 사용할 수 없게 된다. 원인은 자외선 부족, 인과 칼슘의 균형이 맞지 않는 먹이를 들 수 있다 (출처 : 국립생태원 동물종 확보 및 관리 방안 연구. 2010. 환경부 국립생태원건립추진기획단).

(출처 : https://www.lizards101.com/iguana-health-issues-and-diseases/)
그림 5-29. 칼슘부족증으로 인한 다리 부종

V 애완 토끼

현재 애완용으로 길러지고 있는 모든 토끼는 유럽의 동굴토끼의 후손으로 습성은 야생토끼를 닮았다. 애완동물 가게에 있는 미니토끼들은 일반적으로 집토끼라고 불리 우는데 원래는 굴토끼였던 것을 오랜 세월에 걸쳐 품종 개량해 만들어낸 것이다. 굴토끼는 야행성으로 땅속에 굴을 파고 그 속에 집을 만들어 여러 마리가 함께 산다. 굴토끼는 지하 터널을 만들고 사는데 거기에는 침실과 새끼를 키우는 방이 있으며, 각 방은 복잡하게 연결되어 있다. 토끼 종류는 현재 2과 12속 59종으로 분류되어 있으며 남극, 오스트레일리아, 마다가스카르를 제외한 전 세계 각국으로 널리 분포되어 여러 환경에 적응하며 생활하고 있다. 고기용, 가죽용 외에 실험용, 애완용, 사냥용으로 나뉜다. 집토끼는

11~12세기경 유럽에서 개량하여 가축화한 것이다 (출처 : 가까운동물병원. 동물 상식. 토끼).

그림 5-30. 애완 토끼

 ## 1. 토끼의 종류

토끼는 과거로부터 시골집이나 가정에서 애완동물로 많이 사육돼왔다. 그 종류는 대부분 큰 귀에 빨간 눈의 흰 토끼가 토끼의 대명사였지만 최근 애완동물 가게에 가보면 여러 종류의 토끼를 만날 수가 있다.

그림 5-31. 토끼 사육

털이 긴 토끼, 회색이나 갈색 토끼, 점박이 토끼, 개처럼 귀가 늘어진 토끼 등 여러 종류의 토끼들이 있다. 이렇게 애완동물 가게에 있는 토끼들은 일반적으로 집토끼라고 불리고 있는데 원래는 야생 토끼였던 것을 오랜 세월에 걸쳐 품종 개량해 만들어 낸 것이다.

집토끼는 백색의 재래종, 앙골라종, 벨지움종, 로피아종, 뉴질랜드화이트종, 친칠라종, 더치종, 드워프종 등이 있다.

(1) 앙골라종

앙골라종 토끼는 잘 알려진 이름처럼 털과 가죽을 생산하기 위하여 영국과 프랑스에서 개량된 종이며 앙고라 지방이 원산지이다. 체중이 20%에 달하는 털을 매년 생산한다고 알려져 있다. 털이 풍부하고 길며 공기를 많이 함유하고 있어 보온성이 매우 뛰어나다. 이러한 특징 때문에 일반적으로 라이온이라는 별명을 가지고 있다. 체중은 약 3~4kg이고 수명은 약 10년이며 모색은 은색, 청색, 흑담비색, 백색 등을 갖는다. 성격은 매우 온순한 성격이고, 특히 어린이에게 쉽게 친화성을 보인다.

(출처 : Pixabay)

그림 5-32. 앙골라 토끼

(2) 뉴질랜드화이트종

뉴질랜드화이트종은 하얀 짧은 털에 빨간색 눈을 가진 몸무게 4~5kg의 토끼이다. 기르기가 쉽고 튼튼한 개체로 개량종인 제페니즈 화이트와 유사한 외모를 가지고 있다. 일반적으로 볼 수 있는 토끼의 특징을 가지고 있으며, 성장이 빠르고 식용으로 쓰이는 토끼이다.

그림 5-33. 빨간 눈을 가진 뉴질랜드 화이트 토끼

(3) 친칠라종

친칠라종은 주로 프랑스에 분포돼 있으며, 귀는 V자 모양으로 서있는 특징을 가졌다. 외관상 털은 회색빛을 띄지만, 털의 뿌리는 청회색, 중간은 진줏빛, 끝부분은 검은색을 띄고 있다. 프랑스가 산지이지만, 현재 영국에서 히말라얀과 블루 베베렌 사이의 교배를 통해 개량되었다. 털이 조밀하고 부드러워 모피 재료로 각광 받았으며, 성장이 빠르며 튼튼하고 성격이 온순하다.

그림 5-34. 친칠라 토끼의 모습

(4) 더치종

더치종은 약 2kg의 몸무게를 가진 미니토끼로, 털 색깔은 흰색과 검은색이지만, 얼룩무늬, 초콜릿색, 노란색 등 다양한 색을 가진 개체가 많다. '팬더 토끼'라 불리울 만큼 몸

앞부분의 하얀 털은 뚜렷한 경계를 이루고 있으며, 짙은 털은 몸 뒤쪽으로 퍼져 있는 특징을 가진다. 앞발과 뒷말 모두 흰색이며, 체구가 작아 관상용 애완종으로 보급되고 있다.

그림 5-35. 더치 토끼의 모습

(5) 드워프종

드워프종은 약 0.8~1.2kg의 몸무게를 가져 아담하고 털빛은 흰색부터 갈색, 검은색까지 매우 다양하다. 목이 짧고 귀는 짧고 쫑긋 서있다. 네덜란드에서 다양한 색의 소형 토끼를 개량하고자 흰색 폴리시와 야생 토끼를 교배하여 1900년 초에 만들었다. 활발하고 호기심 많은 성격으로 애완용으로 세계 곳곳에서 사육되고 있다. 수명은 7~10년이다.

그림 5-36. 드워프 토끼의 모습

2. 토끼의 특징

대부분 토끼의 수명은 약 5~10년이고 토끼류의 가장 큰 특징은 이중으로 난 두 개의 앞니다. 토끼는 토끼목으로 분류되지만, 이 특징에 의해 중치목이라고 불리기도 한다. 토끼목은 토끼과와 새앙토끼과로 분류되고 더 나아가 토끼과는 동굴 토끼와 산토끼로 나눌 수 있다.

토끼는 큰 귀와 솜털 같은 부드러운 털, 그리고 큰 뒷다리 등의 일반적으로 알고 있는 특징이 있다. 이밖에도 형태적인 특징을 살펴보면 다음과 같다.

귀는 몸의 체온을 조절하는 기능이 있어 귀에서 열을 방출하여 체온이 올라가는 것을 막아준다. 왜냐하면 귀에 많은 혈관이 모여 있어 피부로부터 열을 발산하는 역할을 하기 때문이다.

코는 매우 민감해서 미세한 냄새도 구별해 낼 수 있다. 이빨은 딱딱한 것도 갉아 먹을 수 있는데 이는 죽을 때까지 계속 자란다. 몸을 덮고 있는 털은 보온 역할을 하고 있으며, 털에 함축된 유분에 의해 방수 역할도 하고 있다. 토끼의 꼬리는 매우 짧아서 역할이 없어 보이지만, 위험을 느낄 때는 꼬리를 세우고 발로 땅을 구르면서 동료들에게 위험을 알린다.

뒷다리는 빨리 달릴 수 있는 역할을 해준다. 시속 80km까지 속도를 낼 수 있다. 토끼의 발바닥은 헤어패드라는 털로 덮여 있어 쿠션 역할을 한다. 또 눈 위에서도 미끄러지지 않고 달릴 수 있다.

3. 토끼의 사육

(1) 토끼 사육 시설

토끼용 케이지는 금속으로 만들어진 것이 좋다. 왜냐하면, 토끼는 뭐든지 이빨로 갉으며 노는 것을 좋아하기 때문이다.

또한, 햄스터와 마찬가지로 이빨이 평생 자라므로 토끼가 갉아먹어도 괜찮은 재질을 사용하는 것이 좋다. 토끼용 케이지의 밑바닥 부분은 망으로 되어있어 배설물이 망을 통해 밑으로 떨어지게 되어있는 것이 좋다. 다른 방법으로 밑바닥에 합판, 유리, 매트, 카펫 등을 깔아주어야 발바닥에 상처가 나는 것을 막을 수 있다. 바닥에 건초나 짚을 깔아주는 것도 좋은 방법이다. 케이지가 놓일 장소로 적합한 곳은 소음이 없고 기온이 너무 낮거나 높은 곳을 피하여 놓아준다. 이왕이면 겨울에는 따뜻하고 여름에는 시원하고 습도가 낮은 곳에 케이지를 두면 더욱 좋다.

토끼의 먹이 그릇은 애완견용이 주로 사용되는데 재질은 도기, 스테인리스, 플라스틱 등 여러 가지 종류가 있지만, 토끼가 그릇을 쉽게 뒤엎지 못하게 하고 갉아서 상하지 않는 도기나 스테인리스로 만들어진 것을 사용하는 것이 적당하다.

급수기는 물을 마시기 위한 기구이며 토끼가 입으로 빨대를 빨면 물이 나오도록 설계되어 있다. 급수기는 토끼의 입이 닿을 수 있는 적당한 높이에 달아주며, 흡입구가 바닥에 닿거나 급수기 내에 물을 완전히 채우지 않고 매달아 두면 물이 흘러내려 바닥이 축축해질 수 있다. 이 경우 설사나 호흡기 질병을 일으킬 염려가 있으므로 주의를 요구한다. 흡입구에는 먼지나 먹이가 달라붙지 않도록 매일 청소를 해주어야 한다. 바닥에 놓는 타입의 물그릇도 있지만, 위생을 생각한다면 급수기를 구입하는 것이 좋다. 토끼용 급수기는 햄스터용보다 더 크다.

(출처 : Pixabay)

그림 5-37. 토끼 급수기 사진

토끼는 용변 장소를 기억할 수 있으므로 우리에 가두지 않고 방에서 키우거나 놀게 할 수 있다. 토끼의 용변기는 고양이나 강아지용으로 판매되고 있는 것을 사용하고 안에는 신문지, 모래 등을 깐다. 토끼의 습성상 용변 장소는 한 번 정하면 옮기지 않기 때문에 케이지 사육을 하지 않고 방에 놓고 길러도 무방하다. 단 토끼가 완전히 습관을 들일 때까지 그 방에서만 놀게 한다. 그리고 항상 우리에서 나오면 용변기로 먼저 데리고 가서 냄새를 맡게 해 습관이 들도록 하면 된다. 용변기 변기통을 청소할 때 모두 버리지 말고 더러워진 모래만 버리는 것이 토끼가 냄새로 기억하고 다시 그 자리에 대, 소변을 보는데 용이하다.

실내에서 토끼가 놀 수 있는 공간을 만들어주는 것으로 애완견용 운동장을 사용하면 된다. 크기가 여러 종류이며, 낱개로 팔아 어느 정도는 넓이 조정이 가능한 것으로 사용한다.

(2) 토끼 먹이

토끼는 초식성이므로 야채나 과일을 좋아하지만 야채나 과일만으로 토끼의 식사를 해결하기에는 영양이 부족하므로 영양분을 골고루 섭취하게 하기 위해서는 토끼 전용 사료를 주는 것이 좋다. 전용 사료에는 대부분 배설물 냄새를 제거하는 성분이 첨가되어 있어 배변 냄새를 줄일 수 있어 좋다.

토끼는 원래 초식동물이므로 전용 사료 외에 건초를 많이 주면 좋다. 특히 건초의 종류 중에서 알팔파를 주는 것이 영양적인 면에서 좋다.

토끼의 먹이 급여 횟수는 아침, 저녁으로 2회 주는 것은 기본으로 하고 언제든지 먹이를 먹을 수 있도록 준비해 두는 것이 좋다. 특히 어릴 때는 횟수를 늘려서 주어야 한다. 야채는 떨어지지 않게끔 여러 차례 나누어 조금씩 주고, 인공 사료는 하루 두 번씩 그릇에 담아주면 된다.

표 5-2. 먹이 구분 및 종류

먹이 구분		종류	
급여 가능 먹이	야채	당근, 호박, 고구마, 무청, 쑥갓, 브로콜리, 청경채, 미나리, 샐러리 잎줄기, 순무잎 등	
	과일	사과, 바나나, 딸기, 수박, 멜론, 파인애플 등	
	야생풀	민들레, 냉이, 별꽃, 질경이, 클로버, 강아지풀, 잔디, 칡잎, 콩잎, 고구마 잎 등	
급여 불가능 먹이		파, 마늘, 부추, 양파, 초콜릿, 땅콩, 옥수수, 포도	

물은 신선한 것을 주어야 한다. 특히 여름철에는 물이 쉽게 상할 수 있어서 반드시 자주 갈아주어야 한다. 하루에 주는 물의 양은 대개 체중의 10%가 적당하지만 야채를 줄 경우는 수분 섭취를 야채를 통해서도 이루어지기 때문에 물의 급여량을 적게 주어도 된다.

건초를 주로 먹일 경우는 건초에 수분이 매우 적기 때문에 수분이 많이 필요해진다. 따라서 수분 섭취를 문제가 없도록 급수기에 항시 깨끗하고 시원한 물을 가득 채워주어야 한다. 단, 수분이 많은 야채를 줄 때는 야채 표면에 묻은 물기를 제거하고 줘야 쉽게 썩는 것을 방지할 수 있다.

먹이 급여 시 주의사항으로 토끼는 견과류는 별로 먹지 않으므로 단백질을 보충하기 위해서는 고구마, 대두 등을 주도록 한다. 옥수수나 땅콩류 등에서는 썩으면 아플라톡신이라는 독성분이 발생하므로 절대로 먹여서는 안 된다. 또한, 파, 마늘, 부추 등은 토끼에게 주어서는 안 된다.

(3) 토끼 사육 시 주의사항

토끼를 잡을 때 보통 귀를 잡고 들어 올린다. 그러나 토끼의 귀는 굉장히 예민하다. 그
러므로 토끼와 놀 때 절대로 손으로 귀를 잡아서는 안 된다. 토끼의 귀에는 모세혈관이 많
아 무척 예민하기 때문에 귀를 잡으면 무척 고통스러워한다. 그러므로 절대로 귀를 잡지
않도록 주의한다. 토끼는 안을 때 뒷다리가 늘어진 채로 흔들거리면 불안해한다. 토끼를
안을 때에는 엉덩이에 손을 갖다 대 다리가 늘어지지 않도록 신경을 써 주는 것이 중요하
다. 그리고 토끼의 발과 손이 안정되도록 토끼와 마주하는 자세로 안는다. 그러면 토끼의
몸이 사람과 밀착하게 되어 토끼도 편안해 한다.

토끼 케이지의 위치는 통풍이 좋고 건조한 장소에 두어야 한다. 토끼는 습기에 매우 약
하고 습도가 높으면 병에 걸리기 쉬워 잘못하면 죽는 경우도 있기 때문이다. 또 소음이 심
한 곳은 피해야 한다. 토끼는 소리에 민감해 큰 소리가 개 짖는 소리 등을 들으면 굉장히
두려워한다.

토끼는 물건을 갉으며 노는 것을 좋아하기 때문에 케이지에 전깃줄, 전기 코드가 닿지
않도록 해야 한다.

야생토끼는 동굴 속에서 집단생활을 하지만 동굴밖에 공동 용변 장소가 있어 배설 시
에는 반드시 이곳을 이용한다. 즉 일정한 장소에서 배설하는 습성이 있기 때문에 잘 교육
하면 집안을 청결하게 토끼를 사육할 수 있다.

토끼 케이지의 청소는 일주일에 한 번씩 해주는 것이 좋다. 그러나 먹이 그릇과 급수
기, 용변기는 하루 혹은 이틀마다 해주는 것이 좋다. 털 손질 토끼는 피부가 아주 민감
하므로 브러시 등으로 빗질을 할 때는 브러시의 끝이 둥근 것을 사용하여 빗질할 때 피

부가 상하지 않도록 해야 한다. 그리고 봄과 가을은 털갈이 시기이므로 빗질하는 횟수를 늘려 준다. 토끼는 스스로 털 손질을 하긴 하지만 몸 안으로 들어간 털이 배설물과 함께 나오지 못할 경우 병에 걸릴 경우도 있으므로 빗질을 자주 해주는 것이 토끼의 건강에 좋다.

귀는 습하고 이물질이 들어가면 나오기 힘든 곳이므로 가끔 지저분한가를 점검하여 염증이 없는지 냄새가 나는지 검사를 정기적으로 해주어야 한다. 이때 귀 청소를 같이 해주면 되는데 그 방법은 먼저 애완견용 귀 세척제를 사용해 5일에 한 번 정도 귀를 잘 닦아 준다. 만약 귓속에 심한 악취가 나거나 염증이 생기면 귓속용 치료 연고를 넣어 치료하면 된다. 귀를 닦을 때는 귓속에 상처가 생기지 않도록 조심스럽게 닦아주어야 하는데, 작은 것은 면봉을 이용하고 큰 토끼는 겸자를 사용하여 솜을 말아 세정제를 이용하여 닦아준다.

토끼를 집안이나 케이지에서 사육할 때는 발톱이 자연적으로 갈아지지 않기 때문에 정기적으로 발톱을 손질해줄 필요가 있다. 발톱을 손질해 줄 때는 애완견과 마찬가지로 발톱 안의 혈관을 다치지 않도록 주의하면서 깎아주어야 한다. 이때 사용하는 도구는 애완견용 발톱 깎기를 사용하면 된다. 털이 긴 장모종을 사육할 때엔 자주 빗질을 해주어서 털이 뭉치지 않도록 주의해 주어야 한다. 토끼의 피부는 민감하므로 조심해서 빗질을 해주어야 한다. 그래서 브러쉬를 끝이 둥근 것을 사용하는 것이 좋다.

그림 5-38. 토끼 건강 체크

토끼의 건강 체크를 수시로 해주어야 하는데 먹이는 남기지 않고 잘 먹는지, 맛있게 먹는지 등을 체크한다.

사람과 마찬가지로 몸의 상태가 좋지 않으면 식욕이 저하된다. 배설물의 경우 건강한 토끼의 배설물은 조금 딱딱하고 둥글어 데굴데굴 구를 것처럼 보인다. 색은 보통 짙고 깊은 푸른색으로 시간이 지나 건조하면 거무스름해진다. 설사는 몸의 상태가 나쁠 때 자주 나타나는 증상이다. 수분을 조금 피하는 것만으로 낫는 경우도 있지만 때로는 죽을 수도 있을 만큼 심각한 병이 될 수도 있다.

토끼의 소변은 약간 탁한 편인데 무엇을 먹었는지에 따라서 희거나 누렇거나 빨개지며 색이 변하기 때문에 빨간색 소변 모두가 혈뇨라고 단정해서는 안 된다. 혈뇨가 나오는 원인으로는 방광염, 요로결석 등이 있다. 이러한 병에 걸렸을 경우 토끼는 소변을 보면서 고통스러워하거나 소변을 보는 데 시간이 걸린다.

건강한 토끼의 눈은 생기가 있고 맑다. 눈에 초점이 없거나 눈곱이 끼어 있거나 눈 주위가 부어있으면 건강이 안 좋을 가능성이 있다. 발바닥에 상처가 있는지를 체크한다. 토끼의 발바닥은 털로 덮여 있는 경우가 정상이다. 털이 벗겨져 있지는 않은지, 빨갛게 부어있지는 않은지 주의해서 살펴본다.

몸의 털이 부분적으로 빠진다든지 피부에서 비듬 같은 것이 떨어진다든지 할 때는 일단 피부병일 가능성이 크다. 또 토끼는 스트레스를 많이 받으면 '털 먹이'라 하여 자기의 털을 뽑기도 한다. 토끼가 귀가 가려워서 자주 긁거나 후빌 때는 개선충일 가능성이 있다.

 # 4. 토끼 번식

토끼는 번식력이 강한 동물 중에 하나다. 그래서 적당한 환경만 갖추어 지면 그 수가 기하 급수적으로 늘어난다. 생후 4개월이면 성 성숙이 되지만 안전한 번식을 위해서는 6개월쯤 되어서 교미를 시키는 것이 안전하다. 임신기간은 약 30일이며 보통 4~8마리의 새끼를 낳는다.

토끼의 암컷이 발정하면 상당히 활발해지며, 수컷과 심한 싸움이 일어나기도 한다. 교미가 끝나면 수컷은 날카로운 소리를 지르며 실신하게 되므로 교미의 종료를 관찰하면 된다.

교미의 성공으로 임신이 되면 암컷의 배가 불러오기 시작하였을 때 수컷은 다른 케이지로 옮겨주도록 한다. 출산일이 가까워지면 암컷은 짚과 자기 가슴과 배에 나 있는 털을 뽑아 새끼를 낳을 자리를 만든다. 이때 천 조각이나 바닥재를 듬뿍 깔아준다.

임신한 암컷은 신경이 매우 예민한 상태이기 때문에 가능하면 조용히 놓아두는 것이 좋다. 그리고 토끼 (동굴 토끼)는 원래 굴속에서 분만하는 습성이 있기 때문에 분만을 대비하여 이때부터 케이지 전체를 천이나 종이로 덮어주어 어둡게 해준다.

분만 도중에 천을 자주 들추어보면 어미가 불안을 느끼게 되면 새끼를 죽일 수도 있으므로 주의해야 한다. 태어난 새끼는 20일 정도면 보금자리에서 나오게 된다. 토끼는 생후 1개월 정도면 어미 품에서 떼어놓을 수 있다.

표 5-3. 토끼의 번식

항목	내용
성성숙	생후 3개월
임신적기	생후 1~3년
임신기간	30일
산자수	3~4마리
보금자리 포육기간	20일
이유	생후 1개월

(출처 : 토끼와 살다. 2017 편집부지음·서유 / 애완동물학. 2014. 김옥진, 정성곤 저자)

(1) 발정

발정이 오게 되면 암토끼는 거동이 활발해져서 토끼장을 이리저리 뛰어다니며 식욕이 감퇴한다. 또한, 눈은 활기에 차 있으며 음부는 부어 홍자색을 띠고 있고 때로는 점액이 분비된다. 발정이 오면 앞발로 토끼장 문이나 바닥을 긁어대고 뒷발로 밑바닥을 쾅쾅 치고 다니기도 하며 수토끼가 가까이 가도 물거나 도망치지 않고 좋아한다.

(2) 임신

토끼가 임신하게 되면 발정이 정지되고 식욕이 왕성해져서 체중이 증가하며 복부가 팽창해지고 유선이 발달하는 등의 변화가 있다. 임신 말기가 되면 새끼를 낳을 산실을 만든다. 임신하면 어미 토끼가 식성이 좋아지므로 영양가가 좋은 먹이를 평소보다 많이 주어야 한다. 갈증 또한 쉽게 느끼므로 항상 신선한 물을 자유로이 먹을 수 있도록 신경 써주어야 한다. 출산이 가까워지면 어미 토끼는 복부의 털을 뽑고 짚을 물고 다니며 새끼를 낳을 산실을 만든다. 이때 헝겊이나 짚을 듬뿍 깔아준다. 임신한 토끼는 조심해서 다루어야 한다. 특히 놀라지 않도록 주의한다. 장거리 수송은 절대로 하지 말며, 다시 교미시키는 일이 없도록 한다.

(3) 분만

분만을 위하여 다른 토끼장으로 옮겨 줄 때는 적어도 분만 1주일 전에 옮겨준다. 분만할 때 특히 신경질적이므로 어두운 출산 상자를 준비하여 그 속에서 낳게 한다. 토끼는 혼자서 쉽게 새끼를 낳고 뒤처리도 잘한다. 다만 신선한 물을 충분히 공급해 줘야 한다. 새끼는 2~3분마다 한 마리씩 낳는데 분만이 완전히 끝이 날려면 30분 정도가 걸린다.

(4) 수유 및 분양

갓 태어난 새끼는 털이 없고 눈도 감고 있지만, 발육이 빨라 1개월 반이면 젖을 뗀다. 산토끼는 눈도 뜨고 털이 난 상태로 태어나서 바로 걸어 다닐 수 있다. 분만 후 어미 토끼는 새끼토끼의 몸에 묻어 있는 오물을 핥아서 깨끗이 해주고 보금자리에 새끼를 옮겨 놓고 복부의 털을 뽑아 덮어둔다. 만약 새끼를 방치하는 어미 토끼가 있으면 어미에게 먹이를 준 다음 부드러운 베딩을 어미의 오줌에 묻혀 새끼를 한곳으로 모아주고 토끼의 털로 덮어준다. 직접 맨손으로 새끼 토끼를 옮겨 놓으면 안 된다. 부근에 다른 토끼들이 있을 때는 자신의 새끼가 아니면 물어 죽이는 경우가 많으므로 반드시 격리해주어야 한다. 1개월 정도 지나면 어미 토끼 품에서 떼어 놓을 수 있다. 이때 새끼를 들여다보거나 만지려고 하면 사람을 물거나 새끼를 죽일 수 있으므로 맨손으로 토끼를 만지면 안 된다. 어미가 새끼에게 젖을 주는 시간은 5~6분 정도가 좋고 그 횟수도 아침에 1~2번 정도로 밤에는 주지 않는 것이 보통이다. 이때 어미 토끼에게 물을 충분히 주어야 하는데 이는 갈증 때문에 육아를 그만두거나 새끼를 잡아먹는 등의 불상사를 없애기 위해서이다. 이유가 끝나 스스로 먹이를 먹을 수 있는 새끼는 사료를 먹이며 물을 충분히 주도록 한다.

 ## 5. 토끼의 질병

(1) 스너플

토끼의 전염성 질병 중 가장 흔한 병이며 파스튤렐라 멀토시다(Pateurella Multocida)가 원인균이다. 가벼운 상부 호흡기와 코감기에서부터 심한 폐렴까지 다양하고 감염은 중이까지 확장되어서 뒤틀린 목(사경), 머리 기울이기, 균형 상실을 일으킨다. 증상은 재채기, 거센 콧김, 가르랑거리는 호흡기 소리, 코나 눈에서 희고 노란 분비물이 나오는 것이 특징이다. 특히 앞발을 보면 윤이 날 정도로 분비물이 묻어나는 것이 특징이다.

(2) 바이러스성 출혈병

원인체는 피코르나 바이러스이며 전염력이 매우 높은 것이 특징이다. 발병 연령 면에서 보면 2~3kg 전후의 성토가 대부분이며 2개월 이하는 발병이 적고 1개월 이하의 어린 토끼는 감염이 되지 않는다. 계절적으로 봄철에 주로 많이 보인다. 이 질병은 일단 감염이 되면 폐사율이 80% 정도로 매우 높은 것으로 알려져 있다. 처음에는 사료와 물을 잘 먹다가 기분이 우울해지며 체온이 섭씨 41도 정도로 오르고 불안해하거나 발작 증세로 토끼장에서 날뛰며 괴성을 지르고 사지를 허우적거리거나 주로 왼쪽으로 선회 운동을 하는 신경 증상을 보인다. 또는 아무런 증세 없이 갑자기 사망하기도 한다. 이 병은 예방접종을 하는 것이 가장 좋은 방법인데 약 3개월령 내에 1차 접종을 시행하고 1개월 후에 다시 재접종을 해준다. 보강 접종은 매년 해주는 것이 좋은데 주로 초가을에 해주면 효과적이다.

(출처 : 농림축산검역본부)

그림 5-39. 출혈병으로 괴사한 토끼 사진

(3) 기생충 감염증

내부 기생충 중에서 특히 토끼에 문제가 되는 것은 콕시듐 종류인데 콕시듐은 소장을 감염시켜 식욕 결핍이나 만성적인 설사 또는 죽음을 초래하기도 한다. 이를 구제하거나 예방하기 위해서는 특정한 목적의 구충제를 동물 약국에서 구입하여 사용하면 된다.

(4) 설사증

토끼에 발생하는 가장 흔하고 가장 무서운 질병 중의 하나로서 세균에 의해 발생하는 경우가 대부분이다. 다양한 연령층에서 발생하는데 주로 스트레스 등에 의해 면역력이 떨어지거나 어린 토끼에서 문제가 된다. 증상은 지속적으로 점액성이나 혈변 설사를 계속하게 되면서 활기가 없고 귀가 아래로 처지는 모습을 모이며 저혈당증에 빠지면 근육의 경련 증상으로 몸이 뻣뻣해지면서 일어나지 못하게 된다.

(5) 결막염

눈꺼풀 안쪽의 세균 번식으로 염증이 생기면서 농양성의 분비물이 많이 나오며 말라붙어 쉽게 관찰이 된다. 이 병은 토끼가 눈이 불편하여 자꾸 앞발로 긁어서 더욱 심해지는 것이 특징이므로 가능하면 항생제가 섞인 안약을 투여해 주면서 청결을 유지해 주는 것이 회복에 큰 도움이 된다.

(6) 모구증

토끼가 자신의 털을 핥아 배 속에 털이 공처럼 뭉쳐 배출되지 않아 발생하는 질병이다. 모구증의 가장 큰 원인은 부적절한 먹이이다. 섬유질이 적은 먹이나 전분이 많은 먹이를 급여하면, 털을 장으로 이동시켜줄 섬유질이 부족하여 털이 위장에 정체하게 된다. 또한, 수분의 부족은 모구증을 더욱 악화시킨다. 모구증의 증상으로 식욕 부진, 체중감소, 통증, 배변의 이상 등이 있는데 증상이 가벼울 경우 수분을 보충해 주면 스스로 털이 풀린다. 내과적 치료 효과가 없을 시 외과 수술로 해결하는데 수술 후 회복되지 않는 경우가 많다. 예방법으로 섬유질이 풍부한 먹이를 급여하고, 빗질을 많이 하여 토끼가 그루밍을 할 때 장내로 들어가는 털의 유입을 줄여주는 방법이 있다.

(출처 : https://www.brookvets.co.uk/hairballs-in-rabbits/)

그림 5-40. 모구증으로 인해 생긴 털뭉치 사진

VI 기니피그

기니피그는 먼 나라 기니아에서 서식하던 동물이라고 하여 이 장소에서 붙여진 것이 아니며, 정식명칭은 캐비 (Cavy), 조그맣고 귀여운 동물을 '기니피그'라고 불리게 된 일화들 중 가장 유명한 것은 영국에서 기니피그가 처음 나왔을 때 화폐단위 '1기니'로 사고 팔면서 '기니피그'라고 불리게 됐다는 이야기다. 학명은 *Calvia porcellus*로, 척삭동물문 포유강 설치목 천축서과에 속한다 (출처 : 기니피그 사이언티스트. 2006. 레슬리덴디, 멜 보링 / 초보탈출 AtoZ 기니피그. 2011년. 정윤경).

그림 5-41. 기니피그

 ## 1. 기니피그의 특징

작은 포유류 여덟 종류 중의 하나로 캐비 (Cavy), 특히 일본에서는 기니피그를 모르 모트 (일본어 : モルモット)라고 부르는데, 이것은 네덜란드에서 기니피그를 비슷하게 생 긴 유럽 원산의 동물 마르모트 (Marmotte, 마멋)로 오해하여 일컫던 것이 일본에서 그대 로 전해져 정착한 명칭이다. 캐비는 애완동물로 기른다. 전 세계적으로 분포되어 있는 이 들의 모색은 다양하지만 검정색, 흰색, 갈색이 주로 나타난다. 현재 미국기니피그브리더 협회 (ACBA)에서 인정한 13개의 다른 품종들이 존재하고 있고, 털 색깔만 해도 20가지 가 넘는다. 기준선이 나라마다 다르지만 색깔과 털의 모양을 제외하고 기본적인 것들은

매우 비슷하다. 독일, 오스트리아, 스위스에서는 기니피그의 품종을 구분할 때 "Dutch Standard", 영국에서 만든 "English Standard"도 있다.

　기니피그의 품종을 보면 털이 짧은 단모종과 털이 긴 장모종이 있는데 최근에는 털이 없는 무모종도 있다. 털의 색깔도 다양하여 고양이 털의 색을 구분하는 용어가 같이 쓰이기도 하며 기니피그 모색의 용어를 살펴볼 필요도 있다.

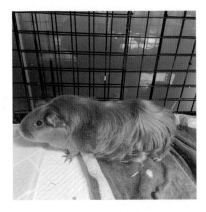 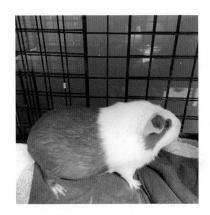

그림 5-42. 장모종 기니피그와 단모종 기니피그

　사육자의 말을 잘 따르는 편인 기니피그는 키우기 쉬운 반려동물이지만, 매우 겁이 많은 동물이기 때문에 아주 작은 소리와 움직임에 예민하며 깜짝 놀라기 때문에 최대한 놀라지 않도록 신경을 써줘야 한다.

표 5-4. 기니피그 털의 색깔과 특징

모색	털의 색깔과 특징
셀프 (Self)	갈색, 검은색, 흰색 등의 단색 한 가지 색깔
브로큰 (Broken)	털 색깔이 2가지 이상
토터셀 (Tortoiseshell)	붉은 계열 (빨간색)과 검은색이 몸 전체에 퍼져 있는 것 눈동자는 어두운 색
달마티안 (Dalmatian)	달마티안 강아지처럼 흰 바탕에 검은색 털들이 점처럼 몸 전체에 있는 것
히말라얀 (Himalayan)	귀끝, 코끝, 다리끝이 검은색이고 나머지가 하얀색인 것
브린들 (Brindle)	빨간색의 털과 검은색의 털이 조화를 이루고 눈동자는 검은색
마크트 (Marked)	몸 전체의 색에 (흰색) 다른 색깔의 무늬들이 있는 것 (삼색)

(출처 : 반려동물종합관리사. 2018년. 정명희
반려동물 관리전문가. 한국반려동물교육원 (CAI). 2019. 이태형)

기니피그는 다른 동물들에 비해 우는 소리가 매우 독특하다. 새소리 또는 휘파람과 비슷한 (고음) 소리의 울음을 통해 동료 간에 신호를 보내며 자신의 기분을 소리로 표현한다.

동글동글한 몸에 크고 둥근 얼굴, 빛나는 눈동자와 둥그런 코를 갖고 있으며 꽃잎 모양처럼 생긴 털이 없는 귀 등이 매우 사랑스러운 동물이다. 기니피그는 앞을 보고 있으면서도 뒤를 볼 수 있다고 한다. 눈이 얼굴 부분의 앞에 몰려 있지 않고 얼굴 양 옆쪽에 달려 있기 때문이며 눈의 색깔도 매우 다양하다. 몸길이는 20~50cm 이내이며, 무게는 0.8~1.5kg으로, 다리는 몸에 비해 상당히 짧은 편이지만 달리는 데는 전혀 문제가 없고 오히려 빨리 뛸 수 있다. 발바닥은 매우 부드럽고 털이 없으며, 앞발은 발가락이 4개, 뒷발은 발가락이 3개이며 발톱이 넓다. 발톱은 계속 자라기 때문에 따로 관리를 해줘야 한다. 꼬리는 퇴화되어 둔부가 둥글고 매끄럽다 (출처 : 초보탈출 AtoZ 기니피그. 2011. 정윤경 / 반려동물 관리전문가. 2019. 한국반려동물교육원 (CAI). 이태형).

 ## 2. 기니피그의 사육

기니피그를 키울 때는 케이지를 청결하게 해주고 온도를 18~23℃ 이내로 유지해야 하며, 30℃가 넘지 않는 것이 좋다. 연구에 따르면 가장 살기 좋은 습도는 50~60%다. 병을 일으키는 미생물이 50~60%의 습도에서 못 살기 때문이다. 방안의 온도와 습도를 체크 가능한 온도계를 구입하는 것도 좋다. 바람이 잘 통하고 환기가 잘되며 서늘한 곳을 찾아줘야 하는데 사람이 좋아하는 온도와 습도가 비슷하다고 보면 쉽다. 하지만, 기니피그는 외풍이 있는 선풍기나 에어컨 바람은 건강 상 좋지 않아 주의하여야 한다.

기니피그의 수면 시간은 정해져 있지 않으며 하루에 20시간 정도를 활동하고 자고 싶을 때는 5~10분 정도 잤다가 일어나 다시 움직임을 반복한다. 하루 중 4% 정도의 시간을 수면에 할애하며, 인간의 수면 시간이 하루의 30% 정도인 것에 비해 굉장히 적게 자는 편이다.

기니피그는 배변훈련이 어렵지만 모든 개체에게 배변훈련이 가능한 것은 아니고, 어린 기니피그와 성체 암컷의 경우에 성공할 확률이 높다. 대변은 아무 데나 보지만 냄새는 소변 냄새가 더 심한 편이기 때문에 매일매일 꾸준한 청소를 해줘야 하며, 소변 냄새가 기니피그 몸에 냄새가 배는 경우가 있다. 이때, 신문지는 냄새를 잘 잡아주지 못하고, 소변의 흡수도 못하기 때문에 사용을 피한다. 또한, 짚은 소변의 흡수도 못하고 젖으면 금방 곰팡이가 발생하기 때문에 위생상 좋지 않고, 짚은 매우 거칠기 때문에 기니피그의 발을 다치게 할 수 있고, 눈을 찔릴 수도 있으므로 피해야 한다.

기니피그는 발톱이 너무 길면 동그랗게 말리는 경우가 있기 때문에 발톱을 주기적으로 잘라주는 것이 필요하다. 이때, 고양이와 강아지처럼 혈관이 있어서 주의하면서 잘라야 하며, 바짝 자를 경우, 피가 날수도 있기 때문에 지혈제 또는 소독을 해주는 것이 좋다. 장모종과 단모종, 무모종 중에 털이 긴 장모종은 털이 뭉치지 않게 브러싱 해주면서 피부병에 걸리지 않도록 관리해 주는 것이 중요하다. 귀청소는 1주일에 한 번씩 면봉을 이용해 기니피그 전용 귀 세척제를 이용해 청소해 준다.

물은 채소 등을 통해 보충을 하기도 하지만 충분히 준비해 주는 것이 좋다. 먹이로는 건초, 과일, 채소 등을 주는데 건초의 경우 알팔파 (Alfalfa)와 티모시 (Timothy) 건초를 주로 준다. 특히, 생후 6개월 이후에는 질 좋은 티모시를 통해 풍부한 섬유질을 공급한다. 앞니와 어금니도 같이 자라기 때문에 이갈이를 잘 하는지 매일 관찰해주는 것이 좋다. 특히, 임신 중이거나 성장기일 때는 고단백 고칼로리인 알팔파를 줘야 한다. 하지만, 일반적으로 알팔파를 많이 급여하면 비만의 위험이 많으니 주의한다.

그림 5-43. 기니피그 먹이 급여

기니피그는 비타민C를 생성하지 못하기 때문에 과일이나 채소를 적당히 주는 것이 필요하다. 최근에는 비타민C가 배합된 사료가 있기 때문에 기니피그 전용 사료를 먹이는 경우도 많다. 비타민C가 부족하면 잘 걷지도 못하고 탈모, 눈도 탁해지며 수용성 비타민이기 때문에 소변 색깔이 변할 수 있으나 과량을 먹여도 큰 문제는 되지 않는다.

물은 채소류나 과일류에서 수분을 공급받아 물을 잘 마시지는 않기 때문에 햄스터처럼 딱 정해놓고 먹이지 않아도 된다. 대신 깨끗한 물로 갈아준다. 더러워졌을 때 목욕을 시키며, 털은 따뜻한 바람으로 잘 말려준다. 잦은 목욕은 해로울 수 있다.

다른 동물들과 달리 꼬리가 없고, 뼈는 둥글둥글하게 생긴 몸과 달리 매우 연약하기 때문에 들어 올릴 때와 안고 있을 때는 땅에 떨어뜨리지 않도록 매우 조심하고 주의해야 한다.

기니피그는 눈이 잘 보이지 않기 때문에 소리에 예민하다. 가끔 건초를 먹다가 건초에 찔려서 병원 신세를 져야 하는 사태가 발생하기도 한다, 반드시 건초는 항상 부드러운 것으로 준비해 준다.

케이지는 넓으면 넓을수록 꾸미는 것이 쉬워진다. 건초렉, 은신처, 물통, 장난감, 밥그릇 등을 케이지 안에 넣어도 넓다고 느껴질 정도의 적당한 크기의 케이지로 선택한다. 철장으로 된 벽이 높은 케이지를 이용하는데 잘못하면 기니피그들이 철의 성분을 먹을 수 있기 때문에, 웬만하면 건강을 고려하여 도색이 안 된 철창을 사용한다. 바닥에 베딩을 깔아주거나 배변패드를 깔아주고, 화장실을 가린다면 천이나 미끄럼방지패드를 깔아 키워주면 된다. 케이지에는 볼 급수기를 갖춰야 한다. 그리고 기니피그가 적응을 할 수 있게 적어도 최소 1주 정도는 만지거나 건들지 않는 게 좋다. 스트레스로 일찍 죽을 가능성이 높기 때문에 안정을 주도록 한다 (출처 : 반려동물 관리전문가. 한국반려동물교육원(CAI). 2019. 이태형 / 위키백과 등).

 ## 3. 기니피그의 번식

유순한 성격을 가지는 기니피그는 야생의 경우 연 1회 번식을 하지만 사육의 경우 연 4회 가량 하며, 하나 반에 1~8마리의 새끼를 출산한다.

임신 기간은 다른 설치류에 비해 상당히 긴 편의 65~75일 정도이다. 새끼는 완전한 모양을 갖추고 태어나며 눈도 태어났을 때부터 뜬다. 생후 2~3시간이면 달리기를 할 수가 있으며, 3주간 젖을 먹는다. 생후 2개월부터 성장하는 속도가 빠르고, 성 (性)숙이 일어나며 5개월쯤 되면 어느 정도 성숙해졌다고 볼 수 있다. 출생 후 12~15개월까지는 계속 자란다. 암컷은 분만 직후 발정이 온다. 분만을 전후로 수컷은 암컷은 보호하고 자신이 교미하려 한다.

발정기가 다발성으로 오기 때문에 암컷과 수컷이 같이 생활할 경우 100% 임신이 가능하다. 따라서 따로 격리 또는 관리가 필요하다. 보통수명은 6~8년 기록에 의하면 현재는 수명이 길어져 5~15년 정도이다 (출처 : 초보탈출 AtoZ 기니피그. 2011. 정윤경/ 반려동물종합관리사. 2018. 정명희).

참고문헌

1) 페렛

Bradley Hills Animal Hospital, Bethesda, Maryland, USA, on lifespan of Ferrets.

Bulloch, M.J., Tynes, V.V. 2010. Ferrets. In : Tynes, V.V. (Ed). Behaviour of Exotic Pets. Wiley-Blackwell Publishing Ltd : U.S.A.

CDC, Center for Disease Control and Prevention 2019. National Center for Emerging and Zoonotic Infectious Diseases (NCEZID), USA.

Chitty J. 2009. Ferrets : biology and husbandry. In Keeble E and Meredith A (eds), BSAVA Manual of Rodents and Ferrets, BSAVA, Gloucester : 193-204.

Endangered ferrets get experimental COVID-19 vaccine in Colorado, USA.

FDA, Food and Drug Administration of the United States. Animal Veterinary. Retrieved 2021.01.21.

FERT Ferret Care and Info http://www.ferrettrust.org/ferret-care-a-info.html Last accessed 21.01.21.

Fisher, P.G. 2006. Ferret behaviour. In : Bays, T.B., Lightfoot, T., Mayer, J. (Eds) Exotics pet behaviour. Birds, reptiles, and small mammals. Saunders, Elsevier Inc. Missouri, U.S.A.

Hubrecht, R. and Kirkwood, J. (Eds.) 2010. The UFAW Handbook on The Care and Management of Laboratory and Other Research Animals (8th Ed.) UFAW : UK.

Keeble, E. and Meredith, A. 2009. BSAVA Manual of Rodents and Ferrets BSAVA : UK.

Maggie Lloyd. 2013. Ferrets. Red Kite Consultants. National Centre for the Replacement Refinement & Reduction of Animals in Research.

Mitchell, Mark A.; Tully, Thomas N. 2009. Manual of exotic pet practice. Elsevier Health Sciences. p. 372. ISBN 978-1-4160-0119-5.

Orcutt, C and Malakoff, R. 2009. Ferrets : cardiovascular and respiratory system disorders. In : E. Keeble and A. Meredith (Eds). BSAVA manual of rodents and ferrets. BSAVA : U.K.

Powers L V and Brown S A. 2012. Ferrets : basic anatomy, physiology, and husbandry. In Quesenberry K E and Carpenter J W (eds), Ferrets, Rabbits and Rodents, Clinical Medicine and Surgery (3rd edn), Elsevier, St Louis : 1-12.

Sarah, Pellett, Molly Varga. 2013. Reproductive management of ferrets. Vet Times, www. vettimes.co.uk.

Schilling, Kim; Brown, Susan. 2011. Ferrets for Dummies. John Wiley & Sons. pp. 125 - . ISBN 978-1-118-05154-2.

Spinka, M., Newberry, R.C., & Bekoff, M. 2001. Mammalian play : Training for the unexpected. The Quarterly Review of Biology, 76 : 141-168.

Stephanie, RVT, 2017. Beginner's Guide to Ferret Care. VetCare Pet Hospital, Riverview, New Brunswick, USA.

2) 고슴도치

APH (African Pygmy Hedgehog) Owners South Africa, 2017. Hedgehog-weight, size & Sex. Retrieved on 21.01.2021 https://aphownerssa. wordpress.com/weight-size-sex/

Attenborough, David. 2014. Attenborough's Natural Curiosities 2. Armoured Animals. UKTV.

Carpenter, James W. and Dana Lindemann 2015. Management of Hedgehogs. Department of Clinical Sciences, College of Veterinary Medicine, Kansas State University.

Gall, Hal 2019. A complete guide to raising pet hedgehog. PetHelpful.

Guy Musser 2020. Archbold Curator Emeritus Vertebrate Zoology and Mammalogy, American Museum of Natural History, New York City, U.S.

Hannah, Beers 2017. Hedgehogs make cute but challenging pets. College of Veterinary Medicine, University of Illinois, Urbana, USA.

Hutterer, R. 2005. "Order Erinaceomorpha" : In Wilson, D.E.; Reeder, D.M (eds.). Mammal Species of the World : A Taxonomic and Geographic Reference (3rd ed.). Johns Hopkins University Press. pp. 212 - 217.

Kruzer, Adrienne 2019. Pet Hedgehogs- Caring for Pet African Pygmy

Hedgehogs. Online document.

Lianne, McLeod 2020. African pygmy hedgehog species profile-characteristics, housing, diet and other information. The Spruce Pets.

Poppy Wooster 2020. Everything you need to know about owing a pet hedgehog. Online document on Hedgehog World.

Suomalainen, Paavo; Sarajas, Samuli. 1951. "Heart-beat of the Hibernating Hedgehog". Nature. 168 (4266) : 211.

Wikipedia - Domesticated hedgehog.

Wikipedia - Hedgehog.

3) 햄스터

김옥진, 정성곤. 2014. 애완동물학.

안제국. 2005. 애완동물사육.

4) 이구아나

환경부 국립생태원건립추진기획단. 2010. 국립생태원 동물종 확보 및 관리 방안 연구.

한성동물병원. 동물 상식. 이구아나. http://www.vetopia.co.kr/xe/iguana.

5) 애완 토끼

가까운동물병원. 동물 상식. 토끼. http://www.gaggaun.com/menu/rabbit.asp.

김옥진, 정성곤. 2014. 애완동물학.

안제국. 2005. 애완동물사육.

한성동물병원. 동물 상식. 토끼. http://www.vetopia.co.kr/xe/rabbit.

6) 기니피그

레슬리덴디; 멜 보링. 2006. 「기니피그 사이언티스트」, 다른 도서출판.

정윤경. 2011. 「초보탈출 AtoZ 기니피그」, 씨밀레북스.

정명희. 2018. 「반려동물종합관리사」, 사단법인 한국애견연맹.

한국반려동물교육원 (CAI), 이태형. 2019. 「반려동물 관리진문가」, 형실출판사.

https://ko.wikipedia.org/wiki/

https://namu.wiki/기니피그.

제6장

반려동물의 기본훈련

정하정, 박만호, 이경우

I 훈련의 원리

1. 고전적 조건화

우리 대부분은 동물 생체가 특정 자극에 대해서 반응을 유발하는 고전적 조건화 (Classical conditioning) 또는 반응적 조건화 (Respondent conditioning)에 대해 들어 보았다. Pavlov는 중립적 자극이 자연스러운 반응을 끌어내는 무언가가 뒤따를 때 개에게 어떻게 의미가 있는지 증명한 바 있다. 따라서 종소리는 그 자체로는 의미가 없지만, 지속적으로 음식과 함께 나오면 종소리만으로도 타액 분비를 유발하는 것이다. 이러한 발견은 우리가 학습을 이해하는 방법에 큰 영향을 미쳤으며, 20세기 초 가장 영향력 있는 행동학의 핵심 요소였다. 오늘날 행동에 대한 이해는 인지적, 유전적, 그리고 생물학적 영향을 포함하도록 확장되었지만, 고전적 조건화는 여전히 반려견의 행동에서 중요한 역할을 담당하고 있다. 그리고 그것은 훈련에만 국한되지 않는다. 온종일에 걸쳐 그리고 나이에 상관없이 반려견은 주변 세계와 감정, 반응 및 상호 작용 방식에 영향을 미치는 새로운 연관성을 형성한다. 따라서, 반려견의 후견인이며 반려견에게 필요한 것을 제공하는 우리는 반려견이 세상을 배우고 느끼는 것에 중요한 역할을 담당하는 것이다.

반려견과 사람 또는 반려견과 환경 사이의 모든 상호 작용에는 긍정적, 부정적 또는 중립적 관계로 발전될 잠재력이 있다. 음식을 좋아하거나, 전기 감전을 싫어하거나, 시끄러운 소리에서 도망치는 것은 특별하게 배우거나 훈련이 필요하지 않다. 이러한 범주의 자극은 무조건적 자극으로 반응을 끌어내기 위해 사전 학습이 필요하지 않기 때문이다. 고전적 조건화의 원리는 매우 간단하다. 소리, 장소, 단어 등 중립적인 자극이 음식, 전기 충격 또는 큰 소리 등과 같이 무조건 자극과 동반된다면 중립자극은 긍정적이거나 부정적인 일과 연관될 수 있다.

반려견의 훈련에서는 연관성을 배울 수 있는 반려견의 능력을 이용한다. 예를 들어 클리커 (Clicker)는 음식이 뒤따를 때까지 개에게는 의미가 없는 자극이다. 같은 방식으로 강아지에게 바닥에 앉게 되면 간식을 주면서 종소리처럼 '앉아'라는 단어를 반복하면 '앉아'라는 명령어는 간식과 연결이 되게 된다. 물론 고전적 조건화가 유일한 연관성은 아니며 조작적 조건화에서도 발생한다. 여기서 중요한 것은 반려견이 기꺼이 앉는 이유가 행동 자체와 함께 '앉아'라는 단어가 간식과 관련이 있기 때문이라는 것을 이해하는 것이다.

같은 방식으로 반려견이 목줄을 한 상태에서 산책을 잘한다면 반려견은 사람옆에 가까이 걷는 것에 긍정적인 연관성을 확립할 수 있다. 간식을 사용하는 대신 반려견의 목에 충격을 주는 체벌의 용도로 만들어진 목줄을 사용한다면 반려견은 고전적 조건화를 통해서 우리 옆에서 산책하는 행동을 배우겠지만 걷는 것에 대하여 불쾌한 감정을 갖게 될 것이다. 이것은 우리가 선택한 훈련 방법이 우리 개와의 관계에 얼마나 큰 영향을 미치는지 쉽게 이해할 수 있다.

고전적 조건화가 어떻게 강아지의 행동에 영향을 미칠까? 먼저 인간을 예로 들어 설명하면 이해가 쉬울 수 있다. 안과병원에서 눈 검사를 진행하는데 눈에 공기를 불어 넣는 장치 앞에 앉게 된다. 비록 짧은 순간이지만 눈에 바람을 불어넣는 상황은 상당히 불쾌하지만 깜박이는 반사를 유발한다. 만약 의사가 바람을 불어넣기 직전에 '파란색'이라는 단어를 말한다고 상상해 봅시다. 파란색이라는 단어는 일반적으로 어떤 종류의 감정적 반응도 끌어내지 않기에 단어 그 자체에는 반응하지 않는다. 만약 '파란색'이라는 단어와 눈을 깜빡이기 행위를 연결하기 위해서는 몇 번 반복해야 할까? 교통사고를 당하기 직전에 파란색이라는 단어를 들었다고 상상한다면 이해가 쉬울 수 있다. 때로는 사건의 강도가 매우 강할 때, 특히 두려움과 관련되어있을 때 우리에게 지속적인 영향을 미치는 데는 단 한 번만의 자극이 필요하다. 이런 방식으로 공포증이 시작된다.

사람에서 고전적 조건화와 관련한 실험을 John B. Watson과 대학원생이 수행하였다. Watson은 어린 소년 Albert에게 흰쥐를 선물하였다. 그 소년은 쥐를 두려워하지 않았기 때문에 그 존재에서 특별한 반응이 없었으며 심지어 가지고 놀기도 하였다. 그러나 실험 중에 아기가 쥐를 만지기 위해 손을 뻗을 때마다 아이 바로 뒤에서 큰 소리로 놀라게 하였다. 몇 번의 반복 끝에 쥐를 방으로 가지고 왔을 때, 소음 없이도 Albert는 당황하였다. 원래 중립이었던 흰쥐는 이제 조절된 자극 (소리와의 연관성을 통해 학습)이 되었던 것이었다. Albert의 공포 반응은 나중에는 흰 토끼나 산타클로스의 흰 수염과 같이 하얗고 푹신한 사물에도 일반화가 형성되었다.

개에서의 일반적인 예는 다음과 같다.

◉ 과자 봉지를 열고 개에게 하나를 건네준다. 봉지가 찢어지는 소리를 듣고 개가 달려오는 데 오래 걸리지 않는다. 이러한 유사한 상황은 냉장고 문을 여는 소리를 통해서도 반응할 수 있다.

◉ 개를 수의사 진료소에 데려갈 때 처음에는 중립적인 상태에서 개는 낯선 사람들, 즉 간호사와 수의사 등에 의해 주사를 맞거나 운반되는 등 스트레스를 경험하게 된다. 나중에 반려견이 동물병원을 보는 것만으로도 스트레스의 원인이 된다.

◉ 우리는 몸을 구부려 개를 쓰다듬어 주지만 만약 몸을 구부려 개의 목을 잡고 개를 켄넬에 밀어 넣는다고 가정해보자. 사람이 몸을 구부리는 것이 처음에는 기분 좋은 감정과 관련이 있었을지 모르지만, 이제는 개에게는 이러한 행동이 두려운 반응을 유발하여 회피하게 된다.

◉ 우리가 가장 좋아하는 신발 한 켤레가 잘게 찢어졌을 때 개에게 화를 내거나 분노를 표출한다. 개는 이제 우리를 화남과 연관시키고 비슷한 상황에서 두려움의 징후를 보일 수 있다.

◉ 산책할 때 다른 개를 발견할 때마다 목줄을 당긴다면 개가 다른 개가 있다면 목줄이 당겨질 것으로 예상할 수 있다. 반복을 통해, 산책 중인 반려견은 다른 개의 존재만으로도 불편함의 원인이 되며 공격성 등 반응을 일으킬 수 있다.

위에서 언급하였듯이 우리는 이러한 유형의 연관 학습이 어떻게 개에게 영향을 미치는지 다양한 예시가 있다. 기억해야 할 중요한 것은 고전적 조건화가 대부분 항상 작용한다는 것이다. 하지만 어떤 유형의 경험이 중립적이거나 유쾌하거나 불쾌한지는 우리가 하는 선택과 개의 기질에 크게 좌우될 수 있다. 일부 개는 다른 개보다 자연스럽게 자신감 있고 친절하다. 예를 들어 수의사 방문, 손톱 다듬기 등 불쾌할 수 있는 특정 상황을 음식 또는 기타 즐거운 자극과 결합해 잠재적인 두려움과 불안을 피할 수 있다. 공포감을 나타내는 반려견을 치료하는 것보다 이러한 공포감이 발생하지 않도록 예방하기가 훨씬 쉽다. 그럼에도 불구하고 고전적 조건화는 간식과 상황을 이루면서 특정 두려움을 극복하는 데 도움이 되는 좋은 방법이다. 전반적으로 개가 더 긍정적인 경험을 할수록 더 많은 자신감을 가질 수 있다.

2. 조작적 조건화

낮잠에서 깨어난 2개월령 된 강아지는 활력이 넘친다. 상자에 갇혀있는 강아지는 문을 긁거나 짖기 시작한다. 반려견주는 강아지의 소리를 듣고 서둘러 밖으로 빼내 주게 된다. 이러한 상황에서 강아지는 무엇을 배웠을까? 짖거나 긁는 행위는 개집에서 나갈 수 있다는 것이다. 강아지는 닫힌 문에 직면했을 때 다시 짖거나 긁는 행동을 할 것이다. 고전적 조건화가 두 자극을 함께 짝을 짓는 경우 (예 : 클리커 소리와 간식)지만, 조작적 조건화(Operant conditioning)는 행동과 그 결과 사이의 연관성을 나타낸다. 어떤 종류의 생물을 다룰 때 우리의 반응이 생물 행동의 강도, 형태 및 빈도에 어떻게 영향을 미칠 수 있는지 이해하면 쉽게 관계를 구분할 수 있다. 조작적 조건에 대한 더 나은 이해를 통해 우리는 반려견이 배우는 것에 영향을 미치고 인간 환경에서 생활하는 원리를 의도적으로 가르칠 수 있다.

고양이를 문제상자 (Puzzle Box)에 넣으면 어떻게 할까? 의심할 여지없이 고양이는 즉시 나가려고 할 것이다. 고양이는 긁거나, 발을 펴거나, 우는 등의 행동을 할 것이다. Konorski 그리고 Thorndike가 1800년대 후반에서 1900년대 중반에 깨달은 것은 고양이가 문제상자를 일단 탈출한 후에는 횟수를 거듭할수록 더 빠르게 문제상자를 탈출한다는 것이다. 즉, 고양이는 어떤 행동이 탈출에 효과가 있고 어떤 행동이 효과가 없는지 점차적으로 배우게 되기 때문이다. 고양이가 나가는 데 도움이 되는 행동은 반복하고 별 도움이 없는 나머지 행동은 점차 버리게 된다. 이러한 효과의 법칙은 매우 논리적이다. 강아지는 상자에서 빠져나오기 위해서는 짖거나 긁는 행위였다.

이러한 관찰은 나중에 Skinner가 일련의 실험을 통하여 작동하는 규칙을 개발하였다. 쥐나 비둘기를 다른 상자에 넣음으로써 Skinner는 행동의 조건과 결과를 조작할 수 있었다. 그는 중추 신경계를 가진 모든 생명체에게 적용되는 여러 가지 학습 원리를 밝혔다. 오늘날 대부분 동물 훈련은 Skinner의 작업을 적용하는 것이다.

행동은 그 결과에 영향을 받기 때문에 결과의 유형과 그러한 결과가 행동에 어떠한 영향을 미치는지 알아보겠다. 결과에는 세 가지 주요 범주가 있다.

(1) 중립

버튼을 눌렀을 때 부드러운 휘슬이 울린다면 다시 버튼을 누를 가능성이 얼마나 될까? 그 버튼을 다시 누를 확률은 아마도 50/50일 것이다. 이러한 경험은 즐겁지도 불쾌하지도 않기 때문이다. 이러한 결과는 우리의 행동에 어떠한 영향도 미치지 않는다.

(2) 강화

점원에게 '감사합니다'라고 말하면 점원은 고마움의 대가로 웃음을 지을 수 있다. 박스에 갇혀 울고 있는 강아지를 풀어주면 강아지는 울음을 멈춘다. 이러한 모든 상황에서 각 행동의 결과는 긍정적인 결과를 가져왔다. 이러한 행동이 반복되고 시간이 지남에 따라 습관이 될 수 있다.

(3) 처벌

뜨거운 표면에 손을 대면 어떻게 될까? 우리는 어느 순간에 고통스러운 경험을 배운다. 경찰차가 보이면 자동차 속도를 늦추거나 같은 이유로 제시간에 출근해야 한다. 지각하거나 경찰이 있을 때 속도를 높이거나 뜨거운 것을 만진다면 그 결과는 우리에게 그러한 행동을 반복하지 않도록 배우게 된다.

일반적으로 행동을 증가 또는 감소시키는 몇 가지 결과는 다음과 같다.

① **강화요인**
㉠ 사람 : 칭찬, 돈, 관심, 음식, 안전, 위로
㉡ 반려견 : 음식, 관심, 장난감, 칭찬, 안전, 편안함

② **처벌**
㉠ 사람 : 감옥, 꾸짖음, 표 받기, 사회적 거부
㉡ 반려견 : 시끄럽고 갑작스러운 소음, 꾸짖거나 맞거나, 제지, 감전

우리 대부분은 이러한 기본 원칙을 이해하고 있으며 우리가 좋아하는 행동에 대해 보상하고 싫어하는 행동을 처벌한다는 생각에 기반을 두고 있다. 불행히도 우리는 종종 강화와 처벌이 절대적인 특성이 아니라는 것을 깨닫지 못한다. 어떤 사람이나 동물을 강화하는 것은 다른 사람에게는 아닐 수 있다. 우리 대부분은 초콜릿을 좋아하고 초콜릿을 강화제로 쉽게 볼 수 있을 것으로 생각하지만, 초콜릿을 싫어하거나 알레르기 반응을 보이는 사람들도 있다. 이런 경우에 초콜릿은 처벌 요인으로 작용한다. 결국, 강화나 처벌 요인으로 결정하는 것은 행동에 미치는 영향에 의해서만 결정되는 것이지 우리가 얼마나 즐겁거나 불쾌한지에 대한 것이 아니다. 우리가 강아지의 머리를 쓰다듬거나 조용히 앉아있는 강아지에게 보상하기 위해 포옹을 한다면, 이러한 행위가 강아지의 행동을 강화하는 것일까? 반드시 그런 것은 아니란 것이다. 사실, 대부분의 개는 머리를 껴안거나 두드리는 것을 좋아하지 않는다. 강아지의 반응을 훑어보면 어쩌면 우리가 강아지를 처벌했을지도 모른다는 것을 알 수도 있다. 우리가 강아지에게 준 행위를 어떻게 받아들였는지는 강아지가 그 행동을 증가했는지, 감소했는지, 아니면 전혀 바꾸지 않았는지를 통해서만 알 수 있다.

우리가 종종 어려움을 겪는 질문은 다음과 같다. 우리가 진정으로 강화하거나 처벌하는 것은 무엇인가? 많은 반려견 보호자가 생각하는 일반적인 예시는 만약 개가 부를 때

오지 않으면 처벌을 받아야 한다는 생각이다. 만약 냄새를 분석하느라 분주한 반려견이 마침 그 장소를 떠나려고 했을 때 반려견을 혼낸다면 과연 우리가 처벌한 것은 무엇일까? 반려견이 우리에게 다가옴에 따른 처벌인가? 반려견은 우리가 다음에 그를 부를 때 주저할 것이다. 집의 바닥이나 카펫에서 오줌을 누는 상황도 마찬가지이다. 우리가 집으로 돌아왔을 때 우리는 '그 행위'를 저지른 당사자를 처벌해야 한다는 것이다. 그렇지 않으면 다시 똑같은 행동이 반복될 것으로 생각하기 때문이다. 우리가 정말로 처벌하는 것은 무엇인가? 즉, 우리는 몇 시간 또는 몇 분 전에 일어난 행동이 아니라 우리의 화난 행동을 달래기 위해 복종을 표시하는 개를 처벌하는 것이다.

　행동을 강화하거나 처벌 또는 감소시키는 결과는 두 가지 서로 다른 범주로 구분할 수 있다. 바로 '부가'와 '제거'이다. 무엇인가를 추가하면 '부가'이며, 무엇인가를 없애면 '제거'이다.

　몇 가지 예를 들어 설명하면 쉽게 이해할 수 있다. 개가 앉았을 때 간식을 주는 것은 그 행동 이전에는 없었던 무언가를 추가하는 것이다. 바로 간식이다. 마찬가지로 개를 때리는 것은 무언인가를 추가하는 것이다. 참고로, 개를 때리는 것은 '부가'이다. 이것은 우리가 때리는 행동을 도덕적으로 긍정적인 행동으로 판단했기 때문이 아니라, 행동이나 사물이 '추가'되었기 때문이다. 모두 이러한 결과를 부가적이라 할 수 있다. 이와는 반대로 개가 우리에게 짖을 때 관심을 주지 않거나, 개가 산책 중 우리를 당기지 않아 목줄을 당기지 않는다면 이러한 결과는 '제거'이다. 따라서 이러한 맥락에서 '부가' 또는 '제거'라는 용어는 결과가 즐겁거나 불쾌한 것과는 아무런 관련이 없으며 행동에 관한 결과로 무언가를 추가하거나 제거하는 여부만 나타낸다.

　모든 행동을 종합 할 때 어떤 행동에 관한 결과를 4가지 범주로 분류할 수 있다.

표 6-1. 강화와 처벌의 종류

구분	보수자극	혐오자극
부가	행동증가 (플러스 강화) 만족 (Satisfaction)	행동감소 (플러스 처벌) 긴장 (Anxiety)
제거	행동감소 (마이너스 처벌) 좌절 (Frustration)	행동증가 (마이너스 강화) 안도 (Relief)

　우리가 생각하는 것과 행동에 영향을 미치고 실제로 일어나는 일은 두 가지 다른 것일 수 있다는 것이다. 그러나 보다 체계적인 접근 방식을 사용한다면 동물의 행동에 영향을

미치는 요소를 더 잘 파악할 수 있으며 때로는 우리 자신의 반응을 더 잘 이해할 수 있다. 우리가 강아지에게 궁극적으로 얻을 수 있는 결과는 우리가 강아지의 행동에 어떻게 반응하는지에 달려 있다.

‖ 기본훈련

1. 반려견의 학습 원리

　반려견을 훈련시키는 것은 사람과 더불어 살아가기 위해 필수적으로 알아야 하는 다양한 행동을 만드는 것과 동시에 만들어진 행동에 즐겁거나 편안한 심리를 연결하는 과정이라고 할 수 있다.

　많은 사람들이 반려견을 훈련시킬 때 반려견의 행동을 만드는 데만 집중하곤 한다. 하지만 반려견은 비슷한 시간대에 일어난 모든 '상황'들을 어떻게든 하나로 연결하려 한다. 여기서 말하는 '상황'이란 반려견이 느끼는 자극, 본능적인 행동, 심리상태를 말한다. 반려견의 모든 행동은 느끼는 자극과 본능적인 행동, 그리고 심리상태가 하나로 연결되고 이런 상황들의 반복으로 반려견들은 세상을 학습한다. 따라서 반려견을 훈련시키기 위해서는 반려견이 느끼는 자극과 본능적인 행동, 그리고 반려견의 심리상태를 모두 파악해야 한다. 앞서 말한 반려견이 학습하는 원리를 토대로 사람과 함께 문제없이 살아가는 데 필요한 것이 기본 훈련이 되겠다.

2. 기본 훈련

　기본 훈련이란 반려견이 사람과 함께 문제없이 살아가기 위해 필수적으로 진행해야 하는 훈련이다. 반려견이 굶주리지 않게 제시간에 사료와 물을 급여하며 따뜻한 보금자리를 제공해 주는 등의 환경을 아무리 노력해 주며 잘 신경 써주더라도 기본 훈련을 소홀하게 된다면 대소변을 집 안 아무 데나 싸거나 시도 때도 없이 짖으며 심지어 사람을 공격하는 반려견이 될 수 있다. 이런 반려견은 공통적으로 심리적 불안감과 두려움을 가지고 살아간다. 아무리 좋은 사료를 먹고 따뜻한 공간에서 쉴 수 있더라도 심리적으로 불안한 삶을 살아가는 반려견은 결코 행복하지 못하다. 따라서 기본 훈련은 단순히 사람의 편의만을 위한 것이 아니며 사람과 반려견이 같은 공간에서 함께 살아가는 데 있어서 필수적으로 진행되어야 하는 보호자의 책임인 것이다.

(1) 아이컨택

아이컨택이란 반려견의 눈을 차분히 바라보는 행동을 말한다. 반려견이 사람의 눈을 바라보는 행동과 차분한 심리상태를 가르치는 훈련이다. 아이컨택 훈련은 차분한 심리상태를 유지하며 앞으로 설명할 기본 훈련들을 배우기 전에 기초가 되는 중요한 기본기가 된다.

아이컨택은 손에 간식을 쥐고 손에 있는 간식을 먹게 하는 것부터 시작한다. 손에 있는 간식을 반려견이 잘 받아먹는다면 손을 천천히 사람의 눈 쪽으로 올린다. 손에 있는 간식을 받아먹는데 익숙해진 반려견은 자연스럽게 사람의 눈을 향해 시선을 올리게 되고 이때 바로 손을 내려 간식을 주며 보상한다. 이런 행동을 반복하다 보면 반려견은 간식이 든 손을 따라 사람의 눈을 향해 시선을 옮기는 데 익숙해진다. 어느 정도 반려견이 이 행동을 익숙해한다면 손을 올림과 동시에 "눈"이라고 말해주며 음성 자극을 넣어준다. 눈이라는 소리와 시선을 올리는 행동을 하나로 연결해 반려견이 이해하게 된다면 천천히 눈을 마주치는 시간을 늘려주며 차분한 상태에서 사람의 눈을 보는 행동을 강화해준다. 혹시라도 반려견이 오래 집중하지 못한다면 1~2초의 짧은 시간 동안만이라도 눈을 마주치면 바로 보상해 주면서 천천히 시간을 늘려주면 된다. 사람의 눈을 마주 보며 집중하는 아이컨택을 익힌 반려견은 앞으로 배울 모든 기초 훈련을 수월하게 진행할 수 있게 된다.

(2) 앉아

'앉아'란 반려견이 앞다리는 펴고 엉덩이를 땅에 붙인 자세를 말한다. 앉아는 앉으라는 행동만을 가르치기보다 앉은 상태를 차분히 유지할 수 있도록 훈련하는 것이 중요하다. 반려견들은 앉아를 배우지 않아도 종종 앉는 행동을 하는데 앉는 행동을 즐겁게 할 수 있어야 한다는 것과 앉은 자세를 차분히 유지하게 하는 것에 목표를 두고 훈련해야 한다.

① 앉는 행동을 포착해 앉아 훈련하기

반려견이 스스로 앉을 때까지 기다린 뒤 앉자마자 칭찬하며 간식을 준다. 앉는 행동과 칭찬, 간식을 반려견은 하나의 상황으로 빠르게 연결해 점차 자주 앉게 될 것이다. 이때

마다 항상 칭찬해 주며 간식을 주는 것을 반복한다. 이후 "앉아"라는 신호를 주면 "앉아"라는 소리를 이해하게 된다. 반려견이 앉기 직전 "앉아"라고 말해주고 반려견이 앉는다면 칭찬하며 간식을 준다. 이후에 반려견이 스스로 앉을 때는 칭찬하지 않고 "앉아"라는 신호 이후에 앉는 행동에만 칭찬하면 앉아를 정확히 이해하는 반려견이 된다.

② 앉는 행동을 유도해서 앉아 훈련시키기

손에 간식을 쥐고 반려견의 코앞에 손을 가져가 대준다. 이때 반려견이 손에 있는 간식 냄새를 맡는다면 손을 수직 방향으로 살짝 올려주며 반려견의 시선이 위로 올라올 수 있도록 유도한다. 반려견은 간식을 먹기 위해 고개를 들게 되고 고개가 들림에 따라 자연스럽게 엉덩이는 바닥에 닿게 된다. 엉덩이가 바닥에 닿음과 동시에 칭찬하며 손에 있는 간식을 준다. 이 과정을 반복하면 손을 위로 살짝만 올려도 땅에 엉덩이를 붙이며 앉는 반려견이 될 수 있다. 이후에 손을 올리며 "앉아"라고 말해준다.

③ 줄을 사용해 강제적으로 앉아 훈련하기

통제가 필요할 정도로 흥분도가 높거나 행동교정이 필요한 경우, 집중을 전혀 하지 못하는 반려견일 경우 등 강제적으로 앉아를 훈련시켜야 하는 상황에서 사용한다. 목줄을 리드줄에 매고 리드줄을 위로 들어 올리면서 "앉아"라는 말과 함께 십자부(十字部, Hip)를 손가락으로 눌러준다. 반려견이 앉을 수밖에 없는 상황을 만들어주고 앉자마자 리드줄을 느슨하게 풀어주며 칭찬과 간식을 주며 보상해 준다. 줄이 당겨지는 강제성이 있는 경우 반려견이 심리적으로 위축되지 않도록 크게 칭찬해 주며 천천히 감은 줄을 줄여가도록 한다. 반려견이 앉는 행동에 익숙해지면 줄을 푼 상태에서 실시하면 된다.

(3) 엎드려

'엎드려'란 반려견이 앞다리를 앞으로 펴고 뒷다리를 굽혀 비절과 앞가슴이 바닥에 밀착된 자세를 말한다. 엎드려는 앉아와 마찬가지로 엎드리는 행동만을 가르치기보다 엎드린 상태를 차분히 유지할 수 있도록 훈련하는 것이 중요하다.

① 엎드리는 행동을 포착해 앉아 훈련하기

앉아와 마찬가지로 반려견이 스스로 엎드릴 때까지 기다린 뒤 엎드리자마자 칭찬하며 간식을 준다. 엎드리는 행동과 칭찬, 간식을 반려견은 하나의 상황으로 빠르게 연결해 점차 자주 엎드리게 될 것이다. 반려견이 스스로 엎드리는 상황은 스스로 앉는 상황보다 포착하는 데 시간이 오래 걸릴 수 있으므로 충분한 시간적 여유를 두고 시도하는 것이 좋다. 만약 조금 더 빠르게 반려견에게 엎드려를 훈련시키고 싶다면 엎드리는 행동을 유도하는 것이 좋다.

② 엎드리는 행동을 유도해서 엎드려 훈련시키기

앉아와 마찬가지로 손에 간식을 쥐고 반려견의 코앞에 손을 가져가 대준다. 이때 반려견이 손에 있는 간식 냄새를 맡는다면 앉아와는 반대로 손을 수직 방향으로 천천히 내려주며 반려견의 시선이 아래로 내려갈 수 있도록 유도한다. 반려견은 간식을 먹기 위해 고개를 내리게 되고 고개가 내려가면서 자연스럽게 가슴과 비절은 바닥에 닿게 된다. 가슴과 비절이 바닥에 닿음과 동시에 칭찬하며 손에 있는 간식을 준다. 엎드려를 훈련할 때 손을 갑자기 뒤로 빼거나 위로 올리면 반려견이 바로 다시 앉거나 일어날 수 있으므로 천천히 손을 빼주며 엎드리는 자세를 유지할 수 있도록 훈련하는 것이 중요하다.

③ 줄을 사용해 강제적으로 엎드려 훈련하기

앉아와 마찬가지로 통제가 필요할 정도로 흥분도가 높거나 행동교정이 필요한 경우, 집중을 전혀 하지 못하는 반려견일 경우 등 강제적으로 엎드려를 훈련시켜야 하는 상황에서 사용한다. 목줄을 리드줄에 매고 리드줄을 아래로 내려주면서 "엎드려"라는 말을 해준다. 반려견의 목이 바닥에 내려오면 줄을 천천히 풀어주기 시작하며 가슴과 엉덩이까지 모두 바닥에 내려왔을 때 칭찬과 간식을 주며 보상해 준다. 앉아보다 더 강한 자극이 반려견에게 전달되기 때문에 심리적으로 위축되지 않도록 아주 크게 칭찬해주며 자극을 줄여가도록 한다. 반려견이 엎드리는 행동에 익숙해지면 줄을 푼 상태에서 실시한다. 처음부터 너무 강한 힘으로 반려견을 누르게 되면 오히려 엎드리는 자세에 대한 거부감이 생길 수 있으므로 주의하며 진행한다.

(4) 기다려

'기다려'는 반려 생활에서 필수적으로 반려견에게 가르쳐야 할 훈련 중 하나이다. 기다려 훈련에는 아주 기본적인 사료 그릇 앞에서 기다릴 수 있도록 만들어 주는 것부터 내가 무슨 일을 하더라도 지정된 자리에서 기다릴 수 있도록 만들어주는 정확한 기다려 훈련을 모두 포함된다. 기다리는 상황에서 반려견은 항상 차분하고 느긋한 상태를 유지해야 하기에 외부 자극이 최소화되는 조용한 공간에서 시작하는 것이 좋다.

반려견이 편안함을 느끼는 특정 공간에 대한 즐거움과 편안함을 아이컨택으로 먼저 선행한 뒤 기다려 훈련을 진행해 주는 것이 좋다. 특정 공간에서 편안함을 느낀다면 반려견에게 손바닥을 펼쳐 보이며 "기다려"라고 말한다. 이때 1초라도 반려견이 기다리면 차분히 칭찬하고 간식을 주면서 보상한다. "기다려"라고 말한 이후 반려견에게 칭찬하는 시간을 점차 늘려주며 자연스럽게 반려견이 가만히 있는 행동을 유지할 수 있도록 훈련한다. 기본 훈련에서의 기다려는 어떤 상황에서도 반려견이 기다릴 수 있도록 훈련하는 것이 중요하기 때문에 난이도를 높여가며 기다려 훈련을 할 때는 목줄과 리드줄을 활용해 훈련해야 한다.

(5) 와

'와' 훈련은 기다려 만큼이나 반려 생활에서 중요한 기본 훈련이다. 언제 어디서든 반려견에게 "와"라고 말하면 보호자에게 올 수 있도록 훈련시키는 것은 반려견의 안전과 직결되기 때문에 꼭 훈련시켜야 하는 기본 훈련이 되겠다.

와 훈련에서 가장 중요한 것은 반려견이 사람에게 왔을 때 가장 큰 행복을 느껴야 한다는 것이다. 사람 근처에 있는 것을 반려견이 가장 좋아한다면 어떠한 자극에 노출되어도 가장 좋아하는 사람 옆에 있는 것을 선택하게 된다. 따라서 와를 훈련시킬 때 항상 기분 좋은 높은 톤으로 반려견을 칭찬해 주는 것이 중요하다. 와를 처음 가르칠 때 반려견이 편안함을 느낄 수 있도록 자세를 낮춰주는 것이 좋다. 자세를 낮춰 "와"라고 말해준 뒤 반려견이 온다면 아주 크게 칭찬하며 보상하는 것을 반복한다. 반려견이 와를 어느 정도 이해하고 사람에게 오는 것을 즐거워한다면 점점 외부 자극이 많은 외부로 나가 와를 강화하면 된다.

외부에서 와를 할 때는 목줄과 리드줄을 맨 상태에서 진행해 주어야 한다. 혹시라도 사람에게 오는 것보다 더 자극적인 자극에 노출되어 "와"라는 명령어와 다른 자극으로 도망가는 것을 동시에 경험시키게 된다면 점차 와 훈련에 대한 흥미를 잃게 되기 때문이다. 따라서 와 훈련을 외부에서 할 때는 "와"라고 말해준 뒤 100% 사람에게 오는 경험만을 시켜주는 것이 중요하다.

만약 "와"라고 말했는데 다른 곳으로 도망간다면 리드줄을 빠르게 당겨주고 다시 "와"라고 말하고 반려견이 온다면 아주 크게 칭찬해준다. 이때 리드줄을 당기자마자 반려견이 외부 자극으로부터 흥미를 잃게 하는 것이 중요하고 혹시라도 줄을 당기는 주체인 사람을 무서워할 정도로 강하게 당겨버린다면 반대로 사람에게 오는 행동을 무서워할 수 있으므로 주의한다.

(6) 보행

보행훈련은 사람의 좌측에서 사람의 보행 속도에 맞춰 이동하는 자세이다. 보행훈련이 제대로 되어 있지 않다면 앞으로 치고 나가며 항상 흥분하며 걷는 반려견이 될 수 있다. 보행훈련은 앞서 진행한 모든 기본 훈련의 연속이라고 볼 수 있는데 그중에서도 아이컨택 훈련이 꼭 선행되어 있어야 한다.

① 보행

보행하는 상황에서 반려견은 사람의 좌측에서 항상 편안함과 즐거움을 느껴야 한다. 그래서 반려견을 좌측에 두고 아이컨택 훈련을 진행하며 좌측에서 사람을 올려다보는 행동에 대한 즐거움을 먼저 알려준다. 그리고 한 발자국만 움직인 뒤 "앉아"라고 말하며 반려견이 앞서나가기 전에 앉혀준다. 반려견이 앉는 즉시 크게 칭찬하며 간식을 주거나 장난감으로 놀아주며 보상한다. 보행훈련을 할 때 처음부터 너무 많이 걷는다면 금방 집중력과 흥미를 잃어버릴 수 있으므로 꼭 한 발자국을 움직이고 멈추는 것부터 단계적으로 진행해 주는 것이 좋다.

② 보행 중 앉아

보행 중 갑자기 멈춰야 하는 상황이 올 수 있다. 보행 중 앉아는 우선 사람의 좌측에서 앉을 수 있도록 먼저 훈련해야 한다. 사람의 좌측에서 앉는 행동을 편안하게 느낀다면 "따라"라고 말하며 왼발부터 나아가 한 발자국을 움직인 뒤 바로 "앉아"를 시켜준다. 사람 좌측에서 한 발자국을 따라 움직인 뒤 잘 앉는다면 즉시 크게 칭찬하며 간식이나 장난감을 주면서 보상한다. 처음부터 너무 많은 거리를 움직이며 집중시키게 된다면 반려견은 흥미를 잃어 자꾸 사람의 좌측에서 이탈하려 하기 때문에 짧게 자주 훈련해야 한다.

③ 보행 중 엎드려

보행 중 앉아와 마찬가지로 갑작스러운 상황에 대한 대비를 위해 보행 중 엎드려 훈련을 시켜준다. 보행 중 앉아와 같은 방식으로 엎드려 훈련이 선행되어 있어야 하며 비교적 오래 대기해야 할 때 유용하게 활용되는 훈련이다.

보행 중 엎드려는 보행 중 앉아와 마찬가지로 사람의 좌측에서 엎드릴 수 있도록 먼저 훈련한다. 사람 좌측에서 엎드리는 행동을 편안하게 느낀다면 "따라"라고 말하며 왼발부터 나아가 한 발자국을 움직인 뒤 바로 "엎드려"를 시켜준다. 여기서 엎드려 훈련이 제대로 되어있지 않으면 반려견이 어떤 행동을 해야 할지 모르고 당황스러워할 수 있어서 꼭 정확히 엎드려를 먼저 훈련하도록 한다.

④ 보행 중 방향 바꾸기

단순히 일자로 걷기만 하는 보행 훈련은 반려견이 쉽게 지루해할 수 있으므로 지루해하기 전에 방향을 자주 바꿔주며 반려견이 즐거움과 흥미를 잃지 않도록 만들어주는 역할을 한다. 보행하는 방향에서 사람을 끼고 오른쪽으로 방향을 바꿀 때는 "돌아"라고 말해주고 반려견을 끼고 왼쪽으로 방향을 바꿀 때는 "뒤로"라고 말해준다. 이때 반려견이 집중하지 못한다면 천천히 방향을 바꿔주며 집중력을 유지하면서 방향을 바꿀 수 있도록 유도해 주는 것이 중요하다. 자꾸 사람 앞으로 빠르게 보행하려는 반려견은 "뒤로" 훈련을 위주로 해주면 좋으며 반대로 사람 뒤에서 걸어오는 반려견은 "돌아" 훈련을 위주로 해주면 알맞게 보행을 맞추는 데 도움이 된다.

Ⅲ 사회화 훈련

반려동물의 사회화란 감각기관이 발달하는 생후 2주부터 주변 환경에 대해 배우고 살면서 필요한 경험과 대처방법을 터득하는 과정을 말한다. 특히 생후 3주~14주는 다양한 일상의 자극에 대하여 반응을 형성하는 중요한 역할을 담당하기에 사회화 훈련이 꼭 필요한 시기이다. 결국, 사회화 훈련이란 아무것도 모르는 강아지나 고양이가 세상과 친해질 수 있도록 적응시키는 훈련으로 이해하면 된다. 사람으로 치면 어린아이가 어린이집에서 새로운 친구들과 사귀고 선생님을 만나며 사회성을 기르는 것과 똑같은 이치이다. 사회화는 반려동물과 보호자의 생활에 상당한 영향을 미치는 중요한 요소이다. 특히, 대형견의 경우, 사회화 훈련이 이루어지지 않았다면 공격성을 띨 수 있으며 이럴 경우, 평생 줄에 묶여서 지내거나 심한 경우 안락사 되는 경우도 생길 수 있기 때문이다.

1. 사회화의 필요성

반려동물의 사회화 기간은 반려동물의 환경, 새끼, 어미 및 다른 종, 인간 및 기타 동물 종 등에 대하여 배우는 시기이다. 강아지나 새끼 고양이의 다양하고 긍정적인 경험을 통하여 두려운 반응이나 문제행동의 발달을 방지할 수 있다. 12주령 이전에 다양하고 긍정적인 경험을 했던 강아지는 두려워하거나 공격적인 행동을 할 가능성이 작다. 반대로 강아지와 새끼 고양이가 초기에 다양한 환경, 사람, 동물에 대하여 접촉이 없었다면 이러한 상황에 두려워하거나 피하고자 할 것이다. 일반적으로 사회적으로 불모의 환경에서 길러진 동물은 정상적인 반려동물이 경험할 수 있는 환경과 활동을 효과적으로 대처할 수 없다.

 ## 2. 민감기 (Sensitive period)

사회화의 민감기는 동물이 다양한 자극의 노출로 혜택을 받을 수 있는 기간을 말한다. 이 기간에 대부분 강아지와 새끼 고양이는 주변을 탐색하고 놀이에 높은 의욕을 나타내며 새로운 동물, 사람, 물체 또는 경험에 두려움을 크게 느끼지 않는다. 만약 사람, 동물 또는 상황에 노출된 경험이 없다면 동물은 자라서 두려움, 공격성 등과 같은 문제행동을 나타낼 수 있다.

이러한 민감한 시기에 적절한 자극에 노출되는 것은 3주 또는 그 이전에 사육자와 함께 시작해야 하며 입양한 후에는 주인과 함께 진행하여야 한다. 강아지와 고양이는 적당한 환경이 조성된다면 스스로 필요에 맞게 다양한 자극에 노출되어 배우기 시작할 것이며 뇌와 행동은 20주령까지 빠르게 발달할 것이다. 적당한 자극에 노출된다면 강아지와 고양이는 편안함을 느끼며 흥분이나 두려움의 모습을 보이지 않는다. 소심하거나 두려움을 느끼는 강아지와 고양이는 간식이나 놀이 등을 통해 사회를 천천히 경험하도록 해야 한다. 사람, 장소 그리고 물건에 지속적으로 노출된다면 대부분 반려동물은 20주령이 넘어서도 문제행동을 일으키지 않을 것이다.

(1) 강아지

강아지는 생후 3주령에서 14주령에 친숙하지 않은 개와의 만남에서 배우는 것이 가장 반응성이 높다. 3주령에 강아지는 사람과 상호 작용을 할 것이다. 3주령에 강아지는 시각과 청각이 모두 발달하였기에 주위 환경을 인식하고 주위의 사람과 동물과의 연대가 연결되기 시작한다. 사회화를 일찍 시작하는 것이 가장 바람직하다. 만약 사회화 과정이 없다면 5주령에도 강아지는 새로운 환경에 두려움을 느끼며 7주령에는 사람에 대해서도 피할 수 있다.

대부분 강아지는 8~9주령에는 신경학적으로 충분하게 발달하였기 때문에 반려견 주위의 사회적 물리적 환경을 탐색하기 시작한다. 만약 14주령까지 이러한 탐색 활동을 막는다면 새로운 상황에 두려움을 보이게 된다. 이러한 반려견들은 극히 제한적으로 사회환경에서는 잘 적응할 수 있겠지만 친숙하지 않은 사람, 반려동물 또는 집 밖의 환경에 심한 두려움이나 반응을 보이게 된다.

(2) 고양이

고양이의 민감기는 3주령에 시작하지만 새로운 경험의 수용 능력은 강아지보다 앞선다. 초기 노출 자극의 혜택을 극대화하기 위해서는 고양이는 적어도 9주령에 시작해서 사람, 다른 동물과 새로운 환경에 노출이 필요하다. 물론 9주령 이전에 시행하면 더욱 좋다. 일반적으로 고양이는 입양 가족, 다른 반려동물, 방문자, 동물병원 방문 등 다양한 경험을 초기에 노출되는 것이 바람직하다. 고양이의 사회화는 일찍 시작하는 것이 좋아서 고양이 사육자와 입양 후 바로 실시하는 것이 바람직하다.

 ## 3. 무리에서의 사회화 : 3 ~ 5주령

모든 고양이와 새끼 고양이는 적당한 강도의 다양한 긍정적인 경험을 제공하는 사회적으로 물리적으로 풍부한 환경에서 사육되어야 한다. 이것이 어떤 의미인가?

- 새끼 동물은 친근하며 사교성이 높은 동종의 동물과의 상호 작용이 필요하다. 홀로 남겨진 강아지 또는 새끼 고양이는 가능하며 동종의 동물과 함께 사육되어야 사람 손에 의해 키워졌을 때 나타날 수 있는 문제행동 (부적절한 사회적 행동과 공격성)을 피할 수 있다.
- 친근하고 낯선 사람의 충분한 자극을 경험해야 사람으로부터 관심을 유도하거나 사람을 긍정적으로 탐색할 수 있는 것을 배울 수 있다. 또한, 사람도 고양이와 강아지를 놀라게 하지 않도록 행동하여야 한다.
- 강아지와 새끼 고양이는 매일 매일 무리와 떨어져서 빗질, 건강 검진 등 사람 손에 의해 개별적으로 관리를 받아야 한다.
- 매일 서로 다른 촉감을 가진 장난감을 가지고 놀 수 있도록 하는 환경을 제공하며 다양한 물체에 노출되어 탐색을 촉진할 수 있도록 하여야 한다.

4. 지속적인 사회화 : 8~12주령

사회화는 강아지와 고양이가 한배 새끼로부터 이유되거나 입양 후에 시작한다. 일반적으로 어린 동물은 8주령이 되도록 한배 새끼와 함께 머물기도 한다. 이러한 민감기에 새로운 가정에 입양되기 때문에 이러한 변화는 조심스럽게 관리되어야 한다.

생후 8~12주령에 강아지와 고양이는 활동성이 높다. 이러한 활동은 집 밖에서 일어날 수 있지만, 백신을 접종하지 않은 동물이 없는 장소로 제한하여야 한다. 왜냐하면, 이 시기에는 백신에 의한 방어가 완벽하지 않기 때문이다. 이 시기에는 건강이나 백신 여부가 명확하지 않은 동물과의 접촉을 금지하여야 한다.

새로 입양한 주인은 입양 이전에 사회화가 이루어지지 않았을 것이라고 가정하여야 한다. 반려동물은 새로운 장소로 여행하거나 새로운 사람 또는 동물과 상호작용할 기회가 많으므로 주인은 새로운 경험과 상호 작용을 충분하게 대처할 수 있도록 경험을 제공하여야 한다.

강아지와 고양이는 많은 종류의 장난감과 구조물을 이용해 충분하게 놀 수 있도록 유도하는 풍부한 환경에서 사육하여야 한다. 사회화는 어린 강아지와 고양이가 일생에 걸쳐 빈번하게 만날 수 있는 사람, 개, 고양이, 동물 등과 함께 긍정적인 상호 관계 형성을 포함하여야 한다. 이러한 상호 관계는 지도 관찰이 필요하다. 왜냐하면, 놀이 도중에 지나치게 활기가 넘치게 되면 사고로 이어질 수 있기 때문이다. 그래서 상호 관계는 공포감과 두려움을 유발하지 않도록 항상 지도 관찰이 필요한 것이다.

고양이와 강아지는 생후 8주령 즈음에 집이 아닌 교육 프로그램이 잘 짜인 실내에서 진행되는 사회화 교육과정에 등록할 수 있다. 하지만, 중요한 것은 이러한 수업에 참여하는 것만으로는 충분치 않다는 것이다. 사회화 교육과정은 주로 주인이 다양한 훈련을 어떻게 수행하며 강아지 또는 고양이들 간의 상호 관계와 적당한 핸들링 수행 방법 등을 알려주는 장소이기 때문이다. 사회화 교육 훈련에 참여하는 모든 어린 반려동물은 백신 접종과 더불어 질병이 없어야 한다.

사람과의 사회화에서 강아지와 고양이는 다양한 인종, 연령, 크기, 성별의 사람들과 긍정적으로 노출되어 자극을 받는 것이 중요하다. 이러한 사람은 다양한 크기의 모자와 우산, 가방, 배낭 등 다양한 종류의 물건을 쓰거나 가지고 있어 강아지와 고양이가 이러한 물건과 사람이 위협이 없다는 것을 느낄 수 있도록 하는 것이 좋다. 주인은 친숙하지 않은 사람과 물건이 강아지 또는 고양이가 함께 있을 때 두려움과 공포감을 느끼지 않는지 잘 관찰하여야 한다.

어린 반려동물이 일생에 걸쳐 만날 수 있는 다양한 환경에 긍정적인 관계를 형성하여야 한다. 일반적으로 이러한 환경에는 주위 사람들, 교통, 그리고 카펫, 콘크리트, 미끄러운 바닥, 금속 등 다양한 표면을 가진 환경을 포함한다. 주인인 반려동물이 특정 환경에 두려움을 표시하면 사회화 훈련을 중단해야 하며, 평안하게 즐거운 상태를 유지할 수 있도록 칭찬하며 간식을 제공하여야 한다.

강아지의 경우에는 목줄을 한 상태에서 함께 걷는 목줄 훈련도 포함된다. 이 훈련 단계는 주로 강아지가 모든 백신 접종을 마치지 않은 상태이기 때문에 훈련 장소 선택이 중요하다. 개가 많이 있는 반려견 공원이나 백신을 하지 않는 개들이 많은 장소는 피해야 한다.

주인은 몸을 만지게 되거나 핸들링 되는 상황에서 강아지와 고양이가 긴장하지 않도록 핸들링 훈련을 하여야 한다. 강아지와 고양이가 훈련을 잘 따라오지 않는다고 말로서 화를 내거나 물리적으로 체벌은 절대로 하지 않아야 한다. 대신 이러한 훈련의 속도를 천천히 진행하면서 노출되도록 하여야 한다.

 ## 5. 평생 사회화

사회화는 9~12개월령까지 계속해서 지속하는 게 중요하다. 왜냐하면, 사회화 교육을 강화해 반려동물의 기억을 강화하기 때문이다. 주인은 반려동물이 새로운 상황에 대한 반응이 시간에 따라 바뀌는 것을 발견할 수 있다. 여기에는 일상에 부정적인 반응을 보이던 반려동물이 종종 두려움을 나타내는 기간이 길어지는 것을 포함한다. 주인은 또한 선천적으로 두려움에 민감한 강아지와 고양이가 있을 수 있다는 것을 인지하여야 하며 반려동물의 성격 (대담 또는 온순)에 따라 다른 관리가 필요하다.

IV 가정견 훈련

1. 가정견의 자질

(1) 가정견이란

가정견이란 사람과 함께 사는 반려견을 뜻한다. 짧은 줄에 묶여 마당에서 한평생을 살아가는 개들을 반려견 또는 가정견이라 부르지 않는다. 사람과 함께 살아가는 반려견이라면 사람과 모든 생활공간을 함께 공유하며 사람이 만들어 놓은 환경에 유연하게 적응하며 서로가 불편함을 느끼지 않을 정도로 소통이 되어야 한다.

(2) 문제행동 예방의 중요성과 필요성

사람이 만들어 놓은 환경에서 사람과 잘 어울려 살아가는 반려견들은 그에 맞는 훈련을 받아야 한다. 단순히 불편함을 넘어서 훈련받지 못한 반려견들은 항상 불안한 심리상태로 살아가게 된다. 따라서 반려견들이 주어진 환경에 적응하고 사람과의 규칙을 이해할 수 있도록 훈련시켜 주는 것은 결국 사람과 반려견 모두를 위한 것이라 할 수 있다.

2. 가정견 훈련

가정에서 사람과 함께 살아가는 반려견들은 사람이 만들어 놓은 환경에 유연하게 적응할 수 있도록 그에 맞는 훈련을 받아야 한다. 가정견 훈련들은 사람과 반려견 모두를 위한 것이며 반려견을 키운다면 누구나 할 수 있어야 하는 기본기라 할 수 있다.

(1) 크레이트 훈련

크레이트 (켄넬)란 반려견을 안전하게 이동시킬 수 있는 수단으로도 활용되며 이동하지 않을 때도 들어가 쉴 수 있는 반려견에게 가장 편안한 공간으로 인식되어야 하는 도구이다. 크레이트 훈련은 반려 생활에 있어서 필수적으로 이루어져야 하며 배변 훈련, 분리불안, 짖음 등의 문제행동을 예방하고 교정하는데도 유용하게 활용된다.

① 크레이트에 대한 거부감 없애기

반려견에게 크레이트는 가장 안전하고 편안한 공간이 되어야 한다. 따라서 크레이트의 형태와 냄새에 충분히 적응할 수 있는 훈련을 먼저 진행한다.

크레이트의 전체적인 외형과 냄새를 충분히 적응할 수 있도록 크레이트 근처에서 간식을 주며 크레이트에 대한 좋은 인식을 심어주면 된다.

② 크레이트로 들어가게 유도하기

크레이트에 대한 거부감이 어느 정도 사라졌다면 반려견이 스스로 크레이트 안으로 들어갈 수 있도록 유도해 주어야 한다. 크레이트 안에 간식을 넣어주며 스스로 간식을 먹기 위해 크레이트 안으로 들어갈 수 있도록 유도해 준다. 반려견이 크레이트에 스스로 들어가는 데 무리가 없다면 크레이트를 편안하고 안정적인 공간으로 여길 수 있도록 적응시켜 주는 것이 중요하다.

③ 크레이트 적응하기

크레이트 훈련은 스스로 들어가 쉬는 것뿐만 아니라 문이 닫혀있어도 반려견이 안정감을 느낄 수 있어야 한다. 크레이트 안에서 편하게 쉴 수 있도록 경험시켜주는 것이 중요하기 때문에 사료를 급여하거나 오래 씹을 수 있는 개껌 등을 크레이트 안에서 먹을 수 있도록 만들어주는 것이 중요하다. 문을 닫고 크레이트에서 잘 수 있도록 적응시켜준다면 어떤 상황에서도 크레이트를 편안하게 여길 수 있다.

(2) 배변 훈련

배변 훈련은 실내에서 대소변을 해결하는 모든 반려견에게 훈련시켜야 하는 중요한 훈련이다. 배변 훈련은 반려견들의 대소변을 보는 생리현상을 지정된 장소에서 해결할 수 있도록 만들어주는 훈련을 말한다. 배변 훈련에 활용되는 반려견들의 습성은 다음과 같다.

① 반려견들은 대소변을 해결하는 공간과 먹고 자고 놀이 활동을 하는 공간을 분리하는 습성이 있다.
② 반려견들이 배변 장소를 정할 때 특정한 공간을 선호하는데 조용하고 약간은 어둡고 안전하다고 생각하는 공간을 선택한다.
③ 발바닥 패드에 느껴지는 감촉으로도 배변 장소를 선택한다.
④ 바닥의 냄새를 토대로 배변 장소를 선택한다.

위와 같은 습성과 특정 행동과 즐거운 심리상태를 동시에 경험시키면 특정 행동을 반복하려 하는 반려견들의 학습원리를 활용하여 배변 훈련 방법을 알아보자.

① 배변 장소와 배변 도구 세팅하기

배변 훈련을 본격적으로 시작하기에 앞서 반려견들의 배변 장소를 세팅해 주는 것이 중요하다. 배변 장소는 반려견들이 자주 대소변을 보는 곳에 하나, 사람이 원하는 곳에 하나 정도 세팅해 주는 것이 좋다. 만약 사람이 원하지 않는 곳에 자주 대소변을 본다면 배변 훈련을 하는 도중에는 올라가지 못하도록 울타리 등으로 막아주거나 대소변을 본 다음 올려주어야 한다.

배변 도구로는 크게 플라스틱 재질의 배변판과 배변패드가 있다. 어떤 도구를 사용해도 크게 관계는 없지만, 플라스틱 재질의 배변판보다 부드러운 재질의 배변패드를 반려견들이 더 선호하기 때문에 배변패드로 시작하는 것이 좋다.

② 배변 장소 인식시키기

배변 장소와 도구가 세팅되었다면 반려견들이 배변장소를 편안하게 인식할 수 있도록 훈련시켜주어야 한다. 배변장소에 네 발을 모두 올릴 수 있도록 간식으로 유도한 뒤 네 발이 모두 올라가자마자 간식을 주며 칭찬하는 것을 반복한다. 만약 두 발만 올렸을 때 칭찬을 해버리면 두 발만 배변 장소에 올린 채 모서리에 대소변을 볼 수 있으므로 꼭 네 발을 모두 올렸을 때 칭찬하도록 한다. 이때 배변 장소에서 너무 많은 활동을 하게 훈련해버리면 배변 장소를 쉬는 공간으로 인식해버릴 수 있으므로 배변 장소에서 너무 오래 머물지 못하게 주의한다.

③ 배변패턴 파악 및 유도하기

배변 장소와 도구가 세팅되고 배변 장소를 편안하게 인식시켰다면 반려견이 언제, 어디서, 어떤 상황에서 대소변을 보는지에 대한 패턴을 파악해야 한다. 반려견이 언제 대소변 욕구를 느끼는지 먼저 파악하고 대소변 욕구를 느끼는 타이밍에 미리 세팅된 배변 장소로 유도하여 대소변을 볼 수 있도록 만들어준다. 배변 훈련을 처음 시작하는 반려견은 유도하는 도중에 대소변을 엉뚱한 곳에 볼 수 있는데 이때는 아무 말 없이 대소변을 치워주고 다음 패턴을 기다려준다. 만약 원하는 장소에 대소변을 보지 않았다고 반려견을 크게 혼을 내버리면 사람이 보는 앞에서는 대소변을 보려 하지 않기 때문에 주의해야 한다.

④ 실수확률 없애기

반려견과 하루 종일 함께 할 수 있는 보호자는 드물다. 반려 생활을 하다 보면 반려견을 볼 수 없는 시간이 분명히 생기고 이 시간에 대소변을 엉뚱한 곳에 본다면 배변훈련을 완성하는 시간은 점차 길어질 수밖에 없을 것이다. 따라서 배변 훈련은 반려견이 실수하는 확률을 최소화시켜줄 수 있도록 울타리와 켄넬을 적절히 활용해 주는 것이 중요하다. 실수하는 곳에 울타리를 치거나 켄넬에서 재우는 등의 방법으로 사람이 신경 써줄 수 없는 상황에 대처하며 배변 훈련을 시킨다면 훨씬 더 빠르게 지정된 장소에서 대소변을 보는 반려견이 될 수 있을 것이다.

(3) 분리불안 훈련

분리불안 (Separation anxiety)이란 특정 대상과 떨어지는 상황에서 반려견이 매우 불안해하며 짖거나 하울링 하는 등의 이상행동을 보이는 것을 말한다. 반려견들의 분리불안은 생각보다 흔하게 발생하며 이는 반려견이 심리적으로 독립하지 못한 결과이다. 분리불안은 반려견에 대한 보호자의 무분별한 애착관계 형성이 원인이 되는 경우가 많으므로 보호자가 직접 훈련해야 해결된다.

① 무분별한 애착 줄이기

반려견을 수시로 부르거나 만지고 항상 사람 옆에만 두는 행동을 없애야 한다. 반려견을 의미 없이 부르거나 만지지 말고 같은 공간에서 서로 독립적인 행동을 할 수 있는 생활을 하는 것이 중요하다. 반려견이 사람과 떨어져 혼자 놀거나 쉬고 자는 등의 행동을 할 때까지 지속적으로 무시하고 밀어내며 혼자 놀 수 있는 노즈워크 장난감들을 만들어주어 독립심을 키워주도록 한다.

② 반려견에게 편안한 공간 세팅

분리불안을 예방하거나 해결하기 위해서는 반려견이 편안하게 느낄 수 있는 공간을 만들어주어야 한다. 가장 좋은 것은 사방이 막힌 크레이트를 활용하는 것이다. 어떤 장소에서든 크레이트가 가장 편안한 공간이라고 반려견이 인식할 수 있도록 사료나 간식 등을 급여할 때도 크레이트 안에서 급여하도록 하고 잠을 재울 때도 크레이트 안에서 재울 수 있도록 크레이트 훈련을 반복하여 진행하도록 한다.

③ 외출할 때 반려견이 혼자 놀 수 있도록 환경 세팅

사람이 외출하는 시간을 반려견이 아무것도 하지 못한 채 방치된다면 보호자에 대한 의존도와 애착은 강해질 수밖에 없다. 따라서 간식이나 사료를 찾아 먹을 수 있도록 집안 이곳저곳에 노즈워크 장난감을 배치해 주고 오래 씹을 수 있는 개껌 등을 항상 놓아주고 외출하도록 한다.

(4) 짖음 훈련

반려견들의 짖음은 자연스러운 행동이지만 무분별하게 항상 짖어대거나 통제가 되지 않을 정도로 흥분하며 짖는다면 이웃 간의 갈등뿐만 아니라 반려견의 심리적 건강에도 나쁜 영향을 미칠 수 있다. 반려견을 아예 못 짖게 만드는 것이 아니라 짖지 않아도 되는 상황에서는 짖지 않도록 훈련하고 짖고 있는 상황에는 사람의 지시에 짖음을 멈출 수 있도록 훈련하는 것이 중요하다. 반려견의 짖음은 다양한 원인으로 발생하게 되는데 그중에서도 외부 소리에 대한 짖음, 요구성 짖음이 가장 많은 원인을 차지한다.

① 외부 자극에 대한 짖음

초인종 소리, 엘리베이터 소리, 발자국 소리 등에 민감하게 반응하여 짖는 반려견들이 많다. 이런 다양한 소리 자극에 대한 둔감화를 통해 굳이 짖지 않아도 된다는 것을 반려견에게 알려줄 수 있어야 한다. 외부 자극과 짖음이 연결되기 전에 미리 다른 행동을 만들어준다면 무분별하게 짖는 반려견의 행동을 예방할 수 있게 된다. 만약 반려견이 이미 외부 자극에 민감하게 반응하고 있다면 외부 자극을 낮춰줄 수 있도록 백색소음을 활용하는 것도 좋다. 하지만 외부 자극에 이미 반려견이 짖었다면 즉시 반려견을 크레이트로 들어가게 하는 것이 좋다.

② 요구성 짖음

요구성 짖음이란 반려견이 무언가를 원할 때 짖음으로 그 표현을 하는 것을 말한다. 반려견이 무언가를 요구하기 위한 행동들은 다양하지만, 굳이 짖음으로 이런 표현을 하는 이유는 흥분도와 관련이 있다. 요구성 짖음을 보이는 반려견들은 항상 원하는 것이 있으면 흥분하는 습관이 짖음으로 발전되었을 가능성이 크다. 따라서 쉽게 흥분하지 않도록 훈련해 주는 것이 중요하며 요구할 수 있는 적절한 행동을 알려주게 된다면 요구성 짖음을 해결할 수 있다. 요구성 짖음을 보일 수 있는 다양한 상황들에 대한 규칙을 정확하게 만들어주고 짖음이 보상과 연결되지 않도록 훈련하면 된다.

(5) 스킨십 및 관리 적응훈련

반려견은 사람의 관리 없이는 완벽하게 스스로를 관리할 수 없다. 따라서 반려견은 사람의 관리가 필수적으로 필요하다. 하지만 빗질, 양치질, 귀 청소 등의 기본 관리에 대한 훈련이 되어있지 않는다면 심하게 발버둥 치면서 관리를 거부하거나 심하면 공격성을 보이기도 한다. 스킨십과 관리 적응훈련은 가정견에게는 필수적인 훈련이며 이런 훈련은 3~4개월령부터 충분히 적응시켜 성견이 된 이후에도 자연스럽게 관리를 받아들일 수 있도록 훈련해야 한다.

① 스킨십 적응

반려견을 관리하기 위해서는 반려견의 몸 전체를 만지는데 거부반응이 없어야 한다. 특히 귀나 발, 이빨과 생식기, 꼬리는 반려견들이 만지는 것을 좋아하지 않는데 이런 부위를 만지는 것에 대해 적응훈련을 하지 않는다면 기본적인 빗질조차 힘들어지는 결과가 나타날 수 있다. 따라서 반려견이 민감하게 생각하는 부위들을 부드럽게 만져주며 스킨십을 거부하지 않도록 훈련해야 한다.

② 빗질 적응

반려견들의 털을 빗질 적응 없이 처음부터 강하게 빗게 되면 빗질하는 것을 매우 두려워하며 빗질을 하려 할 때마다 심하게 발버둥 치는 반려견이 되기 쉽다. 따라서 빗질을 하기 전에 빗을 보여주고 간식을 주는 정도로 빗을 소개하고 등부터 천천히 부드럽게 빗겨주고 바로 간식을 주며 적응시키도록 한다.

③ 귀 청소 적응

귀가 아래로 처져 있는 견종은 귀가 습해 세균이 번식하기 쉬우므로 주기적으로 환기해 주고 관련 용품으로 깨끗하게 관리해 주는 것이 중요하다. 귀 청소도 마찬가지로 전용 귀 세정제를 탈지면에 묻혀 냄새를 먼저 맡게 한 뒤 간식을 주며 세정제의 냄새에 먼저 적응시키도록 한다. 그리고 너무 차갑지 않은 상태의 세정제가 묻은 탈지면을 귀에 살짝 가져다 대고 간식을 주며 자연스럽게 귀에 축축한 탈지면이 묻는 것을 반려견이 받아들일 수 있도록 적응시키면 된다.

④ 발톱깎이 적응

발톱을 깎는데 민감한 반려견들은 발톱깎이를 보여주고 간식을 주면서 발톱깎이에 대한 긍정적인 경험을 먼저 시켜주고 바르게 보정하여 발톱을 깎도록 한다. 처음부터 모든 발톱을 깎지 말고 하나를 깎으면 간식을 주고 다시 다른 발톱을 깎아주는 방법으로 천천히 발톱을 관리해 주도록 한다.

⑤ 양치질 적응

기능성 개껌을 통해 치석을 관리하는 방법도 있지만 아무리 좋은 기능성 개껌이라도 직접 양치질을 시켜주는 것보다는 효과가 덜하다. 대부분 반려견은 양치질을 싫어하기 때문에 처음부터 칫솔을 입에 넣어 문지르면 심한 거부반응을 보일 수 있다. 따라서 처음에는 칫솔에 맛있는 치약을 묻혀 핥아먹을 수 있도록 훈련한다. 그리고 부드럽게 보정하여 살짝 칫솔로 이빨을 문지르고 다시 칫솔을 핥을 수 있도록 보상한다.

(6) 산책 훈련

산책은 반려견에게 필수적인 활동 중 하나이며 산책 훈련이 잘 되어있는 반려견은 산책하며 사회성을 쌓아가는 데 큰 도움이 된다. 기본 훈련에서 다뤘던 보행훈련을 토대로 산책 훈련을 시켜주면 좋다.

산책 훈련은 앉아, 엎드려, 기다려의 연속이다. 앉아 이후 한 발자국 걷고 다시 앉아를 시켜주며 사람과 함께 한 발자국씩 보행을 할 수 있도록 훈련한다. 앉아 이후 걷는 보행을 한 발자국씩 늘려주며 칭찬과 보상을 연속해서 준다면 사람 옆에서 걷는 즐거움을 아는 반려견이 될 수 있다. 그렇게 사람의 규칙대로 함께 움직이는 반려견에게 노즈워크(Nose work)를 할 수 있는 기회를 주기도 하고 자유롭게 움직이는 자유시간을 주기도 하면서 사람이 앞서는 산책훈련을 한다면 산책 중 짖거나 지나치게 흥분하지 않고 편안하게 산책할 수 있게 된다. 또한, 기본 훈련에서 진행했던 보행, 보행 중 앉아, 보행 중 엎드려, 보행 중 방향 바꾸기를 실외에서 연습하면 자연스럽게 산책을 잘 하는 반려견이 될 수 있다.

V 훈련 효과를 위한 도구

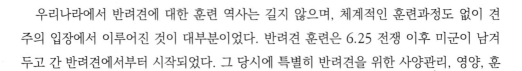

우리나라에서 반려견에 대한 훈련 역사는 길지 않으며, 체계적인 훈련과정도 없이 견주의 입장에서 이루어진 것이 대부분이었다. 반려견 훈련은 6.25 전쟁 이후 미군이 남겨두고 간 반려견에서부터 시작되었다. 그 당시에 특별히 반려견을 위한 사양관리, 영양, 훈

련 등에 대해 전문 지식이 없어 훈련 기본방식은 못했을 때 체벌을 하고 잘했을 때 보상하는 것만으로 훈련했다. 반려견을 위한 효과적인 훈련 도구는 더더욱 없었다. 단지 체벌만을 위한 도구만이 있었을 뿐이었다. 이제 하나하나 반려견을 훈련할 때 체벌이 아닌 훈련효과를 배가할 수 있는 도구를 살펴보도록 하겠다.

 # 1. 클리커 교육

클리커 교육은 파블로프의 개로 알려진 러시아 이반 파블로프의 고전적 조건화 이론과 B.F. 스키너가 조작적 조건형성과 조작적 행동의 원리를 발견하고 보상 학습이론으로 1935년에 반려동물에 응용할 수 있다는 것을 알고 현재까지 발달되어 왔고 훈련에 적용하고 있다. 이 훈련에서 사용되는 클리커는 딸깍 소리 (Click)를 내는 도구 이름이다.

반려동물이 사육자에 따라 훈련이나 적절한 행등 등을 잘했을 때 말로 "옳지, 잘했어"라고 해도 되지만 반려동물은 짧고 명확한 소리를 잘 듣기 때문에 클리커로 소리를 내어 칭찬 후 간식으로 보상하면 훈련효과도 좋고 훈련 속도도 빨라진다.

클리커 교육은 반려동물의 먹이에 대한 본능 즉, 포식본능을 이용하기 위한 보상 심리로 간식을 주로 이용한다. 훈련효과를 높이기 위해서는 밥 먹기 전에 하는 것이 좋다. 클리커 교육은 시각적인 교육이 아니라 청각에 의존하도록 하여 교육을 하는 것이기 때문에 훈련하는 동안 사육자의 몸짓으로 하는 행동에 의한 바디 시그널 또는 손으로 신호를 주는 핸디 시그널 등과 같은 동작을 하지 않는 것이 좋다. 그리고 클리커 교육 시 주변에 사람이 없어야 하고, 장애물 등을 제거 후 훈련을 해야만 반려동물이 훈련에 전념할 수 있다.

클리커 교육 훈련의 좋은 점은 반려동물에게 어떤 행동을 가르친 후 "옳지" 하고 잘했다는 표현을 할 수도 있지만, 클리커 소리보다는 느리다. 반려동물의 행동에 혼돈을 초래할 수 있다. 그러나, 클리커 소리는 짧고 간단하게 즉각적인 반응을 반려동물에게 보낼 수 있다. 반려동물은 간단명료하게 클리커 소리를 듣고 반응할 수 있다. 또한, 다양한 규칙이나 규칙을 변경하고자 할 때도 유용한 도구이다. 또 다른 클리커의 좋은 점은 반려동물과 처음 만날 때도 훈련을 시키기에 적합한 도구이다. 반려동물이 한번 행동한 후 그 한 번의 행동에는 반드시 한 번의 클릭이 있어야 하고 반드시 즉각적인 보상 (간식)이 이루어져야 한다. 그래야만 반려동물이 클리커에 믿음을 갖고 행동을 한다.

2. 손등을 이용한 훈련

손등을 이용하는 방법은 정말 좋은 훈련 결과를 도출할 수 있다. 반려견과 함께 생활하면서 반려견의 일반적인 행동을 교육할 수 있다. 예를 들면 앉아, 엎드려 등과 같은 기초 훈련이나 반려견과 같이 산책을 할 수 있는 보행훈련도 견주의 손등을 이용해서 손쉽게 할 수 있다.

반려견을 훈련할 때는 손바닥보다는 손등을 이용해야 한다. 먼저 손등을 가볍게 반려견의 코앞에 대고 다음 손등을 목표물을 설정해 주듯 손등을 위로 천천히 올려주면 반려견은 자연스럽게 앉게 된다. 이때, 클리커를 사용하던지 재빨리 "옳지" 하고 잘했다는 신호를 주면서 즉각적인 보상 (간식)을 주면 된다. 이런 교육을 반복해서 하면 반려견의 "앉아" 훈련은 성공적으로 이루어진 것이다.

다음으로 "엎드려" 훈련교육을 해보겠다. 이 훈련도 손등을 이용하면 손쉽게 할 수 있다. 손등을 반려견의 코앞에서 목표물을 설정하자. 그런 다음 손등을 반려견의 앞발 쪽에서 바닥으로 서서히 내리면 반려견은 자연스럽게 엎드리게 된다. 이때도 신속히 클리커나 "옳지" 하고 칭찬 반응 소리를 내고 즉각적으로 보상 (간식)을 주면 된다. 반복적으로 이 훈련을 하면 "엎드려" 훈련도 쉽게 할 수 있다. 손등을 이용한 산책훈련에 대해 알아보도록 하자.

반려견과의 산책은 처음에는 상당히 어렵다고 느낀다. 그러나 이것도 손등을 이용하면 손쉽게 할 수 있다. 자연스럽게 반려견을 왼쪽에 두고 리드줄을 잡는다. 반려견이 처음 산책할 때는 호기심이 크게 발동되어 영역표시도 하고, 냄새도 맡고 바쁘게 움직인다. 견주는 너무 서두르지 말고 리드줄을 잡고 기다려야 한다. 기다리면 반려견은 자연스럽게 견주 쪽으로 다가온다. 이때 손등을 반려견 코 쪽으로 해서 반려견이 손등에 터치하면 보상 (간식)을 반드시 해줘야 한다. 그리고 반려견과 산책 시 리드줄은 당기면 안된다. 반려견이 앞쪽으로 두 걸음 가고 다시 와서 손등을 터치하면 보상 (간식)을 해주면 된다. 처음에는 반려견이 두 걸음이지만 차츰 걸음 수를 늘려서 보상 (간식)을 해주는 훈련을 반복하면 쉽게 반려견과 산책을 즐길 수 있다.

3. 리드줄

견주가 반려견의 행동과 동작을 통제할 수 있는 도구로 반려견의 복종훈련을 할 때 이용된다.

목줄에 리드줄을 연결하는데 리드줄 종류로는 슬립 리드줄, 비슬립 리드 줄, 목줄, 스토퍼 (뒷걸음 방지), 자동 리드줄 등이 있다.

자동 리드줄은 반려견이 묶여 있다고 느끼지 못하므로 리드줄에 대한 거부감이 없고 견주가 줄을 당길 필요 없이 스프링의 힘으로 감기므로 반려견의 움직임을 통제할 수 있다.

우선, 반려견이 리드줄에 거부감이 없도록 장애물 등이 없는 넓은 공터에서 반려견에 리드줄을 채워만 주고 리드줄에 거부감이 없도록 마음껏 뛰어 놀도록 시작해 보자. 리드줄에 대한 거부감이 없으면 반려견을 왼편에 두고 반려견이 앞으로 가면서 줄이 당겨지면 견주는 그 자리에 선다. 그러면 클리커를 하거나 "옳지"하고 말을 하고 보상 (간식)을 준다. 이렇게 반복훈련을 하면 반려견과 자연스럽게 산책을 진행할 수 있다.

4. 몸줄 혹은 가슴줄 (하네스)

반려견이 체형이 크거나 견주보다 먼저 가려고 하는 반려견의 겨드랑이 부분에 채우는 방식으로 반려견을 통제할 때 사용하는 도구이다. 줄을 당기면 겨드랑이가 당겨져서 통제하기가 쉽다. 하네스는 리드줄과 연결 부분이 목 아래쪽에 있는 것과 목 위쪽에 있는 것 두 종류가 있다. 대형견의 움직임을 통제하기 쉽게 목 아래쪽에 연결 부분이 있는 하네스가 반려견을 통제하기 쉽다.

5. 젠틀리더 (Gentle leader)

대형견을 산책훈련 하기에 좋은 도구이다. 젠틀리더는 착용위치가 중요하다. 목줄은 두개골 바로 아랫선에서 착용하여야 한다. 입에 거는 줄과 V자 모양이 되도록 착용해야 한다.

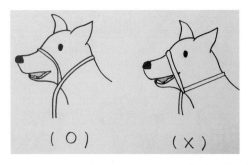

(출처 : 젠틀리더 사용설명서 한글번역본)

그림 6-1. 젠틀리더 착용방법

 ## 6. 터그놀이 (장난감 인형이나 옷 등)

불안, 흥분 등을 진정시킬 수 있는 도구로 인형이나, 옷 등을 이용하면 좋다. 옷 (셔츠 등)은 부드러운 탄력이 있어 반려견이 물고 당길 때 흥분된 상태, 분리불안일 때 반려견을 진정시킬 때 좋은 훈련도구가 된다.

 ## 7. 허리 랩 (하프 랩)

반려견의 허리를 감싸 반려견에게 안정감을 주는 훌륭한 훈련 도구이다. 특히 과거에 학대를 심하게 당했거나, 사회화 교육을 받지 못한 반려견에 좋은 효과를 볼 수 있다. 하프랩의 효과를 볼 수 있는 도구는 집에서 사용하지 않는 스카프 등을 이용하면 좋다.

(출처 : 사진 vitalpet)

그림 6-2. 하프 랩 착용방법

8. 방석을 이용한 이동장 (캔넬) 들어가기

반려견과 자동차를 타고 이동시에는 차안에서 얌전히 있는 반려견도 있지만 그렇지 않은 반려견도 있다. 이때는 견주와 반려견의 안전을 위해서 반드시 이동장 안에 반려견을 넣어서 이동을 해야만 한다. 처음 이동장의 좁은 공간에 쉽게 들어가는 반려견은 거의 없다. 이동장에 들어가는 훈련을 쉽게 하기 위해서는 방석을 이용하면 좋다. 반려견이 방석 위에 앞발을 올리면 클리커를 사용하거나 "옳지" 하고 칭찬과 동시에 보상 (간식)을 준다. 그다음 단계로 뒷발까지 올라오면 클리커를 사용하거나 "옳지" 하고 칭찬을 하면 된다. 이제 이동장 안에 반려견이 들어가도록 해보고 들어가면 문을 짧게 닫고 열어서 클리커를 사용하거나 "옳지" 하고 칭찬을 한 후 즉각적인 보상 (간식)을 준다. 그리고 반려견이 장시간 이동장 안에 머무를 수 있도록 문을 여는 시간을 길게 하고 보상 (간식)을 주도록 한다. 최종적으로는 반려견이 이동장에 오래 머물도록 해야 하므로 이동장 문을 열지 말고 보상 (간식)을 이동장 안에 두면서 훈련을 해보자. 이런 반복적 훈련으로 쉽게 반려견이 이동장 안에서 이동할 수 있다.

9. 노즈워크 (Nose work)

반려견의 후각능력을 이용하여 본능적으로 움직이면서 훈련할 수 있는 방법이다. 후각이 발달한 코를 이용한다는 뜻에서 코를 의미하는 Nose와 일한다는 Work의 합성어이다. 반려견은 냄새를 맡아 모든 사물이나 상대방을 인식하거나 이해하고 스트레스를 푼다. 또한, 지능발달에도 많은 영향을 준다. 노즈워크의 종류 및 방법에 대해 간단히 살펴보자

(1) 종이컵 노즈워크 : 종이컵에 간식을 넣고 입구를 접어 둬서 간식이 든 종이컵을 열어 간식을 먹을 수 있도록 한다.

(2) 스너플 매트 (담요 노즈워크) : 가로, 세로 각 60cm 담요 위에 간식을 보이지 않게 넣을 수 있는 주머니를 만들어 그 안에 간식을 넣고 찾을 수 있도록 한다.

노즈워크는 반드시 간식을 찾았으면 충분히 "옳지" 잘했어 하고 칭찬을 빠뜨리면 안 된다. 그 외 다양한 도구를 이용해 노즈워크 방법에 응용해 보면 좋다.

10. 프리스비

원반을 던져서 바닥에 떨어지기 전에 반려견이 공중에서 물고 가져오는 훈련으로 반려견의 유연성과 자신감을 갖도록 하는 훈련이다.

11. 공놀이

반려견과 견주의 호흡도 중요하고 견주가 반려견을 앞장서면서 훈련을 할 수 한다. 공을 던져서 반려견이 물고 오면 반드시 공을 입에서 떼어내야 한다. 그래야만 반려견은 공을 물어오고 견주에게 순종을 하게 된다.

12. 푸치벨 (PoochieBells)

반려견이 실내에 있을 때 문고리에 걸어둔 방울을 건들면 실외로 데리고 배변할 수 있도록 한다. 이때 문고리에 걸어둔 방울이 푸치벨이다. 이 훈련이 되면 실내에서 배변하는 경우가 줄어든다.

13. 훈육 지시봉

반려견이 잘못된 행동을 할 때는 짧고 강한 어조로 말을 해야 하고 때론 신문지를 돌돌 말아서 반려견 행동이 잘못된 행동이라고 정확히 지적해야 한다. 이때 항상 일관되게 일정한 훈육 지시봉을 사용해야 한다. 신문지나 다른 일종의 긴봉을 사용하는 대신 항상 한 가지의 훈육 지시봉을 사용하면 반려견에게 옳고 그름의 명확한 훈련을 할 수 있다.

참고문헌

Lindsay, S.R. 2000. Adaptation and learning. Handbook of Applied Dog Behavior and Training. Iowa State University Press.

Watson, J.B. Rayner, R. 1920. "Conditioned emotional reactions". Journal of Experimental Psychology. 3 (1) : 1 - 14.

강현정. 2018. 고양이와 함께 하는 행복한 놀이방법, 해든아침.

고전적 조건형성. 2020년 11월 28일. 위키백과, 2021년 1월 27일에 확인. https://ko.wikipedia.org/w/index.php?title=%EA%B3%A0%EC%A0%84%EC%A0%81_%EC%A1%B0%EA%B1%B4%ED%98%95%EC%84%B1&oldid=28140963.

김옥진. 2012. 최신 인간과 동물의 유대. 동일출판사.

김옥진, 김현주, 이시종, 유지현, 홍선화. 2017. 반려동물관리학. 동일출판사.

도구적 조건화. 2018년 10월 15일. 위키백과, 2021년 1월 27일에 확인. https://ko.wikipedia.org/w/index.php?title=%EB%8F%84%EA%B5%AC%EC%A0%81_%EC%A1%B0%EA%B1%B4%ED%99%94&oldid=22798634.

문은실. 2011. 강아지 상식사전, 보누스.

이종세. 2016. 애견 교육의 정석, 조이도그.

클레오 애로스미스. 2019. 반려동물행동학, ㈜피와이메이트.

한국반려동물교육원. 2019. 반려동물관리전문가. 형설미래교육원.

한준우. 2007. 반려견이 더 행복한 클리커 페어 트레이닝, 영진닷컴.

제7장

동물매개치료

김옥진, 강옥득, 김다혜

I 동물매개치료의 이해

1. 동물매개치료의 개념

(1) 동물매개치료의 정의

동물매개치료 (Animal assisted therapy, AAT)는 살아있는 동물을 활용하여 사람 대상자의 치유 효과를 얻는 보완대체의학적 요법이라 할 수 있다. 동물매개치료는 사람과 동물의 유대 (Human animal bond)를 통하여 대상자의 질병을 개선하거나 보완하는 대체요법이다.

동물매개치료는 심리치료로 대상자의 불안 감소, 자존감 향상, 우울감 감소 등의 심리치료와 대상자의 운동기술 향상, 활동의 증가, 신체기능 향상 등 재활치료 효과를 얻을 수 있다. 정신분석학의 대부로 알려진 프로이드 박사 또한 그의 반려견 '조피'를 활용하는 심리치료를 자주 수행한 것으로 알려져 있다.

(출처 : 한국동물매개심리치료학회)

그림 7-1. 프로이드 박사와 반려견 '조피'

내담자가 방문하여 심리상담을 할 때 처음 보는 프로이드 박사에 자신의 비밀을 털어놓기 쉬운 환경으로 반려견 '조피'가 역할을 하였다. 반려견 '조피'는 치료사인 프로이드 박사와 내담자 사이의 신뢰관계 '라포 (Rapport)' 형성을 촉진하는 역할을 수행한 것이다. 또한 미국의 아동소아심리학자인 보리스 레빈슨 박사 또한 아동의 심리치료에 자신의 반려견인 '징글'을 활용하여 아동들의 심리안정과 치료에 집중하는 효과를 얻어 반려동물을 활용한 동물매개치료를 적극적으로 활용한 바가 있다.

(2) 동물매개치료의 특징

동물매개치료는 다른 보완대체요법들인 미술치료, 음악치료, 원예치료, 놀이치료 등과 다르게 살아있는 동물을 활용하기 때문에 상호교감이 뛰어나다는 장점이 있다. 동물매개치료의 가장 큰 특징은 생명이 있고 따뜻한 체온이 있으며, 사람과 같은 감정이 있는 치료도우미동물의 생활이나 상호작용으로 중재 활동이 이루어진다는 점이다.

따라서 동물매개치료에서 활용되는 치료도우미동물은 동물매개치료의 성공적인 목표 달성을 위해 가장 중요한 역할을 수행하는 부분이라 할 수 있다.

치료도우미동물은 엄격한 기준에 따라 선발과 훈련, 수의학적 관리 및 동물복지 평가 등이 적용되어야 동물매개치료에서 활동할 수 있다.

동물매개치료의 중재 역할로 치료도우미동물이 활용되는 점은 이처럼 동물매개치료의 특징이며 큰 장점으로 작용하지만, 반드시 지켜져야 할 전제 조건은 동물복지가 보장되어야 한다는 것이다. 동물매개치료의 특징은 아래와 같이 요약해 볼 수 있다.

① 살아있는 생명체를 매개로 한다.
② 감정이 있어 상호역동적인 작용을 한다.
③ 동물은 대상자를 차별하지 않는다.
④ 다학제적인 전문분야이다.
⑤ 적극적이며, 긍정적인 다양한 효과를 얻을 수 있다.

(3) 동물매개치료 관련 용어

① 동물매개활동 (Animal assisted activities; AAA)

동물을 활용하여 대상자와 상호반응을 얻는 활동으로 전문적인 동물매개심리상담사 없이 이루어지는 봉사활동 형태의 활동이다.

치료적 목표와 과학적 평가 과정이 없는 동물을 활용한 프로그램을 운영하는 형태로 흔히 학생들이 요양원이나 복지관 등에 봉사활동 형태로 진행된다.

② 동물매개치료 (Animal assisted therapy; AAT)

대상자의 목표한 치료 효과를 얻을 수 있도록 동물매개심리상담사가 전문 지식을 활용하여 치료 목표 달성을 위한 프로그램의 준비와 과학적 평가 등의 잘 짜인 계획된 치료 활동이다. 또한 동물매개치료는 대상자에 대한 효과 입증이 사전검사와 사후검사를 통하여 과학적 평가로 수행된다.

③ 동물매개교육 (Animal assisted education; AAE)
대상자의 목표한 교육 효과를 얻을 수 있도록 동물매개심리상담사가 전문 지식을 활용하여 교육 목표 달성을 위한 프로그램의 준비와 과학적 평가 등의 잘 짜인 계획된 교육 활동이다. 동물매개교육은 교육 목표 지향적인 전문 프로그램이라 할 수 있다.

④ 동물매개중재 (Animal assisted intervention; AAI)
동물매개중재는 동물을 활용한 모든 활동을 말하며, 동물매개치료, 동물매개교육, 동물매개활동을 모두 포함하는 포괄적인 용어라 할 수 있다. 활동의 목표와 내용에 따라 동물매개중재, 동물매개치료, 동물매개교육, 동물매개활동으로 나눌 수 있다.

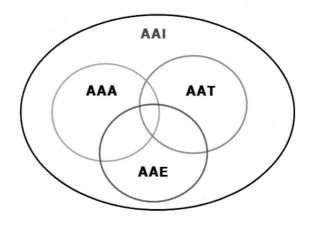

그림 7-2. 동물매개중재의 범위
[AAI : 동물매개중재, AAA : 동물매개활동, AAT : 동물매개치료, AAE : 동물매개교육]

⑤ 대상자 (Client, 내담자)
㉠ 도움을 필요로 하는 사람. 심리학 영역에서는 내담자로 부르고 있음
㉡ 동물매개치료 활동의 목표가 되는 증상이나 질병 등의 신체 또는 정신적 불편을 가지고 있는 사람

⑥ **동물매개심리상담사 (Animal assisted psychotherapist)**

동물매개치료 프로그램을 운영하는 전문가를 말하며, 국내의 경우는 한국동물매개심리치료학회 (www.kaaap.org)에서 인증을 받은 동물매개심리상담사들이 활동하고 있다.

⑦ **치료도우미동물 (Therapy animal)**

㉠ 동물매개치료 활동에 활용될 수 있는 일정한 자격을 갖춘 동물

㉡ 한국동물매개심리치료학회의 정해진 기준에 따른 수의학적 관리, 훈련, 동물복지적 기준을 충족하는 동물로써 평가에 합격하고 인증된 동물

㉢ 치료도우미견 (Therapy dog)

⑧ **인간과 동물의 유대 (Human animal bond; HAB)**

사람과 동물의 긍정적 상호반응을 유도하는 관계로 인간과 동물의 상호작용 (Human Animal Interaction : HAI)이라고도 한다. 동물매개치료의 효과가 유도되는 기전은 HAB로부터 시작된다고 할 수 있으며, 다른 대체요법들과 동물매개치료의 차별성 또한 HAB에서 찾아볼 수 있다.

(4) 동물매개치료의 구성과 특성

① 동물매개치료의 구성원과 역할

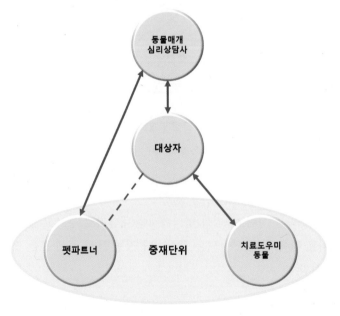

그림 7-3. 동물매개치료의 구성원과 역할

동물매개치료의 구성 요소는 대상자, 동물매개심리상담사, 치료도우미동물, 실천 현장을 들 수 있다. 한국동물매개심리치료학회에서 인증을 받은 치료도우미동물과 이를 잘 다루고 활동의 호흡이 맞을 수 있는 펫파트너와 함께 중재단위를 구성한다. 동물매개심리상담사는 중재단위를 활용하여 대상자와 상호작용을 유발하는 프로그램을 운영하고 효과를 평가한다. 이 과정에서 동물매개심리상담사는 중재단위인 펫파트너와 치료도우미동물의 활동을 계획하고 지시하며, 모니터링하고 대상자와도 상호작용을 유도한다. 대상자는 동물매개심리상담사 및 치료도우미동물과 직접 상호작용을 하게 된다. (그림 7-3)은 동물매개치료의 구성과 역할을 보여주는 도식도이다.

② 동물매개치료의 4대 구성 요소

동물매개치료의 4대 구성 요소는 (표 7-1)과 같이 도움이 필요한 대상자와 도움을 줄 수 있는 전문가인 동물매개심리상담사 및 훈련과 위생 등의 일정한 자격을 갖춘 매개체인 치료도우미동물, 동물매개중재 프로그램을 구현하는 실천 현장과 같이 4대 요소로 구성된다.

표 7-1. 동물매개치료 구성 4대 요소

대상자 (Client, 내담자, 사용자, 중재 수혜자)
동물매개심리상담사 (Animal Assisted Psychotherapist)
치료도우미동물 (Therapy animal)
실천 현장 (Field)

(5) 치료도우미동물

동물매개치료에 자주 활용되는 동물은 개인데 개는 사람과의 유대가 강하고 상호교감이 뛰어나다는 장점이 있기 때문이다. 대상자나 활동 환경에 따라 말, 고양이, 돼지, 닭, 소, 물고기, 곤충 등의 다양한 동물들이 프로그램에 활용될 수 있다. 이처럼 동물매개치료에 활용되는 동물을 치료도우미동물이라 한다. 치료도우미동물이란 동물매개치료 프로그램 동안에 중재 역할을 하는 동물로서 한국동물매개심리치료학회 가이드라인에 따라 선발과 훈련, 위생관리 등의 일정한 기준에 맞는 동물로서 동물매개치료에 활용되어 치료의 중재 역할을 수행하는 동물이다.

치료도우미동물은 동물매개치료 프로그램을 수행하는 동안 대상자인 내담자와 동물매개심리상담사 사이의 촉매 역할을 촉매제 역할을 하며, 어색한 관계를 깨는 Icebreaker로써 작용하여 어색한 관계를 깨고 내담자와 상담사 간에 신뢰관계인 라포 (Rapport) 형성을 촉진하는 역할을 한다.

치료도우미 동물의 선택 기준은 내담자의 특성과 환경에 맞는 종류를 선택하여 동물매개치료가 수행될 수 있다. 치료도우미동물은 선발, 훈련, 위생, 동물복지의 4가지 기준에 충족되어야 하며, 이러한 기준에 의해 평가를 거쳐 한국동물매개심리치료학회에서는 치료도우미동물 인증을 수행하고 있다. 동물매개치료에 활용되는 동물은 현장 상황과 대상자의 특성에 따라 다양한 동물 종류 중에서 적합한 동물 종을 선택할 수 있다. (표 7-1)은 동물매개치료에 활용되는 동물의 종류에 따른 적합성을 보여주는 표이다.

치료도우미 동물로 가장 많이 활용되는 동물은 개라 할 수 있다. 그 이유는 사람과 상호 교감이 가장 우수하며, 치료도우미동물로 활용되기 위한 전제 조건인 선발, 훈련, 위생, 동물복지의 4가지 기준 충족이 가장 용이하기 때문이다. 그러나 (표 7-2)와 같이 사육성, 운반성, 상호접촉성, 감정소통성, 안전성, 인간의 운동성, 동물 자신의 즐거움, 감염의 안전성 측면의 검토를 통하여 동물매개치료 활동의 대상자와 현장의 환경 등을 고려하여 가장 적합한 치료도우미 동물을 선택할 수 있다.

예를 들어 면역이 저하된 환자의 경우 상호 접촉성과 인간의 운동성은 떨어지더라도 감염의 위험성이 없는 물고기를 이용하여 환자가 입원한 병실에 수족관을 설치하여 동물매개치료를 수행할 수 있다.

표 7-2. 동물매개치료 활용 동물의 종류와 적합성

종류	사육성	운반성	상호 접촉성	감정 소통성	안전성	인간의 운동성	동물 자신의 즐거움	감염의 안전성
물고기	★	▽	▽	◇	★	▽	◇	☆
파충류	◇	◇	◇	◇	☆	▽	◇	☆
조류	★	◇	☆	◇	★	▽	◇	☆
햄스터	★	★	◇	◇	☆	◇	◇	☆
기니피그	★	★	★	◇	★	◇	◇	☆
토끼	★	★	★	◇	★	◇	◇	☆
양,염소	◇	◇	★	☆	☆	☆	◇	☆
소	◇	◇	☆	☆	☆	☆	☆	☆
돼지	◇	◇	☆	☆	☆	☆	☆	☆
고양이	☆	☆	★	★	☆	☆	★	☆
개	☆	☆	★	★	☆	★	★	☆
말	◇	▽	☆	★	☆	★	☆	☆
돌고래	▽	▽	☆	☆	☆	★	◇	☆
원숭이	▽	▽	◇	☆	▽	☆	☆	▽
곤충	☆	★	▽	▽	★	▽	▽	★

주 : ★ = 매우 좋음 ☆ = 좋음 ◇ = 보통 ▽ = 나쁨

2. 동물매개치료의 효과

동물매개치료의 최종 목적은 치료도우미동물을 활용하여 사람 대상자(Client)의 심리치료 또는 재활치료 효과를 얻는 것이다. 동물매개치료는 다른 심리치료나 재활치료와 달리 살아 움직이는 생명체인 동물을 활용하여 대상자의 치유 효과를 끌어내는 특징을 가지고 있다.

동물매개치료는 다른 보완대체의학적 방법들보다 대상자들이 능동적이며, 즐겁게 참여하고 효과 또한 빠르고 지속적인 것으로 잘 알려져 있다. 동물은 살아있고 감정을 표현하며, 사람 대상자들과 빠른 상호반응을 하기 때문이다.

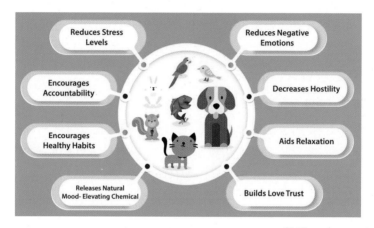

(출처 : www.mindandme.com)

그림 7-4. 동물매개치료의 효과

(1) 도구적 효과

동물매개치료의 효과 중에서 정서적, 심리사회적인 효과뿐 아니라 신체적, 물리적인 효과를 말할 수 있는데 이 분야가 바로 신체적인 장애인들의 일상생활상의 불편을 덜어주고 도움을 주는 장애인 도우미견이다. 장애인 도우미견에는 활용 용도에 따라 시각, 발달, 청각, 노인 도우미견을 들 수 있다.

① 시각장애인 도우미견은 시각장애인과 함께 길을 가면서 보행 중에 장애물을 피하고 위험을 미리 알려주며, 건널목이나 빈 의자, 출입문 등으로 주인을 안내하고 주인이 원하는 장소까지 안전하게 길을 안내한다.

② 발달장애인 도우미견은 지체장애인의 휠체어를 끌어주고 리모컨, 신문 등 원하는 물건 가져다주기, 문 여닫기, 전깃불 끄고 켜기, 옷이나 양말 벗기기 등 다양한 서비스를 제공한다.

③ 청각장애인 도우미견은 청각장애인과 함께 생활하면서 일상의 여러 가지 소리 중에

서 주인인 청각장애인이 필요로 하는 소리인 초인종, 팩스, 아기 울음, 물 주전자, 자명종, 화재경보 소리 등 7~8가지의 소리를 개가 듣고 소리의 근원지와 주인의 사이를 왕복하거나 주인에게 올라타는 등 개의 신체 일부를 주인에게 접촉함으로써 소리가 났음을 알리고 주인이 어디냐는 신호를 했을 때 주인을 소리의 근원지까지 안내하는 역할을 한다.

④ 노인 도우미견은 신체적으로 불편한 노인들의 시중을 들어주고 산책을 하는 등 반려동물의 역할을 한다. 이렇게 장애인 도우미견은 신체적, 정신적으로 불편한 장애인이나 노인 등에게 도구적인 도움을 제공하여 일상생활상의 불편을 해소하며, 독립적일 수 있도록 하여 자존감을 가질 수 있도록 하며 소외되고 외로운 장애인의 친구와 인생 동반자의 역할을 하고 장애인과 비장애인간의 가교적인 역할을 한다.

(2) 건강 효과

① 소근육과 대근육의 운동과 발달

반려동물과의 산책, 미용관리, 쓰다듬기, 놀기 등의 활동을 통하여 아동이나 노약자의 소근육을 발달시킬 수 있고 동물과 함께 달리기, 어질리티, 프리스비, 썰매타기 등을 통해 대근육이 발달한다. 또한, 재활승마는 뇌성마비, 뇌기능 손상, 척추손상, 근이영양증(Muscular dystrophy), 자세결함, 마비에 의한 불균형 등 신체장애인들의 허리나 다리 등의 대근육 발달을 촉진하는 효과가 있다. 활동이 증가하고 근육과 심장체계가 단련될 수 있기 때문으로 설명된다.

② 근육계 및 평형감각의 재활

재활승마는 말의 자극을 그대로 받기 때문에 몸체의 반동형성, 근육의 이완과 긴장, 평형감각의 자극 등으로 근육과 평형감각 기관의 치료와 자세를 교정하고 좌우의 균형을 유지하는 각 부분의 협동성을 개선하는 데 효과적이다.

③ 규칙적인 운동습관 형성

운동량이 부족한 사람들에게 반려동물과 산책 및 운동, 놀이 등을 일정한 시간에 하게 됨으로써 규칙적인 생활에 소홀하기 쉬운 독신자나 노인들에게 좀 더 규칙적인 생활을 할 수 있도록 하는 데 도움을 줄 수 있다.

(3) 인지 효과

① 자아존중감과 자기 효능감의 향상

생명이 있고 체온이 있고 감정이 있는 동물을 보살피는 행위는 사람들에게 사육성을 높여주고 자신이 누군가에게 필요한 소중하고 책임감 있는 존재임을 확인하게 하여 부모로부터 사랑을 받아보지 못한 아동이나 부모의 학대, 친구들로부터의 따돌림 등을 경험한 아동들의 자아존중감 및 자기 효능감을 향상하는데 매우 긍정적인 영향을 준다.

② 지적 호기심과 관찰력 배양

동물들을 관리하고 일상생활 속에서 자주 접하게 되면서 새로운 지식과 기술을 습득하게 되고 동물의 활동에 대한 지적 호기심과 관찰력이 생기게 된다. 이를 통해 아동의 ADHD (주의력결핍과잉행동장애), 품행 장애 등 다양한 장애 유형과 부적응 행동의 예방과 치료에 도움을 줄 수 있다.

③ 언어발달 효과

동물매개치료 활동 중에 동물과 많은 대화를 통해 어휘 구사 능력이 향상되고 동물과의 의사소통을 통해 사람들과의 사회성 향상과 대인관계가 좋아질 수 있다. 언어발달이 지체되는 아동이나 우울증, 대인관계에 어려움을 겪는 사람들에게 효과적이다.

④ 기억력의 향상

동물의 이름 부르기, 신체 부위 말하기 등과 규칙적이고 반복적인 일상관리 (먹이 주기, 손질하기, 목욕시키기 등)를 통해 기억력이 향상됨으로 노인성 치매에 효과적이다. 이렇게 반려동물은 인지적 촉매 (Cognitive catalyst)의 역할을 한다고 할 수 있다.

(4) 사회적 효과

① 다른 사람에 대한 이해심 향상

동물들과 접촉하면서 직선적이며, 그 순간의 감정대로 행동하는 동물의 행동을 이해하는 마음은 다른 사람들과의 관계에서도 상대방을 이해하고 포용할 수 있어 원만한 대인관계를 갖는 데 도움이 된다.

② 의사소통기술 및 사회기술 향상

사람들은 사회적 존재이기 때문에 다른 사람들과 어울리고 말하고 자신의 관심을 표현하고자 하는 욕구가 있다. 동물과의 대화는 비밀이 보장되고 비판받지 않기 때문에 부정적인 감정이나 생각도 마음대로 표현할 수 있는 효과를 얻을 수 있고 사람을 기피하지만 동물과는 대화할 수 있는 자기개방과 자기수용이 어려운 사람들에게 동물은 대인관계에서 의사소통을 연습할 수 있는 중요한 상담역이 될 수 있다. 이런 동물과의 의사소통은 대인관계에서의 의사소통기술 및 사회기술 향상에 도움이 될 수 있다.

③ 조건 없는 사랑과 친화력 습득

동물은 사람들에 대한 성별이나 생활 수준, 외모나 장애 등과 관계없이 비판적이지 않고 조건 없이 수용하기 때문에 이런 동물들의 행동을 통해서 조건 없는 사랑과 친화력을 배우게 해준다.

④ 공동체 의식 향상

살아있는 동물을 관리하면서 서로 역할 분담을 함으로써 각자 맡은 역할에 충실하고 다른 사람들과 함께하는 생활을 통해 서로의 권리를 존중하게 되어 마음을 열고 다른 사람들과 더불어 살아가는 방법을 배울 수 있다.

⑤ 긴장 완화와 사회적 접촉 확대

동물과의 상호작용은 긴장감과 불안감을 덜어주고 동물의 소유자나 관심 있는 사람들이 상호 작용하면서 고립감 해소와 사회적 접촉을 확대 해 준다. 소외되고 외로운 장애인도 치료도우미견을 동반했을 때 사회적인 접촉이 증가했다는 연구 보고가 있다. 이렇게 반려동물과의 상호작용을 통하여 사람들은 다른 사람들에 대한 감정이입과 사육성을 발달시키고 자아존중감과 자기 효능감을 향상하고 사회접촉을 증가시키며 상호작용을 통한 의사소통과 사회기술 향상을 가져다주며, 환기와 정당화 효과를 주는 사회적 지지를 제공해 준다.

(5) 정서적 효과

① 심리적 안정과 즐거움 제공

많은 연구에서 동물과 함께했을 때 심리적으로 안정되고 심박수와 혈압이 안정되었다는 연구결과가 보고되고 있으며, 어떤 경우에는 수족관의 물고기가 노는 것을 보는 것만으로도 마음이 안정될 수 있다는 연구결과도 있다. 동물을 별로 좋아하지 않는 사람이라도 동물의 예쁜 모습이나 재롱을 보면서 즐거워하게 된다. 특히 장기 시설거주자들에게 더욱 효과적이다. 사람들은 동물과 쓰다듬기 등 신체적인 접촉이나 산보, 또는 다양한 놀이를 통하여 본능적으로 편안하고 즐거운 감정을 갖게 된다.

② 기분개선과 흥미유발

반려동물은 사람을 잘 따르고 사람들과 함께 노는 것을 좋아하기 때문에 우울하거나 기분이 좋지 않을 때 동물과 함께하게 되면 분위기를 바꾸어 주게 되어 기분을 좋게 하고 즐거움을 준다. 이는 우울증 해소와 고독감이나 소외감을 경감시키는데 효과적일 수 있다.

(6) 자아존중감과 자기효능감 향상

생명이 있고 체온이 있고 감정이 있는 동물을 보살피는 행위는 사람들에게 사육성을 높여주고, 자신이 누군가에게 필요한 소중하고 책임감 있는 존재임을 확인하게 하여 부모로부터 사랑받지 못한 아동이나, 부모의 학대, 친구들로부터의 따돌림 등을 경험한 아동들의 자아 존중감 및 자기 효능감을 향상시키는데 매우 긍정적인 영향을 준다.

(7) 카타르시스 효과

카타르시스는 개인이 표출하고 싶은 생각이나 비밀과 관련된 감정을 해소하는 과정을 의미하며, 어떤 심리 치료적 접근에서도 소중히 여기는 핵심적인 치료요소이다. 아동들은 동물과의 놀이를 통하여 자연스럽게 카타르시스 기능을 수행한다. 현실 생활에서 표출할 수 없었던 불만, 분노, 슬픔 등 여러 가지 감정을 동물과의 놀이를 통해 아주 자연스럽게 표현하고 해소하게 한다. 치료도우미동물은 위협적이지 않고 비판적이지 않으며, 조건 없이 수용하기 때문에 동물과의 상호작용은 사람들이 방어적이지 않고 솔직하게 자신의 감정과 생각을 표현할 수 있다. 동물과의 놀이를 통해 아동들은 자신이 경험한 외상적 사건이나 강한 스트레스 사건들을 무의식적으로 표현하고 이를 정서적으로 극복하기 위한 시도를 하게 된다.

II 동물매개치료의 적용 이론

1. 정신분석 이론

(1) 목표 및 상담과정

① 목표

무의식을 의식화하고 자아를 강하게 하여, 행동이 본능의 요구나 비합리적인 죄책감보다는 현실에 바탕을 두도록 하는 것이다.

② 상담과정

상담과정은 시작단계, 전이의 발달단계, 지속성 활동단계, 전이의 해결단계이다.

시작단계에서는 긴장 이완과 신뢰감이 형성되는 분위기에서 아동기 감정 패턴을 탐색하고 문제의 원인이 되는 핵심감정을 파악한다. 전이의 발달단계에서는 현재 겪고 있는 문제를 통해 억압된 무의식의 자료를 통찰한다. 지속성 활동단계에서는 왜곡된 자아상을 무의식의 의식화 과정을 통하여 인식한다. 전이의 해결단계에서는 파악한 문제를 잘 대처할 수 있도록 재정리하고 긍정적으로 이끌어가도록 한다.

(2) 동물매개치료의 적용

동물매개심리상담사는 내담자의 이야기에 귀를 기울이고 내담자의 현상학적인 세계를 이해하고 그들과 상담적 관계를 형성해야 한다. 이 단계 동안 동물매개심리상담사는 내담자가 초기의 고통스러운 기억들을 회상하고 탐색할 수 있도록 내담자의 과거와 현재 환경에 대한 감정과 세상에 대한 내담자의 해석에 영향을 미치는 사고에 대해 탐색을 한다. 내담자가 치료도우미동물을 쓰다듬고 껴안으면서 심리적인 안정 상태에 보다 빨리 도달할 수 있고 심신이 이완된 상태에서 치료도우미동물과의 스킨십을 통해 연상되는 과거의 경험을 자유롭게 떠올리고 이야기할 수 있다.

"만일 이 치료도우미동물이 당신의 친구라면, 당신에 관해 다른 사람이 모르는 어떤 내용을 알고 있을까요?" 혹은 "○○ (치료도우미동물)에게 당신의 기분이 어떤지 말해보세요. 저는 그냥 듣고 있겠습니다." 등과 같이 동물매개심리상담사는 대상자 (내담자)와 치료도우미동물의 관계를 활용한다.

2. 개인심리학 이론

(1) 목표 및 상담과정

① 목표

대상자 (내담자)의 소속감을 발전시키고 공동체감과 사회적 관심이라는 특징을 가진 행동과 과정을 받아들이도록 돕는 데 있다. 개인의 신념을 변화시키는 데 사용될 수 있는 매우 강력한 방법으로 대상자에게 자신감을 주고 용기를 자극한다.

② 상담과정

상담과정은 좋은 상담 관계를 형성하여 유지하기 단계, 대상자의 심리적 역동을 탐색하기 단계, 통찰과 자기 이해를 하도록 격려하기 단계, 재정립과 재교육 단계이다.

좋은 상담관계를 형성하여 유지하기 단계에서는 치료도우미동물의 등장이나 교감으로 동물매개심리상담사와 대상자의 상호신뢰 관계를 형성한다. 대상자의 심리적 역동을 탐색하기 단계에서는 개인의 사고, 정서, 행동의 기반이 된다는 것을 안다. 통찰과 자기이해를 하도록 격려하기 단계에서는 문제가 되는 원인이 자신의 비합리적 신념에 있다는 것을 알고 새로운 행동으로 과제를 수행한다. 재정립과 재교육 단계에서는 자신이 독특한 가치를 지닌 인간이라는 것을 믿고 가치 있는 나로 성장하도록 다짐한다.

(2) 동물매개치료의 적용

대상자가 자기, 타인, 삶에 대한 잘못된 신념을 확인해 변화시켜서 사회에 더 완전히 참여할 수 있도록 돕는 것이 기본적인 개인심리학 상담 관점에서 동물매개치료는 네 단계의 상담과정으로 진행하게 된다.

첫째, 치료도우미동물의 등장이나 교감은 동물매개심리상담사와 대상자의 상호신뢰관계 형성에 도움이 되며 판단하지 않는 치료도우미동물을 통해 정서적인 안정감과 만족감을 느끼게 되면서 대상자는 자신의 문제에 답을 가진 전문가로서의 동물매개심리상담사에게 반응한다.

둘째, 동물매개심리상담사와 대상자가 치료도우미동물의 간식이나 모습에 관해 대화하면서 내담자의 음식 경험이나 친구와의 관계, 삶의 태도에 대한 정보를 알 수 있는 질문지에 근거한 생활양식 평가를 준비한다.

셋째, 치료도우미동물을 통해 얻은 생활양식 평가를 바탕으로 동물매개심리상담사는 이 정보를 요약하여 해석하는 과정을 도와 기본오류를 찾는 데 관심을 기울인다. 치료도우미동물을 통해 얻은 정보와 관련된 대상자의 통찰을 새로운 행동으로 연결하기를 돕는 숙제를 수행해야 한다.

넷째, 동물매개심리상담사는 대안적 태도, 신념, 행동을 찾기 위해 같이 노력한다. 대상자는 삶을 바꿀 힘을 가지고 있다는 것을 깨닫게 되고 통찰만으로는 변할 수 없음을 인정하고 이 통찰을 행동으로 옮겨야 하다는 것을 안다. 대상자는 자신을 위해 새로운 삶을 창조할 수 있음을 느낀다. 이처럼 치료도우미동물의 간식에 대한 생활목표를 변화시키는 경험을 통해 대상자 자신의 식생활목표도 변화시켜 새로운 식생활양식을 구성하고 사회적 관심을 두게 된다.

 # 3. 인간중심 이론

(1) 목표 및 상담과정

① 목표

개인의 독립과 통합을 목표로 삼는다. 대상자의 현재 문제가 아니라 대상자 존재 자체에 관심을 두고 상담의 목표가 문제를 해결하는 것이라고 보지 않는다. 그보다는 대상자의 성장 과정을 도와 현재 직면하는 문제와 앞으로의 문제에 더 잘 대처할 수 있도록 하는 것이다.

② 상담과정

상담과정은 관계 형성 단계, 자기발견단계, 자기수용 단계, 통합 및 조화 단계이다. 관계 형성 단계에서는 대상자, 동물매개심리상담사, 치료도우미동물의 신뢰를 형성하고 진실한 관계를 경험한다. 자기발견단계에서는 자신이 바라는 이상적인 바램과 내적 욕구의 탐색을 표현하여 자신의 내면을 통찰할 수 있는 능력을 발달시킨다. 자기수용 단계에서는 자기 자신을 둘러싸고 있는 배경과 자신의 성격을 이해함으로써 부정적인 자아상을 긍정적으로 표현하는 생활양식으로 적응한다. 통합 및 조화 단계에서는 자신의 잠재력과 성장 가능성을 수용함과 동시에 자아실현으로 나아간다.

(2) 동물매개치료의 적용

인간중심상담은 대상자와 상담사의 인간적 관계를 강조한다. 즉 상담사의 태도가 사용 기법, 지식, 이론보다 더 중요하다. 이 관계의 맥락 안에서 대상자는 자신의 성장 잠재력을 계발하고 또 자신이 되기로 선택한 인간의 모습에 더 가까워질 수 있다. 이러한 인간중심 상담이 동물매개치료에 적용되는 영역을 보면 치료도우미동물의 현존은 상황에 대한 긍정적 인식을 촉진시키고 이 긍정적인 인식에는 치료 상황이 다정하고 안전하다는 느낌이 포함되어 있다.

동물매개심리상담사가 치료도우미동물을 적극적으로 수용하고 돌보며, 안정감을 준다는 사실 자체가 내담자 자신도 동물매개심리상담사로부터 똑같이 수용되며 안전하게 다루어질 것이라는 느낌이 들게 되어 방어하지 않게 되고 자신의 경험에 더 개방적으로 된다. 치료도우미동물에게 해주는 빗질, 마사지, 옷 갈아입히기 등의 돌보는 과정에서 내담자는 위협을 받지 않으므로 더 안전하게 느끼며, 상처를 덜 받으므로 더 현실적이 되고, 타인을 좀 더 정확하게 지각하면서 더 잘 이해하고 수용하게 된다. 그들은 자기 자신을 있는 그대로 받아들이고 좀 더 융통성 있고 창조적으로 행동하게 된다. 또한, 다른 사람의 기대에 덜 매달리게 되므로 자신에게 좀 더 진실한 방식으로 행동하기 시작한다. 이러한 변화를 경험한 내담자들은 다른 사람에게서 답을 구하지 않고 자신의 삶을 스스로 힘으로 이끌어 나갈 수 있게 된다.

 4. 행동주의 이론

(1) 목표 및 상담과정

① 목표
행동주의 상담의 일반적 목표는 개인의 선택을 증가시키고 새로운 학습조건을 창출하는 것이다. 상담사의 도움을 받아 대상자는 상담과정의 초기에 상담목표를 정의한다.

② 상담과정
상담과정은 관계 형성 및 자기 이해 단계, 문제해결 방법 익히기 단계, 행동 다지기 단계이다. 관계 형성 및 자기 이해 단계에서는 자신의 행동을 방해하는 요인을 찾아보는 전략을 학습한다. 문제해결 방법 익히기 단계에서는 자기 자신을 통제할 수 있는 구체적인 전략을 학습한다. 행동 다지기 단계에서는 자신감을 느끼고 실천 의지를 다지며, 구체적인 계획을 세우는 법을 학습하고 앞으로의 실천 의지를 다진다.

(2) 동물매개치료의 적용

행동주의 동물매개치료는 치료도우미동물의 중재 역할을 통해서 내담자 자신의 행동을 관리하고 대처기술을 배우고 경험하며, 새로운 행동을 연습한다. 최세환(2006)의 연구에 따르면 동물매개치료가 발표불안 감소 효과가 유지되고 발표력 향상에도 효과가 있는 것으로 확인된다. 이는 발표불안을 감소시키고 발표력을 향상하기 위해 발표 연습 상황에 체계적 둔감법의 원리가 적용된 집단상담연구이다. 매 회기 치료도우미동물과의 상호작용 활동 후 초기에는 치료도우미동물 앞에서 발표 연습을 하도록 한다. 중기에는 치료도우미동물과 다른 집단 구성원들 앞에서 발표 연습을 하도록 하고 종결기에는 집단 구성원들만 있는 앞에서 발표 연습을 하도록 한다. 행동이 끌어낸 환경 변화가 강화적이면, 즉 유기체에게 어떤 보상을 제공하거나 혐오 자극을 제거하면 그 행동이 다시 일어날 가능성이 증가한다. 예를 들면, 대상자가 치료도우미동물의 이름을 부르며, "○○ 안녕"하면 치료도우미동물이 꼬리를 흔들며, 반겨주게 된다. 이 경우 대상자는 그 상황에 가치가 부여되어 인사에 대한 긍정적인 행동 변화를 확인할 수 있다.

 ## 5. 인지행동상담

(1) 목표 및 상담과정

① 목표

대상자에게 역기능적 정서와 행동을 건강한 정서와 행동으로 변화시키는 방법을 가르치는 것이다.

② 상담과정

상담과정은 자동적 사고 인식 단계, 자동적 사고 평가 단계, 인지 재구조화 단계, 합리적 사고 확인 단계이다. 자동적 사고 인식 단계에서는 내담자의 자동적 사고와 자기 대화를 재검토한다. 자동적 사고 평가단계에서는 내담자의 자기 패배적 문장을 지속하는 방법을 검토하고 평가한다. 인지 재구조화 단계에서는 대상자의 인지적 왜곡과 자기 패배적 신념의 본질을 더욱 완전히 이해하고 자기발견을 한다. 합리적 사고 확인 단계에서는 내담자의 기본신념이나 도식을 바꾸고 새롭고 더 효과적인 행동을 실천할 수 있다.

(2) 동물매개치료의 적용

동물매개심리상담사가 치료도우미동물을 적극적으로 수용하고 돌보며, 안정감을 준다는 사실 자체가 내담자 자신도 동물매개심리상담사로부터 똑같이 수용되며, 안전하게 다루어 질 것이라는 느낌이 들게 되어 방어하지 않게 되고 자신의 경험에 더 개방적으로 된다.

치료도우미동물에게 해주는 빗질, 마사지, 옷 갈아입히기 등의 돌보는 과정에서 대상 자는 위협을 받지 않으므로 더 안전하게 느끼며, 상처를 덜 받으므로 더 현실적이 되고, 타인을 좀 더 정확하게 지각하면서 더 잘 이해하고 수용하게 된다. 그들은 자기 자신을 있 는 그대로 받아들이고 좀 더 융통성 있고 창조적으로 행동하게 된다. 또한, 다른 사람의 기대에 덜 매달리게 되므로 자신에게 좀 더 진실한 방식으로 행동하기 시작한다. 이러한 변화를 경험한 내담자들은 다른 사람에게서 답을 구하지 않고 자신의 삶을 스스로 힘으로 이끌어 나갈 수 있게 된다.

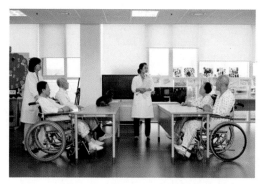

(출처 : 보바스 기념병원 http://blog.daum.net/withbob/17180501)

그림 7-5. 동물매개치료 인지행동상담 프로그램 운영

III 동물매개치료의 현황

1. 국외 현황

동물매개치료의 국외 발전 현황을 간략히 살펴보면 아래와 같다.

(1) 동물매개치료 태동기

① 기원전 1만 2천 년 전 : 구석기 원시인들 개와 인간과 동물의 유대 형성
② 인류의 역사 발전과 더불어 개와 고양이뿐 아니라 다양한 동물의 가축화와 더불어 인간과 동물의 유대 관계 발전

(2) 체계화된 동물매개치료 발전 현황

① 초창기 : 1700년대~1800년대
㉠ 9세기 : 벨기에 길 (Gheel)지방에 장애를 가진 환자들을 위한 동물을 활용한 치료 프로그램 적용
㉡ 1790년 : 영국 요크 지방에 정신 병원 환자를 위한 토끼와 닭을 치료 프로그램에 적용
㉢ 1830년 : 영국 자선 위원회 (Charity Commission)가 정신 병원 기관에 동물을 활용한 치료를 권장
㉣ 1867년 : 독일 빌레펠트 안에 있는 베텔에서 간질 환자에게 새나 고양이, 개, 말 등을 돌볼 수 있게 하는 프로그램 적용

② 도입기 : 1900년대~1950년대
㉠ 1901년 : 영국의 헌트와 선즈가 재활승마 치료
㉡ 1900년대 초 : 프로이드 (지그문트 프로이트, 1856~1939) 박사 - 애견을 중재로 활용한 심리상담 요법 시행
㉢ 1919년 : 미국 래인이 정신 질환을 앓는 군인의 치료에 개를 활용
㉣ 1942년 : 미국 뉴욕에 있는 파울링 공군요양병원 부상 병사 치료 - 농장동물 프로그램을 적용

⑩ 1944년 : 제임스 보사드 박사. 애완동물 개의 치료적 이점 연구 보고. 개를 기르는
   사람의 정신 건강 'The Mental Hygiene of Owning a Dog' 저술
⑪ 1958년 : 영국에서 장애인 조랑말 승마단체가 설립

③ 발전기 : 1960년대~1970년대
㉠ 1962년대 : 미국 소아과 의사인 레빈슨 박사가 애견 '징글'을 치료매개로 활용. 보
   조치료사로서 개 'The Dog as the Co-therapist' 저술
㉡ 1964년 : 유럽지역 재활승마 단체 간 협력 위원회가 결성
㉢ 1966년 : 노르웨이의 베이토스톨런 장애인 재활센터에서 말 치료요법 적용
㉣ 1969년 : 영국 재활승마협회 (RDA, Riding for the Disabled Association) 결성

④ 성장 보급기 : 1970년대 이후
㉠ 1970년 : 미국 미시간에 있는 'Ann Arbor' 아동 정신병원 정신과 의사 'Michael
   McCulloch'는 아동 환자들에 애완견과 함께 놀기를 처방
㉡ 1970년대 : 맬런은 발달 및 정서·행동장애아의 '치료농장 프로그램' 운영
㉢ 1972년 : 보리스 레빈슨 박사 조사 결과, 미국 뉴욕의 심리치료사 3분의 1 이상이
   심리상담에 애견을 활용
㉣ 1973년 : 미국 파이크스 피크지역의 요양원 환자를 위한 '이동 애완동물 방문프로
   그램' 적용
㉤ 1975년 : 오하이오 주립대학의 코손은 반려동물을 이용해 양로원 환자를 치료
㉥ 1976년 : 영국에서 미국으로 이주한 스미스는 국제치료견협회 (TDI)를 설립
㉦ 1977년 : Dean Katcher 박사와 Erika Friedmann 박사. 혈압과 생존율에 애완동
   물의 이점 연구 보고
㉧ 1980년 : 미국에서 델타협회 (Delta Society)가 발족
㉨ 1980년 : 세계장애인승마연맹 (FRD) 창립
㉩ 1990년 : 국제인간-동물상호작용연구협회 (IAHAIO) 발족 (22개국 30단체)
㉪ 2012년 : 미국에서 델타협회 (Delta Society)가 Pet Partners로 명칭 변경

 # 2. 국내 현황

(1) 국내 동물매개치료 발전 현황

① 국내 동물매개치료 활동 연혁
㉠ 1990년 : 한국동물병원협회. '동물은 내 친구' 활동 시작
㉡ 1994년 : 삼성화재 안내견 학교 설립
㉢ 2001년 : 삼성재활 승마단 발족
㉣ 2002년 : 삼성 치료도우미견센터 발족
㉤ 2008년 : 한국동물매개심리치료학회 설립
㉥ 2012년 : 한국동물매개심리치료학회지 창간

② 국내 동물매개치료 교육활동 현황
원광대학교 대학원 동물매개심리치료학과 신설 (2008년)

(2) 국내 동물매개치료 활동 현황

국내의 동물매개치료는 초창기 한국동물병원협회 주도로 '동물은 내 친구' 활동 (1990년)이 동기가 되어 1994년에 삼성화재 안내견 학교가 설립되었으며, 2001년에는 삼성재활 승마단 발족되었다. 이후, 2002년에는 삼성 치료도우미견센터 발족으로 국내 동물매개치료 활동이 확산되는 계기가 되었다. 2008년에 원광대학교 대학원에 동물매개심리치료학과 신설, 2008년 한국동물매개심리치료학회 설립되어 정기 학술대회와 학회지 발간을 통하여 국내 동물매개치료 관련 연구자들의 학술 교류 및 동물매개치료에 관한 학술적 연구와 전문가 육성 교육이 이루어지게 되었다.

국내 동물매개치료 적용의 기간은 다른 대체보완요법에 비해 짧지만, 다른 대체요법에 비교하여 효과 달성이 빠르고, 대상자들의 높은 참여율 및 능동성이 우수하므로, 다양한 분야의 대상자들에 적용이 확대되고 있으며, 시스템을 갖춘 동물매개치료 상담 지원센터들이 늘어나고 있다. 이러한 활동으로 인해 학교, 상담센터, 복지관, 병원 등 많은 여러 기관에서 동물매개치료 프로그램을 요구하고 있다.

특히 한국동물매개심리치료학회에서 교육과정을 통한 동물매개치료 전문가 양성을 하고 있으며, 다양한 연구와 임상 연구를 통한 과학적인 결과들이 도출되고 있어, 국내 실정에 맞는 다양한 동물매개치료 프로그램이 보급되고 임상에서 적용될 수 있을 것으로 기대되고 있다.

IV 동물매개치료의 절차와 기술

동물매개치료는 (그림 7-6)과 같이 동물매개심리상담사가 대상자의 치료 목표를 설정하고 목표에 맞는 프로그램을 작성하여 치료도우미동물을 활용하여 대상자의 심리치료 또는 재활치료를 수행하는 것이다. 프로그램의 효과 평가는 과학적 평가척도를 사용하여 사전검사와 사후검사로 효과를 검증한다.

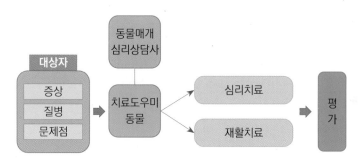

그림 7-6. 동물매개치료의 절차와 구성

1. 초기단계

(1) 대상자 정보 수집

① 대상자가 처한 상황에 따라 달라지겠지만 중요한 것은 대상자에게 있어서 무엇이 문제가 되는지를 직접 확인하는 일이다.

② 문제가 어떤 배경에서 나온 것인지를 확인함으로써 상담에서 실제로 초점을 맞춰야 할 문제 증상을 보다 명확하게 할 필요가 있다.

③ 대상자가 상담을 통해 문제를 해결하고자 하는 의지와 동기를 확인하는 일이다.

(2) 심리검사

심리검사를 하는 목적은 내담자 문제의 심각성 및 긴급성에 대한 객관적 평가 자료를 확보하기 위함이다. 내담자에 대한 평가를 위해 동물매개심리상담사는 두 가지 유형, 즉

객관화된 심리검사와 투사적 심리검사를 활용할 수 있다.

(3) 치료 목표 수립

① 상담의 최우선적인 목표는 대상자가 호소하는 문제의 해결과 성격을 재구조화하여 인간적 발달과 인격적 성숙을 이루기 위한 목표를 설정한다.
② 상담목표를 수립할 때는 내담자를 적극적으로 개입시킴으로써 동물매개심리상담사만의 목표가 되지 않도록 주의해야 한다. 그리고 상담목표와 개입전략을 기술할 때는 가능한 한 구체적인 행동용어를 사용할 필요가 있다.

(4) 촉진적 상담 관계의 형성

대개 사람들은 온화하고 수용적인 분위기에서는 별 부담 없이 자신을 드러낼 수 있지만, 딱딱하고 경직된 분위기에서는 좀처럼 자신을 드러내지 않는다. 그것은 상담에서도 마찬가지다. 대상자가 대하는 것은 상담자며, 상담자와의 만남 속에서 어떤 것을 경험하는지가 상담의 진행에 매우 중요하다.

(5) 대상자에게 맞는 프로그램 기획 및 개발

프로그램 기획은 프로그램 개발의 첫 단계다. 기획의 사전적 의미는 '무엇을 하기 위해 계획을 세우는 과정'이다. 즉, 어떤 일을 하기에 앞서 방법, 순서, 규모 등을 미리 생각하여 세운 내용을 '계획'이라고 한다면, 이러한 계획을 수립하는 과정은 '기획'이라 정의할 수 있다.

 ## 2. 중간단계

(1) 상담개입

상담은 내담자와의 신뢰 관계를 바탕으로 내담자가 자신의 문제에 대해 보다 더 잘 이해하고 효과적인 의사결정 기술의 학습과 인간관계의 개선 그리고 바람직한 행동 변화를 도모함으로써 일상생활에 더 잘 적응하도록 돕고, 궁극적으로 자신의 잠재력을 개발할 수 있도록 돕는 과정이다. 즉, 지금까지 깊은 관심을 두지 않던 주제가 드러나고 자신의 행동, 사고, 태도에 변화가 생겨 동물매개치료에 더욱 협조적이고 기꺼이 작업하겠다는 의지가 생겼다면 주이게 도달해 있다고 볼 수 있다.

3. 종결단계

(1) 종결의 의미

동물매개치료에서 끝맺음을 결정하기 위해서 치료사는 대상자가 어디쯤 와있는가를 예민하게 관찰해야 한다. 또한, 상담 초기에 세웠던 상담목표에 대해 대상자와 그 달성 여부를 논의할 필요가 있다. 즉, 동물매개치료 초기에 종결 시기에 대해 대상자와 어떤 때에 종결할 수 있으리라는 것을 미리 언급해 두는 것이 좋다. 그렇게 함으로써 치료자와 대상자가 서로 종결 시기를 예측하고 당황하지 않고 준비할 수 있도록 해야 한다.

① 바람직한 종결

성공적으로 상담을 종결하는 경우에는 상담목표의 달성을 그 기준으로 삼는다. 종결은 대상자가 인격자가 되었다거나 아무 문제가 없는 행복 상태에 도달한 상태에서 하는 것이 아니라 초기에 세웠던 상담목표가 달성되었을 때 하는 것이다. 때에 따라서는 초기의 상담목표가 달성되어서 대상자와 종결을 의논한 후 또 다른 문제의 해결을 목표로 삼아서 이후 종결을 연시할 수도 있다. 대상자의 변화 과정은 증상의 제거, 갈등의 해결, 행동의 변화, 환경의 변화, 현실의 수용, 자기 돌봄의 증대 등으로 나타난다.

② 동물매개치료의 중단 사례

첫 번째는 대상자가 중단하는 사례가 있을 수 있다. 대상자가 일방적으로 중단을 통보하거나 아무 연락도 없이 나오지 않을 때가 있다.

두 번째는 상담자가 중단할 때다. 치료사가 치료가 효과적이지 못하다는 결정을 내릴 때도 있다. 대상자가 치료도우미동물을 학대하거나 지나치게 불성실하게 임할 경우 대상자에게 충분한 시간을 주어 여러 가지 감정이나 반응을 표현하고 해결할 수 있도록 해야 한다. 자칫 잘못하면 대상자는 치료자로부터 거부당했다거나 버려졌다는 느낌이 들 수 있으므로 세심한 주의가 필요하다.

세 번째는 공동으로 중단할 때다. 대상자와 치료사가 상담을 도중에 중단하는 것이 낫다는 일치를 보는 때도 있다. 그럴 때도 대상자로서는 충분한 시간을 두고 여러 가지 사안을 고려할 수 있도록 해야 한다. 다른 상담치료 방법을 소개해 줄 수도 있다.

③ 실패에 대한 준비

동물매개치료가 실패할 경우 치료사는 대상자를 비난하거나 책임을 전가할 수 있다. 이럴 때 치료사는 마음을 스스로 잘 달래야 한다. 만약에 대상자가 치료사에게 책임을 전가하면 미래의 대상자 최대이익을 위해서 받아들여 주고 다른 상담자와는 좋은 결과를 얻을 수 있을 것이라는 가능성을 열어 두는 것이 올바른 태도이다.

표 7-3. 동물매개치료의 절차

초기 단계	중간 단계	종결 단계
대상자 정보 수집 심리검사 치료 목표 수립 촉진적 상담관계 형성 프로그램 기획 및 개발	상담개입	평가 및 종결 투사적 심리검사

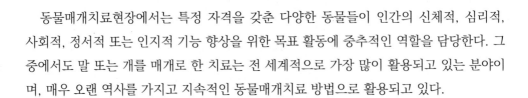

V 동물매개치료의 실제

동물매개치료현장에서는 특정 자격을 갖춘 다양한 동물들이 인간의 신체적, 심리적, 사회적, 정서적 또는 인지적 기능 향상을 위한 목표 활동에 중추적인 역할을 담당한다. 그 중에서도 말 또는 개를 매개로 한 치료는 전 세계적으로 가장 많이 활용되고 있는 분야이며, 매우 오랜 역사를 가지고 지속적인 동물매개치료 방법으로 활용되고 있다.

1. 말을 매개로 한 치료

기원전 4,000년경 유라시아 초원지대에서 처음 사육된 것으로 추정되고 있는 말은 6,000년간 품종별로 확산과 멸종을 거듭하며 인간과 오랫동안 공생해왔다 (피타 켈레크나, 2019). 이렇듯 인간과 말은 오랜 기간을 함께 하면서 긴 유대 관계 속에 살아왔다. 과거의 말은 전쟁에서의 이용, 운송수단, 마유 등 여러 방면에서 인간이 필요에 의한 일들을 해왔다. 하지만 전쟁에서 부상당한 병사를 말에 태우고 후송 중 우연히 환자의 개선 효과가 발견되면서 말은 인간의 고통 감소를 위한 치유 수단으로써 활용되는 계기가 되었다. 이러한 이유로 말을 매개로 한 인간의 치유방법의 하나인 재활승마는 동물매개치료와 오랜 역사적 관련성을 갖고 있다고 할 수 있다.

(1) 재활승마의 개념

우리나라는 2011년 말산업육성법령 제정 이후 국가공인자격인 재활승마지도사가 2012년부터 매년 1회 시행되고 있다. 재활승마지도사는 승마를 통해 신체적, 정신적 장애를 치료할 목적인 '재활승마'를 지도하는 전문가를 말한다. 따라서 재활승마에 대한 전반적인 내용은 말산업국가자격교재 (정태운 등, 2016)에 근거하여 이해할 필요가 있다.

① 재활승마의 정의

재활 (Therapeutic Riding, TR)승마는 "신체 및 정신 장애인은 물론 정서와 행동의 문제로 어려움을 겪는 사람들에게 인지적·신체적·감성적·사회적 안녕을 주기 위해 인간과 말이 함께 하는 모든 활동"으로 정의된다. 즉, 말을 타는 기승활동과 말과 함께 하는 비기승활동 (먹이 주기, 목욕시키기, 말 끌기, 마상체조, 마장구 얹히기 등)을 모두 포함하는 의미인 것이다.

② 재활승마의 분류

재활승마 (TR) 활동은 대상자의 다양한 기능향상을 위해 장애의 정도 및 장애의 유형 등 기승자의 상태를 최대한 고려하여 참여 목적에 맞는 치밀한 프로그램을 계획하고 실행해야 한다. 하지만, 우리나라의 경우 재활승마가 시작된 지 얼마 되지 않아 재활승마의 범주가 모호한 상황이다. 따라서 국가자격 교재에 명시되어 있는 분류에 따라 레크레이션 승마 (Recreational riding), 스포츠 승마 (Sports riding), 치료승마 (Hippotherapy) 및 기타 분야로 사용되는 것이 적합할 것이다.

- ㉠ 레크레이션 승마 (Recreational riding) : 강습승마라고도 하며, 말의 움직임을 이용하여 재활을 돕는 기승 활동으로 기승자가 직접 말을 통제하고 조정한다.
- ㉡ 스포츠 승마 (Sports riding) : 승마경기 등의 참가를 목적으로 기승술 연마를 통해 대회에 참가하는 승마를 의미한다.
- ㉢ 치료승마 (Hippotherapy) : 전문의료진과 승마치료 전문가 (승마를 치료에 응용할 수 있도록 훈련받은 물리치료사, 작업치료사, 언어치료사, 심리치료사 등)의 지도로 시행되며, 말의 움직임을 이용하여 재활을 돕는 기승 활동으로 기승자가 말을 직접

통제하거나 조정하지 않는다. 말의 3차원적 (전후, 좌우, 상하) 움직임을 통해 기승자의 재활을 돕는 방법이다.

㉣ 기타 : 마차운전 (Carriage driving), 마상체조 (Valuting), 교감 활동 등 말에 직접적으로 기승하여 운동을 시행하기 어려운 경우나 기승 이외에 기능적 자극을 돕기위해 필요로 한다.

③ 재활승마의 효과

말의 걸음걸이는 사람과 매우 비슷하여 말 위에 앉아 반동을 받아들이는 것 자체만으로도 사람이 직접 걷는 것과 같은 유사한 효과가 있다. 재활승마는 기승자가 이러한 말의 움직임 반동을 받아들여 재활을 돕는 일종의 스포츠 재활요법으로 말의 다양한 보행 패턴을 통제하고 강화하는 과정에서 그 효과를 극대화할 수 있다. 이러한 재활승마는 오랜 기간 동안 기승을 통해 많은 장애인에게 신체적 기능 향상에 큰 효과를 가져다주었다. 게다가 재활승마의 범위는 점차 확대되어서 최근 기승뿐만 아니라, 말과의 교감을 통한 다양한 지상에서의 강습 활동을 일컫는 비기승활동에까지 재활승마 영역이 확대되었다. 따라서, 신체적 효과뿐만 아니라 심리 및 사회적 효과, 감각 운동 효과도 얻을 수 있었다. 일반적으로 알려진 재활승마의 효과는 아래와 같이 구분할 수 있다.

재활승마 (Therapeutic Riding)		
신체적 효과	**심리/사회적 효과**	**감각 운동 효과**
1. 관절 움직임 향상	1. 독립심 향상	1. 시각적인 자극
2. 균형감각 향상	2. 의사소통 향상	2. 반응 능력 향상
3. 협응력 향상	3. 사회성 향상	3. 공간 지각력 향상
4. 폐활량 증가	4. 주의집중력 향상	4. 고유수용성 감각향상
5. 근육 긴장도 완화	5. 정서적 안정	5. 통합감각 향상
6. 근력 및 지구력 강화	6. 자신감 향상	

그림 7-7. 재활승마의 효과

(2) 재활승마의 역사

고대의 재활승마는 그리스 신화에서 찾을 수 있다. 그리스 로마 신화에 등장하는 의술의 신 아스클레피오스 (Aesculapius)가 환자의 정신력 강화를 위해 말을 태운 기록이 있다. 또한, BC 400년경 그리스 문헌에도 "부상당한 병사를 말에 태웠더니 개선 효과가 있었다"라는 기록이 있는 것으로 보아 말은 단순히 운송수단으로만 사용되지 않고 일종의 치료수단으로도 활용이 시작되고 있었음을 추론할 수 있다.

근대의 재활승마는 영국의 헌트 (D.A. Hunt)와 썬즈 (O. Sunz)가 '장애인을 위한 승마 (Riding for the Disabled)'라는 용어를 최초로 사용하면서 '재활승마'라는 개념을 도입했다. 이것이 현대의 재활승마의 원조가 되었다. 또한, 현대의 재활승마는 1950년대 리즈하텔 (Liz Hartel)이 폴리오 장애를 극복하고 올림픽에서 마장마술대회 은메달을 획득하면서 재활승마가 널리 보급되는 계기가 되었다. 이후 재활승마는 미국, 영국, 독일 등 세계 각국으로 퍼져 나갔으며 오늘날까지 널리 이용되고 있다.

재활승마의 역사

BC400년경 ● 부상당한 병사를 대상으로 승마의 치료적 효과 기록

1569년 ● 제 1차 세계대전 부상병들에게 승마 프로그램 제공

1952년 ● 헬싱키 올림픽에서 폴리오장애가 있는 리즈하텔(덴마크)이 마장마술대회에서 은메달 획득

1956년 ● 스톡홀름 올림픽에서 리즈하텔(덴마크)이 마장마술대회에서 은메달 획득하면서 보급 확산

1901년 ● 헌트는 오즈웨스트 정형외과 병원 창설자이며, 썬즈와 함께 최초로 'Riding for the Disabled' 용어 사용

1901년 ● 썬즈는 제1차 세계대전 부상병들에게 승마를 이용해 자신감회복을 목적으로 병사들을 태우기 시작

1969년 ● 영국재활승마협회(Riding for the Disabled Association, RDA) 설립을 시작으로 세계 각국으로 확대

1969년 ● 북미재활승마협회(North American Riding for the Handicapped Association, NARHA)

⟶ 2011년 Professional Association of Therapeutic Horsemanship International, PATH Intl.) 으로 변경

1970년 ● 독일치료승마협회 발족하여 치료적인 접근방법 운영

1973년 ● 호주장애인승마협회(RDAA)설립

1975년 ● 홍콩장애인승마협회(RDA HK)설립

1980년 ● 세계재활승마연맹(Federation of Riding for the Disabled International, FRDI)

⟶ 2011년 Horses in Education and Therapy International, HETI)으로 변경

그림 7-8. 재활승마의 역사

(3) 재활승마의 국내현황

우리나라는 2011년 말산업 육성법이 제정되면서 국내 말산업 관련 시장이 급격히 확대되기 시작했다. 이전 재활승마 프로그램을 운영해 오던 삼성전자승마단과 한국마사회에 이어 대학이나 고등학교에서도 추가적으로 재활승마를 확대해 시행하였으며, 지역 승마장에서도 재활승마가 이루어졌다. 이는 국내 재활승마 발전에 기여하는 계기를 마련했다.

① 삼성전자승마단

2001년 삼성전자승마단은 재활승마 프로그램을 처음 도입 후 2015년까지 삼성서울병원과 연계하여 약 1,400여명의 장애아동들에게 재활승마 프로그램을 무상으로 지원하였다. 아울러 2009년 재활승마 전용센터를 건립하여 2010년 북미재활승마협회 (PATH Intl.)에서 우수센터로 인증을 받을 만큼 국내 재활승마 산업에 기여하였다. 또한, 2007년부터 '재활승마 한마당'을 실시하여 국내에 재활승마의 중요성을 알리는 데 기여했다.

② 한국마사회

2005년 한국마사회는 사회 공헌 사업의 일환으로 재활승마를 도입하였다. 2005년 프로그램을 시작으로 2009년부터는 '찾아가는 재활승마'를 실시하였으며, 학문적 연구를 위한 지원에도 박차를 가했다. 또한, 2007년부터 2011년까지 북미재활승마협회 (PATH Intl.)의 심사관을 초청하여 국내 재활승마지도사 양성과정을 도입하여 국내 재활승마의 기초를 마련하는 데 중요한 역할을 했다. 한국마사회는 2011년 말산업육성법 제정이 시작되면서 농림축산식품부로부터 말산업육성전담기관 지정을 받아 2012년부터 말산업육성법 제11조에 의한 국가자격제도 (재활승마지도사, 장제사, 말 조련사)를 실시하고 있다. 이러한 노력의 일환으로 국내에 재활승마지도사가 해마다 양성되고 있으며, 재활승마 현장에서 일익을 담당하고 있다.

③ 국내 대학 및 고등학교

말산업육성법에 따라 농림축산식품부는 고등학교 및 대학을 1차 양성기관으로 선정하고, 한국마사회를 2차 양성기관으로 지정하여 한국마사회로 하여금 1차 양성기관을 지원하도록 위탁하고 있다. 현재 말산업 인력양성 기관에서는 관련 자격을 취득하기 위한 여러 가지 프로그램을 운영하고 있으며, 그중 재활승마지도사도 포함된다. 인력양성기관들은 현재 대학 5곳, 고등학교 6곳으로 지정되어 있으며 전문인력양성에 힘쓰고 있다.

표 7-4. 말산업 전문인력 양성기관 현황

구분		지정년도	지정기관	소재지
1차 양성기관	고등학교	2013년	서귀포산업과학고등학교	제주 서귀포
			용운고등학교	경북 상주
			한국경마축산고등학교	전북 남원
		2015년	발안바이오과학고등학교	경기 화성
		2016년	한국말산업고등학교	전남 장흥
			한국마사고등학교	전북 전주
1차 양성기관	대학	2013년	전주기전대학	전북 전주
		2014년	성덕대학 (현, 성운대학)	경북 영천
			서라벌대학	경북 경주
			제주한라대학	제주 제주
		2016년	제주대학교	제주 제주
2차 양성기관	기관	2013년	한국마사회	경기 과천

④ 기타

2013년 한국재활승마학회가 창립되어 매년 학술대회를 실시하고 자격 관련 연수를 시행하는 등 재활승마관련 사업을 활발히 운영하고 있다. 이외에도 국내 재활승마 가능한 많은 승마장에서 지속적인 재활승마를 실시하고 있으며, 그 영역을 확대하고 있다. 2012년부터 시작된 국가자격 제도를 통해 배출된 전문인력들이 현장에서 전문가의 역할을 해주고 있으며, 국내 재활승마 발전에 기여하고 있다.

(4) 재활승마의 운영

재활승마의 운영은 재활승마 팀, 말 운영, 시설, 마장구 및 교구로 구성되며, 재활승마 강습은 말, 재활승마지도사, 기승자, 봉사자에 의해 운영된다.

① 말

말의 걸음걸이는 재활승마 시 기승자의 긍정적인 효과를 위해 매우 중요한 요소이다. 기승자는 말의 걸음걸이의 움직임에 따라 크게 영향을 받게 되므로 기승자에 적합한 말의 선정을 세심하게 고려해야 한다 (강옥득, 2012). 따라서 재활승마를 실시하기 전에 말의 기본평가를 통해 재활승마용으로 사용 가능한지 여부를 판단하는 것이다. 말의 평가 방법은 일반적으로 기본평가와 건강평가 (외형검사, 보행검사, 정밀검사, 종합평가)를 실시하며 기본평가 방법은 아래 그림과 같다.

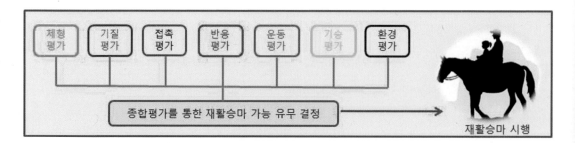

그림 7-9. 말의 평가와 선정방법

㉠ **말의 기본평가**

ⓐ 체형평가 : 말의 정면, 측면, 후면 등을 보았을 때 균형잡힌 몸을 가졌는지 확인 (머리 길이, 아래턱 크기, 목 상태, 목 위치, 어깨 각도, 허리, 엉덩이 등)

ⓑ 운동평가 : 평보, 속보, 구보 등 말을 걷거나 뛰게 하여 보폭과 움직임을 관찰

ⓒ 기질평가 : 온순성, 인내성, 공격성, 과민성, 감정 회복성, 대인 친화성, 대마 친화성 등 판단

ⓓ 반응평가 : 발굽 파기, 마체 손질, 안장 및 굴레 씌우기, 끌어보기, 접촉 반응하기 등

ⓔ 기승평가 : 지면에서 승·하마 시 움직임, 기승 상태에서 터치하기, 몸을 흔들어 행동 관찰 등

ⓕ 환경평가 : 생활소음, 시끄러운 음악, 동물 소리, 박수 소리, 차량 탑승 등

ⓖ 접촉평가 : 펼친 우산, 소리 나고 튀는 공, 인형, 풍선, 삼각콘, 휠체어 등

㉡ **말의 건강평가**

ⓐ 외형검사 : 육안 평가 (말의 피모 상태, 외상 여부 등), 영양 평가 (Body condition scoring, BCS)

ⓑ 보행검사 : 말의 평보, 속보 등 파행이 있는지 여부 검사

ⓒ 정밀검사 : 보행검사에 낮은 점수를 받은 경우 수의사 판단에 따라 최종 결정

㉢ **종합평가**

기본평가 7개 항목과 건강평가의 결과를 기록하고 가장 높은 점수를 받은 단계의 말들

을 강습에 활용한다. 아래 단계는 조련 및 재평가를 통해 강습에 사용할 수 있을지 여부를
결정한다.

② 재활승마 팀 구성

재활승마 프로그램 운영을 하는데 있어서 재활승마지도사, 봉사자 (리더, 사이드워커
등)의 역할을 확실하게 구분되어 있다. 이 중 재활승마지도사는 재활승마 운영계획, 강습
관리, 대상자 관리, 말 관리, 봉사자 관리, 시설관리의 6가지로 구분되며 세부내용은 아래
와 같이 요약된다 (정태운 등, 2016).

그림 7-10. 재활 승마 팀의 구성

㉠ 재활승마지도사의 역할

ⓐ 재활승마 운영계획 : 운영계획 수립, 대외협력 추진, 안전교육

ⓑ 강습 관리 : 강습 계획-강습 준비-강습 시행-강습 평가

ⓒ 대상자 관리 : 강습목적에 따라 대상자 평가 및 선정, 진행, 기록관리

ⓓ 말 관리 : 말 선정, 사양 및 건강관리, 말 질병예방 및 응급조치, 훈련 및 유지·관리,
    마구관리

ⓔ 봉사자 관리 : 모집, 교육, 일정 관리

ⓕ 시설 관리 : 편의시설 관리, 강습장 및 기타시설관리, 안전 점검 등

(5) 재활승마의 강습

① 재활승마 프로그램

㉠ 대상자 관리 : 재활승마에 참여하는 대상자에 대한 강습 계획, 강습 운영, 강습 결과 및 평가에 이르기까지 재활승마 지도 방법이나 목표 설정 등 전반적인 관리가 필요하다.

㉡ 강습 계획 : 재활승마 강습 시 어떠한 목표를 가지고 어떻게 지도할지 강습목표 설정에 대한 계획으로 중·장기 강습 계획, 단기 강습 계획 (일일 강습 계획, 주간 강습 계획)으로 나뉜다.

㉢ 승마 및 하마 : 승마 전 확인 사항, 승마 전 운동, 승마 장소, 기승 및 하마, 강습 종료 후의 강습에 대한 체계적 관리를 해야 한다.

② 기승활동 시 주의사항

㉠ 기승자의 승마자세 : 긍정적인 재활승마 효과를 기대하기 위해 기승자의 자세는 매우 중요하다. 특히 재활승마의 경우 말의 움직임을 흡수하고 그 움직임을 통한 재활 효과를 극대화하기 위해 올바른 기승자세를 유지해야 한다.

㉡ 지도사의 태도 및 강습 방법 : 강습에서 기승자의 기승술을 향상하도록 지도하고 말과 봉사자를 배려하며 원활한 강습을 이끌어야 한다.

㉢ 사이드워커의 보조 : 재활승마지도사가 기승자의 능력에 따라 다양한 보조방법을 사이드워커에게 보조를 요청한다.

 # 2. 개를 매개로 한 치료

개는 30,000년 전에 인간에 의해 가축화된 이래 인류의 진화에 중요한 역할을 하고 있다 (Wang et al., 2016). 개는 인간을 보호하고 사냥 및 목축을 포함한 많은 작업을 함께하며 인간을 도왔다. 개는 인간과 의사소통을 하기 위해 인간의 사회적 의사소통 행동을 이해할 수 있도록 적응되어 왔으며 (Hare and Tomasello, 2005) 개는 인간의 행위를 읽고 해석하는 데 능숙할 뿐만 아니라 대화를 자극하고 낯선 사람의 친근한 행동을 통해 인간의 친사회적 행동을 촉진할 수 있다 (Gueguen and Ciccotti, 2008). 또한, 친근한 사람과 상호작용할 수 있고 사람의 요구에 따라 책임과 역할을 학습할 수 있다. 문을 열어준다든지 발작하는 사람에 대한 신호를 주는 등의 도움을 자발적으로 할 수 있다. 따라서 개는 동물 매개치료에서 정신과 치료와 물리치료에서 가장 많이 사용되었고 지난 수십 년 동안 인간 건강 증진에서 사회적 동반자로서의 역할이 강조되었으며, 이와 관련된 많은 연구가 진행되고 있다 (Beck et al., 2003; O'Haire, 2010). 개를 매개로 한 치료는 인간과 개 사이의 연결을 기반으로 하며, 개는 파트너로서 촉진자이자 동기 부여자로서의 역할을 한다. 전문가들은 자폐아, 위험에 처한 청소년, 치매 노인, 신경 심리학적 질환을 앓고 있는 사람들, 생리적 장애가 있는 어린이를 돕기 위해 동물매개치료법을 권장한다. 또한, 개는 기쁨, 살고 싶은 욕구를 제공하며 치유 과정을 가속화 한다.

(1) 치료도우미견 (Therapy dogs)의 개념

① 치료도우미견의 정의

동물매개치료에서 중재 역할을 맡아 하는 동물을 치료도우미동물이라 하며, 그중에서 개를 치료도우미견이라 한다. 치료도우미견은 동물매개치료에서 가장 많이 활용되는 동물이다. 그 이유는 개와 사람의 오랜 역사 속에서 유대 관계가 강하게 형성되어 있어 동물매개치료 프로그램에서 대상자와 상호작용을 쉽게 유도하며 통제나 위생 문제에 있어서 다른 어떤 동물보다 우수하기 때문이다.

② 치료도우미견의 분류

㉠ 방문 치료도우미견

방문 치료도우미견은 병원, 요양원, 구금시설 및 재활 시설을 방문하며 시간을 할애하는 가정용 반려동물이다. 방문 치료도우미견은 정신적 또는 신체적 질병이나 법원명령으로 집을 떠나야 하는 사람들의 심리적인 안정을 돕는다. 치료도우미견은 환자를 단조로움에서 벗어나 자신의 병을 이겨내고 안정감과 희망을 느낄 수 있는 순간을 공유함으로써 일상을 활기차게 유지하도록 돕는다. 또한, 현실과의 접촉을 자극하여 자기 관리를 촉진하며, 행복감을 느끼게 함으로써 건강을 증진할 수 있도록 돕는다. 더 나아가 치료 후 집으로 돌아갔을 때 자신의 반려동물을 잘 보살필 수 있는 의지를 갖게 하여 치료나 치료 동기를 부여할 수 있다.

㉡ 보조 치료도우미견

작업치료사가 사람의 신체치료 회복을 위한 목표를 달성하도록 돕는다. 치료에 도움이 될 수 있는 작업에는 사지의 움직임, 미세한 운동 제어 및 집에서 반려동물을 돌보기 위한 반려동물 관리 기술 회복이 포함된다. 동물 보조 치료도우미견은 일반적으로 재활 시설에서 임무를 수행한다.

ⓒ 시설 치료도우미견

이 개들은 주로 양로원에서 일하며 종종 알츠하이머 또는 기타 정신 질환 환자가 문제에 빠지지 않도록 돕도록 훈련을 받는다. 시설 치료도우미견은 훈련된 직원이 관리하며 시설에서 생활한다. 시설 내에서 치료도우미견의 존재는 두려움, 불신, 분노 및 공격성을 감소시키고 대인관계를 풍부하게 하는 데 도움이 된다.

③ 개를 매개로 한 치료 프로그램 및 효과

표 7-5. 산책 프로그램

대상	아동, 청소년, 성인, 개인, 가구당
준비물	치료도우미견, 리드 줄 2개, 애견 간식
시간	40분
활동	내담자는 개 뒤로 가서 1~2m로 리드 줄을 잡는다. 치료 도우미견에 더블리드 줄을 착용시킨다. 동물매개심리상담사는 실제적인 통제자로서 치료도우미견의 머리 쪽에 서 있으며, 개의 어깨띠 쪽에 붙어 있는 짧은 가죽끈을 사용한다. 내담자와 치료도우미견과 보조를 맞춰 천천히 걷거나 나무숲을 걸으며 활동 및 치료, 상담을 할 수 있다.
효과	인내력/지구력 증가, 우울/의기소침 감소, 기억/상기력 증가, 교감력 상승 등

표 7-6. 책 읽어주기 프로그램

대상	아동, 노인
준비물	치료 도우미견, 동화책
시간	30분
활동	인내심 훈련이 된 치료 도우미견을 준비한다. 동물매개심리상담사는 치료도우미견 옆에서 응급상황에 대비한다. 짧은 글의 동화책을 치료도우미견에게 읽어주게 한다.
효과	인내력/지구력 증가, 우울/의기소침 감소, 기억/상기력 증가, 교감력 상승 등

표 7-7. 토론 프로그램

대상	아동, 청소년, 성인, 개인, 집단
준비물	동물 관련 동화책, 토론 주제에 관한 서적
시간	10분
활동	동물에 관련한 논쟁이 될 만한 주제를 선택하여 내담자들에게 실질적이고 서로를 존중하는 대화의 장을 열게 만드는 기회를 제공한다.
효과	올바른 감정 조절 및 감정 표현, 사회적 상호작용/건설적 관계 형성

(2) 개를 매개로 한 치료의 역사

1919년 미국에서는 제1차 세계대전 후 정신 질환이 생긴 참전 병사들에게 개를 키우게 하면서 서로 유대감을 높여주고 치료에 도움이 된다는 것을 발견했다. 그 이후 워싱턴의 요양원에서 환자들에게 개를 매개로 한 치료를 시작했다. 미국 소아정신과 의사 Boris Lavinson은 'Pet therapy'라는 용어를 처음 사용하였고 개를 매개로 다양한 영역에서 치료에 이용하여 개척자의 역할을 했다. 1973년부터 양로원과 기타 특수시설에서 방문 치료 프로그램을 시작하여 개를 매개로 한 치료 방법이 지금까지 인정받고 있다.

(3) 대상자에 따른 동물매개치료

① 아동 대상

지난 30년간 세계 각국에서 인간과 동물의 관계에 관한 여러 연구가 진행되었다. 그중 동물이 아동들에게 미치는 효과는 자신감, 사회성, 자존심, 인내력, 책임감, 그리고 가족과의 대화 등이 주목받고 있으며 (구본권, 2004), 동물을 쓰다듬어주는 일은 아동을 위로해주고 안정감을 주는 효과가 있다. 반려견이 복종훈련을 받을 수 있는 능력은 아동에게 이런 훈련기술을 개발할 수 있는 계기를 촉진해줄 수 있으며, 아동의 자기개념과 자아존중감을 강화해 줄 수 있다.

㉠ 어린이에게 반려동물이 주는 이점

ⓐ 반려동물은 어린이들이 자기통제를 발달하도록 도울 수 있는 역할을 수행할 수 있다.

ⓑ 반려동물은 자신을 돌봐주는 주인들에 대한 조건 없는 애정과 충성심을 보여주고 어린 강아지 돌보기 등의 다양한 간접 경험을 어린이에게 제공할 수 있다.

ⓒ 어린이들은 자신의 반려동물과 어른들이 이해하기 어려운 특별한 교감을 형성할 수 있다.

ⓓ 어린 시절 반려동물을 길러본 어린이들은 사자나 돼지, 닭이나 뱀과 같은 다른 동물들에 덜 부정적인 태도를 보이게 된다는 사실이 보고되고 있다.

ⓔ 반려동물은 어린이에게 교육 및 정신적으로 도움을 주는 역할을 다양하게 할 수 있다.

표 7-8. 아동에 대한 동물매개치료 적용 및 효과

적용 분야	• 학교폭력이나 따돌림을 당하는 아동 • 자폐 아동 • ADHD 아동 • 발달 장애 아동
효과	• 자기통제 발달 • 교감 형성 • 동물에 대한 덜 부정적인 태도 • 교육 및 정신적으로 도움 • 사회성 증가

ⓛ 자폐스펙트럼장애 대상

자폐스펙트럼장애의 주요 임상적 특징으로는 사람과의 관계 형성 부족, 신체 사용의 부적절성, 물체 사용의 부적절성, 변화수용에 대한 어려움, 시각적 반응의 부적절성, 공포증 및 신경 과민성 반응, 언어에 대한 의사소통의 문제, 활동수준의 부적절성, 지적 기능의 수준과 발달의 문제 등이 있다. 이런 자폐 아동은 반려동물과 상호작용을 함으로써 접촉으로 인한 즐거움을 찾을 수 있으며, 이러한 기전으로 동물과 함께하는 즐거운 놀이 경험이 자폐 아동에게 사회적 발달을 촉진해줄 기회를 제공한다. 반려견과의 놀이활동이 자폐 아동의 사회적 지식, 모방 행동, 거울 보기, 규칙 알기, 놀이활동 증진을 유도할 수 있다 (이진숙, 2004).

ⓒ ADHD 아동

주의력 결핍/과잉행동 장애 (ADHD)는 어린이들에게 가장 흔한 정신건강 문제이며, 자존감 저하와 관련이 있다. ADHD가 있는 아동은 주의력, 작업 기억력 및 억제를 포함한 실행 기능 (Executive function)의 기술 (자기 인식 및 자기 조절에 필수적인 모든 기술)의 결함으로 인한 특징적인 장애를 보인다. ADHD 아동은 사회성이 부족 하거나 문제 행동을 보이며, 성인이 될 때까지 다른 정신건강 장애가 발생할 위험이 더 크다 (Hechtman et al., 2018). 약물 요법 (Atomoxetine, Methylphenidate)은 ADHD

에 대한 일반적인 치료 방법이지만 치료 성공률이 낮거나 (Schneider and Enenbach, 2014) 장기간 각성제를 복용하는 경우 아동의 성장에 부정적인 영향을 줄 수 있다 (Swanson et al., 2006, Swanson et al., 2007). 이로 인해 보호자들은 동물매개치료를 선호한다. 동물매개치료를 받는 ADHD 아동은 살아있는 개와의 상호작용을 통해 인지된 자아능력, 행동 및 학업능력의 향상을 유도할 수 있다 (Sabrina et al., 2018).

(출처 : Sabrina et al., 2018)

그림 7-11. ADHD 아동을 상대로 개를 주제로 한 심리 사회적 기술 훈련

㉣ 발달 장애 아동

발달장애 (지적장애, 뇌성 마비, 전반적 발달 장애, 자폐성 장애 등) 아동은 개개인의 능력이 다르고 일상생활 전반이나 특별한 도움이 필요하다. 동물매개치료요법은 동물과의 상호작용을 높이고 재활 및 일반복지에 수많은 이점을 제공한다. 동물과 유대감을 형성하고 책임감을 높여주고, 재활목표를 달성하려는 동기를 심어주고 발달 장애 아동에게 행복감을 주는 기능을 한다. 또한, 발달 장애 아동은 또래들로부터 사회적 고립감을 경험하게 되는데 동물매개치료요법을 통해 사회적 고립감을 덜어주고 집중력 향상 및 사회적 환경에 대한 이해도가 증가하는 특정한 이점이 있다고 보고했다 (Martin and Farnum, 2002).

② 노인 대상

애지중지 키우던 자녀가 독립하고 나면 부모는 허탈감을 느낀다. 또한, 신체적 쇠퇴, 역할상실, 능력감퇴, 사회적 접촉의 감소와 고립, 배우자 사망, 동년배의 죽음을 통해 다양한 상실을 경험하게 되고 우울감이 더욱 증가하게 된다 (김동배, 손의성. 2005). Bruck (1996)은 동물매개치료 프로그램 동안에 동물들은 불행한 노인들을 미소짓고 웃게 만들었으며, 말을 하지 않던 노인들이 그들의 개들에 대해 이야기 하도록 만들었다. 고립되어 고독과 우울감을 가지고 있던 노인들은 그들의 어린 시절에 함께했던 반려동물에 대한 추억에 잠기게 하는 등의 빠르고 긍정적인 효과를 나타낸다고 보고했다.

표 7-9. 노인에 대한 동물매개치료 적용 및 효과

적용 분야	• 치매 • 알츠하이머 노인환자 • 노인 요양시설 • 독거 노인 • 노인 대상 프로그램
효과	• 우울감 감소 • 사회성 증가 • 자아존중감 향상 • 신체기능 향상 • 인지기능 향상

(출처 : 동물매개치료 입문 (김옥진, 2015))

참고문헌

Beck A.M., Katcher A.H. 2003. Future directions in human-animal bond research. Am. Behav. Sci. 47:79 - 93. doi : 10.1177/0002764203255214.

Gueguen N. and Ciccotti S. 2008. Domestic dogs as facilitators in social interaction : An evaluation of helping and courtship behaviors. Anthrozoös. 21:339 - 349. doi : 10.2752/175303708X371564.

Hare B. and Tomasello M. 2005. Human-like social skills in dogs? Trends Cogn. Sci. 9:439 - 444. doi : 10.1016/j.tics.2005.07.003.

Hechtman L. et al. 2018. "Functional adult outcomes 16 years after childhood diagnosis of attention-deficit/hyperactivity disorder : MTA results" : corrigendum. J Am Acad Child Adolesc Psychiatry 57:225 10.1016/j.jaac.2018.01.007.

Martin, F. and Farnum, J. 2002. Animal-assisted therapy for children with pervasive developmental disorders. Western journal of nursing research, 24 (6), 657-670.

O'Haire M. 2010. Companion animals and human health : Benefits, challenges, and the road ahead. J. Vet. Behav. 5:226‑234. doi : 10.1016/j.jveb.2010.02.002.

Schneider BN. and Enenbach M. 2014. Managing the risks of ADHD treatments. Curr Psychiatry Rep. 16:479. 10.1007/s11920-014-0479-3.

Schuck S. et al. 2018. The role of animal assisted intervention on improving self-esteem in children with attention deficit/hyperactivity disorder. Frontiers in pediatrics, 6, 300.

Swanson J et al. 2006. Stimulant-related reductions of growth rates in the PATS. J Am Acad Child Adolesc Psychiatry 45:1304‑13. 10.1097/01.chi.0000235075.25038.5a.

Swanson JM. et al. 2007. Effects of stimulant medication on growth rates across 3 years in the MTA follow-up. J Am Acad Child Adolesc Psychiatry 46:1015‑27. 10.1097/chi.0b013e3180686d7e.

Wang G.D. et al. 2016. Out of southern East Asia : The natural history of domestic dogs across the world. Cell Res. 26:21‑33. doi : 10.1038/cr.2015.147.

강옥득. 2012. 재활승마 강습을 위한 레슨플랜. 성덕대학교 출판부. 제주 : 대영출판사.

김성곤, 황인호, 차주환, 장성화, 김순자, 윤향숙. 2014. 학교폭력 예방의 이론과 실제. 서울 : 동문사.

김옥진. 2012. 동물매개치료 이해와 적용. 서울 : 문운당.

김옥진. 2015. 동물매개치료 입문. 서울 : 동일출판사.

김옥진, 장성민, 강원국, 임소영, 장옥기. 2017. 동물매개치료의 기법과 적용. 서울 : 형설 아카데미.

정태운, 김태수, 심다혜, 고유빈, 박영재, 박금란, 백승익. 2016. 말산업 국가자격시험교재 「재활승마」, 한국마사회, 서울, 대한미디어.

피타 켈레크나. 2019. 말의 세계사, 경기, 글항아리.

제8장

반려동물의 영양관리

이홍구, 민태선, 박만호

I 반려견 및 반려묘

1. 반려동물의 영양소

(1) 영양소의 정의

반려동물에 있어서 영양소란 탄수화물, 지방, 단백질, 비타민, 광물질, 물 등으로 반려동물의 성장, 재생, 번식 등을 위해 사료를 통하여 공급되어 체내에서 이용되는 물질을 말한다. 반려동물의 체구성은 단백질, 지방, 광물질 그리고 대부분 물로 이루어져 있으며, 영양소 중 탄수화물은 주로 체내 에너지로 이용되기 때문에 몸의 구성성분에는 제외된다. 또한, 필수영양소는 동물의 체내에서 합성되지 않거나, 합성량이 적기 때문에 동물의 요구량을 맞추기 위하여 체외 음식물로부터 섭취하여야 하는 영양소를 말한다.

(2) 영양소의 기능 및 종류

영양소는 동물 체내에서 에너지를 제공하며 동물체 구조를 형성함은 물론 유전자 발현의 조절자로서 중요한 역할을 한다. 주요 5대 영양소는 탄수화물, 단백질, 지방, 비타민, 광물질이지만, 최근에는 물을 포함하여 6대 영양소로 분류한다. 5대 영양소 중에서 에너지원에 속하는 영양소는 탄수화물, 단백질, 지방 세 가지며, 광물질과 비타민은 체내에서 분해되어 에너지를 생산하지 못한다.

① 물 (Water)

물은 생명을 지속시키는 데 필수적으로 동물체내 수분 함량은 유아기에는 80% 이상을 차지하나, 성체가 되면 50~70% 정도의 수분 함량을 보인다. 물은 영양소의 분해와 소화관 내 음식물의 이동을 돕고 세포 모양을 유지하는 압력을 제공하며 체내 노폐물과 독성물질을 체외로 배출시킨다. 동물 체내에서 수분 손실이 20%에 달하면 죽음에 이른다. 1일 물 섭취량은 체중kg 당 반려견은 60~80mL 정도이며, 반려묘는 40~50mL 이다.

② 단백질 (Protein)

영양소 중 단백질은 20가지 이상의 필수 및 비필수 아미노산이 펩타이드 결합하여 구성된 동물 체내의 모든 조직을 형성하는 중요한 영양소이다. 섭취한 단백질은 동물의 성장 및 생산활동에 꼭 필요한 영양소로, 생명현상의 유지를 위하여 조직세포의 생성과 보수에 관여한다. 동물 체내의 모든 효소 (Enzyme)와 항체 (Antibody), 그리고 많은 호르몬 (Hormone)이 단백질로 되어있다. 단백질은 탄수화물, 지방과 같이 체내에 에너지를 제공함은 물론, 근육, 털, 골격 그리고 모든 다른 세포들이 단백질로 만들어진다. 단백질을 구성하는 아미노산 중 필수아미노산은, 사람의 경우는 페닐알아닌 (Phenylalanine), 발린 (Valine), 쓰레오닌 (Threonine), 트립토판 (Tryptophan), 아이소류신 (Isoleucine), 메티오닌 (Methionine), 히스티딘 (Histidine), 라이신 (Lysine), 류신 (Leucine)이지만 반려견의 경우는 아르지닌 (Arginine), 반려묘는 아르지닌과 타우린 (Taurine)이 추가된다. 일반적으로 반려동물 중 육식동물인 반려견과 반려묘는 일반 가축보다 단백질 요구량이 높다. 단백질 요구량은 어릴수록 높으며, 성장이 완료되면 그 요구량은 점차 감소한다.

③ 탄수화물 (Carbohydrate)

동물에게 있어서 탄수화물은 가장 값이 저렴한 에너지 공급원으로, 체내에서 지방산과 아미노산 합성의 원료로 이용되며, 혈액 중 포도당의 농도 유지에 도움을 준다. 아울러 섬유성 탄수화물은 설사와 변비를 예방하는 기능이 있다. 대부분 식물에 존재하며 전분 (Starch), 셀룰로오스 (Cellulose)가 여기에 속한다. 탄수화물은 구성하는 당의 구조에 따라 단당류 (Monosaccharide), 이당류 (Disaccharide), 다당류 (Polysaccharide)로 분류된다. 단당류는 단순 당 (Simple sugar)으로 삼탄당 (Triose), 사탄당 (Tetrose), 오탄당 (Pentose), 육탄당 (Hexose) 등이 있다. 육탄당에는 포도당 (Glucose), 과당 (Fructose), 갈락토스 (Galactose), 만노오스 (Mannose)가 있고, 이당류는 엿당 (Maltose = glucose + glucose), 자당 (Sucrose = glucose + fructose), 유당 (Lactose = glucose + galactose)이 있다. 다당류는 아밀로오스 (Amylose), 아밀로펙틴 (Amylopectin), 글리코겐 (Glycogen), 셀룰로오스 (Cellulose), 헤미셀룰로오스 (Hemicellulose) 등이 있다. 아밀로오스와 아밀로펙틴은 전분의 주성분이며, 셀룰로오스와 헤미셀룰로오스는 식물 세포벽의 주된 성분이다. 섬유소는 셀룰로오스, 헤미셀룰로오스, 리그닌, 펙틴 (Pectin)으로 구성되며, 체내의 소화기관에서 분비되는 소화 효소에 의해서 분해되지 않는다. 하지만 반추동물 (소, 양 등)은 일부 셀룰로스 분해 효소 (Cellulase)를 이용 및 분해하여 영양물질을 얻기도 한다. 그러나, 일반 반려견과 반려묘는 영양원으로 이용할 수 없다.

④ 지질 (Lipid)

지질은 지방과 오일을 포함한 용어이다. 지질은 물에 용해되지 않고, 유기용매에 녹는다. 지질은 세포 내 고농축된 에너지 공급원으로 오랜시간 지구력을 요하는 에너지 대사에 주로 쓰인다. 식물에서는 주로 씨에 다량의 지질이 함유되고 있다. 동물의 과다한 에너지는 지방의 형태로 저장되어 이용된다. 지질의 기능으로는 에너지 공급 및 저장, 세포막의 구성성분, 필수지방산 및 지용성 비타민 공급, 체온 유지와 복부 충격 흡수 및 쿠션 역할 등이 있다.

지방은 중성지방, 인지질, 스테로이드, 왁스 등으로 분류된다. 중성지방은 글리세롤 한 분자와 지방산 세 분자로 구성된다. 참고로 디글리세라이드 (Di-glyceride)는 글리세롤 한 분자에 지방산 두 분자가 결합되어 있고, 모노글리세라이드 (Mono-glyceride)는 지방산 한 분자가 결합되어 있는 것을 말한다. 지방산은 포화지방산 (Saturated fatty acid)과 불포화지방산 (Unsaturated fatty acid)으로 구분할 수 있는데 포화지방산의 지방산 사슬은 전부 또는 대부분 단일 결합을 가지며, 불포화지방산은 지방산 사슬 내에 한 개 이상의 이중결합이 있는 지방산이다. 이 불포화지방산은 동물 체내의 성 (性)호르몬을 합성하는데 기본이 되는 물질로, 번식에 중요한 역할을 한다. 필수지방산은 리놀레산 (Linoleic acid), 리놀렌산 (Linolenic acid), 아라키돈산 (Arachidonic acid)이며, 부족 증상으로 성장 저하, 음수량 증가 및 부종 발생, 미생물 감염 증가, 성 성숙 지연 및 번식 장애, 피모 불량 및 피부병 유발, 세포막 손상 등이 있다. 이들 불포화지방산 중 탄소 수가 지방산 말단의 오메가 말단 ($-CH_3$)의 탄소로부터 3번째 그리고 6번째에 이중결합이 있는 지방산을 오메가-3 (Omega-3 fatty acid)와 오메가-6 지방산 (Omega-6 fatty acid)이라고 각각 말한다. 오메가-3 지방산은 필수지방산의 하나로 성호르몬을 생산하여 번식기능을 원활하게 하고 두뇌활동을 이롭게 하며 혈관에 축적된 콜레스테롤 (Cholesterol)을 낮추어 혈관 건강을 돕는 중요한 영양물질이다.

⑤ 비타민 (Vitamin)

비타민은 생명활동에 반드시 필요한 아민 물질이라는 의미로 'vita'와 'amine'이 결합하여 Vitamin으로 명명되고, 화학적으로 규명된 순서대로 비타민 A, B, C, D 등으로 세분화된다. 비타민의 기능은 각종 조효소의 구성성분이며 단백질, 탄수화물, 지방 및 광물질의 대사 작용을 촉진하는 역할을 한다.

지용성 비타민은 A (Retinol), D (Cholecalciferol), E (Tocopherol), K (Phyloquinone)이며, 이들 지용성 비타민은 지방이 흡수될때 함께 흡수되고, 이때 담

즙염이 이들의 흡수에 중요한 역할을 한다. 아울러 지용성 비타민은 필요 이상 섭취하면 중독증상을 일으키게 된다. 수용성 비타민은 B1 (Thiamine), B2 (Riboflavin), B3 (Niacin), B5 (Pantothenic acid), B6 (Phyridoxine), B7 (Biotin), B9 (Folic acid), C (Ascorbic acid), B12 (Cobalamin)이며, 이들은 다량 섭취하여도 축적되지 않고 소변으로 배설되므로 매일 권장량을 섭취해야 한다.

⑥ 광물질 (Mineral)

광물질의 주된 기능은 ㉠ 뼈와 치아를 구성하는 주요성분, ㉡ 세포 내외에 녹아 있어 삼투압 조절과 영양소의 능동 수송에 필요하고, ㉢ 연 조직 (근육, 피부, 신경조직, 혈액)의 구성성분으로 체내 유기물과 결합하며, ㉣ 체액과 혈액의 산-염기 평형 상태의 조절 역할, ㉤ 각종 효소의 구성성분 및 대사반응 촉진, ㉥ 혈액 응고에 중요한 역할을 한다.

광물질은 필요성에 따라서 필수 광물질, 준필수 광물질 (Al 등), 비필수 광물질 (Cr 등), 독성 광물질로 분류된다. 필수 광물질 중 다량광물질 (Major 또는 Macro mineral)은 동물 체내에서 다량으로 존재하는 광물질로서 칼슘 (Ca), 마그네슘 (Mg), 나트륨 (Na), 황 (S), 인 (P), 염소 (Cl), 칼륨 (K) 등이 있다. 미량광물질 (Trace 또는 Micro mineral)은 동물 체내에서 미량이지만 꼭 필요한 광물질로서 필수 미량광물질에는 철 (Fe), 몰리브덴 (Mo), 구리 (Cu), 셀레늄 (Se), 망간 (Mn), 코발트 (Co), 요오드 (I), 아연 (Zn), 불소 (F) 등이 있다. 필수 미량광물질은 동물마다 다를 수 있다. 독성 광물질은 구리, 셀레늄, 크롬 등이 있고, 납 (Pb), 비소 (As), 카드뮴 (Cd), 수은 (Hg) 등도 독성 광물질에 속한다.

2. 소화기관의 특성

소화기관은 소화 장관 (Gastrointestinal tract)과 분비기관 (Glandular organs)으로 이루어진 동물 기관계의 한 부분이다. 일반적으로 소화 장관은 입 (Mouth), 인두 (Pharynx), 위 (Stomach), 소장 (Small intestine), 대장 (Large intestine)이 있으며, 분비기관은 타액선 (Salivary glands), 간 (Liver), 담낭 (Gallbladder), 췌장 (Pancreas)을 포함한다. 소화기관은 ㉠ 음식물을 소화하는 기능, ㉡ 음식물의 소화를 위한 다양한 내·외 분비 기능, ㉢ 소화된 음식물의 체내 흡수기능, ㉣ 소화기관에 유입된 음식물들과 소화액의 혼합 및 이들의 하부 소화기관으로 이동시키는 운동기능의 4가지 주요 기능을 가지고 있다.

(1) 반려동물의 소화기관의 특징

대사적인 측면에서 볼 때 반려견은 "육식성 잡식동물"이고, 반려묘는 "완전 육식동물"로 분류된다. 반려묘는 먹이가 되는 고기, 즉 동물조직에 풍부하게 포함되어 있는 질소화합물이나 지방산 등에 대해서는 과잉섭취에 의한 부담이 없는 동물이다. 이런 특징 때문에 반려묘는 '완전 육식'으로 불린다. 반면 반려묘와는 달리 반려견은 주요한 먹이인 고기, 즉 동물조직에 포함되는 질소화합물의 합성계를 가지고 체내에 축적하는 것이 가능하다. 당에 대해서도 반응하기 쉽고 사람과 마찬가지로 지방으로 축적한다. 아울러 반려견은 체내에 들어온 영양성분이 과잉이어도 이를 배출하지 않고 축적해 주는 반면, 부족할 때는 축적된 영양성분을 분해 및 합성해 에너지나 단백질로 변환하여 이용할 수 있다. 또한, 음식물을 섭취할 수 없게 되거나 영양 성분이 부족해질 때는 생리대사과정을 스스로 억제해 체내에 축적된 영양성분을 이용할 수도 있다.

일반적으로 육식 또는 육식성 잡식동물인 반려묘와 반려견의 소화기계통은 반추동물과는 달리 위가 나뉘어 있지 않고, 한 개의 공간으로 된 기본 구조를 가진 단위 (單胃)로 분류된다. 장관 길이는 육식동물이 섭취하는 고기 성분은 소화되기 쉽기 때문에 상대적으로 짧고 위의 구조는 단순하다. 치아는 날카롭고 강하며, 턱은 가위와 같은 역할을 한다. 이러한 구조는 먹이의 뼈를 으스러뜨리고 살점을 잘게 찢는 것을 가능하게 한다. 소화계통의 장관은 다양한 직경을 가진 긴 관으로 구성되어 있다. 각 부위는 유사한 구조로 되어 있으나, 기능적으로 차이가 있다. 각 소화기관의 특징을 살펴보면 다음과 같다.

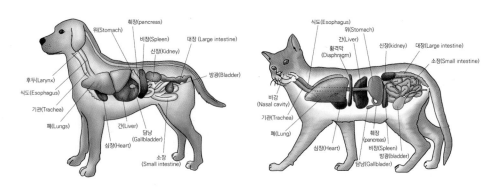

반려견 (Dog)   반려묘 (Cat)

그림 8-1. 반려동물의 소화계

① 입 (Mouth)

입은 혀, 치아 및 침샘으로 구성되어 있으며, 입안은 머리뼈로 이루어져 있다. 위턱뼈와 앞니는 위턱을 구성하며 입천장뼈는 입천장을 구성한다. 아래턱은 좌우 쪽을 이룬 아래턱뼈가 아래턱과 결합하여 단단히 결합하여 구성되어 있다. 아래턱뼈는 머리뼈의 관자뼈와 만나 턱관절을 형성한다. 육식동물에서 턱관절은 먹이로 잡힌 동물의 뼈와 고기를 분리하는 가위 같은 역할을 담당한다. 입의 입구는 피부 안이 근육으로 구성된 입술에 의해 조절되며 윗입술은 인중으로 알려진 구조에 의해 수직으로 구분된다. 혀의 뿌리쪽 근육들은 아래턱뼈 안쪽에 있는 혀뼈에 부착되어 있다. 혀는 점액성 막으로 덮여 있으며, 유두가 있어 혀의 등쪽 표면은 두껍게 느껴진다. 아울러 혀는 털을 고르거나 음식물을 쉽게 식괴로 만드는 데 활용되기도 한다. 미뢰는 혀의 등 쪽 면의 뒤쪽 부위에서 발견되며, 신경섬유로 연결되어 맛을 전뇌로 전달하는 기능을 담당한다. 치아는 위턱과 아래턱에 심겨 있는 단단한 구조 형태로 구성되며, 앞니, 송곳니, 작은어금니, 어금니로 구성되는데 잇몸에 소켓 모양으로 형성된 틀에 단단히 박혀있는 구조를 띤다. 반려견은 치아 구조의 특징상 음식을 오래 씹지 않으며, 사람보다 구강에서 맛을 느낄 수 있는 미뢰가 적기에 사람만큼 강하게 맛을 느끼지 못한다. 그러나 냄새를 맡을 수 있는 후각 수용기는 사람보다 훨씬 많아 반려견의 경우 음식의 맛보다 냄새가 더 중요하다고 할 수 있다. 반려견은 고기 맛, 짠맛, 단맛, 그리고 지방 맛을 좋아한다. 한편, 반려묘는 탄수화물 섭취가 불필요하므로 탄수화물이 갖는 단맛을 인지하지 못한다. 반면에 쓴맛과 신맛에는 예민하므로 이를 통해 음식물이 상했는지 판별할 수 있다.

㉠ 침 (Saliva)

반려동물의 침은 99% 물과 1% 염분과 기타 고형성분들로 이루어져 있다. 침 분비 자극에는 교감 및 부교감신경계가 관여하는데 화학수용체와 압수용체에 의해 개시된다. 침샘은 위치에 따라 광대샘, 귀밑샘, 혀밑샘, 턱샘으로 부르며, 동물이 음식물, 공포, 통증, 자극성 가스, 화학물질에 노출되면 과다하게 분비된다. 침은 음식물 윤활제이며 체온조절(헐떡임, 털 또는 피부에 침을 바름) 기능을 가진다. 반려견과 반려묘는 침에 아밀레이즈 효소가 거의 분비되지 않는다.

㉡ 치아

반려동물은 종류에 따라 특징적인 치식을 가지고 있으며, 일반적으로 수의사들은 치아의 수와 상태를 통해 동물의 나이 및 건강상태를 진단할 수 있다. 일반적으로 동물은 치아를 통하여 씹는 행위를 하는데 동물 치아의 위아래 분포는 표 8-1와 같다. 육식동물인 반려견과 반려묘는 송곳니가 발달하여 있으며 반려묘의 경우 앞어금니, 반려견의 경우는 어금니의 위아래 수가 서로 다르다는 것이 특징이다. 반면에 초식동물인 반추동물의 경우 송곳니와 앞니 윗니가 없는 것이 특징이다.

표 8-1. 동물의 치아분포

종		앞니	송곳니	앞어금니	어금니
초식동물	면양	0/8	0/0	6/6	6/6
	산양	0/8	0/0	6/6	6/6
	소	0/8	0/0	6/6	6/6
잡식동물	돼지	6/6	2/2	8/8	6/6
	인간	4/4	2/2	4/4	6/6
육식동물	개	6/6	2/2	8/8	4/6
	고양이	6/6	2/2	6/4	2/2

※ 분자 : 윗니, 문모 : 아랫니

ⓒ 인두 (Pharynx)

구강과 비강이 합쳐졌다가 다시 후두 (Larynx)와 식도로 나뉘는 부분이며, 설근과 마주하고 있다. 공기와 음식물을 공유하는 기관이지만 음식을 섭취할 때에는 후두개가 후두를 막아주므로 음식물이 기관 (Trachea)으로 넘어가는 일은 거의 없다.

② 식도 (Esophagus)

식도는 구강과 위를 연결하는 관으로 근충, 외막, 점막 및 점막하층의 4층으로 구성되어 있으며, 위까지 괄약근이 길게 연결된 기관이다. 삼킨 음식물은 식도를 통과하여 주기적인 근육 수축을 통해 위 속으로 이동한다 (연동). 식도의 연동은 동물의 종류나 신경세포에 따라 조금씩 다르지만 반려견의 경우에는 초당 2~5cm의 속도로 이동하고 섭취한 음식물이 식도를 통과하는데 걸리는 시간은 4~5초 정도이다.

③ 위 (Stomach)

반려견과 반려묘의 위는 단위 (單胃)로 생물학적으로 분문부 (Cardiac region), 위저부 (Fundic region), 유문부 (Pyloric region)로 나뉘고 각 부위에 선 (Gland)이 있다. 이외에 식도에서 위로 연결되는 부분에 분문괄약근 (Cardiac sphinter)이 있어 음식의 위내로의 유입과 위내의 음식물의 역류를 막는다. 분문부 및 유문부에서는 점액이 분비된다. 위저부는 위체 (Stomach body)를 포함하는데 이들 점막에는 주세포 (Chief cell), 점액세포 (Mucous cell), 내분비세포 (Endocrine cell), 벽세포 (Parietal cell)가 있다. 주세포에서 펩시노겐 (Pepsinogen), 벽세포에서 염산 (HCl), 점액세포에는 점액 (Mucose), 내분비 세포에서는 가스트린 (Gastrin) 호르몬이 분비된다.

위의 구조는 그림 8-2와 같다. 반려견의 위는 확장력이 커서 음식을 한꺼번에 많이 먹을 수 있다. 체중에 따라 kg당 30~35g의 음식을 섭취할 수 있고 품종에 따라 1~9ℓ 까지의 위 용량을 갖는다. 음식을 먹지 않을 때의 위산 분비는 사람보다 적기 때문에 위산 과다 분비에 의한 위궤양은 일어나지 않는다. 그러나 사람이 입으로 먹고 난 음식은 사람에게서 위염, 위암을 유발하는 헬리코박터균이 있어 반려견에도 감염될 수 있으므로, 될 수 있는 대로 주지 않는 것이 안전하다.

④ 소장 (Small intestine)

소장은 직경이 상대적으로 작은 기다란 관으로 십이지장 (Doudenum), 공장 (Jejunum), 회장 (Ileum)으로 구성되어 있다. 소장의 '융모'와 '기다란 관'이라 불리는 작은 돌출부는 영양소가 혈류속으로 흡수될 수 있는 큰 표면적을 제공한다. 소장 내부의 세포는 소장세포 (Enterocytes)라고 불린다. 위에서 부분적으로 소화된 음식물은 소장에서 더 분해된다. 소장의 첫 부분에서 분비되는 소화액은 알카리성을 띄고 있으며 위산이 중화되는 것을 돕는다. 췌장, 간 그리고 소장 내피에서 분비되는 소화액은 단백질, 지방, 탄수화물이 분해되는 것을 돕는다. 큰 지방 분자를 효소에 의해 분해할 수 있는 크기로 유화시키는 간의 담즙 (Bile)은 담낭 (Gallbladder) 속에 저장되었다가 소장으로 보내진다. 소화는 단백질, 지방, 탄수화물이 단일의 아미노산 (Individual amino acids), 단쇄지방산 (Short chain fatty acid) 또는 당 (Sugar)으로 분해되는 과정이다. 미네랄 및 비타민과 함께 작아진 입자들은 소장 내의 벽을 통해 혈류와 림프로 흡수될 수 있다. 여기서부터 이러한 영양소들은 에너지, 유지, 성장, 생산에 사용되기 위해 세포로 이동하게 된다. 소장의 주요 기능은 ㉠ 소화액의 분비, ㉡ 소화된 저분자 영양소 및 비타민과 미네랄의 흡수, ㉢ 전해질의 분비 및 흡수, ㉣ 분절 (혼합)운동 및 연동운동이다.

다른 동물과 비교했을 때 반려견과 반려묘는 상대적으로 짧은 길이의 소장을 가지고 있어 소장 내 통과 시간이 짧고 소화와 흡수를 위해 유효한 표면적이 작다. 따라서 반려견과 반려묘에게는 동물성 단백질 공급원 같이 비교적 소화되기 쉽고 단백질의 질이 높은 성분을 급여하는 것이 중요하다. 아울러 반려견 소장의 기능은 일반적인 잡식성 동물의 기능과 유사하기 때문에 반려견은 소장에 있는 효소를 통하여 음식 속에 있는 탄수화물을 소화하는 비율이 높다. 반려묘의 장의 길이와 몸 전체의 길이의 비율은 4대 1로 장의 길이가 매우 짧고 단순하다. 이와 같은 이유로 반려묘의 소화 능력을 반려견과 비교하면 10% 정도 떨어진다. 어떤 영양소이든 소화 능력과 흡수력이 반려견보다 약하다. 특히 반려견과 비교하였을 때 탄수화물의 소화율이 현저히 낮은데 이는 탄수화물에 대한 소화 효소 분비량이 적기 때문이다.

⑤ 췌장 (Pancreas)

췌장은 소화 (외분비 기능)를 위해 효소를 직접 소장으로 방출하고 인슐린과 같은 혈당 조절 호르몬을 혈류로 방출하는 (내분비 기능) 큰 선이다. 췌장은 몸체의 간이 위치한 부근 (오른쪽)에 위치하여 있고 소장과 위에 붙어있다. 췌장액 (Pancreas juice)은 위의 유문괄약근에서 멀지 않은 췌도관 (Pancreatic duct)을 통해 담도관 (Common bile duct)의 담즙액과 혼합되어 오디괄약문 (Sphincter of oddi)을 통하여 십이지장에 들어가게 된다. 이 즙은 산성 미즙 (Chyme)을 중성화하는 역할을 하며, 또한, 음식물을 더 작은 성분으로 분해하는 효소를 포함하고 있다. 췌장의 베타 세포에 의해 생성되는 인슐린은 혈류로 직접 방출된다.

⑥ 간 (Liver)

간은 반려동물의 신체 장기중에서 가장 크며, 많은 역할을 하는 중요한 기관 중의 하나이다. 간은 호르몬을 분비하는 내분비 세포와 소화액을 분비하는 외분비 세포로 구성된 조직으로 많은 신체 기능에 연관되어 있고 위의 앞부분에 위치한다. 간에서 만들어지는 담즙액은 담낭에 저장되고 담도관을 통하여 췌도관의 췌장액과 혼합되어 소장으로 유입된다. 담즙액의 주요 6가지 성분은 담즙염, 콜레스테롤, 레스틴, 중탄산염, 미량광물질, 담즙색소 (빌리루빈) 이다.

⑦ 담낭 (Gallbladder)

담낭은 간과 위 사이에 위치하며, 간에서 분비하는 담즙액을 보관하는 녹색 주머니 형태 장기로 소장에서 분비하는 CCK (Cholecystokinin)호르몬에 의하여 수축되어 담즙액을 소장으로 분출하는 기관이다.

⑧ 대장 (Large intestine)

해부학적 구조상 대장은 맹장 (Cecum), 직장 (Rectum), 결장 (Colon)으로 이루어져 있다. 소장에서 빠져나온 미즙 (Chyme)은 소장의 끝 부분에 있는 막과 같은 근육부를 통해 대장으로 이동한다. 이 막은 소장으로 다시 내용물들이 들어가지 못하도록 차단하는 역할을 한다. 소장에서 흡수되지 않은 다른 물질들은 짧고 훨씬 큰 직경의 대장을 통과하게 된다. 대장의 중요한 기능은 ㉠ 수분 및 전해질의 흡수, ㉡ 박테리아에 의한 섬유질 발효, ㉢ 단백질과 탄수화물의 추가 분해, ㉣ 배변까지 배설물 저장이다. 일반적으로 배설물의 농도와 양은 섭취된 음식물에 포함된 소화되지 않는 물질의 양, 흡수된 물의 양, 통과 시간, 박테리아 작용과 동물의 건강 상태 등에 따라 결정된다.

 3. 반려동물의 영양생리

생명의 유지를 위해서는 동물체를 구성하는 세포가 사용할 수 있는 에너지의 공급이 필요하다. 음식물은 에너지의 원료가 되는 영양소들이 함유되어 있고 소화과정은 소화기관에 의하여 음식물을 소화하고 소화된 영양소를 흡수하며, 소화되지 않은 음식물은 체외로 배출하는 일련의 과정을 말한다. 소화과정은 소화기관에 의해 단계적으로 소화액의 외분비에 의하여 진행되는데, 소화기관의 외분비액과 그 주요 기능을 요약하면 표 8-2과 같다.

(1) 입에서의 소화

반려동물의 입안은 혀, 치아 및 침샘으로 구성되며, 이들의 기능은 음식물의 섭취, 잘게 부수는 씹기 (혀와 볼 및 치아 사용), 점액과 침을 통한 음식물의 윤활과정이다. 일반적으로 잡식성 동물들과 초식성 동물들에서 탄수화물의 소화는 침샘 효소들의 분비와 함께 입안에서 시작되며, 이 과정에서 육식 반려동물은 음식물을 삼키기 전에 입안에서 매우 짧은 시간 머무르며, 아밀레이즈의 분비가 거의 없어서 음식물 소화는 미미하다.

표 8-2. 소화기관의 외분비 및 기능

조직과 외분비액		기능
입과 인두		저작, 소화, 맛을 느끼고 음식물 삼키는 것을 조절
침샘	염분과 수분 (외분비액)	음식을 부드럽게 하고 삼키기 쉽게 함
	점액 (외분비액)	윤활작용
	아밀라제 (외분비액)	다당질 분해 효소
식도	식도	연동운동으로 음식을 위로 이동
	점액 (외분비액)	윤활작용
위	위	저장, 혼합, 용해, 및 계속적인 음식 소화; 용해 된 음식을 소장으로 이동시키는 것을 조절
	위산 (외분비액)	음식 입자 용해, 살균작용, 펩시노겐을 펩신으로 활성화
	펩신 (외분비액)	활성화된 단백질 소화 효소
	점액 (외분비액)	윤활 및 상피 표면 보호
췌장	췌장	효소와 중탄산염의 분비, 비소화성 내분비 기능
	효소 (외분비액)	탄수화물, 지방, 단백질 및 핵산 소화
	중탄산염 (외분비액)	위에서 소장으로 유입되는 위산 중화
간	간	담즙 분비, 비소화성 기능
	담즙염 (외분비액)	비수용성 지방의 용해
	중탄산염 (외분비액)	위에서 소장으로 유입되는 위산 중화
담낭		간에서 만들어진 담즙을 저장, 분비
소장	소장	영양분의 소화, 흡수, 소화운동
	효소 (외분비액)	음식물의 소화
	염분과 수분 (외분비액)	내강 내용물의 유동성 유지
	점액 (외분비액)	윤활작용
대장	대장	비소화물의 저장, 농축, 염분과 수분 재흡수, 소화운동, 정장작용
	점액 (외분비액)	윤활작용

(출처 : Vander's Human physiology 12판)

(2) 위에서의 소화

반려동물의 위는 몸에 비해 크기가 큰 편이고 불규칙한 반달 모양이다. 유문부는 가느다란 원통형으로 전체 소화기관 용적의 약 60%를 차지하고 있어서 다량의 음식물을 저장할 수 있으며 섭취한 음식물의 소화와 흡수를 원활히 하기 위해 다양한 기능을 한다. 위 입구의 분문괄약근은 식도의 바닥으로부터 음식물이 도착하여 연동 운동이 있을 때 열리게 되어있다. 위로 들어간 음식물은 위의 각부에 존재하는 선에서 나오는 다음의 위액과 분당 3~6회의 연동운동에 의하여 소화가 진행된다.

① 점액

위점막 상피층의 점액세포에 의해 분비되며, 음식물에 윤활작용 및 자가소화로부터 보호 작용을 한다.

② 염산에 의한 소화

위에서의 염산 분비는 반려견 및 반려묘 모두 1일 30~40mℓ이며, 분비부위는 위체 (Stomach body)에 분포하여 있는 벽세포 (Parietal cell)로, 뇌 (Cephalic), 위 (Gastric), 장 (Intestinal) 부위에서 위 내 염산분비가 조절되어진다. 또한, 위 내에 유입된 음식물 특히 높아진 펩타이드의 함량은 가스트린 호르몬 분비를 증가시켜 염산분비를 촉진시킨다. 장 부위에서 염산분비 조절기작은 주로 염산분비 억제인데 염산 분비는 십이지장으로 유입되는 위 소화물인 미즙 (Chyme)에 의한 팽만감과 이들에 포함된 아미노산, 지방산, 단당류 함량에 의해서도 분비가 조절된다. 일반적으로 장에서 위 기능을 억제하는 호르몬을 Enterogastrone이라 하는데 이중에는 세크리틴 (Secretin), CCK (Cholecytokinin) 등이 있다. 위에서 소장으로 가는 미즙은 높게 산성화되어 간과 췌장에 의해 분비되는 중탄산이온에 의해 중성화되지 않으면 소장 내 소화효소에 의한 소화가 어렵게 된다.

③ 펩신에 의한 소화

펩신은 위벽의 주세포에서 펩시노겐 (Pepsinogen) 형태로 분비하여, 벽세포에서 분비하는 염산에 의하여 활성화된 내부 펩타이드분해효소 (Endopeptidase)이다. 따라서 펩시노겐의 분비와 염산분비는 비례한다. 펩신이 단백질 소화에 필수적인 것은 아니다. 왜냐면 펩신이 없더라도 단백질이 소장의 단백질 분해 효소에 의해 소화가 될 수 있기 때문이다. 그리고, 위벽의 벽세포에서 염산과 함께 내인성 인자 (Intrinsic factor)가 분비되는데 이것은 비타민B$_{12}$ (Cobalamia)와 결합하여 장관 흡수에 필요한 인자이다.

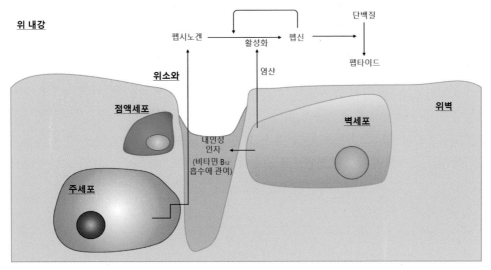

(출처 : Vander's Human physiology 12판 그림을 재구성)

그림 8-2. 위 주세포분비 펩시노겐의 염산에 의한 펩신으로의 활성화 기전

④ 위 운동과 소화

음식물이 들어오기 전에 위저부와 위체가 이완되는 현상을 수용성 이완 (Receptive relaxation)이라 하며, 이는 부교감신경에 의해 조절된다. 일반적으로 위와 십이지장 경계 부위에 존재하는 유문괄약근의 경우 보통 때는 이완되어 있으나 연동운동의 도착 시 닫히게 된다. 이때 약간의 미즙만 방출한다. 이것은 충분한 위 내 소화와 미즙의 십이지장으로 일정량 배출을 조절함으로 소장에서의 미즙의 소화율을 높이는데 기여한다. 기본 전기적 파동은 위 평활근에 의해 발생하고 연동 운동의 잠재적 결정 파동이 많으면 수축력이 세진다. 위의 수축력 향상은 가스트린 (Gastrin) 분비 인자에 의해 촉진된다. 일반적으로 공복감의 억제는 소장에서 산 (Acid)과 지방의 함량이 높거나 내용물이 고장액 (Hypertonic solution)일 때 그리고 팽만 되었을 때 증가한다. 이들은 부교감신경을 억제하거나 교감 신경을 흥분시켜서 위 운동을 억제한다. 또는 위 기능 억제물질의 분비를 자극함으로써 위 운동을 억제한다.

(3) 소장에서의 소화

십이지장 (Duodenum), 공장 (Jejunum), 회장 (Ileum)으로 구분된다. 십이지장은 담즙액과 췌장액 그리고 십이지장선이라 불리는 브루너선 (Brunner's gland)에서 분비하는 장액에 의하여 위에서 유입된 미즙의 소화가 진행되는 곳이다. 공장과 회장은 십이지장에서 분해된 영양소를 체내로 흡수하는 소장의 한 부분이다. 회장 점막 밑층에는 림프구가 모여 있는 파이어판 (Peyer's patches)이 있으며, 이것은 장관면역에 중요한 역할을 한다. 소장으로 간과 췌장에서 소장으로 분비되는 담즙액과 췌장액은 이곳에서 분비하는 세크리틴과 CCK 호르몬에 의해 촉진된다. 공장과 회장 사이에는 리베르퀸 음와 (Crypts of Lieberkühn)가 존재하는데 이것은 소장 내부 표면의 손가락 모양 같은 돌기 사이에 있는 관형태의 특별한 기관으로 소장액 분비 선세포 (Paneth cell)를 포함한다.

① 췌장에 의한 소화작용

췌장에서 분비되는 췌장액은 소장의 소화에 중요한 기능을 담당한다. 췌장액은 십이지장 벽에서 분비되는 CCK과 세크리틴, 가스트린에 반응하여 외분비선에서 분비한다. 아울러 췌장액은 pH를 중화시켜 소화 효소를 활성화하는 중탄산염 및 단백질, 탄수화물, 지방 및 핵산 분해효소를 포함한다. 이는 탄수화물, 지방, 단백질, 핵산 등을 소화시킨다. 췌장액중 중탄산염은 세크리틴에 의해 분비가 증가되는데 이것은 십이지장의 산을 중성화시켜 소화효소의 활성을 높이는데 기여한다. 췌장액중의 소화 효소분비는 CCK에 의해 촉진되며, 위에서 소화되지 않은 소화물을 최종 소화시킨다. 췌장에서 분비되는 효소는 아래 표와 같다.

표 8-3. 췌장에서 분비되는 효소

효소	기질	작용
트립신 (Trypsin), 키모트립신 (Chymo trypsin), 엘라스테이즈 (Elastase)	단백질	단백질의 펩티드 결합을 펩티드 조각으로 가수분해
카복시펩티데이즈 (Carboxypeptidase)	단백질	단백질의 카르복실 말단에서 말단 아미노산을 분리
라이페이즈 (Lypase)	지방	트리아실글리세롤에서 두 개의 지방산을 분해하여 유리 지방산과 모노글리세라이드를 형성
아밀레이즈 (Amylase)	다당류	다당류를 포도당과 말토스로 분해
리보뉴클레이즈 (Ribonuclease), 디옥시뉴클에이즈 (Deoxyribonuclease)	핵산	핵산을 모노뉴클레오티드로 분해

② 간에 의한 소화작용

담즙액 (Bile juice)의 분비는 지속해서 체액성과 신경성 지배를 받고 있다. 아울러 담즙액의 분비는 절식에 의해 감소하며 채식으로 증가한다. 반려견의 분비량은 1일 100~400ml, 반려묘는 50~200ml, 면양은 500~1,500ml이다. 사료가 구강 내로 들어오거나, 미즙이 십이지장 내로 들어오면 반사적으로 미주신경의 흥분이 일어나 소장에서 분비되는 CCK호르몬이 담낭을 수축시켜 담즙액이 소장 내로 들어간다. 담즙액의 이동은 간세포에서 분비되어 모세담관를 거쳐 총담관에서 십이지장으로 배출하는 경로를 거친다. 담즙액 중 담즙염은 라이페이즈를 활성화시켜 지방분해를 촉진하여 지방 소화에 도움을 주지만 그 자체가 지방분해효소는 아니다. 십이지장으로 배출된 담즙염은 회장에서 흡수되어 간문맥을 통해 간에서 95% 재활용되는 장간 순환을 한다. 나머지 5%는 분변으로 방출된다. 담즙염의 분비는 십이지장에 있는 지방산이 CCK 방출을 자극하고 이것이 담낭을 수축시키고 오디 괄약근 (Sphincter of odd)을 이완시킴으로써 이루어진다. 담즙염의 기능은 ㉠ 지질과 결합하여 미셸을 형성하여 수용성 유도로 흡수 촉진, ㉡ 지방산이나 Glyceride와 결합하여 유화시켜 표면장력을 낮춤, ㉢ 담즙의 생성과 분비를 촉진, ㉣ 지용성비타민 A, D, E, K나 콜레스테롤 흡수에 필수적으로 작용한다. 아울러 담즙액 중 중탄산이온은 췌장액의 그것과 마찬가지로 소장내 염산의 중화제이다. 담즙색소가 황갈색을 띠는 이유는 주로 노화된 적혈구가 파괴될 때 적혈구의 헤모글로빈이 분해되어 생성되는 빌리루빈 (Billirubin) 때문이다. 이것이 산화되면 녹색의 빌리버딘 (Billiverdin)이되고, 이들은 모두 햄 (Heme)의 분해 배설물이다. 영양소는 소장에서 흡수되는 동시에, 혈액을 통하여 간으로 이동된다. 아미노산은 신체에 필요한 다양한 단백질로 이용될 수 있도록 간에서 재생될 수 있다. 탄수화물의 분해로부터 얻어진 몇 가지 단당류는 글리코겐 (Glycogen)으로 전환되어 예비에너지로 사용될 수 있도록 간에 저장된다. 때때로 박테리아가 장벽을 통해 들어오게 되면 간 속에 있는 분해효소에 의해 제거되기도 한다.

(4) 대장에서의 소화

대장은 맹장, 결장, 직장으로 구성되어 있으며, 소화 효소가 따로 분비되지 않아 대장 내 소화는 대장에 존재하는 미생물에 의해 이루어진다. 미생물들은 소장에서 분해되지 않은 음식물을 분해하여 유해물질을 생성하는 등 나쁜 작용을 하기도 한다. 대장의 흡수력은 매우 크다. 사람의 전체 장관의 길이는 7~8m이지만, 반려견은 2~5m로 짧다. 사람에 있어서 체중과 비교하면 소화관의 무게가 11%지만 반려견의 경우 3~7%이기 때문에 상대적으로 작다. 이렇게 짧은 소화관은 음식물을 빨리 소화할 수 있으며, 대변으로 빨리 배출된다는 뜻이다. 반려견의 경우 음식물의 형태에 따른 소화 시간은 생식일 때 4~6시간 정도, 반건조 음식의 경우는 8~10시간, 완전 건조 음식은 10~12시간 정도 소요된다.

반려견의 경우 사람과 마찬가지로 음식물 중 섬유소를 분해하는 효소가 없어 영양소로 이용하지 못한다. 하지만 장을 청소하고 저열량이면서 포만감을 주는 식이요법에 이용하는 섬유소의 장점을 활용할 수 있다. 단, 채소를 과잉 섭취하면 장내 세균에 의해 발효되어 가스가 차기 쉬워져 주의해야 한다.

반려묘는 반려견에 비해 짧은 대장을 가지고 있다. 대장에서는 소장에서 흡수되지 못한 잔여물을 흡수한다. 특히 수분과 나트륨과 같은 전해질을 흡수한다. 이 과정에서 흡수되지 못한 물질은 대변으로 배출된다. 따라서 대장에서 잘 흡수되지 않는 탄수화물 원 (콩등)이나 식이섬유를 많이 섭취한다면 변을 보는 양이 많아지거나 냄새가 심해지게 된다.

대장에 도착한 많은 양의 불완전 소화물질은 대장 내 서식하는 박테리아에 의해 발효된다. 이것은 가스 발생과 설사 또는 헛배 부름 등 다른 소화 장애를 일으킬 수 있다. 만약 대장을 통과하는 시간이 정상보다 짧다면, 정상 시보다 적은 양의 물이 대장으로 흡수되어 결국 설사를 유발하게 된다. 반대로 통과 시간이 길다면 더 많은 물을 흡수하게 되기 때문에 변비를 유발한다. 그러나 대장 내에서 적당하게 발효된 섬유질 공급원의 발효는 에너지를 위해 생성된 단쇄 지방산을 사용하는 소장과 대장을 구성하는 세포에 유익하다. 이것은 건강한 장 내층을 형성하는 역할을 하게 된다.

 4. 영양소의 소화와 흡수

음식이 입으로 섭취되어 항문을 통하여 배설될 때까지 소화기관에서는 화학적 소화 (효소에 의한 분해 등)와 기계적 소화 (파쇄, 교반, 수송 등)가 이루어진다. 또한, 반려동물이 섭취하는 음식물은 고분자로 형성되어 있으며, 이들이 소장 점막을 통과하기 위해서는 체내에서 저분자 물질로 분해 (단백질은 아미노산, 탄수화물은 단당류, 지방은 지방산과 글리세롤로 분해)되어야 한다. 이러한 분해과정을 소화 (Digestion)라 하며, 소화가 끝난 영양소들이 위장관의 내강 (Gastrointestinal lumen)에서 점막상피세포를 통과하여 각종 물질은 혈액 내지는 림프로 수동수송 (Passive transport)과 능동 수송 (Active transport)을 통하여 흡수된 후 신체 내 모든 세포로 이송하게 된다.

(1) 탄수화물 (Carbohydrate)의 소화와 흡수

① 탄수화물의 소화

탄수화물은 신체에 에너지를 제공하며 다른 에너지원 (물, 지방, 단백질)에서 부족한 부분을 보완하는 역할을 한다. 탄수화물은 입의 침 속 아밀레이즈에 의해 1차 소화되나, 반려견과 반려묘는 분비가 미약하며 음식물이 입속 체류 시간이 짧아 그 능력은 높지 않다. 장관 내에서 일어나는 탄수화물의 소화는 이당류 (설탕, 맥아당, 유당)까지로, 단당류 (포도당, 과당, 갈락토즈)로의 소화는 소장의 미세융모에 의해서 진행된다. 이들을 막 소화 또는 종말 소화라 한다. 반려동물의 경우 고함유 탄수화물 섭취 시 당뇨병을 유발할 수 있다. 일반적으로 섭취된 탄수화물은 식물성 다당류이다. 이 중 대부분은 아밀레이즈에 소화 가능한 전분 (Starch)이고, 셀룰로스 (Cellulose)와 다른 복합다당류는 소화되지 않는다. 식물성 섬유인 셀룰로스는 대장의 박테리아에 의해 부분적으로 소화된다. 소화기관에서 분비하는 탄수화물 소화 효소는 아래 표와 같다.

표 8-4. 소화관에서 분비되는 탄수화물의 소화 효소의 종류 및 기능

탄수화물 효소	분비 장소	기질	최종 분해산물
타액 아밀레이즈	침샘	전분, 덱스트린	덱스트린, 맥아당
췌장아밀레이즈	췌장	전분, 덱스트린	맥아당, isomaltose
말테이즈 (Maltase)	소장	맥아당	포도당
락테이즈 (Lactase)	소장	유당	포도당, 갈락토즈
슈크레이즈 (Sucrase)	소장	설탕	포도당, 과당
1,6-글루코시데이즈 (Glucosidase)	소장	1,6-glucosidic bond	포도당
α-덱스트레이즈 (α-Dextase)	소장	α-덱스트린	포도당

② 탄수화물의 흡수

일반적으로 소화된 탄수화물은 단당류의 형태로 소장의 상피를 통해 흡수된다. 단당류인 포도당 (Glucose), 갈락토즈 (Galactose)는 Na^+과 함께 능동수송으로 흡수된다. 과당 (Fructose)은 포도당과 갈락토즈와는 무관하게 수동수송인 촉진확산으로 흡수된다. 그러나 포도당이나 갈락토즈에 비하면 그 흡수속도는 상당히 느리다. 오탄당은 단순 확산에 의해 흡수된다. 탄수화물 대부분은 소장의 앞쪽 20% 부분에서 소화, 흡수된다.

(2) 지질의 소화와 흡수

① 지질의 소화

섭취된 지방은 물에 녹지 않으므로 큰 지방구 상태로 있는데 이것을 약 1mm 직경의 작은 지방구로 만드는 과정을 유화지방 (Emulsification-fat) 소화라 한다. 일반적으로 유화 시 큰 지방구를 작은 지방구으로 나누어 작은 지방구가 큰 지방구로 재결합하지 않게 유지하기 위해 유화제인 담즙염과 인지질이 필요하다. 유화제인 담즙염은 소수성 부위와 친수성 부위로 나누어지며 소수성 부위는 극성이 없는 지방구와 친수성 부위는 물과 결합하여 작은 지방구를 유지 시킨다. 이런 작용은 지방분해효소인 라이페이즈의 소화를 가능하게 하는 과정이다. 그 결과 중성지방은 모노글리세라이드 (Monoglyceride)과 2개의 지방산 (Fatty acid)으로 소화가 이루어진다.

표 8-5 소화관에서 분비되는 지방의 소화 효소의 종류 및 기능

지방 효소	분비장소	기질	최종 분해산물
타액 라이페이즈	침샘	중성지방	Diglycerde + fatty acid (FA)
췌장 라이페이즈	췌장	중성지방	Monoglyceride + 2FAs
소장 라이페이즈	소장	중성지방	Glycerol + 3FAs
포스포라이페이즈 (Phospholipase)	소장	인지질	Glycerol, FA, phosphate

② 지질의 흡수

유화제로 유화된 중성지방에 췌장 라이페이즈의 작용으로 글리세롤과 에스테르 결합을 하는 2개의 지방산이 분해되어 유리지방산들과 모노글리세라이드를 생성하고, 이들은 담즙염과 결합하여 미셀을 형성한다. 미셀은 확산으로 점막상피세포 내로 들어가지만, 담즙염은 떨어져 회장에서 재흡수 된다. 점막세포 내에서 지방산과 모노글리세라이드는 다시 에스테르화 되어 중성지방을 만든다. 이는 지단백 (Lipoprotein), 콜레스테롤, 인지질로 구성된 막으로 덮여 1㎛ 이하의 카이로미크론 (Chylomicron)이 되고 외분비에 의해 세포 외로 나와 림프관 내로 흡수된다. 한편, 소장에서 췌장 라이페이즈 작용으로 생긴 글리세롤은 양적으로는 극히 적지만, 그대로 흡수되어 점막 세포 내에서 α-glycerophosphate를 거쳐 중성지방으로 합성된다.

(3) 단백질의 소화와 흡수

① 단백질의 소화

단백질의 소화는 위 펩신에 의한 1차 소화와 소장에서 췌장에서 분비되는 단백질 분해효소 (내부 및 외부 펩타이드 분해효소)에 의한 소화과정을 거친다. 전술한 바와 같이 단백질은 위에서 펩신에 의하여 펩타이드 조각으로 분해하고, 소장에서도 췌장액중 내부 펩타이드 분해효소 (Endopeptidase; 트립신, 키모트립신, 엘라스테이즈 등)에 의하여 더욱 작은 펩타이드 조각으로 분해한다. 아울러 펩타이드 조각은 췌장 외부 펩타이드 분해효소 (Exopeptidase) 인 카르복시 펩티데이즈 (Carboxypeptidase)와 소장에서 분비되는 아미노펩티데이즈 (Amino peptidase)에 의하여 유리 아미노산으로 소화되어 체내로 흡수된다. 반려견이 섭취한 음식물 중에 단백질은 80% 정도 소화된다. 단백질을 구성하고 있는 아미노산 가운데 반려견의 10종의 필수아미노산은 체내에서 합성할 수 없으므로 음식물로서 공급하지 않으면 안 된다. 반려묘의 필수아미노산은 11종으로 반려견의 필수아미노산에 타우린이 추가된다. 타우린은 분자 구조 내에 황 (Sulfur)을 함유한 아미노산의 한 종류로 반려묘에게 중요한 영양학적 의미가 있다. 반려묘에게 타우린은 담즙의 주성분인 담즙염을 만들기 때문에 지방의 소화와 흡수에 과정에서 중요한 역할을 한다.

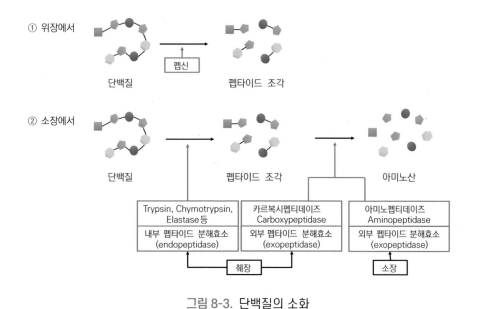

그림 8-3. 단백질의 소화

표 8-6. 단백질 분해 효소

단백질 효소	분비 장소	기질	최종 분해산물
펩신	위 (주세포)	단백질	펩톤, 폴리펩타이드
트립신	췌장	단백질, 펩티드	라이신, 아르지닌 함유 펩티드
키모트립신	췌장	단백질, 펩티드	티로신, 트립토판, 페닐알라닌 함유 펩티드
엘라스테이즈	췌장	단백질, 펩티드	α-아미노산기 함유 펩티드
카르복시 펩티데이즈 A	췌장	폴리펩티드	중성, 염기성, 산성 아미노산, 작은 펩티드
카르복시 펩티데이즈 B	췌장	폴리펩티드	염기성 아미노산
아미노펩티데이즈	소장	폴리펩티드	아미노산
디펩티데이즈	소장	디펩타이드	아미노산
뉴클레이즈 (Nuclease)	췌장	핵산	뉴클레오타이드
뉴클레오타이즈 (Nucleotidase)	소장	뉴클레오타이드	퓨린, 피리미딘, 인산, 오탄당

② 단백질의 흡수

췌장 및 소장에서 분비되는 효소에 의하여 분해된 저분자 아미노산은 소장상피세포를 통하여 흡수된다. 일반적으로 장상피세포의 소장강쪽의 세포막을 정단막 (Apical membrane)이라 하며 그 안쪽 면을 기저막 (Basolateral membrane)이라 한다. 따라서 소장에서 분해된 저분자 아미노산이 체내 흡수되기 위하여서는 먼저 정단막을 통과하여야 하는데 그 기전은 장 상피세포의 세포막에서 Na^+과 함께 능동수송에 의해 흡수되는 것이다. 이러한 수송에 의하여 유리아미노산은 물론 짧은 펩타이드 (2~3개의 아미노산으로 구성)가 흡수된다. 이후 세포내 유입된 아미노산 2~3개의 짧은 펩타이드는 세포내 디- 또는 트리 펩티데이즈 (di- or tripeptidase)에 의하여 유리 아미노산으로 분해되고 기저막에서 수동수송 (확산)에 의하여 체내 흡수된다. 때때로 분해되지 않은 완전 단백질 (Intact protein)이 소량이지만 소장의 상피를 통과하는데 이는 세포와 세포 사이를 통하거나, 수용체를 매개로 하는 트랜스사이토시스 (Transcytosis) 기전을 거치며 체내로 흡수 된다. 완전 단백질의 흡수 능력은 성체보다 어린 동물에서 더 높다. 이는 어미젖에 들어있는 고분자 단백질인 면역항체를 쉽게 흡수하기 위함이다.

(4) 물 및 무기물의 흡수

물은 위, 대장에서도 흡수되나 대부분은 소장에서 흡수된다. 물은 주로 삼투압 차에 따른 수동수송으로 흡수된다. 분 (Fecal)의 수분은 약 면양 65%, 말 75%, 돼지 80%지만 반려견은 66%, 반려묘는 64%이다. 무기물 중 Na^+은 장점막에서 높은 투과성을 갖는다. 이 Na^+ 흡수는 물이나 당, 아미노산, 다른 영양소의 흡수와도 밀접한 관계가 있으며 수동수송과 능동수송에 의한다. 흡수된 Na^+은 상피세포에서 간질액으로 능동수송되며 간질액에서 모세혈관으로 확산한다. 또한, Cl^-은 에너지 의존적인 Na^+흡수와 연관되어 체내로 흡수된다. Ca^{2+}는 소장 상부에서 능동적으로 흡수되고 부갑상선에서 분비되는 파라토르몬 (Parathormone)과 비타민 D 등에 의해 흡수가 촉진된다. K^+는 대부분 확산에 의하여 흡수된다. 사료의 Fe^{3+}은 Fe^{2+}로 환원되어 능동적으로 대부분 소장 상부에서 흡수된다.

(5) 비타민의 흡수

비타민의 흡수 부위는 주로 소장 상부로 지용성 비타민인 A, D, E, K는 지방의 흡수와 관계가 있고, 소장 점막의 수동수송 (확산)에 의하여 흡수된다. 수용성 비타민 B 및 C는 확산에 의하여 상대적으로 빠르게 흡수되지만 비타민 B_{12}는 타액의 R-단백질과 위에서 결합한 뒤, 소장으로 이동한 뒤, 췌장 분비 트립신에 의하여 R-단백질이 제거된 후 유리상태의 비타민 B_{12}는 다시 위의 벽세포에서 분비하는 내인성인자와 결합하여 흡수된다.

5. 영양소의 대사

소장에서 흡수된 영양소는 간으로 이동하여 간에서 이용되거나 심장을 통해 온몸으로 이동하여 대사에 참여한다.

(1) 동화작용 (Anabolism, absorptive state)

흡수된 포도당이 체내로 흡수되면 먼저 간을 비롯한 온몸의 에너지로 사용된다. 특히 뇌는 동물의 종에 따라 다르지만, 전체 에너지의 약 20% 이상을 소모한다. 더욱이 뇌는 포도당을 저장할 수 없으므로 혈액으로부터 포도당이 지속적으로 공급되어야 한다. 따라서 포도당은 뇌에 있어서 주요한 에너지원이다. 에너지로 쓰고 남은 포도당은 간과 근육에 글리코겐 (Glycogen) 형태로 저장된다. 이후 남은 포도당은 간에서 지방산과 글리세롤로 합성되어 중성지방을 형성하고 지방조직에 저장한다. 이렇게 포도당으로부터 합성된 지방이 체내 축적되고 심한 경우 비만으로 이어진다. 카이로미크론 형태로 흡수된 지방은 보통 먼저 지방세포로 가서 축적된다. 이렇게 흡수된 저분자 영양소는 세포내 해당과정 (Glycolysis)과 산화적 인산화과정 (TCA cycle)을 거쳐 에너지 최소 단위인 ATP (Adenosine triphosphate)가 만들어 진다. 이때 생성된 에너지를 이용하여 물질을 합성하는 과정이 동화작용이다. 일반적으로 반려견과 반려묘의 경우 음식물을 섭취한 뒤 4시간까지는 동화작용이 일어나는 흡수상태 (Absorptive state), 그 이후부터는 흡수 후 상태 (Post-absorptive state)로 주로 이화작용 (Catabolism)이 진행된다. 아미노산은 체내로 흡수되면 먼저 간으로 이동하고 근육에서 단백질을 합성하는 데 이용된다. 하지만 만일 에너지가 부족하다면 아미노산 자체가 에너지원으로 사용된다. 아미노산은 간에서 알파케토산 (Alpha-keto acid)로 분해되고 이것은 뇌 이외의 체조직의 에너지원이 된다. 이러한 흡수상태의 대사기전 사이사이에는 수많은 효소와 호르몬의 작용이 관여한다.

(2) 이화작용 (Catabolism; Post-absorptive state)

이화작용은 음식물이 들어오고 4시간 이후에 음식물로 얻은 에너지가 다 고갈되고 난 이후로 일어나는 기전이다. 이화작용은 체내에서 고분자물질을 좀 더 간단한 저분자 물질로 분해하는 과정으로 이것의 궁극적인 목적은 에너지 방출과 혈중 포도당 농도의 유지에 있다. 동물체는 음식물이 공급되지 않은 상태가 되면 본능적으로 뇌에 포도당 공급을 최우선 목표로 하고 있으므로 혈당 유지가 중요하다. 혈당 유지의 첫 번째 기전은 간의 글리코겐을 분해하여 포도당을 생성하는 것이다. 근육에도 글리코겐이 저장되어 있으나 포도당으로 분해하여 혈관으로 보내는 효소가 없어 혈당 증가에 직접 기여하지 않는다. 하지만 근육에서 에너지원으로 분해된 글리코겐의 대사과정 중 생성된 젖산 (Lactate)과 피루브산 (Pyruvate)이 간으로 이동하여 당신생 (Glyconeogenesis)에 이용된다. 간의 글리코겐이 모두 소모되었다면 그 다음으로 지방을 분해한다. 지방조직에서 중성지방은 글리세롤과 지방산으로 분해된다. 글리세롤은 간에서 당신생을 통해 포도당을 합성하여 혈당상승에 기여한다. 마지막으로 근육 단백질을 분해하여 아미노산을 만들고 아미노산은 간에서 암모니아와 알파케토산으로 분해된다. 암모니아는 요소 형태로서 배출되고 알파케토산은 당 신생을 통해 포도당을 합성한다. 이처럼 합성된 포도당은 주로 중추신경계, 특히 뇌에서 이용된다. 흡수 후 상태에서 뇌 이외의 조직들에서는 지방조직이 분해될 때 나온 지방산이 주된 에너지원이 된다. 지방산은 온몸의 조직으로 가서 베타산화를 통해 에너지를 공급하고, 조직은 간에서 생성된 케톤을 통해서도 에너지를 공급받는다. 그래서 동물이 사료를 충분히 먹지 못할 때 혈중에 많이 보이는 것이 케톤이다. 반려묘의 경우 사료 중 일정량의 단백질을 분해하여 에너지로 이용하는 동물로 반려묘의 간에서 당신생 합성을 위한 효소는 반려견과는 달리 항상 활성화되어 있다. 반면 반려견의 경우는 일반 잡식동물과 마찬가지로 탄수화물 (당질)과 지질에서 먼저 에너지를 만들어 내고 단백질은 이러한 영양소가 부족할 때 이용하여 에너지 생산에 필요한 포도당을 비필수 아미노산을 이용하여 생산한다.

 ## 6. 반려동물 종류별 사료의 종류

(1) 단백질 사료

① 반려견

단백질은 여러 종류의 아미노산으로 형성되어 있고, 일부 아미노산의 경우 음식을 통해서만 섭취할 수 있다. 전술한 바와 같이 필수아미노산은 사람 9가지, 반려견은 10가지, 반려묘는 11가지이다 (표 8-7). 특히, 반려견과 반려묘의 경우 스스로 아르지닌 (Arginine)을 체내 합성할 수 없어서 섭취를 통해 보충할 수 있고 결핍 시 암모니아 대사, 상처 치유 등에서 문제가 발생할 수 있다. 아르지닌이 많이 함유된 음식으로는 돼지고기, 칠면조, 새우, 가다랑어, 참치, 대두와 유제품이 있다.

반려견에 있어서 단백질은 많으면 많을수록 좋다는 생각은 잘못이다. 과잉 섭취한 단백질은 신체 대사를 통해 에너지원 (또는 지방으로 축적)이 된다. 하지만 과도한 단백질을 포함한 사료는 신장 질환이 있는 반려견에게 주지 않는 편이 좋다. 반려견에 있어서 단백질의 소화율은 난백 단백질 100%, 근육 고기 단백질 92%, 장기 (Organ) 단백질 90%, 유제품 단백질 89%, 어류 단백질 78%, 쌀 단백질 72%, 귀리 단백질 66%, 밀 단백질 64%, 옥수수 단백질 54%이며, 단백가는 계란 단백질이 가장 높고 고기, 콩 순이다. 보통 단백질은 동물성이 식물성보다 소화율이 높으며, 질적으로 훨씬 우수하다. 질 낮은 식물성 단백질은 각종 결핍증 및 간과 신장 질병을 일으킨다. 반려견에 있어서 기본적인 동물성 단백질원으로써 계란, 멸치, 소고기, 돼지고기, 닭고기, 양고기, 오리고기, 정어리, 고등어, 연어, 가자미, 황새치, 송어, 참치 등이 이용된다. 반려견 사료 중 캔 또는 건조 사료는 지나친 가공으로 섬유소 함량이 높아져 소화율이 감소하는데 특히, 가공 과정에서 과열처리로 단백질의 질이 떨어지기 쉬우니 급여시 주의해야 한다.

표 8-7. 사람, 반려견, 반려묘의 필수아미노산의 비교

사람	반려견	반려묘
라이신 (Lysine)	라이신	라이신
류신 (Leucine)	류신	류신
메티오닌 (Methionine)	메티오닌	메티오닌
발린 (Valine)	발린	발린
아이소류신 (Isoleucine)	아이소루신	아이소류신
쓰레오닌 (Threonine)	쓰레오닌	쓰레오닌
트립토판 (Tryptophan)	트립토판	트립토판
페닐알라닌 (Phenylalanine)	페닐알라닌	페닐알라닌
히스티딘 (Histidine)	히스티딘	히스티딘
	아르지닌 (Arginine)	아르지닌
		타우린 (Tarurine)

② 반려묘

반려묘의 대사 유지를 위한 단백질 요구량은 반려견에 비해 높다. 발육기 반려묘의 단백질 요구량은 강아지의 1.5배이지만, 성묘가 되면 성견의 약 2배의 유지 단백질이 필요하다. 전술한 바와 같이 반려묘는 에너지 생산에 필요한 포도당을 세린과 같은 비필수 아미노산을 이용하여 생산한다. 세린은 근육, 우유 및 계란 중에 다량으로 존재한다. 암컷 반려묘의 경우 타우린 결핍증으로 번식 및 태아의 발육 장애가 나타난다. 타우린이 부족한 어미 반려묘에서 태어난 반려묘는 생존율이 낮고 소뇌 성 발육 부전, 뒷다리 발달 이상 등이 생긴다. 생존하더라도 작고 허약하다. 성묘에서도 타우린 결핍 시 심장, 면역력, 담즙 분비, 신경 전달 등의 문제가 발생할 수 있다. 대부분의 동물성 단백질에는 높은 농도의 타우린이 포함되어 있지만 식물성 단백질에는 타우린이 포함되어 있지 않는다. 타우린이 많이 함유된 음식은 해산물과 닭고기이다. 일반적으로 타우린은 건물 사료 내 1,000mg/kg (ppm), 습식 사료 내 2,000mg/kg (ppm)은 함유되어 있어야 한다.

(2) 지방 사료

① 반려견

반려견은 지방을 많이 필요로 한다. 반려견은 사람과는 다르게 잡식성 육식동물이기 때문에 반려견의 소화기관은 많은 양의 단백질과 지방의 소화가 가능하다. 그러므로 반려견은 사람에게 있는 심장병이나 콜레스테롤로 인한 혈관계 질병이 드물다.

반려견에게 좋은 지방 원은 어류 기름, 유제품 요구르트, 통조림 어류, 고기 지방 등 질 좋은 동물성 사료라 할 수 있다. 오메가-3 지방산은 염증을 완화하는 작용이 있는 에이코사노이드를 만드는 근원이기 때문에 가려운 피부 증상을 가진 반려견은 오메가-3 지방산이 강화된 사료 급이를 권장한다. 미국사료관리협회 (The Association of American Feed Control Officials; AAFCO)에 의하면 사료 내 지방을 DM (건물량) 기준으로 5% 이상, 리놀레산 (Linoleic acid) 1% 이상, 알파-리놀렌산 (α-linolenic acid) 0.08% 이상 포함할 것을 권장한다. 오메가-6 지방산과 오메가-3 지방산의 이상적인 균형을 이루는 비율은 5~10:1 이다. 지방공급원으로는 어류 기름 (어유), 통조림 어류, EPA (Eicosapentaenoic acid) 어유 캡슐 등이 권장된다. 반려견에게 신선한 지방을 급여해야 하며 산패한 지방이나 질 낮은 지방은 해로울 수 있다.

② 반려묘

반려묘의 경우 지방의 이용률은 높다. 그러나 반려묘는 오메가-6 지방산인 리놀레산 (Linoleic acid)으로 아라키돈산 (Arachdonic acid)을 합성할 수 없기 때문에 아라키돈산은 반려묘에게 필수지방산이다. 아라키돈산은 동물조직 (내장, 신경조직)에 풍부하게 함유되어 있다. 식물성 지방은 아라키돈산을 포함하고 있지 않지만 그 전구물질인 감마 리놀렌산을 함유하고 있으므로 성장 시기별로 적당한 공급원을 선택하는 것은 중요하다. AAFCO에 의한 지방 최소 권장량은 9% DM이다. 반려묘에 있어서 동물 장기와 내장은 필수지방산이 풍부한 우수한 지방공급원이 될 수 있다. 소 심장, 간, 신장, 닭똥집은 자가 사료 제조에 활용될 수 있다. 그러나 영양소가 너무 농축되어 있어 적은 양을 먹이는 것이 좋다.

(3) 탄수화물, 당질 사료

① 반려견

반려견의 경우 육식동물의 특성상 장이 짧아 탄수화물 원의 소화에 어려움이 있다. 하지만 반려견도 소장에서 췌장 효소와 장 점막에서 분비하는 이당류 분해효소의 작용으로 전분 (가소화 탄수화물)을 효율적으로 소화할 수 있다. 일반적으로 일정량의 탄수화물 급여는 아미노산의 에너지화를 줄여줘 단백질의 체내 이용성을 좋게 하여 반려견의 영양 상태를 향상시킬 수 있다. 특히 임신, 수유중인 암컷은 반드시 당질을 섭취해야 하며, 식품 중 적어도 약 20% DM 이상 함유되어야 한다. 태아의 발육에 필요한 에너지의 절반 이상이 포도당으로 공급되므로 임신 후기에는 당질이 특히 중요하다. 당질은 모유의 유당 수준을 유지하는 데도 중요하다. 반려견의 기본적인 탄수화물 원으로는 쌀, 현미, 보리, 밀배아, 잡곡, 조, 귀리, 오트밀, 감자, 고구마 등이 있다. 반려견에게 급여하는 곡류에는 글루텐이 없는 것이 좋으며 소화를 돕기 위해 잘 익혀서 먹이는 것이 좋다.

② 반려묘

반려묘의 타액은 아밀레이즈가 포함되지 않으며, 췌장 아밀레이즈도 반려견 보다 아주 적은양이 생산된다 (반려견 분비량의 약 5%). 반려묘는 과당을 사용할 수 없으며, 포도당으로 부터 에너지를 생산하는 과정에 필수적인 중간 대사물질인 Glucose-6-P으로 변환하는 능력이 낮아 포도당에서 글리코겐을 만들거나 산화하는 능력에 한계가 있다. 그렇다고 해서 반려묘가 전혀 탄수화물을 사용할 수 없는 것은 아니다. 일반적으로 건강한 반려묘의 경우 급여 음식물 중 탄수화물 함량이 35% DM 이하인 사료를 선택하면 좋다. 이 중 소화가 가능한 탄수화물인 가용무질소물 (NFE; Nitrogen Free Extracts)은 5~10% DM을 권장한다. 또한, 탄수화물은 번식기의 암컷 반려묘의 젖 생산에 중요한 영양소원이다. 탄수화물 공급원은 반려견과 유사하다.

(4) 섬유질 사료

탄수화물 중 반려견이나 반려묘가 자신의 소화 효소로 분해할 수 없는 것을 식이섬유라고 부른다. 식이섬유는 장관의 운동기능을 정상적으로 유지할 수 있게 한다. 식물의 세포벽에 많은 펙틴과 같이 발효가 빠른 섬유소는 많은 단쇄지방산을 생성하여 장내 환경에 긍정적인 영향을 미쳐 장관의 발달에 기여한다. 반려견의 기본적인 섬유소원으로는 당근, 바나나, 무, 브로콜리, 케일, 콩, 셀러리, 녹두, 시금치 등이 있으며, 대부분의 과일과 야채는 반려견에게 좋은 섬유소원이다. 야채와 과일은 삶아서 주거나 익힐 필요 없이 생으로 그냥 먹여도 아무 문제가 없다. 야채는 잘게 자르거나 믹서에 갈아서 소화가 잘되게 만들면 좋다. 반려견은 평평한 어금니가 없어서 야채를 대충 씹어 삼키기 때문에 소화에 어려움이 있다. 신선한 야채가 가장 좋고, 통조림 야채와 냉동야채 중에는 비타민과 미네랄 함량이 더 높은 냉동야채가 더 선호된다. 하지만 고 섬유소 채소를 다량 급이하면 퍼석한 분을 배설하기 때문에 피해야 하며, 반려동물의 건강을 위하여 확인하기 위해 늘 변을 관찰하는 습관이 중요하다.

(5) 비타민 보충제

반려동물용 비타민제제는 제조 시 합성 비타민을 중성염과 결합 또는 보호 피막 처리하여 저장성 및 안정성을 향상시킨다. 반려견은 비타민 C, K, 나이아신 (비타민 B_3)은 체내 합성하나 그외 비타민은 음식으로 섭취해야 한다. 반려묘는 아미노산인 트립토판으로부터 나이아신을 만들 수 없어 나이아신의 필요량이 반려견보다 4배 높지만 반려묘가 먹는 고기에 나이아신이 많이 존재하기 때문에 실제로 부족한 경우는 거의 없다. 또한, 반려묘는 프로비타민A 인 β-카로틴을 비타민A로 변환할 수 없고 비타민D의 합성에 필요한 7-dehydrocholesterol이 피부 중에 부족하여 비타민D의 공급이 필요하다. 비타민D는 동물의 간이나 동물 지방에서 풍부하게 함유되어 있다. 해산물은 티아민 (비타민B_1)을 파괴하는 효소 티아미나아제가 포함될 수 있어 다량의 날생선 섭취는 피해야 한다.

(6) 광물질 제제

광물질은 무기태와 유기태 광물질로 나눈다. 무기태 광물질은 산화염, 탄산염 및 황산염의 형태로 반려동물 사료에 이용되고 값은 저렴하지만 체내 소화 흡수율이 낮은 것이 단점이다. 반면에 유기태 광물질은 소화 흡수가 잘 되지만 가격이 비싼 것이 단점이다. 킬레이트 광물질은 아미노산 또는 단백질과 결합하여 체내 흡수될 때 교호작용이 없어서 흡수율 등 이용 효율이 높고 안전성이 높아 최근 광물질 제제로 많이 이용되고 있다.

① 칼슘 (Ca)과 인 (P)

반려동물에 있어서 모든 광물질 중에서 배합비 설계 시 가장 먼저 고려하는 것은 칼슘이다. 반려견과 반려묘용 칼슘 공급원으로는 골분, 난각, 칼슘 구연산염 등이 있다. 난각은 탄산칼슘으로 구성되어 있다. 칼슘 구연산염은 칼슘 카보네이트 보다 체내 흡수 이용성이 더 좋다. 반려동물에게 먹일 때는 잘게 분쇄하여 껍데기 조각에 입이 베이지 않도록 해야 한다. 칼슘 원으로 뼈를 바로 먹이기도 하는데 깨진 뼈나 요리한 뼈는 날카로워서 소화기에 악영향을 줄 수 있다. 반려동물에게 칼슘과 더불어 인의 공급도 중요하다. 인 성분은 일반 사료에 풍부하게 포함되어 있어서 대체로 결핍증보다는 과다증을 예방하여야 한다. 과잉이나 결핍 문제뿐만 아니라 칼슘과 인의 섭취에 불균형이 생기지 않도록 주의할 필요가 있다. 일반적으로 동물성 단백질을 중심으로 한 수제 사료는 칼슘은 부족하고, 인이 과도하게 포함되는 경향이 있다. 또한, 시판 사료도 인의 함유량이 매우 높아 주의를 요한다. 유제품과 콩은 칼슘과 인을 모두 함유한 식품군이다. 또한 육류, 어류, 가금류 및 동물장기 또한 인의 풍부한 공급원이다 (반려견 및 반려묘의 칼슘과 인의 권장량은 "반려동물의 영양관리" 참조 바람).

② 나트륨 (Na)과 염소 (Cl)

반려동물에 있어서 염분은 중요한 보충사료로 부족 시 식욕 부진, 사료섭취량 감소 현상이 나타난다. 소금의 주요 기능은 타액 분비 자극, 소화 효소 작용 촉진, 식욕 증진 등이다. 동물요구량은 전반적으로 0.3% 수준으로 반려견은 0.24%, 반려묘는 0.21% 수준이다. 보통 사료 내 3% 이상이면 중독증상을 보인다. 인간에게 염화나트륨 (염분)의 과잉섭취는 고혈압의 위험을 증가하는 것으로 알려져 있지만, 건강한 반려견과 반려묘에게는 높은 염분 음식으로 인해 고혈압이 나타나지 않는다. 그러나 극히 가볍더라도, 만성 신장 질환을 앓는 반려견이나 반려묘에게 염분이 많은 음식을 주는 것은 질환의 가속화에 원인이 될 수 있다. 따라서 함부로 높은 염분을 함유한 음식을 주는 것은 피해야 한다.

③ 칼륨 (K)과 마그네슘 (Mg)

칼륨과 마그네슘은 단백질, 지방 탄수화물을 에너지로 전환시 중요한 역할을 하며 비타민의 흡수를 돕는다. 칼륨은 세포 내에 가장 많이 존재하는 미네랄이며 동물 체내에서도 세 번째로 많다. 그러나 체내에 축적이 잘 안 되는 미네랄이어서 매일 사료에서 충분히 섭취해야 한다. 마그네슘은 뼈, 치아형성 및 정상 신경과 근육 기능에 필요하며 체내에서 에너지 대사에 크게 관여하고 다양한 효소 반응을 촉진한다. 반려동물을 위한 칼륨과 마그네슘이 풍부한 음식물로는 현미, 콩류, 일부 지방이 많은 생선 등이 있다.

④ 기타 광물질

아연 (Zn)은 각종 효소를 활성화하며 부족 시에는 성장 저해, 털 불량, 부전 각화증 (피부염)을 유발한다. 정자의 구성성분으로 생식 기능 유지를 위해 중요하다. 반려견과 반려묘는 충분한 양의 아연을 공급하여야 털이 윤택해진다. 구리 (Cu)는 효소 활성화, 철분 소화 촉진 및 헤모글로빈생성을 도우며, 부족 시에는 빈혈증을 유발한다. 철분 (Fe)은 혈액의 헤모글로빈 성분으로 산소와 탄산가스를 운반하는 역할을 하며, 부족 시에는 빈혈증을 유발한다. 코발트 (Co)는 비타민 B_{12} 성분이며, 부족 시에는 식욕 감퇴, 성장 저해를 초래한다. 망간 (Mn)은 골격 성장과 번식 장애 예방에 중요한 역할을 한다. 요오드 (I)는 갑상선 호르몬의 구성성분으로 부족 시에는 갑상샘종 및 스트레스에 대한 저항력이 떨어진다. 셀레늄 (Se)은 세포 산화를 방지하는 항산화제 역할을 하며, 항산화제인 비타민E와 기능이 상보 효과가 있다. 미량광물질은 결핍증과 중독증의 수준의 차이가 많이 나지 않기 때문에 급여 시 유의하여야 한다.

(7) 기타 보충 사료

보충사료는 반려동물에게 모자라는 영양물질을 보충하기 위하여 급여하는 사료를 말한다. 일반적으로 아미노산제, 항생제, 생균제, 항산화제 등이 반려동물용 보충사료로 이용되고 있다.

7. 반려동물의 영양 관리

(1) 반려견의 영양 관리

잡식성 육식동물인 반려견은 영양소를 체내 합성하는 능력이 반려묘보다 상대적으로 높은 편이다. 반려견의 강아지 시기는 12~15개월령이고 성견기를 소형견은 약 7세까지, 대형 및 초대형 견은 약 5~6세 까지로 구분 지으며, 고령기를 소형견은 약 14세, 대형 및 초대형 견은 11~13세 까지로 구분하고 그 이후를 초고령기로 구분 지으며, 각 시기별 특별한 영양관리가 필요하다.

① 반려견의 물 관리

물은 동물체 구성의 70% 정도로 신체의 대사에 중요하다. 물의 섭취량은 몸 및 질병의 상태, 활동의 정도, 사료의 종류 및 환경 등에 영향을 받는다. 1일 수분 요구량은 일당 에너지 요구량 (kcal)과 동일하다. 예를 들면, 일중에너지요구량 (Daily Energy Requirement; DER)이 약 300kcal이라면, 물 요구량은 300ml가 된다. 강아지시기와 성견기에는 자유롭게 물을 섭취할 수 있도록 해주어야 한다. 고령견의 경우는 목마름을 느끼는 감각이 둔해져 탈수에 노출되기 쉽고 소변 농축 능력이 저하되어 수분 요구량이 더욱 증가한다. 그래서 고령견의 경우 수분이 많이 함유된 사료를 급여해주는 것이 좋다.

② 반려견의 에너지 관리
㉠ 반려견의 에너지 요구량에 미치는 요인들

적절한 에너지를 급여하는 것은 반려견의 활동 및 건강, 수명 연장에도 큰 영향을 미친다. 에너지 요구량보다 적은 에너지를 섭취하면 대사성 질병이 유도되며, 요구량보다 높은 에너지를 섭취하면 비만에 노출되기 쉽다. 따라서 비만 되지 않고 건강한 반려견 관리를 위해서 성장 시기별 요구량에 맞는 에너지 급여가 중요하다. 일반적으로 반려견에 있어서 에너지 요구량에 영향을 미치는 요인들로는 품종, 성별, 연령, 거세 유무, 활동량, 스트레스, 환경 요인 등이다.

ⓒ 시기에 따른 에너지 급여

반려견은 품종에 따라 체격, 체중이 다양하며 불임의 여부, 나이, 활동량, 환경 온도, 피부, 피모의 두께 등에 따라 필요 에너지가 변동될 수 있다. 왕태미 (어니스트 북스) 등에 의하면 체중이 2~45kg 반려견의 일중에너지요구량 (DER, kcal)은 (30×체중+70)× Factor로 계산된다. 하지만 2kg 이하 또는 45kg 이상의 반려견의 경우에는 안정시에너지요구량 (Resting Energy Requirement; RER=70×체중 (kg)$^{0.75}$ kcal)에 Factor을 곱하여 계산해 준다.

유견기 및 성견기의 반려견은 무엇보다도 비만을 막기 위한 에너지 관리가 중요하다. 비만 방지를 위하여 사료의 양을 줄이는 것보다는 지방의 함량이 적고 식이섬유가 많은 사료를 급여하는 것이 좋다.

고령견의 경우는 나이가 들수록 기초 대사율과 근육량이 떨어지고 피하지방량은 증가한다. 아울러 고령견의 경우는 신장질환, 심장병, 암 및 치과질환 등이 많고, 후각·미각 저하와 같은 감각기능이 쇠퇴해 사료섭취가 원활하지 못해 체중이 감소할 수 있다. 고령견의 일당에너지요구량 (DER)을 결정할 때 먼저 초기 권장 용량으로 1.4×RER을 먹이고, 체중과 외모에 따라 증감하는 것이 좋다 [일본 (사) 반려동물영양학회].

표 8-8. 반려견과 반려묘의 일당 에너지 및 휴식기 에너지요구량 계산표

일당 에너지 요구량 (DER, kcal) = (30×체중+70) × factor* (본 식은 체중 2kg~45kg만 사용 가능, factor는 하단 표 참조)		
Factor*	반려견	반려묘
4개월 이하	3.0	2.5
5~12개월까지	2.0	2.5
비중성화	1.8	1.4
중성화	1.6	1.2
비만 경향	1.4	1.0
체중 감량	1.0	0.8
입원 동물 : RER x 1.25, 심하게 아픈 동물 : RER x 1.5 대수술 또는 창상 : RER x 1.4 내지 2.0		

일당 에너지 요구량 (DER, kcal) = RER × factor*					
(본 식은 2kg 이하 또는 45kg 이상의 경우 사용, factor는 상단 표 참조)					
안정시에너지요구량 (RER, kcal) = 70 × BWkg$^{0.75}$					
BW (kg)	BW (kg)$^{0.75}$	BW (kg)	BW (kg)$^{0.75}$	BW (kg)	BW (kg)$^{0.75}$
1	1	15	7.622	65	22.89
2	1.681	20	9.457	70	24.20
3	2.280	25	11.180	75	25.49
4	2.828	30	12.820	80	26.75
5	3.344	35	14.390	85	27.99
6	3.833	40	15.910	90	29.22
7	4.304	45	17.370	95	30.45
8	4.757	50	18.800	100	31.62
9	5.196	55	20.200	105	32.80
10	5.623	60	21.56	110	33.97

(출처 : 개와 고양이를 위한 반려동물영양학 (어니스트 북스)과 Identifying and feeding patients that require nutritional support (Joseph W. Bartges, 2002) 표를 재구성하였음)

③ 반려견의 단백질 관리

㉠ 시기에 따른 단백질 급여

유견기의 반려견의 조단백질량 (Crude protein; CP)은 단백질의 소화율과 품질에 따라 달라질 수 있다. National Research Council (NRC, 2006)에 따르면 유견기 최소 단백질 요구량은 고품질 단백질의 경우 1.7g/체중 (kg)$^{0.75}$이다. 보통품질의 단백질의 경우 가소화 단백질이 4.0~6.5g/100kcal ME정도가 권장되며 조단백질 함량이 건물량 (DM)의 22.5%정도를 함유한 것을 권장하고 있다 (AAFCO, 2014).

성견기 보통 품질의 단백질일 경우 건물량의 18~30%의 조단백질을 포함한 사료를 급여하는 것을 권장하고 있다. 이 시기 너무 많은 단백질 섭취는 신장과 간에 무리를 줄수 있으므로 적당량의 단백질 급여가 필요하다.

AAFCO (2014)는 고령기 반려견은 보통 품질의 단백질일 경우 15~23%의 조단백질 함량의 영양 공급을 권장하고 있다. 초 고령기 반려견은 소화기능이 떨어지고 근육량이 저하됨은 물론 성견기 반려견에 비하여 단백질의 이용성도 감소하기 때문에 단백질 품질의 개선과 섭취량의 증가가 필요하다.

표 8-9. 반려견의 성장 시기별 단백질 요구량

시기	품질	요구량
유견기	고품질	1.7 g/체중 kg$^{0.75}$
	보통	4.0~6.5g/100kcal ME (가소화 단백질) 22.5% DM (조단백질 함량)
성견기	보통	18~30% DM (조단백질 함량)
고령기	보통	15~23% DM (조단백질 함량)
초 고령기	보통	중, 고령기보다 더 높은 단백질 함량 추천

(출처 : NRC 2006, AAFCO Methods for substantiating nutritional adequacy of dog and cat foods 2014)

④ 반려견의 지방 관리

㉠ 시기에 따른 지방 급여

유견기~성견기 반려견에 있어서 지방의 요구량은 사료 내 지방 5~8.5%이고 리놀레산 (Linoleic acid)은 1.3% 이상이어야 한다 (AAFCO, 2014). 포유중 어미와 발육기의 강아지에 DHA (Docosa hexaenoic acid)를 보충해 주면 신경의 발달에 도움을 주기 때문에 운동기능 발달에 도움이 된다. 따라서 포유 중인 어미 반려견 및 이유 후 강아지의 사료에 DHA 함량을 강화하는 것이 좋다.

고령기 반려견에서는 비만 예방을 위해 지방을 제한하는 것이 좋다. 하지만, 초고령견의 경우 체중이 감소하기 때문에 기호성이 높은 지방 및 고품질의 단백질을 포함한 사료를 급여해주는 것이 좋다. 고령기 반려견에게는 비만을 방지하면서 충분한 열량을 섭취할 수 있게 해주는 것이 중요하다. 따라서 고령기에는 비만 예방을 위하여 5.5% DM을 권장하나 초 고령기에는 체중 감소를 막기 위해 7~15% DM 지방 공급이 권장되고 있다 (AAFCO, 2014). 고령견에 있어서 오메가-3 지방산은 염증을 완화하는 효과가 있고 암 (림프종)을 치료하는 식이요법으로도 사용될 수 있으며 수명의 연장에도 도움이 된다. 또한, α-리놀렌산 (Linolenic acid) 급여는 만성 신장 질환, 인지 기능 장애 등의 개선에 도움을 준다. 따라서 오메가-3 지방산이 풍부하게 함유된 생선 급여는 중요하다.

표 8-10. 반려견에 있어서 성장 시기별 지방의 요구량

시기	요구량
유견기, 성견기	사료 내 지방 5~8.5% DM, 리놀레산 1.3% DM 이상
포유, 발육기	DHA 강화하는 것 권장
고령기	사료 내 지방 5.5% DM, 비만 예방을 위해 지방 함량 낮춤
초 고령기	사료 내 지방 7~15% DM, 체중이 감소하기 때문에 지방 함량 높임

(출처 : NRC 2006, AAFCO Methods for substantiating nutritional adequacy of dog and cat foods 2014)

⑤ 반려견의 광물질 관리

㉠ 시기에 따른 칼슘과 인 급여

유견기 12개월령 이하의 강아지의 경우 뼈와 치아의 형성, 혈액응고, 근육수축, 에너지 대사, 세포신호기능 등 성장을 위하여 많은 양의 칼슘과 인을 필요로 한다. 일반적으로 이 시기 칼슘의 요구량은 1.2~1.8% DM (대형견 : 1.2% DM, 중소형견 : 1.8% DM 이하), 인은 1.0~1.6% DM이 포함되어야 하며, 또한 칼슘 : 인 비율은 1.4 : 1의 수준을 권장한다 (AAFCO, 2014).

일반적으로 시판 사료는 성견이 필요로 하는 칼슘과 인의 양과 비율을 맞추어 제공하기 때문에 별도로 보충은 불필요하다. 하지만 가정식에서는 칼슘과 인의 결핍 또는 과잉되거나 비율이 맞지 않을 경우가 많으므로 신경 써야 한다. 일반적으로 성견기 반려견의 경우는 사료 내에 칼슘은 0.5~2.5% DM, 인은 0.5~1.6% DM이 포함되어야 한다 (AAFCO, 2014).

고령기 및 초 고령기 반려견의 칼슘 권장량은 0.5% DM, 인은 0.4% DM이다 (AAFCO, 2014). 일반적으로 이 시기 반려견에서는 생각보다는 골다공증의 문제가 발생하지는 않지만, 신장 질환의 위험성이 높은 시기인 만큼 칼슘과 인의 비율을 더 신경 써야 한다.

표 8-11. 반려견의 시기에 따른 칼슘과 인 요구량

시기	요구량
유견기 및 임신-수유중 모견	칼슘 1.2~1.8% DM 인 1.0~1.6% DM
성견기	칼슘 0.5~2.5% DM 인 0.5~1.6% DM
고령기 및 초 고령기	칼슘 0.5% DM 인 0.4% DM

(출처 : NRC 2006, AAFCO Methods for substantiating nutritional adequacy of dog and cat foods 2014)

ⓛ 시기에 따른 나트륨과 염소의 급여

성견기 시판되고 있는 일부 사료에는 나트륨과 염소가 과다하게 포함될 수가 있다. 이러한 사료를 급여하면 비만이나 신장 질환 등의 고혈압을 유발할 수 있으므로 주의를 필요로 한다. AAFCO (2014)은 나트륨의 최소 요구량은 강아지 시기 및 번식기에는 0.3% DM, 성견기는 0.06 % DM으로 권장하고 있다.

일반적으로 고령견 및 초 고령견의 경우는 염분의 과다 섭취에 대한 조절능력이 성견기에 비하여 낮아 나트륨과 염소의 급여 시 주의를 기울여야 한다. 일반적으로 건강상 문제가 없는 고령기 이상의 반려견의 경우 나트륨의 급여량은 성견기의 권장량과 같은 수준의 양을 급여하는 것이 좋다.

(2) 반려묘의 영양 관리

육식동물인 반려묘는 일부 영양소의 체내 합성 능력이 부족하므로 나이와 생리상태에 따라 필요한 영양소를 과부족 없이 공급해주어야 한다. 반려묘의 경우 품종에 따라 차이는 있지만 일반적으로 새끼고양이 시기는 출생~12개월령, 성묘기는 약 4세까지이고, 고령기는 약 4~8세까지로 구분하고 초고령기는 8세 이후인데, 이 시기 중 11세 이후는 체중 저하가 급격히 진행되므로 이 시기 특별한 영양 관리가 필요하다. 이처럼 반려묘는 성장 시기별 영양 관리가 중요하다.

① 반려묘의 에너지 관리

반려묘의 경우 품종 차이에 의한 에너지요구량의 차이는 거의 없지만 성장 시기, 활동량의 정도, 환경, 성별 등에 의한 에너지요구량의 차이는 다르게 나타난다. 일반적으로 체중이 2~45kg 반려묘의 일중에너지요구량 (DER, kcal)은 (30×체중+70)×Factor로 계산된다. 하지만 2kg 이하 또는 45kg 이상의 반려묘의 경우에는 안정시에너지요구량 (Resting Energy Requirement; RER=70 체중 (kg)$^{0.75}$kcal)에 Factor을 곱하여 계산해 준다. 실내 사육 반려묘는 야외 사육보다 일반적으로 활동성 및 DER이 낮다. 케이지에 사육되고 있는 반려묘의 DER은 RER과 거의 같다. 아울러 피임 및 거세 수술은 활동도 저하 및 호르몬 분비 변화에 따른 기초 대사의 저하를 발생시켜 에너지요구량은 수술 전보다 20~30% 감소한다. 반려묘는 낮은 습도, 따뜻한 환경이 적합하다. 실내 사육 반려묘의 환경은 습도 30~70%, 온도 18~29℃가 적당하다. 생활환경이 추울 경우 (5~8℃)는 RER의 2~5배가 필요하게 된다. 반대로 매우 고온 (38℃ 이상)이 되면 사료 섭취량은 15~40% 감소한다 [일본 (사) 반려동물영양학회].

㉠ 시기에 따른 에너지 급여

전술한 바와 같이 반려묘의 경우 시기에 따라 에너지요구량의 결정이 중요하다. 반려묘의 시기에 따른 에너지 급여 수준은 반려견과 동일하게 표 8-8와 같이 계산할 수 있다.

한 살 이하의 새끼고양이는 체중에 따라 일당 에너지요구량은 다르게 나타난다. 갓 태어난 새끼고양이는 일주일에 50~100g씩 체중이 증가하고 4주령까지는 대부분의 에너지를 어미의 젖으로부터 공급받는다. 하지만 4주령 이후부터는 고형음식을 제공하여 완전 이유를 6~8주령에 시키는 것이 적당하다. 생후 12주령의 새끼고양이의 에너지요구량은 성묘의 3배가 되고 이러한 에너지요구량은 6개월령까지 최고를 보이다가 성장이 더뎌지며, 성묘수준을 유지하게 된다.

성묘기 부적절한 에너지 섭취는 건강과 활동에 좋지 못한 영향을 미친다. 특히 이 시기 초과한 에너지 섭취는 비만으로 이어질 수 있으니 특히 주의가 필요하다. 따라서 에너지 밀도가 높고 소화가 잘되는 사료급여가 중요하다. 이와 같은 이유로 에너지 함량이 3.5~5.0kcal ME/g DM이 함유된 음식물이 성묘기 반려묘에게 적절하다 (NRC, 2006). 생후 12개월령 이상의 성묘의 경우 에너지 요구량은 새끼고양이에 비하여 20~30% 정도 감소한다. 거세·피임 수술 후 에너지 요구량은 더욱 떨어지기 때문에 과체중이 되지 않도록 주의해야 한다.

고령기는 체중 과다 및 비만이 많은 시기로 비만에 특히 신경 써야 한다. 일반적으로 이 시기 평균 DER은 약 60~80kcal/kg 수준을 유지하는 것이 좋다 (AAFCO, 2014). 하지만 DER은 유전적 요인, 활동량, 환경, 성별 등에 영향을 받는다. 따라서 계산으로 구한 에너지양은 기준이고, 체중과 BCS를 지속적으로 관찰하고 이를 토대로 보정하여 적정 에너지 요구량을 충족시켜주는 것이 중요하다.

초 고령기 반려묘는 노화에 따라 지방의 소화 기능이 약하고 특히 간기능이 저하되는 시기이므로 특히 에너지 관리에 신경을 써야 한다. 따라서 초 고령기 반려묘에서 적당한 체중 관리를 위하여 정상 체중의 반려묘에게 약 4.0~4.5kcal ME/g DM의 고농축 에너지 사료를 급여해야 하며, 비만 반려묘 이외에서는 열량 제한을 하지 않는 것이 좋다 (AAFCO, 2014).

② 반려묘의 단백질 관리
㉠ 시기에 따른 단백질 급여

유묘기 AAFCO의 단백질 권장량은 건물량 (DM)으로 30% 이상은 함유해야 한다. 일반적으로 단백질 요구량은 이유기에 높고 성숙에 따라 점차 감소한다. 유묘기에는 함황 아미노산 요구량이 많다. 함황 아미노산인 시스테인 (Cystein)과 메티오닌 (Methionine)은 모발 단백질의 구성성분으로 케라틴 합성에 중요하다. 따라서 피부와 모발 유지를 위해서 이들이 일일 단백질 요구량의 30% 수준은 되어야 한다. 특히, 메티오닌의 부족은 발육 부전 및 입과 코의 점막 접합 부분의 피부염 등을 발생시킨다. 따라서 함황 아미노산을 충분히 공급하기 위해 식품에 최소 18~20%의 동물성 단백질이 함유되어야 한다.

성묘기는 건강한 성묘에 권장되는 단백질은 30~45% DM이고 건강 유지에 필요한 최소 단백질 요구량은 26% DM (에너지 밀도 4.0 kcal/g DM)수준으로 권장한다 (AAFCO, 2014). 성묘에 있어서 단백질은 당신생 (Gluconeogenesis)과정을 통하여 에너지를 생성하는 중요한 영양소이다. 하지만 단백질의 과잉은 신장 질환을 악화시킬 우려가 있으므로 피하는 것이 좋다.

아울러 AAFCO (2014)는 건강한 고령기 반려묘에 권장되는 단백질은 30~45% DM 수준으로 근육량 저하를 막기 위해서 단백질을 과도하게 제한해서는 안 된다. 초고령기 반려묘도 마찬가지다. 단, 에너지 부족과 만성 질환을 고려하여 양과 질을 충분히 고려한 단백질 식단을 구성해야 한다.

③ 반려묘의 지방 관리
㉠ 시기에 따른 지방 급여

유묘기 지방의 권장량은 9.0% DM 이상, 리놀레산 0.5% DM, 아라키돈산 0.02% DM이다 (AAFCO, 2014). 아울러 새끼 고양이가 비만하지 않았다면 지방함량 18~35% DM수준 (에너지 농도 4.5 kcal ME/g DM 이상)은 사료의 기호성에 도움을 주고 필수지방산 요구량을 충족시킬 수 있어서 권장된다 [일본 (사) 반려동물영양학회]. 반려묘도 사람처럼 오메가-6 지방산인 리놀레산 (Linoleic acid) 및 아라키돈산, 오메가-3 계열의 지방산인 α-리놀렌산과 DHA를 음식물로 섭취해야 한다. 특히, 아라키돈산은 대부분의 동물에서는 비필수지방산이지만 반려묘에서는 필수지방산이므로 이 시기 아라키돈산이 많이 함유된 음식물을 급여하는 것이 좋다.

성묘기는 일반적으로 급여 사료 중 지방 함량은 10~30% DM이면 충분하다 (AAFCO, 2014). 그러나 가능하면 비만 위험을 고려해 지방 농도가 낮게 (8~17% DM) 급여하는 것이 좋다. 고지방 사료는 비만을 가져올 수 있지만 사료 내 약 25% DM 정도의 지방함량은 성묘기 반려묘에게 있어서 기호성을 높이는 데 효과가 있다 [일본 (사) 반려동물영양학회].

반려묘는 나이에 따라 지방의 소화 및 흡수 능력이 저하되어 체중 감소로 이어지기 쉽다. 따라서 고령 및 초 고령기 반려묘에게는 소화가 잘되는 지방이 함유된 고에너지 음식이 권장된다. 하지만 비만과 그와 관련된 각종 대사성 질병에 주의해야 한다. 특히, 필수지방산은 피부와 피모를 건강하게 유지하는 데 도움이 되기 때문에 성묘기 반려묘에게 권장량 수준 또는 그 이상의 필수지방산을 공급해야 한다.

④ 반려묘의 광물질 관리
㉠ 시기에 따른 칼슘과 인 급여
유묘기 칼슘 (Ca)과 인 (P)은 신진대사 및 체내 농도를 조절하는 항상성 메커니즘이 서로 연관성이 높아 그 권장 요구량을 함께 지정하고 있다. 유묘기 칼슘은 성장에 중요하다. 특히 뼈의 주요 구성성분으로 체내 칼슘의 99%는 골격에 존재한다. 인 또한 칼슘 다음으로 풍부한 광물질이며 전체 인의 약 80%가 뼈와 치아에 존재하므로 육식동물인 고양이에게는 중요한 영양소원이다. AAFCO (2014)는 일반적으로 유묘기 반려묘의 경우 칼슘이 사료중 1.0% DM, 인은 0.8% DM 이상 포함하는 것을 권장하고 있으며, 최저 칼슘 필요량은 0.5% DM 정도이다. 적정 Ca : P의 비율은 1.2 : 1이 적당하며 고기만을 포함한 사료는 칼슘 결핍과 인의 과잉을 일으키기 쉽다. 아울러 칼슘의 과잉 공급은 고칼슘 혈증과 인의 흡수를 저해시킴은 물론 마그네슘 (Mg) 이용률 저하의 원인이 될 수 있으므로 권장량 수준의 칼슘공급이 유묘기 중요한 급여요령이다.

AAFCO (2014)에 의하면 성묘의 칼슘 요구량은 사료중 0.6% DM, 인은 0.5% DM이다. 성묘기 식품 중 칼슘함량은 매우 다르다. 유제품과 콩은 주요한 칼슘공급원이다. 곡물 중의 인은 그 함량도 적지만 피틴태인 (Phytate-P) 형태로 존재하여 섭취 시 소화되지 않고 대부분 배설되므로 사료 제조 시 주의가 필요하다. 일반적으로 시판되는 사료 중에 칼슘과 인 함량이 권장량보다 크게 높은 것이 있으므로 주의를 필요로 한다.

일반 고령 및 초고령 반려묘의 칼슘 요구량은 사료 중 0.6~0.8% DM, 인은 0.5~0.7% DM을 권장한다 (Elliott 등, 2003). 고령 및 초고령 반려묘는 소화능력이 감퇴하고, 칼슘과 인의 흡수력이 감소하므로 소화흡수가 잘되는 칼슘 및 인 공급원이 필요하다. 반려묘가 노화에 의해 골다공증이 되었다는 보고는 없지만, 골밀도를 유지하기 위하여서는 칼슘과 인이 권장수준으로 급여되어야 한다. 일반적으로 칼슘의 함량이 부족하면 요석증의 원인이 되므로 적당한 양의 칼슘이 포함한 사료를 제공해야 한다.

표 8-12. 반려묘의 시기에 따른 칼슘과 인 요구량

시기	요구량
유묘기	칼슘 1.0% DM
	인 0.8% DM
성묘기	칼슘 0.6% DM
	인 0.5% DM
고령기	칼슘 0.6~0.8% DM
	인 0.5~0.7% DM
	※ 신장병인 경우 인의 함량을 0.3% DM까지 제한

(출처 : NRC 2006, AAFCO Methods for substantiating nutritional adequacy of dog and cat foods 2014)

⑤ 반려묘의 섬유질 관리

㉠ 시기에 따른 섬유질 급여

섬유질은 소장에서 소화되지 않는 불용성 탄수화물로 소화가 느린 섬유질은 만복감을 주고 독소배출, 배변활동 촉진 및 위장관에 잔류하는 털을 '헤어볼' 형태로 배출하는 데 도움을 준다. 하지만 새끼고양이의 경우는 상대적으로 에너지 밀도가 낮은 식이섬유가 다량 함유된 음식물보다는 에너지 밀도가 높은 사료를 여러 차례 제공하는 것이 좋다. 그 이유는 성장기 반려묘는 많은 에너지가 필요하지만, 위가 작아 다량의 사료를 섭취할 수 없기 때문이다. 새끼고양이 사료내 식이섬유가 다량 함유되면 사료의 에너지가 희석되기 때문에 일반적으로 성장기의 반려묘에게는 높은 섬유질 사료는 권장되지 않는다.

건강한 성묘의 섬유질 권장량은 5% DM 이하이다. 비만 반려묘는 섬유질 함량을 15% DM 정도까지 급여하면 비만 억제에 효과가 있다 (AAFCO, 2014).

고령 및 초 고령기 반려묘에 있어서 섬유질은 장의 연동운동 촉진으로 변비 예방에 유익하다. 또한, 비만, 당뇨병, 고지혈증, 거대결장증 등의 관리에도 유리하다. 하지만 높은 섬유질 함량은 열량 농도를 희석하며 소화흡수 능력을 저하시킨다 [일본 (사) 반려동물영양학회].

 8. 반려동물의 금기 음식

(1) 반려견 금기 음식

① 감, 복숭아, 자두 (Persimmons, peaches, and plums)

감의 씨앗은 반려견의 소장에 문제를 일으키거나 장을 막을 수 있다. 아울러 복숭아와 자두의 움푹 파인 곳에는 사람과 반려견에게 유독한 시안화물 (Cyanide)이 포함되어 있기 때문에 먹여서는 안 된다.

② 마카다미아 (Macadamia nuts)

마카다미아 견과류와 그것이 들어있는 식품을 반려견에 급여 시 근육 흔들림, 구토, 고열, 뒷다리의 쇠약과 같은 증상이 나타난다. 이들 견과류와 함께 초콜릿을 먹이면 증상이 악화하여 사망에 이를 수도 있다.

③ 사람용 의약품 (Medicine)

반려견에게 사람이 복용하고 있는 약을 먹여서는 안 된다. 반려견에게 의도치 않은 고통을 유발할 수 있다. 일반적으로 아세트아미노펜 또는 이부프로펜과 같은 성분은 사람의 진통제 및 감기약에 포함되어 있어, 이것을 반려견이 섭취 할 경우 반려견에게 치명적일 수 있기 때문이다.

④ 생고기 및 생선 (Raw meat and fish)

날달걀과 마찬가지로 생선과 생고기에는 식중독을 일으키는 박테리아가 있을 수 있다. 연어, 송어, 청어 또는 철갑상어와 같은 일부 생선은 '어류 질병 (Fish disease)' 또는 '연어 중독 질병 (Salmon poisoning disease)'을 일으키는 기생충을 가질 수 있다. 그러므로 기생충을 죽이기 위해 생선을 완전히 요리해야 한다. 이들을 섭취시 나타나는 첫 번째 징후로는 구토, 발열, 림프절 비대 (Big lymph nodes) 유발 등이 있다.

⑤ 생식

생식 특히 미생물에 감염된 생식은 문제가 된다. 예를 들어, 생우유를 마시면 배앓이를 유발 하거나, 생계란을 먹는 것은 살모넬라 (Salmonella) 또는 대장균 (E. coli)과 같은 박테리아로 인한 식중독의 가능성을 높일 수 있으니 주의 해야 한다. 생식의 경우 식품의 유통기한을 반드시 확인하여 안전성이 확보된 음식물을 구매하여야 한다. 냄새를 반드시 확인하여 상한 음식인지를 구별하여야 한다. 그리고 기생충이 있을 만한 동물성 식품은 절대로 먹여서는 안 된다.

⑥ 아보카도 (Avocado)

아보카도에는 페르신 (Persin)이라는 물질이 함유되어 있다. 이것을 너무 많이 섭취하면 반려견에게 구토 또는 설사를 유발할 수 있다. 집에서 아보카도를 재배한다면 반려견이 접근하는 것을 막아야 한다. 페르신은 열매뿐만 아니라 잎, 씨, 껍질에도 있다. 또한,

아보카도 씨가 장이나 위장에 박힐 수 있고, 장 폐색이 일어날 경우 치명적일 수 있다.

⑦ 알코올 (Alcohol)

알코올은 사람에게 주는 것과 같은 효과가 반려견의 간과 뇌에 영향을 미친다. 그러나 반려견에게는 훨씬 빠르게 피해를 일으킬 수 있다. 약간의 맥주, 술, 와인 또는 술이 포함된 음식은 나쁠 수 있다. 증상으로 설사, 구토, 혼수상태, 심지어 사망까지 유발할 수 있다. 그리고, 반려견이 작을수록 증상은 더 나빠질 수 있다.

⑧ 자일리톨 (Xylitol)

사탕, 껌, 구운 식품, 치약과 일부 다이어트 식품은 자일리톨로 달게 한다. 자일리톨은 반려견의 혈당을 떨어뜨리고, 간부전 (Liver failure)을 일으킬 수 있다. 초기 증상으로는 구토, 무기력, 조정 문제 (Coordination problems)가 있다. 결국, 반려견이 발작을 일으킬 수 있으므로 주의를 요한다.

⑨ 지방 부산물 (Fat trimmings) 및 뼈 (Bones)

고기에서 제거된 지방은 익힌 것과 익히지 않은 것 모두 반려견에게 췌장염을 일으킬 수 있다. 그리고, 반려견에게 뼈를 주는 것이 자연스러워 보이지만 반려견을 질식시킬 수 있다. 또한, 부서진 뼛조각은 반려견의 소화 시스템을 막히게 하거나, 절단시킬 수 있어 매우 위험하다.

⑩ 초콜릿 (Chocolate)

대부분의 사람은 초콜릿이 반려견에게 좋지 않은 것으로 알려져 있다. 초콜릿의 문제는 테오브로민 (Theobromine)이다. 테오브로민은 모든 종류의 초콜릿, 심지어 화이트 초콜릿에도 들어있다. 가장 위험한 유형은 다크 초콜릿과 무가당 베이킹 초콜릿이다. 초콜릿은 반려견에게 구토와 설사를 유발할 수 있다. 또한, 심장 문제, 떨림 (Tremors), 발작 (Sseizures) 및 사망을 유발할 수 있다.

⑪ 커피, 차 및 기타 카페인 (Coffee, Tea and Other caffeine)

카페인은 반려견에게 치명적일 수 있다. 커피와 차, 심지어 커피 열매 (Bean)와 찌꺼기 (Ground)까지 조심해야 한다. 초콜릿, 코코아, 콜라 및 에너지 음료에서 반려견을 멀리해야 한다. 감기약과 진통제 섭취도 주의해야 한다. 반려견이 카페인을 섭취하였을 때, 가능한 한 빨리 반려견을 수의사에게 데려가는 것을 추천한다.

⑫ 포도 및 건포도 (Grapes & Raisins)

포도와 건포도는 반려견의 신부전을 일으킬 수 있다. 그리고 소량으로도 반려견을 아프게 할 수 있다. 계속해서 구토하는 것은 초기 징후이다. 하루 안에 활동이 감소하거나 우울해지는 증상이 나타난다.

⑬ 효모 반죽 (Yeast dough)

빵 반죽이 내부에서 부풀어 오르면 반려견의 배가 늘어나고 많은 통증을 유발할 수 있다. 아울러 효모 발효된 빵 반죽은 알코올을 함유하고 있으니 알코올 중독을 주의해야 한다.

(2) 반려묘 금기음식

① 날고기 (Raw meat) 및 생선 (Fish)

날고기 (날달걀 포함)와 날생선은 식중독을 일으키는 박테리아를 포함할 수 있다. 또한, 생선의 효소는 반려묘에게 필수적인 티아민 (Thiamine, 비타민 B_1)을 파괴한다. 티아민이 부족하면 심각한 신경학적 문제를 일으키고 경련 (Convulsion)과 혼수상태 (Coma)로 이어질 수 있다.

② 날달걀 (Raw eggs)

반려묘에게 날달걀을 주는 것에는 두 가지 문제가 있다. 첫 번째는 살모넬라 (Salmonella) 또는 대장균 (E. coli)과 같은 박테리아로부터 식중독을 일으킬 가능성이 있다. 두 번째 문제는 날달걀 흰자의 단백질인 아비딘 (Avidin)이 드물지만 비오틴 (Biotin, 비타민 B_7)의 흡수를 방해할 수 있다. 이것은 반려묘의 털 문제뿐만 아니라 피부 문제도 일으킬 수 있다.

③ 반려견 사료 (Dog food)

가끔 반려견 사료를 먹어도 반려묘에게 해를 끼치지 않는다. 그러나 반려견 사료는 반려묘 사료를 대체할 수 없다. 반려견과 반려묘 사료는 같은 재료를 많이 공유하고 있다. 그러나 반려묘 사료는 특정 비타민과 지방산뿐만 아니라 더 많은 단백질을 포함하는 반려묘의 필요에 맞게 특별히 제조되었다. 반려견 사료의 꾸준한 섭취는 반려묘에게 심각한 영양실조를 유발할 수 있다.

④ 사람용 의약품 (Medicine)

인간에게 처방된 약물을 복용하는 것은 반려묘 중독의 가장 흔한 원인 중 하나이다. 수의사가 지시하지 않는 한 반려묘에게 처방전 없이 살 수 있는 약을 절대 주지 말아야 한다.

⑤ 알코올 (Alcohol)

알코올은 반려묘의 간 (Liver)과 뇌 (Brain)에 인간에게 미치는 것과 동일한 영향을 미친다. 하지만, 적은 양으로도 인간보다 훨씬 더 많은 손상을 주게 된다. 예를 들어, 2 티스푼의 위스키만으로 약 2kg의 반려묘에게 혼수상태를 유발할 수 있으며, 1 티스푼만 더하면 죽일 수 있게 된다. 알코올 도수가 높을수록 증상은 악화된다.

⑥ 우유 (Milk) 및 기타 유제품 (Other dairy products)

반려묘 대부분은 유당 불내성 (Lactose-intolerant)이다. 그들의 소화 시스템은 유제품을 처리할 수 없으며, 그 결과 설사와 같은 소화 장애가 발생할 수 있다.

⑦ 지방 부산물 (Fat trimmings) 및 뼈 (Bones)

뼈를 분리한 고기 잔여물은 종종 지방을 함유하고 있다. 지방과 뼈 둘 다 반려묘에게 위험할 수 있다. 조리되거나 조리되지 않은 지방은 구토와 설사에 함께 장에 이상을 일으킬 수 있다. 또한, 반려묘는 뼈에 질식하거나 소화기관의 내부가 절단할 수 있는 장애를 일으킨다.

⑧ 참치 (Tuna)

가끔 참치 통조림 섭취는 괜찮지만, 사람을 위해 만들어진 참치 통조림을 반려묘에게 꾸준히 먹이는 것은 반려묘에게 필요로 하는 영양분을 모두 제공하지 못하기 때문에 영양실조로 이어질 수 있다. 그리고, 너무 많은 양의 참치 섭취는 반려묘에게 수은 중독을 일으킬 수 있다.

⑨ 초콜릿 (Chocolate)

초콜릿은 반려묘에게 치명적일 수 있다. 초콜릿의 독성물질은 테오브로민 (Theobromine)이다. 테오브로민은 모든 종류의 초콜릿, 심지어 화이트 초콜릿에도 들어있다. 하지만, 가장 위험한 종류는 무가당 베이킹 초콜릿과 다크 초콜릿이다. 초콜릿을 먹으면 비정상적인 심장 박동, 떨림, 발작 및 사망이 발생할 수 있다.

⑩ 카페인 (Caffeine)

고함량의 카페인은 반려묘에게 치명적일 수 있다. 또한, 해독제 (Antidote)가 없다.

카페인 중독의 증상으로는 안절부절 (Restlessness), 빠른 호흡 (Rapid breathing), 심계항진 (Heart palpitations) 및 근육 떨림 (Muscle tremors)이 있다. 커피콩 (Coffee bean)과 찌꺼기 (Ground)를 포함한 차와 커피 외에도 카페인은 코코아, 초콜릿, 콜라, 레드불과 같은 각성 음료에서 찾을 수 있다. 또한, 감기약과 진통제에도 들어있다.

⑪ 포도 (Grapes)와 건포도 (Raisins)

포도와 건포도는 반려묘에게 신부전 (Kidney failure)을 일으킬 수 있다. 또한, 소량의 포도와 건포도 역시 반려묘를 아프게 할 수 있다. 초기 증상으로 반복되는 구토 (Vomiting)와 과잉행동 (Hyperactivity)이 나타난다. 일부 반려묘에게는 나쁜 영향을 미치지는 않지만, 될 수 있는 대로 피하는 것이 좋다.

⑫ 효모 반죽 (Yeast dough)

효모가 들어간 밀가루 반죽을 반려묘가 섭취하면 위안에서 부풀어 복부가 늘어나 심한 통증을 유발할 수 있다. 또한, 효모가 발효를 진행하며 생성된 알코올은 중독으로 이어질 수 있다.

II 관상조

1. 소화기관의 특성

(1) 조류의 소화기관

파충류에서 기원한 조류의 소화 구조는 이빨이 없어 씹는 기능이 없는 부리로부터 시작된 후 식도, 소낭, 전위, 십이지장, 맹장, 대장 그리고 총배설강으로 되어있고, 섭취된 사료는 이러한 과정을 거쳐 몸 밖으로 배설된다.

부리는 식기 (그릇)의 역할을 하여 먹이를 먹거나 풀을 뜯는 역할을 한다. 또한, 부리는 새의 위아래 턱이며, 턱뼈는 표피성 각질로 덮여 있어 이빨과 입술 역할을 한다. 부리의 기능은 먹이를 잡거나 천적으로부터 자신이나 새끼들을 보호하고 둥지를 지을 수 있은 역할을 한다.

새의 부리는 먹이를 사냥할 수 있는 용도에 맞게 새마다 부리의 특징이 있다. 쏙독새의 부리는 날아다니는 나방과 곤충을 잡을 수 있도록 부리가 짧고 큰 입을 벌릴 수 있게 되어 있고, 독수리의 부리는 토끼나 꿩을 찍을 수 있도록 부리 끝이 호미 모양의 갈고리 모양이다. 중대백로의 부리는 수중 물고기를 작살처럼 찔러서 잡을 수 있도록 날카롭고 길다. 딱딱한 열매의 씨앗을 꺼내먹기 쉽도록 콩새의 부리는 짧고 끝이 날카롭다. 물새들의 부리는 물속에 있는 먹이를 잡기 편하게 진화됐는데, 오리나 기러기 등의 부리는 물속 또는 진흙 속의 먹이를 잡기 쉽도록 넓적하고 편평하게 되어있다. 왜가리는 길고 뾰족한 부리로 물고기 등을 잡을 수 있다. 곡류를 먹는 새들은 부리가 굵고, 곤충류를 먹는 새는 가늘고 길다. 이처럼 새의 부리는 새가 살아갈 수 있도록 변화 및 먹이를 먹을 수 있도록 진화해 온 것을 알 수 있다.

소낭은 입으로 섭취한 모이를 잠시 머물게 하여 불리고 약간의 발효가 일어난다. 소화가 용이한 것은 위로, 딱딱한 것은 소낭에 장기간 잔류시켜 소화한다. 이것은 앵무새, 꿩, 비둘기 등 씨앗이나 곡물을 먹는 관상조에서 흔히 볼 수 있고 혹은 가금류의 유추기에서 불쑥 튀어나온 소낭을 쉽게 볼 수 있다.

선위는 전위라고도 하는데 식도의 팽창 부분으로 바로 근위에 연결된다. 여기에서는 소화 효소인 위산과 펩신이 분비된다.

근위는 소낭에서 연화될 수 없는 딱딱한 식물이나 종자의 씨앗 등이 기계적 운동으로 분쇄된다. 강한 근육으로 구성되어 모래 등과 같은 것을 함유할 수 있다. 일반적으로 "똥집"이라고 불리는 부위이다.

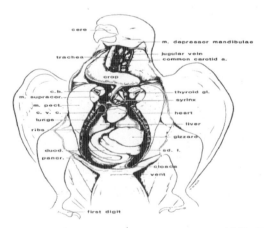

(출처 : King & McLelland 1984)

그림 8-4. 조류의 내부 조직 구조

근육의 수축 운동은 1분당 2.5~3회이다. 새의 장은 매우 짧아 몸 전체 길이의 2~3배에 지나지 않는다. 이것은 새가 하늘을 날기 위한 적응과 진화의 결과이다. 따라서 섭취한 먹이의 소화가 빠르게 진행되어 이른 것은 반 시간이내 그리고 늦어도 몇 시간 이내에는 배설한다. 췌장에서는 강산이 분비되어 장으로 보내지고 각종 소화 효소가 분비되어 소화 흡수가 이루어진다. 대장과 직장은 기본적으로 수분이 흡수되는 곳이다. 조류는 항문에서 분뇨 이외에도 알, 정액 등이 모두 배설되므로 총배설강이라고 부른다.

 ## 2. 영양소와 대사

영양은 조류의 수명, 활력 및 건강에 영향을 미치는 영향 중 가장 중요한 요소이다. 그러나 조류에 대한 영양소 요구량 등은 아직 알려지지 않았다. 왜냐하면, 다양한 종류의 조류별 영양소 요구량 등이 달라서 지금까지 경험적 기술에 의존해서 사료가 개발되고 있다.

조류는 비행할 수 있는 몸의 특성상 몸 크기가 작고 모든 동물 중에서 신체의 대사가 가장 빠르게 진행되는 동물로 진화되어 왔다. 예를 들면 새 중에서 가장 작은 새로 알려진 벌새는 1초에 날갯짓을 55회 정도 하며, 가장 빨리 움직인다. 단순히 사람의 체중과 비교해서 섭취량을 계산해보면 체중 60kg의 사람이 벌새와 같이 움직인다면 75조각의 빵, 42컵의 우유, 14.5개의 햄버거를 먹어야 한다. 관상조는 체중의 5분의 1의 사료를 섭취하며, 양으로는 45~60g의 사료를 급여하는 것으로 되어있다. 또한, 종자만을 먹는 야생조류 중에서 체중의 10분의 1을 벌레를 먹는 성장이 완료된 성조의 경우에는 체중의 40% 정도를 사료로 섭취하는 것으로 알려져 있다.

관상조에게 공급할 수 있는 중요한 영양요소는 뼈와 난각의 구성요소인 칼슘이다. 칼슘의 중요한 공급원은 볶은 굴 껍데기를 빻은 가루이다. 또한, 오징어 뼈도 중요한 칼슘 공급원이다.

그 외, 광물질 사료도 공급하는 데 광물질 원을 함유한 황토를 공급하면 매우 효과적이다. 염과 나트륨을 공급할 수 있는 소금은 영양분의 소화, 흡수에 필수적이다.

 ## 3. 사료의 종류

관상조의 사료 선택은 매우 중요하다. 자신이 기르고 있는 관상조의 자연적 서식 습성을 반드시 고려해야 한다. 자연계에서 먹이를 이용하는 것은 먹이의 이용 효율과 열량에 영향을 미친다. 예를 들어 열대에서 서식하는 앵무새와 산에 사는 앵무새의 먹이는 각각 다르다. 자연 서식지에 사는 조류는 먹이를 찾기 위해 지속적으로 이동하고, 포식자로부터 피하고자 먹이를 빨리 먹고 주위를 경계하고 망을 본다. 이런 환경에 적응하기 위해서 조류의 소낭은 먹이를 담아두는 저장고의 역할로 진화되어 왔다.

자연에서 서식하는 조류는 하루에 두 번 정도 먹이를 섭취하는 습관이 있는데, 만약에 하루종일 먹이를 급여하게 되면 조류는 주변 환경에 대한 호기심이 없어지고 먹이 섭취에 대한 욕구·감퇴를 초래하게 된다. 그러므로 관상조의 사료급여 횟수는 하루에 두 번 정도 급여하는 것이 좋다.

급여 시에는 새장에 막대기를 걸쳐서 채소나 과일 등을 끼워서 조류가 먹을 수 있도록 한다. 대형 앵무새의 경우는 닭 뼈를 삶아서 주거나 솔방울 틈새에 사료를 집어넣어 먹을 수 있도록 한다.

조류의 먹이 대부분은 곡류의 종실이다. 작은 조류의 먹이 대부분은 피이며, 그 외 유채, 들깨, 조, 삼, 수수, 카나리아 종실 등이다. 작은 조류의 먹이는 주로 피가 일반적이다. 피는 기상조건이 나쁜 환경에도 잘 자라는 구황작물로 종실 생산량이 비교적 많다. 조의 씨는 피의 종실보다 작고 황색을 띤다. 조는 차조와 메조 두 종류가 있는 데 메조가 조류의 사료로 주로 이용된다. 유채나 들깨, 수수는 주위에서 쉽게 구할 수 있는 조류의 먹이원이다.

카나리아와 되새류가 좋아하는 탄수화물이 많이 함유된 카나리아 종실은 회갈색의 길게 생긴 종실이다. 야생 자연에 사는 조류의 먹이는 애벌레나 유충으로 단백질과 무기물이 풍부하다. 관상조류의 영양보충원 벌레는 인공번식이 가능한 딱정벌레, 애벌레, 귀뚜라미가 주로 이용되고 이외에도 사마귀 유충, 메뚜기 유충, 바퀴벌레, 배추흰나비 유충 등이 주로 이용된다.

 # 4. 사양 관리

(1) 사육준비

관상조를 집에서 반려용으로 사육하고자 한다면 가족 구성원으로 맞이하기 위해 철저히 준비하여야 한다. 우선, 사육 시 고려사항을 먼저 알아보도록 하자.

첫째, 관상조를 사육하는 목적을 분명히 해야 한다. 취미, 전문사육, 번식을 목적으로 한다는 등 목적을 명확히 해야 그것에 맞게 사양 관리가 이루어진다.

둘째, 관상조를 사육하는 데 하루 동안 얼마나 많은 시간을 투자할 수 있는지 고려해야만 한다. 하루 동안 관상조를 위한 사료 준비, 청소, 훈련 등을 위한 시간 등 세부적으로 투여시간을 세워야 한다. 일반적으로 새 관상조를 가족으로 맞이할 때 큰 새 일수록 길든 새일수록 새로운 환경에 적응 시간이 더 많이 소요된다.

셋째, 관상조를 사육하는데 필요한 공간을 고려하여야 한다. 대형 새일수록 더 많은 공간이 필요하다.

넷째, 사육비용을 고려하여야 한다. 일반적인 사육비용 항목은 새장, 사료, 건강관리 비용 등으로 나눌 수 있다. 어떤 관상조는 수명이 수십 년 이상 살 수 있음을 알고, 사육하고자 하는 관상조의 평균 수명을 다시 한번 생각할 필요가 있다.

다섯째, 새로운 환경에 온 관상조는 새로운 환경에 적응할 수 있도록 도와주어야 한다. 이때 관상조가 스트레스를 받는 원인은 기존 관상조의 주인과 집을 떠난 것, 새로운 주인과 집으로 인한 두려움, 온도, 소리, 바뀐 사료섭취로 인한 스트레스 등이다. 그러므로 급격한 사료변화는 피하도록 하여 이전에 급여했던 사료는 급여하고 천천히 새로운 사료와 혼합하여 변화시키도록 한다. 그리고 충분히 휴식할 수 있도록 보살펴 주어야 한다.

(2) 사육장소

새는 일출과 일몰 시각에 지저귐이 잦으므로 소음에 주의해야 한다. 요즘은 거주형태가 대부분 아파트이기 때문에 새의 지저귐이 소음으로 들릴 수 있으므로 주의하여야 한다. 조류의 호흡기에 영향을 미칠 수 있는 매연, 환경 공해 물질, 주방의 요리 냄새와 연기 등에 취약하므로 사육장소 설정에 주의하여야 한다. 특히, 몸집이 작은 조류 되새류인 십자매, 문조, 금화조, 사상조 등에서는 냄새에 특히 신경을 써야 한다.

(3) 사육기구

최근에 반려동물인 반려견이나 반려묘를 키우는 가정에서는 잉꼬, 카나리아, 앵무새와 같은 작은 조류는 반려견이나 반려묘로부터 공격을 받기 쉬워 철망 등을 설치하여 보호해야 한다.

새장인 케이지는 시각적인 효과를 고려해서 다양한 모양이 있으나 주인이나 조류에게 편안한 것으로 선택해야 한다. 그리고 새장 밑에 덧판이 있고 덧판 위에 신문지 등을 펼쳐 깔아 사료나 새의 분변 등이 바닥으로 떨어지지 않도록 하는 것이 좋으며, 청소가 용이해야 한다. 청소는 주 1회로 정기적으로 하는 것이 좋다.

새 케이지에는 모이 그릇과 횃대 등을 부착시켜야 한다. 모이 그릇은 새가 사료를 흩뜨리는 것을 예방할 수 있는 뚜껑이 있는 것도 있으나, 세척 시 불편함이 있다. 그리고, 오래 쓰다 보면 모이 그릇이 깨진 틈이 생겨 이물질 등으로 인한 질병의 발생 원인이 될 수 있어서 즉시 새 모이 그릇으로 교체해 주어야 한다. 바닥에 사료를 주는 꿩과 메추라기는 사료 허실이 심하므로 호퍼 형 사료 조에 먹이를 주는 것도 좋다. 특히, 횃대는 조류가 대부분 시간을 보내는 곳이므로 크기와 모양이 중요하다. 횃대 재질은 나무가 가장 좋으며, 굵기는 발가락이 횃대를 감쌌을 때 발가락 사이가 약간의 간격이 있는 것이 적당하다.

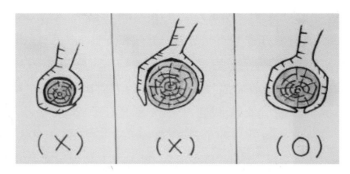

그림 8-5. 올바른 횃대 선정 방법

관상조 케이지 안에 놀이 장난감 등을 놓아주면 좋다. 카나리아 같은 경우에는 그네를 만들어 주고, 잉꼬는 플라스틱 구슬을 사용하거나 거울 등을 이용할 수 있다. 조류는 잠을 잘 때 어두워야 하므로 천 등으로 어둡게 해주는 것이 좋다.

둥우리는 새가 쉴 수 있는 안식처이자 산란 장소이고 새끼를 키우는 장소이기도 하다. 설치 위치는 새장 안쪽 2/3 높이 지점에 설치하면 된다. 둥우리 모양은 새 종류에 따라 항아리형 (문조, 잉꼬, 앵무새)과 상자형 (되새류, 카나리아)이 있다.

(4) 관상조별 사양 관리 방법

① 십자매

주요 급여 사료는 조, 피, 수수 등의 곡류 사료와 야채 같은 청초 사료이다. 그리고 알을 품거나 새끼를 기를 때는 조 30%, 피 20%, 수수 10%, 난조 40%를 급여한다. 겨울이나 번식 전후에는 카나리아 종실 10~20% 혼합해 주거나 조 등은 껍질을 벗기고 먹으므로 매일 먹이를 새것으로 교체해 준다. 청소는 2~3일에 한번 하고 신문지를 바닥에 깔아주고 한 달에 한 번씩 교체해 준다.

② 문조

문조는 십자매보다 더 크므로 철망 각형 새장을 사용할 경우 45cm 이상인 것으로 사용한다. 문조는 대형 물그릇을 주어 수욕을 할 수 있도록 한다. 사료는 쌀, 피, 카나리아 종실, 청초 등을 주고, 비율은 조 30%, 피 20%, 쌀 20%, 난조 30%로 급여하면 된다. 특히, 발정기와 육추기에는 난조 급여량을 배로 증가시키면 된다.

③ 카나리아

사료 혼합 시 단미사료는 유채, 카나리아 종실, 아마씨 등을 혼합 급여하면 된다. 서양에서는 청예사료로 별꽃을 급여하기도 한다. 청초를 한 번에 많은 양을 주게 되면 설사를 유발하므로 소량씩 주어야 하며, 번식기에는 빵가루와 난조 또는 삶은 노른자를 혼합해 급여해도 된다.

털갈이 시기에는 거칠게 빻은 밀가루를 주어 깃털이 오렌지색으로 변하지 않게 하고 난조 급여량도 증가시킨다. 색소의 사용은 제조사의 지시에 따르며 식수에 혼합해 주면 된다. 케이지는 철장보다 목재를 권장하며, 철장 새장을 사용할 경우 합판으로 된 칸막이를 사용한다. 케이지의 위치는 카나리아의 별칭이 "태양의 아들" 이란 뜻처럼 햇볕을 좋아해서 햇볕이 잘 드는 곳에 위치시키면 된다. 또한, 카나리아는 수욕을 좋아하므로 수욕 세트를 구입하여 설치해주면 된다. 여름에는 모기 방지용 방충망을 설치해 주며, 케이지 청소는 주 1회 정도 하면 된다.

④ 사랑앵무

우리 주변에서 흔히 볼 수 있는 새로 사육관리가 쉽고 번식도 잘 된다. 사료는 청초, 조, 카나리아 종실, 사과 등을 급여하면 된다. 앵무새용 새장은 아치형, 각형, 가형, 구형, 원통형, 장식형 등이 있다. 대형 앵무는 새장 문을 열 수 있으므로 자물쇠를 반드시 해야 한다. 앵무새는 일조의 영향을 많이 받기 때문에 해가 져서 어두워지면 불을 끄고 불을 켜야 할 경우는 천으로 새장을 가려 주어야 한다. 더운 여름에는 통풍이 잘되어야 하고 겨울에는 바람을 막아주어 춥지 않도록 해주어야 한다.

5. 반려동물의 금기 음식

(1) 아보카도

아보카도 잎에는 곰팡이 독소가 함유되어 있어 새가 아보카도 잎을 먹으면 호흡기질환, 심장 손상 등으로 심할 경우 죽을 수 있다.

(2) 카페인

새에게 카페인이 함유된 음식 등을 주게 되면 심박 수 증가, 부정맥 활동을 증가시켜 심장마비를 일으킬 수 있다.

(3) 초콜릿

초콜릿에는 테오브로민과 카페인이 함유되어 있어 섭취하게 되면 설사와 구토를 유발할 수 있으며, 심박 수 증가 등으로 죽을 수 있다.

(4) 소금

소금이 다량 함유된 음식은 탈수증, 신부전을 유발시켜 심할 경우 죽을 수 있다.

(5) 시금치, 아스파라거스, 파슬리, 토마토 잎, 담뱃잎

칼슘 흡수를 저해하기 때문에 섭취하지 않도록 해야 한다.

(6) 사과나 배 등의 씨앗

사과나 배 등은 청색증 유발 인자인 시안배당체를 함유하고 있어 씨앗을 제거하고 급여한다.

III 관상어

1. 개요

관상어는 전 세계적으로 인기 있는 반려동물이자 중요한 수산 상품 중 하나이다. 따라서 관상어 생산 및 관련 산업은 그 상업적 가치가 매우 높다. 관상어 양식은 고용 창출효과가 높고 수십억 달러 규모의 이윤을 거둘 수 있는 글로벌 산업으로 인식되고 있다.

관상어 부문의 시장 가치는 2020년에 약 8억 3,800만 달러로 평가되며, 2023년까지 연평균 6.1% 성장하여 그 규모가 1억 2,000만 달러에 이를 것으로 예상하고 있다. 이렇게 관상어 산업이 확장되고 있는 이유는 여러 관련 산업에서의 활용도가 높아지고 있기 때문이다. 관상어의 상업적 가치는 어류의 종류, 생활환경, 외양에 따라 변이가 있을 수 있지만 크게 민물고기 (Fresh water fish)와 해양 어류 (Marine fish)로 분류될 수 있다.

전 세계적으로 약 4,500여 종의 민물고기와 1,450여 종의 해양어종이 서식하고 있는 것으로 보고되고 있다. 해양 어류에서는 Pomacentridae (Damselfish 및 clownfish), Pomacentridae (Angelfish) 및 Acanthuridae (Surgeonfish)가 주요 어종이며, 민물고기에서는 Cyprinidae (Cyprinids), Poeciliidae (Livebearers) 및 Cichlidae (Cichlids)가 주요 어종이다.

관상어를 키우려면 관상어의 소화 시스템, 신진대사, 영양소 요구량, 식이 습관 및 사료 등에 대해 잘 이해하는 것이 필요하다. 그러나 지금까지 관상어에 대해서 이러한 항목들에 대한 축적된 자료가 많지 않으며, 일부 축적된 자료들도 대부분 일반 물고기를 대상으로 한 것에 근거한 것이다.

관상어의 영양소 이용률을 높이려면 사료 및 먹이의 영양소 균형이 잘 맞아야 한다. 영양소 균형은 영양소 이용률뿐만 아니라, 대사 요구량의 충족, 관리비용 절감, 수질오염 제어에도 매우 중요하다. 따라서 이 장에서는 관상어의 소화 시스템, 신진대사, 영양소 요구량 및 사료 관리에 대한 기본 지식 등에 관해 기술하겠다.

 **2. 소화기관**

관상어의 기관별 해부도는 그림 8-6과 같다. 관상어의 소화계는 먹이의 섭취, 삼키기, 소화 및 흡수에 이르기까지 신체 구조의 성장과 유지에 관련되는 모든 영양 단계에 관여한다. 관상어의 소화 시스템은 입, 치아 및 아가미 갈퀴, 식도, 위, 유문 맹장, 췌장, 간, 담낭, 장 및 항문으로 구성된다. 그동안 관상어의 해부학 및 생리학적 연구를 통해 이들의 영양 습관을 유추하는데 매우 중요한 단서를 제공받고 있다. 관상어의 입 모양과 유형, 아가미 갈퀴의 수, 위의 존재, 유문 맹장의 수, 장 길이 등에 따라 다양한 관상어종이 분류되고 있다.

대부분의 관상어는 유문 주변에서 유문 맹장이라고 불리는 주머니를 가지고 있는 것이 특징이다. 식도는 위와 연결되는데 다른 동물과 마찬가지로 내부에 점액질이 있어 윤활유 역할을 한다. 육식성 관상어 위는 큰 먹이를 잡기 위해 근육질이며, 탄력이 있지만 잡식성 및 플랑크톤을 먹이로 하는 소형 관상어에서는 작은 음식 입자가 일정하게 흐르기 때문에 위의 크기가 작다. 장은 주로 영양분을 혈액 내로 흡수하는 기관이다. 내부 표면이 클수록 흡수 효율이 높아지는데 나선형 밸브는 흡수 표면을 개선하는 한 가지 방법이다.

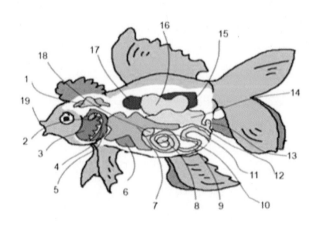

(출처 : Densmore, C L. (2019) Anatomical physiology of fishes, Smith, S.A. (Ed.). (2019), Fish Diseases and Medicine (1st ed.) CRC Press, 1-25)

그림 8-6. 관상어의 내부구조

1. 뇌, 2. 아가미 갈퀴, 3. 인두, 4. 아가미 활, 5. 새엽, 6. 심장, 7. 간, 8. 비장, 9. 장, 10. 위/유문 맹장, 11. 결장/항문, 12. 방광, 13. 생식선 및 지방, 14. 복막 신장, 15. 부레, 16. 전신, 17. 담낭, 18. 생식기 기공/난관, 19. 입

3. 대사

관상어는 변온동물이기 때문에 음식으로 섭취한 에너지 단백질을 잘 변환할 수 있다. 즉, 포유류나 조류보다 유지 및 질소 배출 등에 소요되는 에너지를 적게 소비한다. 생활환경 및 대사율에 따른 관상어의 대사 요구량 (에너지 요구량)은 온도에 따라 크게 영향 받는다. 관상어가 사육되는 주변 수온과 관상어의 체온은 비슷한 것으로 조사되었다. 화학반응과 마찬가지로 체내의 신진대사 과정은 주변 수온을 올리고 또 주변 수온이 올라갈 때 관상어의 대사율도 증가한다는 것을 의미한다. 특히, 환경이 오염되면 관상어의 신진대사가 쉽게 손상될 수 있다. 관상어의 주변 수조에 녹아 있는 산소 수치가 낮아지면 관상어는 물에서 산소를 편안하게 흡수할 수 없다.

관상어는 일반적으로 체내 에너지 요구량을 일정하게 유지하고 수온이 변동되더라도 잘 적응하는 편이다. 그렇지만 수온이 크게 바뀌면 관상어의 에너지 요구량도 큰 영향을 받는다. 예를 들어, 정원 연못의 수온이 10°C에서 20°C로 크게 올라가면 관상어의 일일 유지에너지 요구량이 2배 이상 상승한다. 반면, 수온이 5°C 이하로 떨어지면 관상어의 대사가 동면 상태가 되어 영양소 섭취를 거의 멈춘다. 이 상태에서 관상어는 수온이 상승하고 더 나은 주변 환경이 조성될 때까지는 체내에 축적된 지방과 단백질을 이용하여 생존할 수 있다. 따라서 관상어를 키울 때 수온에 따라 영양소 요구량이 달라지므로 수온에 따라 관상어의 급이 전략을 다르게 수립하여야 한다. 즉, 웅덩이에서 키우는 관상어는 소량의 체내 축적된 글리코겐을 에너지로 동원하므로 늦여름과 가을에 충분한 에너지를 급이하여 겨울 동면에 대비하는 것이 좋다. 그러나 실내에서 1년 내내 일정한 온도 (26°C)에서 키우는 관상어의 경우, 반려견이나 반려묘 같은 포유류 반려동물보다 에너지에 대한 필요성이 상대적으로 낮다.

4. 영양소의 공급

지금까지 일반 어종에 대해서는 영양소 요구량에 관한 연구가 많이 진행되지만, 관상어에 관한 영양학적 연구는 일반 어종에 비해 크게 미흡한 현실이다. 단백질, 탄수화물, 섬유질, 지방, 광물질 및 비타민은 관상어에게도 필수적으로 요구되는 영양소이다.

단백질은 에너지의 주요한 공급원이며, 체 조직의 중요한 구성요소이다. 단백질은 유기체의 기능 수행에 있어 중요한 역할을 담당하는 여러 종류의 아미노산으로 구성되어 있다. 몇 가지 필수아미노산 (Arginine, Histidine, Isoleucine, Leucine)이 주요 아미노산이며, 이들은 어류의 사료에 필수적으로 포함되어야 한다. 지금까지의 연구에 따르면, 어류는 종에 따라 25~55%의 조단백질 (Crude protein)이 필요하다. 관상어 사료를 만들 때 유의점은 소화가 잘되는 단백질을 사용해야 한다는 것이다. 체내에 잘 흡수되면, 주변 환경도 덜 오염시킨다.

탄수화물은 어류 사료에 필수적이지 않으며, 그 소화율은 어종에 따라 다르다. 예를 들어 금붕어 (Goldfish)의 소화율은 70%이며, 달빛 구라미 (Moonlight gourami)는 50% 정도이다. 일반적으로 온수성 어류는 냉수성 어류나 해양 물고기와 비교하면 탄수화물을 잘 이용한다.

지질은 물고기의 또 다른 주요 에너지원으로 활용되며, 지방산은 물고기의 성장과 생존에 있어서 중요한 역할을 한다. 즉, 지질은 세포막 조성, 효소 기능 및 난황 형성에 필요한 필수지방산과 지용성 비타민의 흡수를 돕는 역할을 수행한다. 어류 대부분은 긴 사슬을 가진 불포화지방산이 필요하다. 그러나, 어종에 따라 다르며 ω-3 및 ω-6 지방산이 가장 중요하다. 민물고기는 Linoleic acid (18:2 ω-6) 또는 Linolenic acid (18:3 ω-3)가 필요하지만 해양 물고기는 Eicosapentaenoic acid (20:5 ω-3)와 docosahexaenoic acid (22:6 ω-3)가 필요하다.

어류에서는 조직을 형성하고 대사 및 헤모글로빈 형성, pH 조절 및 효소 기능 등을 수행하기 위해서 광물질이 필요하다. 관상어는 물에서 일부 수용성 광물질을 흡수할 수 있다. 인 (P)은 중요한 광물질이며 관상어의 성장, 골격의 형성, 지질 및 탄수화물 대사에 없어서는 안 될 필수영양소이다. 관상어에 있어 필요한 다른 중요한 광물질은 철 (Fe), 마그네슘 (Mg) 및 아연 (Zn)이다.

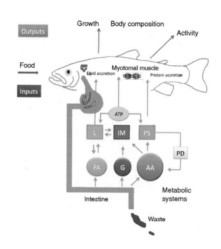

(출처 : Bar 등, 2007; Bar 와 Radde, 2009; Johnston 등, 2011)

그림 8-7. 관상어의 성장 및 체조성을 위한 영양소의 대사경로

비타민은 관상어 사료에 꼭 포함되어야 할 중요한 유기 화합물 중 하나이다. 관상어는 대부분 체내에서 비타민을 합성하지 않는다. 따라서 수용성 비타민 (비타민 B, Inositol, Choline, 비타민 C)과 지용성 비타민 (A, D, E, K)을 공급해주어야 한다. 특히, 비타민 C와 E는 강력한 항산화제이므로 사료에 사용할 때 유통기한을 확인한다.

산소화 카로티노이드 (Oxygenated carotenoids)는 관상어에 필요한 천연 색소를 만드는 중요한 영양소이다. 관상어는 천연 색소를 스스로 합성할 수 없으므로 관상어의 시장 가치를 높이기 위해서는 중요한 품질측정기준 중 하나인 천연 피부 색소의 침착이 중요하다. 이를 위해서 사료에 카로티노이드를 포함해주어야 한다. 카로티노이드는 색소침착뿐 아니라 면역반응, 번식, 성장, 성 성숙에도 중요한 역할을 수행한다.

관상어의 성장 및 체조성을 위한 영양소의 대사경로가 그림 8-7에 제시되어 있다.

5. 사료의 종류 및 관리

상업용으로 시판되고 있는 관상어 사료는 대부분 익스트루젼 (Extrusion, 물에 부유) 또는 펠렛 (Pellet, 물에 가라앉음) 사료로 생산되고 있다. 관상어가 잘 자라게 하기 위해서는 익스트루젼 사료와 펠렛 사료 모두 규정된 양의 단백질, 탄수화물, 지방, 비타민 및 광물질 요구량을 맞추어야 한다. 식이 단백질의 조성 수준과 에너지 수준은 관상어의 성장능력과 생산비에 큰 영향을 미치는 핵심요소이다. 따라서 적절한 에너지 대 단백질 비율은 매우 중요하다. 성장능력을 저해하지 않으면서 줄여도 되는 단백질과 에너지양을 발견하는 것은 양어장 및 관상어 사료 회사의 운영에 있어서 매우 중요하다.

최근 관상어의 성장을 향상시킬 방법으로 검토되고 있는 것이 살아있는 먹이의 공급이다. 민물에서는 살아있는 먹이의 양이 적기 때문에 민물 어종에 대해서는 살아있는 먹이를 공급하는 것이 제한적이다. 그렇지만 해양어종에서는 검토될만한 방법이다. 윤충 (Rotifer), 붉은 지렁이 (Bloodworm), 장구벌레 (Mosquito larvae), 물벼룩 (Daphnia) 등은 해양 및 민물 어종에 널리 이용되는 인기 있는 살아있는 먹이이다. 관상어에게는 조류 (Algae), 효모 (Yeast), 혈액, 달걀, 포유류 간과 같은 것을 살아있는 음식과 함께 급이하기도 한다. 스피루리나 (Spirulina)는 높은 영양가 (즉, 단백질, 지방산, 필수 아미노산, 비타민 및 광물질)로 인해 인기 있는 미세 조류 중 하나이며, 관상어 사료에 첨가제로 널리 사용된다. 관상어에서 식이 스피루리나가 관상어의 성장능력에 미치는 효과에 관해 많은 연구가 이루어졌다.

관상어의 경우, 사료 급이 횟수를 늘리면 성장능력이 높아지고 사료 낭비를 줄여 생산 가치가 향상되며, 급이 횟수를 제한하면 성장능력이 저하된다. 그러나 급이 횟수를 늘리면 수질오염 같은 부작용이 발생할 수 있다. 관상어 대부분은 물이 순환되지 않는 지붕이 있는 수족관에서 주로 사육된다. 따라서 관상어의 성장능력을 높이는 한편 수질오염을 줄일 수 있는 적정한 급이 회수를 찾는 것이 중요하다. James 등 (2004)은 급이 횟수가 관상어 (Xiphophorus helleri)의 성장과 번식에 미치는 영향을 알아보기 위한 연구를 수행한 결과 1일 2회 급이가 3일 1회, 2일 1회, 1일 1회, 1일 2회 급이에 비해 더 나은 성장능력과 번식 성공률을 보여 주었다. 또 다른 연구에서 동일한 연구 그룹은 다른 관상어 종인 *Betta splendens*의 성장능력, 생식선 무게 및 번식률을 조사했으며, 하루에 2회 급이가 *B. splendens*의 성장과 번식을 개선하기 위한 최고의 사료 급이 프로그램임을 발견하였다. 흑 볼락 관상어종 (*Sebastes schlegeli*)에 대한 추가 연구에 따르면 하루에 1회를 급이하면 하루에 2회를 급이하거나 이틀에 1회 급이하는 것보다 이상적인 성장능력과 사료 효율을 가져올 수 있다고 하였다. 일반적인 금붕어 (*Carassius auratus*)에서는 하루에 4회 급이가 하루에 1, 3, 6회 급이에 비해 성장능력이 우수하지만 어린 볼락을 사용한 실험에서는, 하루 1회 급이가 하루 2회 또는 2일에 1회 급이하는 것보다 매우 효과적인 성장능력을 보여주었다.

참고문헌

1) 반려견 및 반려묘

Association of American Feed Control Officials (AAFCO). 2014. 2014 official publication. AAFCO, Champaign, IL.

Armstrong P. J., E. Lund. 1996. Changes in Body Composition and Energy Balance with Aging, MVM, 5 (26), 56-61.

Bauer J. E. 2006. Update on Essential Fatty Acids Proc. of Hill's Symp. on Dermatology. 11-15.

Case, L. P. et al. 2011. Canine and Feline Nutrition. A resource for companion animal professionals, 3rded., Mosby, Elsevier, USA.

Elliot D. A. 2006. Nutritional Management of Chronic Renal Disease in Dogs and Cats. Dietary Management and Nutrition. Veterinary Clinics of North

America., 36 (6) 1376-1384.

Eric P. Widmaier, H. Raff, Kevin T. Strang. Vannder's Human Physiology. Mc Graw Hill.

Fritsch DA., Allen TA., Dodd CD et al. 2010. A multicenter study of the effect of dietary supplementation with fish oil omega-3 fatty acids on carprofen dosage in dogs with osteoarthritis, JAVMA. 236 (5), 535-539.

Kealy R. D., D. F., Ballam et al. 2002. Effects of diet restriction on life span and age-related changes in dogs. JAVMA, 220 (9), 1315-1320.

Kirk C. A., Bartges J. W. 2006. Dietary Management and Nutrition, Veterinary Clinics of North America, 36 (6).

Kirk C. A., Jewell D. E., Lowry S. R. 2006. Effects of sodium chloride on selected parameters in cats, Veterinary Therapeutics, 7 (4).

Laamme D. P. 2006. Understanding and Managing Obesity in Dogs and Cats, Dietary Management and Nutrition, Veterinary Clinics of North America, 36 (6), 1283-1295.

NRC. 2006. Nutrient requirements of dogs and cats. Washington, DC : National Research Council, National Academy Press.

Olson, Lew. 2015. Raw and Natural Nutrition for Dogs. The definitive guide to homemade meals, 2ndrev. ed. North Atlantic Books, CA, USA.

Osborne C. A., D. R. Finco. 1995. Canine and Feline Nephrology and Urology. Williams&Wilkins.

Ross S. J., et al. 2006. Clinical evaluation of dietary medication for treatment of spontaneous chronic kidney disease in cats, JAVMA 229 (6), 949-957.

Smith G. K., et al. 2006. Lifelong diet restriction and radiographic evidence of osteoarthritis of the hip joint in dogs. JAVMA, 229 (5).

김옥진 외 9인. 동물해부생리학개론. 범문에듀케이션.

왕태미, 개와고양이를 위한 반려동물영양학. 어니스트 북스.

이상락, 남기택, 이홍구 공저, 동물생리학 (경제동물편). 월드사이언스.

(사) 일본반려동물영양학회, 반려동물 영양관리학 텍스트북. Maruzen 출판사.

2) 관상조

David Alderton, 1997, You & Your pet Bird, Alfred A.KNOPF, INC.

David Alderton, 2000, The ultimate Encyclopedia of Caged and Aviary Birds, Lorenz Books.

Gary A. Gallerstein, D.V.M. 1999, The Complete Bird Owner's.

Handbook, Howell Book House.

King & McLelland-Bird Structure & Function. 1984.

Pet life. 2017. 12. 22.

Vriends. Matthew M., 1995, Lovebirds, Barron's.

江角正紀. 2000. 小鳥の飼いち. 育しち. 永圖書店.

강민수. 1998. 애완동물, 선진문화사.

김한조. 1999. 작은새 기르기, 삼호미디어.

김현호. 1999. 새기르기와 번식법, 전원문화사.

박연진. 1999. 관상조류, 선진문화사.

박희신. 1987. 원색관상조류총감, 오성출판사.

유재영, 2016. 새와사람, 그린홈.

3) 관상어

Bar, N. S. and Radde, N. 2009. Long-term prediction of fish growth under varying ambient temperature using a multiscale dynamic model. BMC Syst. Biol. 3, 107.

Bar, N. S., Sigholt, T., Shearer, K. D. and Krogdahl, A. 2007. A dynamic model of nutrient pathways, growth and body composition in fish. Can. J. Fish. Aquat. Sci. 64, 1669-1682.

Cho CY, Kaushik SJ. 1990. Nutritional energetics in fish, energy and protein utilization in rainbow trout (Salmo gairdneri). World Rev Nutr Diet 61:132-172.

Earle, K.E. 1995. The nutritional requirements of ornamental fish. Vet. Q., 17 (1) : 53-55.

Ghosh S, Sinha A, Sahu C. 2008. Dietary probiotic School mentioned in growth and health of live bearing ornamental fishes. Aquac Nutr 14:289-299.

Govoni, J.J., Boehlert, G.W. & Watanabe, Y. 1986. The physiology of digestion in fish larvae. Environ Biol Fish 16, 59-77.

Gu Roy B, S, ahin I ˙, Mantog ˘lu S et al. 2012. Spirulina as a natural carotenoid source on growth, pigmentation and reproductive performance of yellow tail cichlid Pseudotropheus acei. Aquac Int 20 (5):869-878.

Guen-Up K, Jo-Young S, Sang-Min L. 2004. Effects of feeding frequency and dietary composition on growth and body composition of juvenile rockfish (Sebastes schlegeli). Faculty of Marine Biosience and Technology Kangnung National University Gangneung. 210-702.

James R, Sampath K. 2004. Effect of feeding frequency on growth and fecundity in an ornamental fish, Betta splendens (Regan). Isr J Aquac Bamidgeh 56 (2):136-145.

James R, Sampath K. 2003. Effect of meal frequency on growth and reproduction in the ornamental red swordtail, Xiphophorus helleri. Isr J Aquac Bamidgeh 55 (3):197-207.

Johnston G, Kaiser H, Hecht T et al. 2003. Effect of ration size and feeding frequency on growth, size distribution and survival of juvenile clownfish, Amphiprion percula. J Appl Ichthyol 19 (1):40-43.

Johnston I A, Bower N I, Macqueen DJ. 2011. Growth and the regulation of myotomal muscle mass in teleost fish. J Exp Biol, 214 : 1617-1628.

Khanzadeh M, Fereidouni AE, Berenjestanaki SS. 2016. Effects of partial replacement of fish meal with Spirulina platensis meal in practical diets on growth, survival, body composition, and reproductive performance of three-spot gourami (Trichopodus trichopterus) (Pallas, 1770). Aquac Int 24 (1):69-84.

Lim LC, Dhert P, Sorgeloos P. 2003. Recent developments in the application of live feeds in the freshwater ornamental fish culture. Aquaculture; 227 (1-4) : 319-331.

Lovell R.T. 2000. pp.Nutrition of Ornamental Fish : Kirk's Current Veterinary Therapy, WB Saunders, Philadelphia, PA. 1191-1196.

Miller Morgan, T. 2009 A brief overview of the ornamental fish trade and hobby. In Fundamentals of Ornamental Fish Health (Roberts, H. E., ed.), pp. 25-32. Chichester : Wiley Blackwell.

Montajami S, Vajargah MF, Hajiahmadyan M et al. 2012. Assessment of the effects of feeding frequency on growth performance and survival rate of Texas cichlid larvae (Herichthys cyanoguttatus). J Fish Int 7 (2):51-54.

Natalia Y, Hashim R, Ali A, Chong A. 2004. Characterization of digestive enzymes in a carnivorous ornamental fish, the Asian bony tongue Scleropages formosus (Osteoglossidae). Aquaculture 233:305-320.

National Resource Council, Committee on Animal Nutrition. Nutrient Requirements of Fish. Washington, DC, National Academy Press, 1993. Available from URL:http://www.nap.edu.

Negisho, T., Gemeda, G., Du Laing, G. et al. 2020. Diversity in Micromineral Distribution within the Body of Ornamental Fish Species. Biol Trace Elem Res 197, 279-284.

Pannevis, M.C. 1993. Nutrition of ornamental fish. In : Burger, I.H. (Ed.), The Waltham Book of Companion Animal Nutrition. Pergamon Press, Oxford, pp. 85-96.

Pouil, S., Tlusty, M. F., Rhyne, A. L., & Metian, M. 2020. Review. Aquaculture of marine ornamental fish : Overview of the production trends and the role of academia in research progress. Reviews in Aquaculture, 12, 1217-1230.

Priestley SM, Stevenson AE, Alexander LG. 2006. The influence of feeding frequency on growth and body condition of the Common Goldfish (Carassius auratus). J Nutr. Jul; 136 (7 Suppl):1979S-1981S.

Raj, V.S.D., Jesily, S. 1996. The interrelationship of NH3-N excretion with changing pH, selected metallic ions and food in Puntius tetrazona. J. Ecobiol. 8, 9-15.

Rhyne AL, Tlusty MF, Schofield PJ, Kaufman L, Morris JA Jr. 2012. Revealing the appetite of the marine aquarium fish trade : the volume and biodiversity of fish imported into the United States. PLoS One 7 (5).

Sales and Janssens. 2003. Nutrient requirements of ornamental fish Aquat. Living Resour, pp. 533-540.

Seo, JY, Lee, SM. 2008. Effects of dietary macronutrient level and feeding frequency on growth and body composition of juvenile rockfish (Sebastes schlegeli). Aquacult Int 16, 551-560.

Sinha A, Asimi OA. 2007. China rose (Hibiscus rosasinensis) petals : a potent natural carotenoid source for goldfish (Carassius auratus L.). Aquacult Res; 38 (11) : 1123-1128.

Vasudhevan I, James R. 2011. Effect of optimum Spirulina along with different levels of vitamin C incorporated diets on growth, reproduction and coloration in goldfish Carassius auratus (Linnaeus, 1758). Indian J Fish 58 (2):101-106.

Velasco-Santamaria Y, Corredor-Santamarfa W. 2011. Nutritional requirements of freshwater ornamental fish : a review. Revista MVZ Cordoba 16 : 2458-2469.

제9장

반려동물 법제와 반려인의 자세

김현범, 이진홍, 이홍구, 허정민

Ⅰ 반려동물의 정의

1. 동물보호법

동물보호법은 '동물을 적정하게 보호·관리하기 위하여 필요한 사항을 정함으로써 동물에 대한 학대행위를 방지하고 국민의 동물보호 정신을 함양'하기 위한 목적으로 1991년 5월 31일 법률 제4379호로 제정되어 1991년 7월 1일부터 시행되었으며, 수차례 개정을 거쳐 현재에 이르고 있다.

2. 동물보호법에 따른 반려동물의 법적 정의

(1) 동물보호법 제2조 (정의) 1의3에 따른 반려동물의 정의

"반려동물"이란 반려 (伴侶) 목적으로 기르는 개, 고양이 등 농림축산식품부령 (개, 고양이, 토끼, 페럿, 기니피그 및 햄스터)으로 정하는 동물을 말한다.

반려동물 (Companion animal)이란 단어는 1983년 10월 오스트리아 과학아카데미가 동물 행동학자로 노벨상 수상자인 K. 로렌츠의 80세 탄생일을 기념하기 위하여 주최한 '사람과 애완동물의 관계 (The human-pet relationship)'라는 국제 심포지엄에서 최초로 사용되었다.[1]

(2) 다른 개념의 반려동물의 정의

반려 (伴侶)동물이란 '인간과 정신적 유대와 애정, 즉 정서적 교감을 나누고 더불어 살아가는 장난감 등의 물건이 아닌 생명으로서의 동물'이라고 정의한다.[2]

반려동물에 대한 보호가 상대적으로 잘 이루어지고 있는 외국 (미국, 일본, 영국, 독일 등)의 국가에서는 반려동물이라는 개념을 구체적으로 정의하고 있지 않으나 특징적으로 프랑스의 경우 '인간이 즐거움을 위하여 보유하거나 보유하게 된 모든 동물'로 규정하고

---

1 국립축산과학원, 반려동물 (http://www.nias.go.kr/companion/index.do) 참조.
2 이진홍·장교식, '반려동물 사육을 위한 사전의무교육제도 도입에 관한 연구', 일감법학 제44호, 2019.

있으며 각 국가마다 그 범위를 달리하여 차이가 있다.

 ## 3. 반려동물의 법적 지위

◉ 반려동물은 법률상 '물건', '재물·재산'에 해당한다.

◉ 민법상에 있어서는 '물건'에 해당한다.

◉ 형법상으로는 '재물·재산'에 해당한다.

(1) 민법

① 민법 제98조 (물건의 정의)

본법에서 물건이라 함은 '유체물 및 전기 기타 관리할 수 있는 자연력'을 말한다.

② 민법 제252조 (무주물의 귀속)

㉠ 제1항 : 무주의 동산을 소유의 의사로 점유한 자는 그 소유권을 취득한다.

㉡ 제2항 : 무주의 부동산은 국유로 한다.

㉢ 제3항 : 야생하는 동물은 무주물로 하고 사양하는 야생동물도 다시 야생상태로 돌아가면 무주물로 한다.

③ 민법 제759조 (동물 점유자의 책임)

㉠ 제1항 : 동물의 점유자는 그 동물이 타인에게 가한 손해를 배상할 책임이 있다. 그러나 동물의 종류와 성질에 따라 그 보관에 상당한 주의를 해태하지 아니할 때에는 그러하지 아니하다.

㉡ 제2항 : 점유자에 갈음하여 동물을 보관한 자도 전항의 책임이 있다.

(2) 형법

① 형법 제366조 (재물손괴 등)

타인의 재물, 문서 또는 전자기록 등 특수매체기록을 손괴 또는 은닉 기타 방법으로 기효용을 해한 자는 3년 이하의 징역 또는 700만원 이하의 벌금에 처한다.

4. 동물보호의 기본원칙

누구든지 동물을 양육·관리 또는 보호할 때에는 다음의 원칙을 준수하여야 한다 (동물의 경우 '사육'이라는 용어를 사용해야 하지만 여기서는 '양육'으로 사용한다).

(1) 제3조 제1호 : 동물이 본래의 습성과 신체의 원형을 유지하면서 정상적으로 살 수 있도록 할 것
(2) 제3조 제2호 : 동물이 갈증 및 굶주림을 겪거나 영양이 결핍되지 아니하도록 할 것
(3) 제3조 제3호 : 동물이 정상적인 행동을 표현할 수 있고 불편함을 겪지 아니하도록 할 것
(4) 제3조 제4호 : 동물이 고통·상해 및 질병으로부터 자유롭도록 할 것
(5) 제3조 제5호 : 동물이 공포와 스트레스를 받지 아니하도록 할 것

II 반려동물의 영업

1. 반려동물 영업의 종류 및 시설기준

동물보호법 제32조 (영업의 종류 및 시설기준 등)에 따라 반려동물과 관련된 영업을 하려는 자는 농림축산식품부령 {제35조 (영업별 시설 및 인력 기준) [별표9]}으로 정하는 기준에 맞는 시설과 인력을 갖추어야 하고, {제36조 (영업의 세부범위)}에 따라 영업의 세부범위를 정한다.

(1) 동물장묘업 (동물보호법 제32조 제1호) : 동물 전용의 장례식장, 동물화장시설, 동물건조장시설, 동물수분해장시설, 동물 전용의 봉안시설 중 어느 하나 이상의 시설을 설치·운영하는 영업
가. 동물 전용의 장례식장
나. 동물의 사체 또는 유골을 불에 태우는 방법으로 처리하는 시설 [이하 "동물화장(火葬)시설"이라 한다], 건조·멸균분쇄의 방법으로 처리하는 시설 [이하 "동물건조장(乾燥葬)시설"이라 한다] 또는 화학 용액을 사용해 동물의 사체를 녹이고 유골만 수습하는 방법으로 처리하는 시설 [이하 "동물수분해장(水分解葬)시설"이라 한다]
다. 동물 전용의 봉안시설
(2) 동물판매업 (동물보호법 제32조 제2호) : 반려동물을 구입하여 판매, 알선 또는 중개

하는 영업

(3) 동물수입업 (동물보호법 제32조 제3호) : 반려동물을 수입하여 판매하는 영업

(4) 동물생산업 (동물보호법 제32조 제4호) : 반려동물을 번식시켜 판매하는 영업

(5) 동물전시업 (동물보호법 제32조 제5호) : 반려동물을 보여주거나 접촉하게 할 목적으로 5마리 이상 전시하는 영업. 다만, 「동물원 및 수족관의 관리에 관한 법률」 제2조 제1호에 따른 동물원은 제외한다.

(6) 동물위탁관리업 (동물보호법 제32조 제6호) : 반려동물 소유자의 위탁을 받아 반려동물을 영업장 내에서 일시적으로 사육, 훈련 또는 보호하는 영업

(7) 동물미용업 (동물보호법 제32조 제7호) : 반려동물의 털, 피부 또는 발톱 등을 손질하거나 위생적으로 관리하는 영업

(8) 동물운송업 (동물보호법 제32조 제8호) : 반려동물을 「자동차관리법」 제2조 제1호의 자동차를 이용하여 운송하는 영업

 2. 반려동물 영업의 등록 및 허가

동물보호법 제33조 (영업의 등록)에 따라 반려동물 영업을 하려는 자는 영업 등록 신청서와 첨부서류를 관할 시장·군수·구청장에게 제출하여 등록 (제1호부터 제3호까지 및 제5호부터 제8호까지)하거나 허가 (제4호)를 받아야 한다.

(1) 동물보호법 시행규칙 제37조 제1호 : 인력 현황

(2) 동물보호법 시행규칙 제37조 제2호 : 영업장의 시설 내역 및 배치도

(3) 동물보호법 시행규칙 제37조 제3호 : 사업계획서

(4) 동물보호법 시행규칙 제37조 제4호 : 별표 9의 시설기준을 갖추었음을 증명하는 서류가 있는 경우에는 그 서류

(5) 동물보호법 시행규칙 제37조 제5호 : 삭제 〈2016. 01. 21.〉

(6) 동물보호법 시행규칙 제37조 제6호 : 동물 사체에 대한 처리 후 잔재에 대한 처리계획서 (동물화장시설 또는 동물건조장시설을 설치하는 경우에만 해당한다)

(7) 동물보호법 시행규칙 제37조 제7호 : 폐업 시 동물의 처리계획서 (동물전시업, 동물생산업의 경우에만 해당한다)

3. 반려동물 영업자 등의 준수사항

동물보호법 제36조 (영업자 등의 준수사항)에 따라 영업자 (법인인 경우에는 그 대표자를 포함한다)와 그 종사자는 농림축산식품부령 (제43조 별표10)으로 정하는 사항을 지켜야 한다.

(1) 동물보호법 제36조 제1호 : 동물의 사육 · 관리에 관한 사항
(2) 동물보호법 제36조 제2호 : 동물의 생산등록, 동물의 반입 · 반출 기록의 작성 · 보관에 관한 사항
(3) 동물보호법 제36조 제3호 : 동물의 판매가능 월령, 건강상태 등 판매에 관한 사항
(4) 동물보호법 제36조 제4호 : 동물 사체의 적정한 처리에 관한 사항
(5) 동물보호법 제36조 제5호 : 영업시설 운영기준에 관한 사항
(6) 동물보호법 제36조 제6호 : 영업 종사자의 교육에 관한 사항
(7) 동물보호법 제36조 제7호 : 등록대상 동물의 등록 및 변경신고의무 (등록 · 변경신고방법 및 위반 시 처벌에 관한 사항 등을 포함한다) 고지에 관한 사항
(8) 동물보호법 제36조 제8호 : 그 밖에 동물의 보호와 공중위생상의 위해 방지를 위하여 필요한 사항

4. 반려동물 영업자 등의 교육

동물보호법 제32조 제1항 제2호부터 제8호까지의 규정에 해당하는 영업을 하려는 자와 제38조에 따른 영업정지 처분을 받은 영업자는 동물의 보호 및 공중위생상의 위해 방지 등에 관한 교육을 연 1회 이상 받아야 한다.

5. 반려동물 영업자 등의 등록 또는 허가 취소 등

동물보호법 제38조 (등록 또는 허가 취소 등)에 따라 시장 · 군수 · 구청장은 영업자가 농림축산식품부령으로 정하는 바에 따라 그 등록 또는 허가를 취소하거나 6개월 이내의 기간을 정하여 그 영업의 전부 또는 일부의 정지를 명할 수 있다. 다만, 제1호에 해당하는 경우에는 등록 또는 허가를 취소하여야 한다.

(1) 동물보호법 제38조 제1호 : 거짓이나 그 밖의 부정한 방법으로 등록을 하거나 허가를 받은 것이 판명된 경우

(2) 동물보호법 제38조 제2호 : 제8조 제1항부터 제3항까지의 규정을 위반하여 동물에 대한 학대행위 등을 한 경우

(3) 동물보호법 제38조 제3호 : 등록 또는 허가를 받은 날부터 1년이 지나도 영업을 시작하지 아니한 경우

(4) 동물보호법 제38조 제4호 : 제32조 제1항 각 호 외의 부분에 따른 기준에 미치지 못하게 된 경우

(5) 동물보호법 제38조 제5호 : 제33조 제2항 및 제34조 제2항에 따라 변경신고를 하지 아니한 경우

(6) 동물보호법 제38조 제6호 : 제36조에 따른 준수사항을 지키지 아니한 경우

처분의 효과는 그 처분기간이 만료된 날부터 1년간 양수인 등에게 승계되며, 처분의 절차가 진행 중일 때에는 양수인 등에 대하여 처분의 절차를 행할 수 있다. 다만, 양수인 등이 양수·상속 또는 합병 시에 그 처분 또는 위반사실을 알지 못하였음을 증명하는 경우에는 그러하지 아니한다.

 6. 반려동물 영업자에 대한 점검 등

동물보호법 제38조의2 (영업자에 대한 점검 등)에 따라 시장·군수·구청장은 영업자에 대하여 제32조 제1항에 따른 시설 및 인력 기준과 제36조에 따른 준수사항의 준수 여부를 매년 1회 이상 점검하고 그 결과를 다음 연도 1월 31일까지 시·도지사를 거쳐 농림축산식품부장관에게 보고하여야 한다.

 7. 반려동물 영업자에 대한 벌칙

동물보호법 제46조 (벌칙)에 따라 제33조 (영업의 등록)에 따른 등록 또는 신고를 하지 아니하거나 제34조 (영업의 허가)에 따른 허가를 받지 아니하거나 신고를 하지 아니하고 영업을 한 자, 거짓이나 그 밖의 부정한 방법으로 제33조에 따른 등록 또는 신고를 하거

나 제34조에 따른 허가를 받거나 신고를 한 자는 500만 원 이하의 벌금에 처한다.

Ⅲ 반려동물 등록제도

1. 반려동물 등록

(1) 반려동물 등록과 예외

동물보호법 제12조 (등록대상 동물의 등록 등)에 따라 등록대상동물의 소유자는 동물의 보호와 유실·유기방지 등을 위하여 시장·군수·구청장 (자치구의 구청장을 말한다. 이하 같다)·특별자치시장 (이하 "시장·군수·구청장"이라 한다)에게 등록대상 동물을 등록하여야 한다. 다만, 등록대상 동물이 맹견이 아닌 경우로서 농림축산식품부령으로 정하는 바에 따라 시·도의 조례로 정하는 지역에서는 그러하지 아니한다.

(2) 반려동물 등록과 신고

등록된 등록대상 동물의 소유자는 해당 기간에 시장·군수·구청장에게 신고하여야 한다.

① 동물보호법 제12조 제2항 제1호 : 등록대상 동물을 잃어버린 경우에는 등록대상 동물을 잃어버린 날부터 10일 이내
② 동물보호법 제12조 제2항 제2호 : 등록대상 동물에 대하여 농림축산식품부령으로 정하는 사항이 변경된 경우에는 변경 사유 발생일부터 30일 이내
③ 동물보호법 제12조 제3항 : 등록대상 동물의 소유권을 이전받은 자 중 제1항에 따른 등록을 실시하는 지역에 거주하는 자는 그 사실을 소유권을 이전받은 날부터 30일 이내에 자신의 주소지를 관할하는 시장·군수·구청장에게 신고하여야 한다.

(3) 반려동물 등록대행과 수수료

시장·군수·구청장은 농림축산식품부령으로 정하는 자 (이하 이 조에서 "동물등록 대행자"라 한다)로 하여금 제1항부터 제3항까지의 규정에 따른 업무를 대행하게 할 수 있다. 이 경우 그에 따른 수수료를 지급할 수 있다.

(4) 반려동물 등록 사항 및 방법·절차, 변경신고 절차, 동물등록대행자 준수 사항

등록대상 동물의 등록 사항 및 방법·절차, 변경신고 절차, 동물등록대행자 준수사항 등에 관한 사항은 농림축산식품부령으로 정하며, 그 밖에 등록에 필요한 사항은 시·도의 조례로 정한다.

 ## 2. 반려동물 등록대상 동물의 관리

(1) 반려동물 인식표

소유자 등은 등록대상 동물을 기르는 곳에서 벗어나게 하는 경우에는 소유자 등의 연락처 등 농림축산식품부령으로 정하는 사항을 표시한 인식표를 등록대상 동물에게 부착하여야 한다.

(2) 반려동물 외출

소유자 등은 등록대상 동물을 동반하고 외출할 때에는 농림축산식품부령으로 정하는 바에 따라 목줄 등 안전조치를 하여야 하며, 배설물 (소변의 경우에는 공동주택의 엘리베이터·계단 등 건물 내부의 공용공간 및 평상·의자 등 사람이 눕거나 앉을 수 있는 기구 위의 것으로 한정한다)이 생겼을 때에는 즉시 수거하여야 한다.

(3) 반려동물 예방접종 및 출입제한

시·도지사는 등록대상 동물의 유실·유기 또는 공중위생상의 위해 방지를 위하여 필요할 때에는 시·도의 조례로 정하는 바에 따라 소유자 등으로 하여금 등록대상 동물에 대하여 예방접종을 하게 하거나 특정 지역 또는 장소에서의 사육 또는 출입을 제한하게 하는 등 필요한 조치를 할 수 있다.

3. 유실·유기동물의 관리 (동물보호센터 등)

(1) 유실·유기동물의 구조·보호

　시장 · 군수 · 구청장은 유실·유기동물과 피학대 동물 중 소유자를 알 수 없는 동물을 발견한 때에는 그 동물을 구조하여 적정한 사육·관리 (치료 · 보호에 필요한 조치)를 하여야 한다.

(2) 유실·유기동물의 공고

　시 · 도지사와 시장 · 군수 · 구청장은 유실·유기동물과 피학대 동물 중 소유자를 알 수 없는 동물을 보호하고 있는 경우에는 소유자 등이 보호조치 사실을 알 수 있도록 동물보호 관리시스템에 지체 없이 7일 이상 그 사실을 공고하여야 한다.

 ## 4. 맹견의 관리

(1) 맹견 소유자의 준수사항

맹견의 소유자 등은 다음 사항을 준수하여야 한다.
① 동물보호법 제13조의2 제1항 제1호 : 소유자 등 없이 맹견을 기르는 곳에서 벗어나지 아니하게 할 것
② 동물보호법 제13조의2 제1항 제2호 : 월령이 3개월 이상인 맹견을 동반하고 외출할 때에는 농림축산식품부령으로 정하는 바에 따라 목줄 및 입마개 등 안전장치를 하거나 맹견의 탈출을 방지할 수 있는 적정한 이동장치를 할 것
③ 동물보호법 제13조의2 제1항 제3호 : 그 밖에 맹견이 사람에게 신체적 피해를 주지 아니하도록 하기 위하여 농림축산식품부령으로 정하는 사항을 따를 것

(2) 맹견에 대한 조치사항

　시 · 도지사와 시장 · 군수 · 구청장은 맹견이 사람에게 신체적 피해를 주는 경우 농림축산식품부령으로 정하는 바에 따라 소유자 등의 동의 없이 맹견에 대하여 격리조치 등 필요한 조치를 취할 수 있다.

(3) 맹견 사육 및 관리에 따른 교육

맹견의 소유자는 맹견의 안전한 사육 및 관리에 관하여 농림축산식품부령으로 정하는 바에 따라 정기적으로 교육을 받아야 한다.

(4) 맹견의 출입금지 등

맹견의 소유자 등은 어느 하나에 해당하는 장소에 맹견이 출입하지 아니하도록 하여야 한다.

① 동물보호법 제13조의3 제1호 : 「영유아보육법」 제2조 제3호에 따른 어린이집
② 동물보호법 제13조의3 제2호 : 「유아교육법」 제2조 제2호에 따른 유치원
③ 동물보호법 제13조의3 제3호 : 「초·중등교육법」 제38조에 따른 초등학교 및 같은 법 제55조에 따른 특수학교
④ 동물보호법 제13조의3 제4호 : 그 밖에 불특정 다수인이 이용하는 장소로서 시·도 의 조례로 정하는 장소

Ⅳ 반려동물 양육관리

 ## 1. 사육환경과 학대 금지

(1) 사육환경

소유자 등은 반려동물이 적정한 사육관리를 받을 수 있도록 노력해야 한다.

① 소유자 등은 반려동물에게 적합한 사료와 물을 공급하고, 운동·휴식 및 수면이 보 장되도록 노력하여야 한다.
② 소유자 등은 반려동물이 질병에 걸리거나 부상당한 경우에는 신속하게 치료하거나 그 밖에 필요한 조치를 하도록 노력하여야 한다.
③ 소유자 등은 반려동물을 관리하거나 다른 장소로 옮긴 경우에는 그 동물이 새로운 환경에 적응하는 데에 필요한 조치를 하도록 노력하여야 한다.

반려동물에 따른 사육환경의 개별기준은 아래와 같다.

① 동물의 종류, 크기, 특성, 건강상태, 사육 목적 등을 고려하여 최대한 적절한 사육환경을 제공하여야 한다.
② 동물의 사육공간 및 사육시설은 동물이 자연스러운 자세로 일어나거나 눕거나 움직이는 등 일상적인 동작을 하는 데에 지장이 없는 크기이어야 한다.

(2) 학대 금지
소유자를 포함한 누구든지 반려동물을 학대하는 행위를 하여서는 안 된다.

① 목을 매다는 등의 잔인한 방법으로 죽음에 이르게 하는 행위를 해서는 안 된다.
② 노상 등 공개된 장소에서 죽이거나 같은 종류의 다른 동물이 보는 앞에서 죽음에 이르게 하는 행위를 해서는 안 된다.
③ 고의로 사료 또는 물을 주지 아니하는 행위로 인하여 동물을 죽음에 이르게 하는 행위
④ 도구·약물 등 물리적·화학적 방법을 사용하여 상해를 입히는 행위. 다만, 질병의 예방이나 치료 등 농림축산식품부령으로 정하는 경우는 제외한다.
⑤ 살아 있는 상태에서 동물의 신체를 손상하거나 체액을 채취하거나 체액을 채취하기 위한 장치를 설치하는 행위. 다만, 질병의 치료 및 동물실험 등 농림축산식품부령으로 정하는 경우는 제외한다.
⑥ 도박·광고·오락·유흥 등의 목적으로 동물에게 상해를 입히는 행위를 해서는 안 된다.
⑦ 반려동물에게 최소한의 사육공간 제공 등 농림축산식품부령으로 정하는 사육·관리 의무를 위반하여 상해를 입히거나 질병을 유발하는 행위를 해서는 안 된다.
⑧ 그 밖에 수의학적 처치의 필요, 동물로 인한 사람의 생명·신체·재산의 피해 등 농림축산식품부령으로 정하는 정당한 사유 없이 신체적 고통을 주거나 상해를 입히는 행위를 해서는 안 된다.

2. 맹견의 사육관리

맹견의 소유자 등은 맹견이 타인 등에게 해를 입히지 않도록 특별히 주의해야 한다.

(1) 소유자 등 없이 맹견은 기르는 곳에서 벗어나지 아니하게 할 것
(2) 월령이 3개월 이상인 맹견을 동반하고 외출할 때에는 목줄과 입마개 등 안전장치를 하거나 맹견이 소유자로부터의 탈출을 방지할 수 있는 적정한 이동장치를 할 것

V 반려동물 사료 규정

 1. 사료 표시사항

(1) 사료의 정의와 관계 법령

국내 법령에서 사료의 정의와 기준·규격은 「사료관리법」 (법률 제17091호), 「사료관리법 시행규칙」 (농림축산식품부령 제461호), 「사료 등의 기준 및 규격」 (농림축산식품부고시 제2019-58호) 등에 의해 관리된다.

「사료관리법」에서 정의하는 "사료"는 「축산법」에 따른 가축이나 그 밖에 농림축산식품부장관이 정하여 고시하는 동물·어류 등 (이하 "동물 등"이라 한다)에 영양이 되거나 그 건강 유지 또는 성장에 필요한 것으로서 단미사료 (單味飼料)·배합사료 (配合飼料) 및 보조사료 (補助飼料)를 말한다. 다만, 동물용 의약으로서 섭취하는 것을 제외한다 (「사료관리법」 제2조 1항).

여기서 '농림축산식품부장관이 정하여 고시하는 동물·어류 등'은 「동물보호법 시행규칙」 제35조 제1항에 따른 반려의 목적으로 사육하는 동물 (개·고양이·토끼·페럿·기니피그·햄스터) 등 애완용으로 사육하는 동물을 말한다.

(2) 사료의 종류

법에서 규정하는 사료의 종류로는 "단미사료", "배합사료", "보조사료"가 존재한다.

단미사료는 식물성·동물성 또는 광물성 물질로서 사료로 직접 사용되거나 배합사료의 원료로 사용되는 것으로서 농림축산식품부장관이 정하여 고시하는 것을 말한다.

배합사료는 단미사료·보조사료 등을 적정한 비율로 배합 또는 가공한 것으로서 용도에 따라 농림축산식품부장관이 정하여 고시하는 것을 말한다. 보조사료는 사료의 품질 저하 방지 또는 사료의 효용을 높이기 위하여 사료에 첨가하는 것으로서 농림축산식품부장관이 정하여 고시하는 것을 말한다 (「사료관리법」 제2조 2항, 3항, 4항). 반려동물의 간식용, 영양보충용 사료 중 소량의 보조사료 (보존제, 향미제)를 첨가한 것 또한 단미사료에 포함할 수 있으며, 반려동물용 음용수 역시 단미사료에 포함된다 (「사료 등의 기준 및 규격」 [별표1] 단미사료의 범위).

또한, 반려인이 사료를 보조하는 용도로 간식을 급여하더라도 개껌이나 간식 등은 보조사료가 아닌 배합사료나 단미사료에 해당할 수 있다는 점을 유의하여야 한다. 법령에서 정하는 보조사료에는 결착제, 유화제, 아미노산제, 비타민제, 효소제, 미생물제, 향미제, 추출제 (초목 추출물 등)와 둘 이상의 보조사료를 혼합한 혼합제 등이 있다.

(3) 사료 표시사항

수입 사료를 포함하여 국내에서 판매되는 모든 사료는 「사료관리법」 제13조 (사료의 표시사항)에 의해 용기나 포장에 성분등록사항 및 그 밖의 사용상 주의사항 등을 표시하여야 하며, 구체적인 표시사항과 표시방법은 「사료관리법 시행규칙」 [별표 4] 용기 및 포장에의 표시사항 및 표시방법에 명시되어 있다.

사료의 표시사항과 표시방법은 배합사료와 보조사료 및 단미사료 사이에 차이가 존재한다. 배합사료에 표시되어야 할 사항은 ① 사료의 성분등록번호, ② 사료의 명칭 및 형태, ③ 등록성분량, ④ 사용한 원료의 명칭, ⑤ 동물용 의약품 첨가 내용, ⑥ 주의사항, ⑦ 사료의 용도, ⑧ 실제 중량 (kg 또는 톤), ⑨ 제조 (수입) 연월일 및 유통기간 또는 유통기한, ⑩ 제조 (수입)업자의 상호 (공장 명칭)·주소 및 전화번호, ⑪ 재포장 내용, ⑫ 사료공정에서 정하는 사항, 사료의 절감·품질관리 및 유통개선을 농림축산식품부장관이 정하는 사항이다.

보조사료 및 단미사료에 표시되어야 할 사항은 배합사료에 표시되어야 할 사항에서 동물용 의약품 첨가 내용을 제외한 것이다. 사료 명칭은 "성장단계+동물명"으로 작명하여야 한다. 전체 성장단계에 모두 사용할 수 있는 경우 "성장단계"는 생략하고 "동물명" 또는 "동물종류"로만 작명할 수 있다. 실수요자의 주문에 따라 제조하는 경우 그 명칭 앞에

"주문"을 표시하여야 한다. 미생물제를 이용하여 발효한 사료는 명칭 앞에 "발효"를 표시할 수 있으며 균주를 함께 표시하여야 한다. 유기배합사료를 제조하는 경우에는 그 명칭 앞에 "유기"를 표시하여야 한다. 특히 반려동물의 경우, 동물·어류용 배합사료는 그 명칭 앞에 "애완", "사육" 또는 "관상"을 표시하여야 한다.

사료의 형태는 가루, 펠릿, 크럼블, 후레이크, 익스투루젼, 액상 등 사료 내용물이 처리된 형태를 표시한다. 형태의 구분이 명확하지 않은 것은 그 형태에 적합하도록 표시한다.

등록성분량은 사료관리법 제12조 1항에 따라 사료의 종류에 따라 조단백질, 조지방, 칼슘, 인, 조섬유, 조회분, 수분 함량 등을 표시한다. 단, 원료를 균질하게 배합할 수 없는 제품의 경우 성분등록은 하되 등록성분량 등록 및 제품 표시는 제외할 수 있다. 다만 5가지 이상의 원재료명과 그 함량을 표시하여야 한다.

동물용 의약품 첨가 내용은 첨가한 동물의약품의 명칭, 함량, 사용 목적을 구체적으로 적고, 붉은색 글씨나 눈에 잘 보이도록 "동물용 의약품 첨가사료"로 표시하며, 휴약기간이 있는 동물용 의약품일 경우 그 휴약기간을 명시한다.

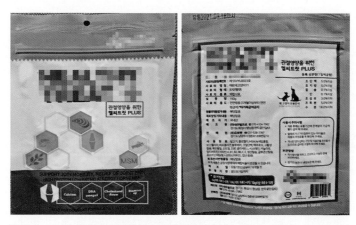

그림 9-1. 반려동물 영양제로 판촉하여 보조사료로 오인할 수 있으나
배합사료로 분류되는 반려동물 사료의 예
(펫츠비, "시그니처 헬시트릿 플러스 조인트케어" 제품 상세설명)

주의사항은 사료의 사용과 보관, 다른 사료와 혼합 금지 등 사항을 보증성분표 하단에 주의: 형태로 적색 글씨 또는 확인이 가능하도록 표시하여야 하고 개나 고양이 등의 반려동물을 위한 사료에 포함될 수 있는 반추동물에서 유래한 동물성 원료 (양고기, 염소고기, 소고기 등)를 원료로 할 시에는 "반추가축에게 먹이지 마십시오"를 표시하여야 한다. 사

료의 용도는 정확하게 표시하여 구매자가 쉽게 이해할 수 있고 실제 중량은 그 제품의 실제 중량과 동일하게 표시하고 포장 크기에 따라 "kg", "톤"으로 표시한다. 제조 및 수입된 연·월·일과 시장 유통기간은 정확하게 표시한다.

재포장은 제조업자 또는 수입업자와 계약한 자만 할 수 있으며, 재포장 날짜·중량·사유, 재포장한 자의 상호·전화번호·주소를 표시하고, 등록성분량 등은 재포장 전에 표시된 것과 동일하게 표시되어야 한다.

사료관리법에 의한 표기사항

제품명 : ○○○ ○○○○○○○○○○○

성분등록번호 : 제 55VZN○○○○호

사료의 형태 : 액상고형

사료의 명칭 : 애완육성개 31

사용한 원료의 명칭 : 정제수, 소고기, 닭가슴살, 타피오카전분, 사과, 치커리, 생선기름, 타우린, 비타민C, 비타민D

위 원료는 공장 사정에 의해 일부 변경될 수도 있습니다.

사료의 용도 : 생후 3개월령 이후 ~ 전연령

사료의 종류 : 배합사료/그 밖의 동물·어류용-애완용동물

등록성분량 : 조단백질 7.5% 이상, 조지방 0.8% 이상, 조섬유 0.05% 이하, 조회분 0.05% 이하, 칼슘 0.008% 이상, 인 0.05% 이상, 수분 88% 이하

중량 : 50g (10 g × 5개입)

유통기한 : 제조일로부터 24개월

제조연원일 : 별도표기 / 재포장 내용 : 해당없음

동물의약품 첨가내용 : 없음

제조원 : ㈜○○ / 경기도 ○○○ ○○○ ○○○ ○○○○○ /070-○○○○-○○○○

판매원 : ㈜○○○○ / 충청남도 ○○○ ○○○ ○○○○○

반품 및 교환처 : 구입처 및 판매원 / (080)○○○-○○○○

본 제품은 공정거래위원회 고시 소비자 분쟁해결 기준에 의거 교환 또는 보상 받을 수 있습니다.

그림 9-2. 사료관리법에 의한 표기사항 표기 예

위와 같은 사료의 표시사항을 준수하지 않는 자는 「사료관리법」에 의하여 6개월 이내의 행정처분이나 등록 취소, 또는 1년 이하의 징역 및 1천만 원 이하의 벌금에 처한다. 유통·판매되는 배합·단미·보조사료의 표시사항 준수를 검사하는 기관은 농림축산식품부 소속 국립농산물품질관리원이다.

2. 위해요소중점관리기준 (HACCP)

(1) 위해요소중점관리기준이란?

위해요소중점관리기준 (Hazard Analysis Critical Control Point, HACCP)은 사료에 위해물질이 혼입되거나 오염되는 것을 방지하여 사료의 안정성 확보를 목적으로 하기 위해 사료 원료 입고부터 가공·포장·유통 및 소비자가 사용할 때까지 각 단계에서 발생할 수 있는 위해요소를 분석하여 중점 관리하는 기준을 말한다. 반려동물용 배합사료에 대한 HACCP 적용은 2015년 8월 「사료공장 위해요소중점관리기준」이 개정되며, 추가되었다.

HACCP를 도입함으로써 사업장은 자율적으로 위생관리를 수행할 수 있는 체계적 관리시스템을 확립할 수 있게 되며, 예상되는 위해요인에 대한 효과적으로 제어함은 물론, 제품 불량률, 소비자 불만, 반품, 폐기량 등이 감소하고, 광고를 통해 회사의 이미지와 신뢰성을 향상하여 경제적 이익을 도모할 수 있다. 소비자는 HACCP 마크를 통해 안전한 사료를 안심하고 선택하여 반려동물에게 급여할 수 있다.

(2) HACCP 적용 인증 절차

「사료관리법 시행령」 제4조 1항의 규정에 따른 사료공장 HACCP 담당기관은 한국식품안전관리인증원이다. 한국식품안전관리인증원에서 제시하는 HACCP 인증절차는 다음과 같다.

반려동물용 사료 제조공장이 HACCP 시스템 인증을 받기 위해 먼저 HACCP 시스템 확립 운용을 담당할 HACCP팀을 수립한다. 다음 단계로 HACCP 팀은 공장의 공정단계를 파악하여 공정흐름도를 작성하고 각 공정의 주요 가공조건 개요를 기재한다.

HACCP 관리 계획 개발을 위해 원·부재료별, 공정·단계별 가능한 모든 위해요소를 파악하여 목록을 작성하고, 각 위해요소의 유입경로와 제어 및 예방수단을 파악하며, 위해요소의 발생 가능성과 발생 시 결과의 심각성을 고려하여 위해를 평가한다. 파악한 위해요소를 예방, 제거, 허용 가능한 수준까지 감소시킬 수 있는 최종 단계나 공정을 말하는 중요 관리점 (Critical Control Point; CCP)를 결정한다. 그리고 각 CCP에서 취해져야 할 예방조치의 기준인 한계기준을 설정한다. 한계기준은 법적 요구조건, 연구 논문, 전문서적, 전문가 조언, 생산 공정 자료 등을 고려하여 과학적 근거에 기초하여 설정되어야 하고, 현장에서 쉽게 확인 가능한 육안관찰이나 간단한 측정법으로 확인할 수 있는 지표로 나타나야 한다.

CCP에 대한 모니터링은 모니터링 항목과 방법을 효과적이고 올바르게 수행할 수 있도록 충분히 교육·훈련된 종업원에 의해 이루어져야 한다. CCP 모니터링은 연속적으로 이루어져야 하지만, 연속적 모니터링이 불가능할 경우 CCP가 한계기준 범위 내에서 관리할 수 있도록 정확한 절차와 빈도를 설정하여 이루어져야 한다. 모니터링 결과에 대한 기록은 실제로 모니터링한 결과를 정확한 수치로 기록해야 한다. 모니터링 결과 한계기준을 벗어날 경우 취해야 할 개선조치방법 역시 사전에 설정하여 신속한 대응이 이루어져야 한다.

HACCP팀은 HACCP 시스템이 설정한 안전성 목표를 달성하는데 효과적인지, 제대로 실행될 수 있는지, 관리계획의 변경 필요성이 있는지 등을 확인하기 위한 검증절차를 설정해야 한다. 검증활동은 HACCP를 최초로 현장에 적용할 때, 해당 사료에 대한 새로운 정보가 발생하거나 원료 및 제조공정 등의 변동으로 HACCP 계획이 변동될 때 마다 실시해야 한다. 또한, 재평가를 위한 검증을 연 1회 이상 실시하여야 한다. HACCP 계획이 발생가능한 모든 위해요소를 확인·분석하고 있는지, CCP가 적절하게 설정되었는지, 한계기준이 안전성 확보에 충분한지, 모니터링 방법이 올바르게 설정되어 있는지 등을 확인하기 위해 유효성 평가가 이루어진다. 아울러 모니터링이 정해진 주기로 올바르게 수행되고 있는지, 기준 이탈 시 개선조치가 적절하게 시행되고 있는지, 검사·모니터링 장비가 주기에 따라 점검 교정되고 있는지 등을 확인하기 위해 실행성 검증이 이루어진다.

「사료공장 위해요소중점관리기준」제5조에 따라 ① HACCP팀 구성 (조직 및 인력 현황, 팀 구성원별 역할, 교대근무 인수인계 방법), ② 제품설명서 (제품명, 제품유형, 성상, 제조포장 단위, 등록성분량, 보관·운반·판매 시 주의사항, 사용용도, 유통기간, 작성자 이름, 작성 연원일, 사료 성분등록번호, 사용한 원료의 명칭, 동물의약품 등 첨가내용, 기타 필요한 사항), ③ 입고·분쇄·배합·열처리 가공·포장 등의 설비 (사료공장 공정도, 사료공장 평면배치도, 액상원료 공급 계통도), ④ 사료 생산 및 유통에 따른 위해요소의 분석, ⑤ 중요관리점, ⑥ 중요관리점의 한계기준, ⑦ 모니터링 방법, ⑧ 개선조치 방법, ⑨ 검증 방법, ⑩ 기록유지 방법에 대해 HACCP 관리 기준서를 작성하여 사료공장 안에 비치하여야 한다.

또한 「사료공장 위해요소중점관리기준」제7조에 따라 ① 위해요소 분석자료, ② HACCP 관리 기준서, ③ 중요관리점 모니터링 기록, ④ 개선조치 기록, ⑤ 검증기록, ⑥ HACCP 팀 구성원 및 근무자의 HACCP 관련 교육·훈련 기록, ⑦ 검사 불합격품의 사후관리 기록, ⑧ 위해요소가 함유된 사료의 기록, ⑨ 자가품질검사 기록, ⑩ 연 1회 이상 자체점검 기록을 최소 2년간 보관해야 한다.

HACCP 적용 사료공장의 지정을 받기를 희망하거나 지정을 받은 제조업자는 근무자에 대하여 위해요소중점관리기준의 원칙과 절차, 관령 법령, 적용방법, 심사 및 자체평가, 사료 안전성에 관한 사항을 교육하여야 한다 (「사료관리법」 제16조 5항, 「사료공장 위해요소중점관리기준」 제7조 6항). 사료공장 HACCP 교육 훈련기관은 농협경제지주, 한국사료협회, 한국단미사료협회이다.

VI 반려동물 병원 이용 및 접종

1. 병원 이용 및 진료

(1) 무자격자 무면허 진료 금지

동물의 질병 예방 및 치료를 위해서는 반드시 수의사를 통한 진료 및 치료를 받아야 합니다. 무자격자 및 반려동물 자가 진료행위는 형사 처벌이 가능한 무면허 진료행위에 해당 될 수 있다 (수의사법 제10조).

수의사법 제10조 (무면허 진료행위의 금지)에 의하면 수의사가 아니면 동물을 진료할수 없다. 다만, 「수산생물질병 관리법」 제37조의2에 따라 수산질병관리사 면허를 받은 사람이 같은 법에 따라 수산생물을 진료하는 경우와 그 밖에 대통령령으로 정하는 진료는 예외로 규정한다. 수의사법 시행령 제12조 (수의사 외의 사람이 할 수 있는 진료의 범위) 법 제10조 단서에서 "대통령령으로 정하는 진료"란 다음 각 사항에 해당한다.

① 수의학을 전공하는 대학 (수의학과가 설치된 대학의 수의학과를 포함한다)에서 수의학을 전공하는 학생이 수의사의 자격을 가진 지도교수의 지시 · 감독을 받아 전공분야와 관련된 실습을 하기 위하여 하는 진료행위

② 제1호에 따른 학생이 수의사의 자격을 가진 지도교수의 지도 · 감독을 받아 양축 농가에 대한 봉사활동을 위하여 하는 진료행위

③ 축산 농가에서 자기가 사육하는 다음 각 목의 가축에 대한 진료행위

　가. 「축산법」 제22조 제1항 제4호에 따른 허가 대상인 가축사육업의 가축

　나. 「축산법」 제22조 제2항에 따른 등록 대상인 가축사육업의 가축

　다. 그 밖에 농림축산식품부장관이 정하여 고시하는 가축

④ 농림축산식품부령으로 정하는 비업무로 수행하는 무상 진료행위

(2) 반려동물의 진료를 받을 권리

반려동물은 진료를 받을 권리가 있다. 수의사는 정당한 사유 없이 진료를 거부해서는 안 된다 (수의사법 제11조). 수의사법 제11조 (진료의 거부 금지)에 의하면 동물 진료업을 하는 수의사가 동물의 진료를 요구받았을 때에는 정당한 사유 없이 거부하여서는 안 된다.

필요 시 반려동물에 대한 진단서, 검안서, 증명서와 처방전을 수의사에게 요구할 권리가 있다 (수의사법 제12조). 수의사법 [시행 2020. 11. 20.] 제12조 (진단서 등)의 조항은 다음과 같다.

① 수의사는 자기가 직접 진료하거나 검안하지 아니하고는 진단서, 검안서, 증명서 또는 처방전 (「전자서명법」에 따른 전자서명이 기재된 전자문서 형태로 작성한 처방전을 포함한다. 이하 같다)을 발급하지 못하며, 「약사법」 제85조 제6항에 따른 동물용 의약품 (이하 "처방대상 동물용 의약품"이라 한다)을 처방·투약하지 못한다. 다만, 직접 진료하거나 검안한 수의사가 부득이한 사유로 진단서, 검안서 또는 증명서를 발급할 수 없을 때에는 같은 동물병원에 종사하는 다른 수의사가 진료부 등에 의하여 발급할 수 있다.

② 제1항에 따른 진료 중 폐사 (斃死)한 경우에 발급하는 폐사 진단서는 다른 수의사에게서 발급받을 수 있다.

③ 수의사는 직접 진료하거나 검안한 동물에 대한 진단서, 검안서, 증명서 또는 처방전의 발급을 요구받았을 때에는 정당한 사유 없이 이를 거부하여서는 아니 된다.

④ 제1항부터 제3항까지의 규정에 따른 진단서, 검안서, 증명서 또는 처방전의 서식, 기재사항, 그 밖에 필요한 사항은 농림축산식품부령으로 정한다.

⑤ 제1항에도 불구하고 농림축산식품부장관에게 신고한 축산농장에 상시고용된 수의사와 「동물원 및 수족관의 관리에 관한 법률」 제3조 제1항에 따라 등록한 동물원 또는 수족관에 상시 고용된 수의사는 해당 농장, 동물원 또는 수족관의 동물에게 투여할 목적으로 처방대상 동물용 의약품에 대한 처방전을 발급할 수 있다. 이 경우 상시 고용된 수의사의 범위, 신고방법, 처방전 발급 및 보존 방법, 진료부 작성 및 보고, 교육, 준수사항 등 그 밖에 필요한 사항은 농림축산식품부령으로 정한다.

2. 예방접종 종류

(1) 동물보호법

 반려동물의 질병 예방 목적뿐만 아니라 인수공통전염병으로 인한 공중 방역상의 위험 요인을 억제하기 위해 반려동물의 예방접종은 필요하다. 농림축산검역본부 동물보호관리 시스템에서 제시하는 대표적인 예방접종 대상 질병 및 시기는 표 9-1 및 9-2와 같다.

표 9-1. 반려견 예방접종 대상 및 시기

예방접종 대상 질병	접종시기
Canine Distemper (홍역) Hepatitis (간염) Parvovirus (파보장염) Parainfluenza (파라인플루엔자) Leptospira (렙토스피라) 혼합주사 (DHPPL)	– 기초접종 : 생후 6~8주에 1차 접종 – 추가접종 : 1차 접종 후 2~4주 간격으로 2~4회 – 보강접종 : 추가접종 후 매년 1회 주사
코로나바이러스성 장염 (Coronavirus)	– 기초접종 : 생후 6~8주에 1차 접종 – 추가접종 : 1차 접종 후 2~4주 간격으로 1~2회 – 보강접종 : 추가접종 후 매년 1회 주사
기관 · 기관지염 (Kennel Cough)	– 기초접종 : 생후 6~8주에 1차 접종 – 추가접종 : 1차 접종 후 2~4주 간격으로 1~2회 – 보강접종 : 추가접종 후 매년 1회 주사
광견병	– 기초접종 : 생후 3개월 이상 1회 접종 – 보강접종 : 6개월 간격으로 주사

표 9-2. 반려묘 예방접종 대상 및 시기

예방접종 대상 질병	접종시기
혼합예방주사 (CVRP)	– 기초접종 : 생후 6~8주에 1차 접종 – 추가접종 : 1차 접종 후 2~4주 간격으로 2~3회 – 보강접종 : 추가접종 후 매년 1회 주사
고양이 백혈병 (Feline Leukemia)	– 기초접종 : 생후 9~11주에 1차 접종 – 추가접종 : 1차 접종 후 2~4주 간격으로 1~2회 – 보강접종 : 추가접종 후 매년 1회 주사
전염성 복막염 (FIP)	– 추가접종 : 1차 접종 후 2~3주 간격으로 1회 – 보강접종 : 추가접종 후 매년 1회 주사
광견병	– 기초접종 : 생후 3개월 이상 1회 접종 – 보강접종 : 1개월 간격으로 주사

3. 예방접종 실시

반려동물은 예방접종을 정기적으로 실시해야 한다. 또한, 지방자치단체 조례에 반려동물 예방접종이 의무화되어 있는 경우에는 반드시 예방접종을 실시해야 한다 (동물보호법 제13조 제3항 및 동물보호법 시행규칙 별표 1 제2호 나목).

동물보호법 제13조 (등록대상 동물의 관리 등)에 의하면 시·도지사는 등록대상 동물의 유실·유기 또는 공중위생상의 위해 방지를 위하여 필요할 때에는 시·도의 조례로 정하는 바에 따라 소유자 등으로 하여금 등록대상 동물에 대하여 예방접종을 하게 하거나 특정 지역 또는 장소에서의 사육 또는 출입을 제한하게 하는 등 필요한 조치를 할 수 있다.

또한, 동물보호법 시행규칙 동물보호법 시행규칙 별표 1 제2호 나목에 의해 전염병 예방을 위하여 정기적으로 동물의 특성에 따른 예방접종을 하여야 한다.

◉ 광견병 예방접종 특례

시장·군수·구청장은 광견병 예방주사를 맞지 아니한 개, 고양이 등이 건물 밖에서 배회하는 것을 발견하였을 때에는 농림축산식품부령으로 정하는 바에 따라 소유자의 부담으로 억류하거나 살처분 또는 그 밖에 필요한 조치를 할 수 있다. 따라서, 광견병 예방접종은 반드시 필요하다 (가축전염병 예방법 제20조 제3항).

VII 반려동물의 사망과 사체처리

1. 반려동물의 수명

반려동물의 우수한 사육관리, 질병 예방 치료를 위한 수의학의 발달 등을 통해 최근에는 반려동물의 수명이 늘어나는 경향을 보이고 있다. 하지만, 반려견 및 반려묘의 수명은 15년 내외임을 인지하고 윤리적이며, 합법적인 반려동물의 장례와 사체처리를 준비하는 자세가 필요하다.

2. 동물병원 또는 그 외에서 사망한 경우

(1) 동물병원에서 사망한 경우

　　동물병원에서 반려동물이 사망한 경우에는 폐기물 관리법, 시행령 및 시행규칙에 의해 "의료폐기물" 즉 보건·의료기관, 동물병원, 시험·검사기관 등에서 배출되는 폐기물 중 인체에 감염 등 위해를 줄 우려가 있는 폐기물과 인체 조직 등 적출물 (摘出物), 실험동물의 사체 등 보건·환경보호상 특별한 관리가 필요하다고 인정되는 폐기물로서 대통령령으로 정하는 폐기물로 분류되어 폐기물을 스스로 처리하거나 제25조 제3항에 따른 폐기물 처리업의 허가를 받은 자, 폐기물처리 신고자, 제4조나 제5조에 따른 폐기물처리시설을 설치·운영하는 자, 「건설폐기물의 재활용촉진에 관한 법률」 제21조에 따라 건설폐기물 처리업의 허가를 받은 자에게 위탁 처리 해야 한다 (「폐기물관리법」 제2조 제4호·제5호, 제18조 제1항, 「폐기물관리법 시행령」 별표 1 제10호 및 별표 2 제2호 가목, 「폐기물관리법 시행규칙」 별표 3 제6호).

　　폐기물관리법 [시행 2020. 12. 4.] 제2조 (정의)에서 사용하는 용어의 뜻은 다음과 같다.

　　"지정폐기물"이란 사업장폐기물 중 폐유·폐산 등 주변 환경을 오염시킬 수 있거나 의료폐기물 (醫療廢棄物) 등 인체에 위해 (危害)를 줄 수 있는 해로운 물질로서 대통령령으로 정하는 폐기물을 지칭한다. 또한 "의료폐기물"이란 보건·의료기관, 동물병원, 시험·검사기관 등에서 배출되는 폐기물 중 인체에 감염 등 위해를 줄 우려가 있는 폐기물과 인체 조직 등 적출물 (摘出物), 실험동물의 사체 등 보건·환경보호상 특별한 관리가 필요하다고 인정되는 폐기물로서 대통령령으로 정하는 폐기물을 포함한다.

(2) 동물병원 외의 장소에서 사망한 경우

　　동물병원 외의 장소에서 반려동물이 사망한 경우 폐기물관리법에 따라 폐기물로 분류되어 해당 지방자치 단체에서 정하는 조례에 따라 생활 쓰레기봉투 등에 넣어 배출하면 등록된 폐기물 처리업자가 처리하게 된다. 폐기물관리법 제2조 (정의)의 법에서 사용하는 용어의 뜻은 다음과 같다.

　　"폐기물"이란 쓰레기, 연소재 (燃燒滓), 오니 (汚泥), 폐유 (廢油), 폐산 (廢酸), 폐알칼리 및 동물의 사체 (死體) 등으로서 사람의 생활이나 사업 활동에 필요하지 아니하게 된 물질을 포함한다.

3. 화장, 말소신고 및 금지행위

(1) 화장

동물병원이나 그 이외의 장소에서 반려동물이 사망한 경우 폐기물관리법 [시행 2020. 12. 4.] 제18조 (사업장폐기물의 처리)에 의해 동물병원에서 자체 처리할 수 있으나, 소유자 본인 (본인이 의사표시를 할 수 없는 경우에는 그 친권자 또는 후견인)이나 그 동물의 주인이 요구하면 본인이나 그 동물의 주인에게 인도하여 처리할 수 있다. 이 경우 의료폐기물을 인도한 자는 이를 상세히 기록하여 3년간 보존하여야 한다. 동물의 사체는 동물보호법 제15조 제2항에 따른 동물장묘업의 등록을 한 자가 설치 운영하는 동물장묘시설에서 처리할 수 있다 (「폐기물관리법」 제18조 제1항, 「폐기물관리법 시행규칙」 제14조 및 별표 5 제5호 가목).

폐기물관리법 시행규칙」 제14조 및 별표 5 제5호 가목에는 폐기물처리에 대해 다음과 같이 기술하고 있다.

① 의료폐기물 (인체조직물과 동물의 사체만을 말한다)은 본인 (본인이 의사표시를 할 수 없는 경우에는 그 친권자 또는 후견인을 말한다. 이하 같다)이나 그 동물의 주인이 요구하면 본인이나 그 동물의 주인에게 인도하여 다음 각 호의 구분에 따라 처리할 수 있다. 이 경우, 의료폐기물을 인도한 자는 이를 상세히 기록하여 3년간 보존하여야 한다.
② 동물의 사체는 동물보호법 제15조 제2항에 따른 동물장묘업의 등록을 한 자가 설치 운영하는 동물장묘시설에서 처리할 수 있다.

다만, 주의해야 할 점은 등록된 동물장묘업 사업자에게 의뢰해야 한다는 것이다. 동물보호법 시행규칙 제36조 (영업의 세부범위) 법 제32조 제2항에 따른 동물 관련 영업의 세부범위에 의하면 동물장묘업은 다음 각 목 중 어느 하나 이상의 시설을 설치ㆍ운영하는 영업을 의미한다.

① 동물 전용의 장례식장
② 동물의 사체 또는 유골을 불에 태우는 방법으로 처리하는 시설 [이하 "동물화장 (火葬)시설"이라 한다] 또는 건조ㆍ멸균분쇄의 방법으로 처리하는 시설 [이하 "동물건조장 (乾燥葬)시설"이라 한다]
③ 동물 전용의 봉안시설

(2) 반려동물 말소신고

반려동물이 동물등록이 되어 있으며 사망한 경우에는 사망한 날로부터 30일 이내에 동물등록 말소신고를 해야 한다. 말소신고를 위해서는 동물등록 변경신고서 (동물보호법 시행규칙 별지 제1호 서식, 동물등록증 및 등록동물의 폐사 증명 서류)를 갖추어 신고해야 합니다. 동물보호법 제12조 (등록대상 동물의 등록 등)에는 등록대상 동물에 대하여 농림축산식품부령으로 정하는 사항이 변경된 경우에는 변경사유 발생일부터 30일 이내 등록대상 동물의 소유자는 시장·군수·구청장에게 신고하여야 한다.

동물보호법 시행규칙 [시행 2020. 12. 1.] 제9조 (등록사항의 변경신고 등)에서 ① 법 제12조 제2항 제2호에서 "농림축산식품부령으로 정하는 사항이 변경된 경우"에 등록대상 동물이 죽은 경우를 포함하고 있다. 등록대상 동물의 소유자가 각각 해당 사항이 변경된 날부터 30일 (등록대상 동물을 잃어버렸을 때 10일) 이내에 별지 제1호 서식의 동물등록 신청서 (변경신고서)에 다음 각호의 서류를 첨부하여 시장·군수·구청장에게 신고하여야 한다.

(3) 금지행위

① 사체 투기 금지

위에서 기술한 반려동물이 사망했을 경우의 처리 절차를 위반하고 반려동물이 사망한 경우 사체를 특정 장소에 유기하는 행위는 불법행위에 해당할 수 있음을 인지해야 한다. 특정 장소는 공중보건상 피해 발생 위험성이 높은 정소인 공공수역, 항만 및 공유수면 등을 포함한다 (「경범죄처벌법」 제3조 제1항 제11호, 규제 「폐기물관리법」 제8조 제1항, 규제 「동물환경보전법」 제15조 제1항 제2호, 규제 「공유수면 관리 및 매립에 관한 법률」 제5조 제1호, 규제 「항만법」 제28조 제1항 제1호).

② 임의매립 및 소각 금지

반려동물이 사망했을 경우 반려동물 사체는 「폐기물관리법」에 따라 허가 또는 승인된 폐기물처리시설에서만 처리할 수 있다. 이를 위반하고 임의매립 및 소각은 불법행위에 해당한다는 사실을 인지해야 한다 (「폐기물관리법」 제8조 제2항 본문).

예외적으로, 해당 특별자치시, 특별자치도, 시·군·구의 조례에서 정하는 조례가 존재한다면 해당 조례가 정하는 바에 따라 다음의 지역에서는 소각이 가능하다 (「폐기물관리법」 제8조 제2항 본문, 「폐기물관리법」 제8조 제2항 단서, 「폐기물관리법 시행규칙」 제15조 제1항).

가. 가구 수가 50호 미만인 지역

나. 산간·오지·섬 지역 등으로서 차량의 출입 등이 어려워 생활폐기물을 수집·운반하는 것이
사실상 불가능한 지역

 4. 인도적 처리

동물보호법 [시행 2020. 8. 12.] 제22조 (동물의 인도적인 처리 등)에 따라 동물보호
센터의 장 및 운영자는 보호조치 중인 동물에게 질병 등 농림축산식품부령으로 정하는 사
유가 있는 경우에는 농림축산식품부장관이 정하는 바에 따라 인도적인 방법으로 처리할
수 있다. 인도적인 방법에 따른 처리는 반드시 수의사에 의하여 시행되어야 한다.

동물보호법 시행규칙 제22조 (동물의 인도적인 처리) 법 제22조 제1항에서 "농림축산
식품부령으로 정하는 사유"란 다음 어느 하나에 해당하는 경우이다.

① 동물이 질병 또는 상해로부터 회복될 수 없거나 지속해서 고통을 받으며 살아야 할
것으로 수의사가 진단한 경우

② 동물이 사람이나 보호조치 중인 다른 동물에게 질병을 옮기거나 위해를 끼칠 우려
가 매우 큰 것으로 수의사가 진단한 경우

③ 법 제21조에 따른 기증 또는 분양이 곤란한 경우 등 시·도지사 또는 시장·군
수·구청장이 부득이한 사정이 있다고 인정하는 경우

VIII 동물실험

동물실험에 관한 법은 실험동물 및 동물실험의 적절한 관리를 통하여 동물실험에 대한
윤리성 및 신뢰성을 높여 생명과학 발전과 국민 보건 향상에 이바지함을 목적으로 한다.

1. 동물실험의 정의

(1) "동물실험"이란 교육·시험·연구 및 생물학적 제제의 생산 등 과학적 목적을 위하여 실험동물을 대상으로 벌이는 실험 또는 그 과학적 절차를 말한다.
(2) "실험동물"이란 동물실험을 목적으로 사용 또는 사육되는 척추동물을 말한다.
(3) "재해"란 동물실험으로 인한 사람과 동물의 감염, 전염병 발생, 유해물질 노출 및 환경오염 등을 말한다.
(4) "동물실험시설"이란 동물실험 또는 이를 위하여 실험동물을 사육하는 시설로써 대통령령으로 정하는 것을 말한다.
(5) "실험동물생산시설"이란 실험동물을 생산 및 사육하는 시설을 말한다.
(6) "운영자"란 동물실험시설 혹은 실험동물생산시설을 운영하는 자를 말한다.

 2. 동물실험의 원칙

(1) 동물실험은 인류의 복지 증진과 동물 생명의 존엄성을 고려하여 실시하여야 한다.
(2) 동물실험을 하려는 경우에는 이를 대체할 방법을 우선으로 고려하여야 한다.
(3) 동물실험은 실험에 사용하는 동물 (이하 "실험동물"이라 한다)의 윤리적 취급과 과학적 사용에 관한 지식과 경험을 보유한 자가 시행하여야 하며 필요한 최소한의 동물을 사용하여야 한다.
(4) 실험동물의 고통이 수반되는 실험은 감각 능력이 낮은 동물을 사용하고 진통·진정·마취제의 사용 등 수의학적 방법에 따라 고통을 덜어주기 위한 적절한 조치를 하여야 한다.
(5) 동물실험을 한 자는 그 실험이 끝난 후 바로 해당 동물을 검사하여야 하며, 검사 결과 정상적으로 회복한 동물은 분양하거나 기증할 수 있다.
(6) 동물이 회복할 수 없거나 지속해서 고통을 받으며 살아야 할 것으로 인정되는 경우에는 신속하게 고통을 주지 아니하는 방법으로 처리하여야 한다.

3. 금지

운영자 등은 유실·유기동물 (보호조치 중인 동물을 포함한다)을 대상으로 하는 실험 혹은 장애인 보조견 등 사람이나 국가를 위하여 봉사하고 있거나 봉사한 동물로서 대통령령으로 정하는 동물을 대상으로 하는 실험은 금지한다.

운영자 등은 미성년자를 대상으로 체험·교육·시험·연구 등을 목적으로 동물 (사체를 포함한다) 해부실습을 할 수 없다. 다만 학교 또는 동물실험시행기관 등이 동물실험을 시행하는 경우 등에는 해부실습을 할 수 있다.

4. 윤리위원회

동물 (반려동물을 포함한다)보호법 등이 강화됨에 따라서 윤리위원회의 기능과 심의 범위가 넓어지고 있다.

(1) 동물실험시행기관의 장은 실험동물의 보호와 윤리적인 취급을 위하여 해당 기관은 동물실험윤리위원회 (이하 "윤리위원회"라 한다)를 설치·운영하여야 한다.

(2) 다만, 동물실험시행기관에 「실험동물에 관한 법률」에 따른 실험동물운영위원회가 설치되어 있고, 그 위원회의 구성이 규정된 요건을 충족할 때는 해당 위원회를 윤리위원회로 본다.

(3) 농림축산식품부령으로 정하는 일정 기준 이하의 동물실험시행기관은 다른 동물실험시행기관과 공동으로 농림축산식품부령으로 정하는 바에 따라 윤리위원회를 설치·운영할 수 있다.

(4) 동물실험시행기관의 장은 동물실험을 하려면 윤리위원회의 심의를 거쳐야 한다.

(5) 윤리위원회는 1) 동물실험에 대한 심의, 2) 동물실험의 지도·감독, 3) 동물실험시행기관의 장에게 실험동물의 보호와 윤리적인 취급을 위하여 필요한 조치를 요구할 수 있다.

(6) 윤리위원회의 심의대상인 동물실험에 관여하고 있는 위원은 해당 동물실험에 관한 심의에 참여하여서는 아니 된다.

(7) 윤리위원회의 위원은 그 직무를 수행하면서 알게 된 비밀을 누설하거나 도용하여서는 아니 된다.

(8) 지도·감독의 방법과 그 밖에 윤리위원회의 운영 등에 관한 사항은 대통령령으로 정한다.

윤리위원회의 구성은 동물보호법에 따른다.
(1) 윤리위원회는 위원장 1명을 포함하여 3명 이상 15명 이하의 위원으로 구성한다.
(2) 위원은 다음 각 호에 해당하는 사람 중에서 동물실험시행기관의 장이 위촉하며, 위원장은 위원 중에서 호선한다.
　　가. 수의사로서 농림축산식품부령으로 정하는 자격 기준에 맞는 사람
　　나. 민간단체가 추천하는 동물보호에 관한 학식과 경험이 풍부한 사람으로서 농림축산식품부령으로 정하는 자격 기준에 맞는 사람
　　다. 그 밖에 실험동물의 보호와 윤리적인 취급을 도모하는 데 필요한 사람으로서 농림축산식품부령으로 정하는 사람
(3) 윤리위원회에는 수의사와 민간단체가 추천하는 위원을 각각 1명 이상 포함하여야 한다.
(4) 윤리위원회를 구성하는 위원의 3분의 1 이상은 해당 동물실험시행기관과 이해관계가 없는 사람이어야 한다.
(5) 위원의 임기는 2년으로 한다.
(6) 그 밖에 윤리위원회의 구성 및 이해관계의 범위 등에 관한 사항은 농림축산식품부령으로 정한다.
　　가. 농림축산식품부장관은 윤리위원회를 설치한 동물실험시행기관의 장에게 윤리위원회의 구성·운영 등에 관하여 지도·감독을 할 수 있다.
　　나. 농림축산식품부장관은 윤리위원회가 구성·운영되지 아니할 때는 해당 동물실험시행기관의 장에게 대통령령으로 정하는 바에 따라 기간을 정하여 해당 윤리위원회의 구성·운영 등에 대한 개선 명령을 할 수 있다.

IX 반려인과 비반려인의 자세

1. 펫티켓 (Pettiquette)

'펫티켓'은 반려동물인 '펫 (pet)'과 예의를 뜻하는 '에티켓 (etiquette)'의 합성어로 반려동물을 키울 때 반려인이 지켜야 할 예의범절을 의미하지만 반려동물을 키우지 않는 비반려인에게도 반려인, 반려동물과 조화와 존중 속에서 살아가기 위해 지켜야 할 예의가 분명히 존재한다. 따라서 '펫티켓'의 의미는 반려인과 비반려인 모두에게 해당되는 것으로 확장되었다.

2. 반려인의 펫티켓

반려인의 펫티켓은 반려동물의 동물권 보호를 위한 측면과 반려인, 비반려인을 모두 포함한 사회에 대한 존중의 측면을 가지고 있다.

책임 있는 반려인은 반려동물의 유실·유기를 방지하고 동물 질병을 체계적으로 관리하기 위해 실행되는 동물등록을 이행하여야 한다. 동물등록은 반려동물을 '동물관리시스템'에 등록하는 제도이다. 「동물보호법 시행령」 제3조에서 규정하는 등록대상 동물은 「주택법」 제2조 제1호 및 제4호에 따른 주택·준주택 (주택, 아파트, 오피스텔, 기숙사 등)과 그 외의 장소에서 반려 목적으로 기르는 개를 의미한다. 등록된 반려동물에는 내·외장 무선식별장치를 부착하여야 한다. 현행법상 고양이는 동물등록대상이 아니지만 2018년부터 시행된 농림축산식품부 고양이 동물등록 시범사업에 의해 전국 27개 자치단체에서 내장형 무선식별장치를 이용한 고양이 동물등록을 시행하고 있다. 등록된 반려동물 인식표의 경우 인식표가 분실이나 훼손 위험성이 높아 2020년 8월 21일 「동물보호법 시행규칙」 개정 후부터 등록방식에서는 제외되었지만 반려동물과 외출 시에는 반드시 인식표를 착용해야 한다.

반려동물과 함께 외출할 시에는 반려동물에게 목줄과 리드줄을 착용시키고 배변처리를 위한 배변봉투와 물통을 지참하여야 하며, 맹견이나 공격성이 있는 반려동물의 경우 입마개를 씌워야 한다. 목줄의 사용은 야외에서 반려동물이 분실되거나 자동차, 행인 등에 의해 상해를 입는 것을 막고, 반려동물이 다른 사람에게 위해를 주는 것을 막을 수 있는 효과적인 수단이다. 목줄은 반려동물의 크기와 활동성, 흥분 정도 등의 특성에 따라 효과적으로 통제할 수 있는 길이와 형태로 설정하여야 하며, 쉽게 파손되지 않아야 한다. 또한, 반려동물에게 목줄을 착용시키는데 그치지 않고 목줄을 잘 잡고 반려인이 주도권을 가져 반려동물을 안전하게 이끌어야 한다.

반려동물을 위한 목줄의 형태에는 목에 착용하는 목줄, 입을 감싸는 헤드 칼라, 가슴에 착용하는 가슴줄 (하네스) 등이 있다. 목에 착용하는 목줄은 반려견에게 부담이 있을 수 있지만 흥분도가 큰 반려견이나 산책 훈련이 충분히 이루어지지 않은 반려견을 효과적으로 제어할 수 있다. 헤드 칼라는 말에게 씌우는 마구처럼 얼굴과 입을 감싸는 형태로, 앞으로 튀어 나가려고 하는 반려견이나 제어가 힘든 대형견에게 적합하다. 하네스는 반려동물의 몸에 가해지는 힘을 분산시켜주어 부담이 적지만 위치상 물어뜯기 쉽고 잡아당기기 쉽다. 하네스의 고리를 앞쪽에 부착하여 반려동물이 주인보다 앞으로 튀어나가면 앞에 걸린 고리가 당겨져 뒤를 돌아보게 만드는 하네스도 존재한다. 그 외 여러 종류의 목줄이 있으므로 반려동물의 특성과 훈련 수준에 맞게 선택하는 것이 좋다.

반려동물이 길, 공원, 벤치 등의 공간에 배변할 경우 지참한 배변 봉투를 사용하여 수거하여야 한다. 반려동물과 외출 시 배변 봉투와 티슈 등을 반드시 지참하여 배변 즉시 흔적이 남지 않도록 깨끗이 처리하여야 한다. 소변의 경우에는 물이나 EM (Effective Micro organism) 용액을 뿌려주면 냄새를 완화시켜 줄 수 있다.

월령 3개월 이상의 맹견은 외출 시 의무적으로 입마개를 착용시켜야 한다. 「동물보호법 시행규칙」 제1조의3에서 도사견과 그 잡종의 개, 아메리칸 핏불테리어와 그 잡종의 개, 아메리칸 스태퍼드셔 테리어와 그 잡종의 개, 스태퍼드셔 불테리어와 그 잡종의 개, 로트와일러와 그 잡종의 개를 맹견으로 규정하고 있다. 입마개형 목줄을 착용하더라도 반려견이 입을 벌릴 수 있어서 맹견에게는 반드시 입마개를 착용시켜야 한다. 맹견의 입마개 의무 위반 시에는 300만원 이하의 과태료가 부과될 수 있다. 그 외 반려동물에게 입마개는 법적 의무는 아니지만, 사람들에게 공포감을 불러일으킬 수 있는 중·대형견이나 공격성이 있는 반려동물에게는 입마개를 하는 것이 좋다. 2021년 2월 12일부터 「동물보호법」 제13조의2 4항에 따라 기존 맹견 소유자들과 새로 맹견을 소유하게 되는 사람들에 대한 책임보험 가입이 의무화된다.

【동물등록관련 참고자료】

○ 반려동물 동물등록 절차안내

| 동물
등록 | **소유자**
반려동물 등록신청
▸의무 : 생후 3개월 이상 반려견
▸희망 : 고양이 | → | **동물병원**
등록신청서 작성,
마이크로칩 장착 | → | **행정시**
동물등록증 발급
(등록번호, 소유자 인적사항) |

○ 동물등록 무선식별장치(RFID) 형태

등록방식	내장형 전자칩 삽입	외장형 전자태그 장착	인식표 부착
형 태 (디자인)			
시술방법	쌀알 크기의 마이크로칩을 반려동물 피하부위에 삽입	마이크로칩이 펜던트에 내장돼 있는 목걸이	소유주의 이름과 연락처가 적혀 있는 이름표

그림 9-3. 동물등록제에서 규정하는 등록절차, 장치, 시술방법, 2020년 8월 21자로 인식표 부착은 등록방식에서 제외되었다. 또한, 등록 수수료는 없어지고 대행수수료 (1만 원, 3천 원)만 남았으며, 내장형 전자칩, 외장형 전자태그 등을 반려인이 개별 구입할 수 있음 (출처 : 서귀포시 시정뉴스).

또한, 반려인은 나에게 소중한 가족인 반려동물일지라도 타인에게는 두려움의 대상이 될 수 있고 나의 반려동물 역시 낯선 환경과 사람에 대한 반응으로 경계하거나 공격적인 행동을 보일 수 있음을 이해해야 한다. 반려동물과 외출 시 반려동물을 무서워하는 사람을 마주친다면 옆으로 비켜 안전하게 지나갈 수 있도록 기다려주어야 한다. 대중교통이나 음식점, 공원을 비롯한 공공시설을 방문하기 전에도 반려동물과 함께 이용할 수 있는 시설인지, 이용에 있어 숙지해야 할 사항이나 따라야 하는 규정에 대해 파악해야 하며, 다른 이용자들의 안전을 위해 이동장비에 넣거나 지정된 수화물로서 운송하는 등의 조치를 취해야 한다.

특히 「동물보호법」 제13조의2에 의하여 맹견의 소유자는 맹견의 안전한 사육 및 관리에 관하여 농림축산식품부령으로 정하는 바에 따라 정기적으로 교육을 받아야 하며, 맹견으로 인한 다른 사람의 생명·신체나 재산상의 피해를 보상하기 위하여 대통령령으로 정하는 바에 따라 보험에 가입하여야 한다. 맹견의 보호자가 아니더라도 「민법」 제759조 (동물 점유자의 책임), 「형법」 제266조 (과실치상) 등에 의하여 반려인은 펫티켓을 지키지 않아 발생한 사고에 대해 책임을 지고 처벌받을 수 있다.

　반려인은 반려동물을 잃어버렸을 시 잃어버린 장소 주변 사람들에게 도움을 청하고 근처 동물병원, 반려견 센터, 반려견 가게를 확인하며, 해당 시·군·구 동물보호센터를 찾아보고, 동물보호 법인이나 단체 등에 확인하는 등을 통해 반려동물을 되찾기 위한 노력을 하여야 한다. 분실된 반려동물이 야생동물을 공격하거나 질병 등을 전파시키고, 해외 유입종의 경우 토착화하여 생태계를 교란할 가능성이 있다. 반려동물 역시 반려인과 떨어진 두려움과 기존에 생활하던 장소와 다른 거친 환경 조건, 야생동물의 위협 등으로 고통받을 수 있으며, 통제되지 않는 반려동물이 타인에게 두려움의 대상이 되거나 공격적인 행동을 보이고 사유물을 훼손할 수 있다.

　동물등록이 되어 있는 반려동물을 잃어버렸을 때 「동물보호법 시행규칙」 제9조 2항에 따라 동물등록변경신고서, 동물등록증, 주민등록표 초본을 갖추어 등록대상 동물을 잃어버린 날부터 10일 이내에 시장·군수·구청장·특별자치시장에게 분실신고를 해야 한다. 최근에는 '포인핸드'라는 모바일 어플리케이션이 전국 유기동물 보호소에 구조된 실종·유기동물의 사진, 특징, 발견장소 및 일시 등의 정보를 제공하여 가족의 품으로 돌아가는 것을 돕고 재입양을 돕고 있다.

　반려인 사이의 펫티켓으로는 타 반려인의 반려동물과 자신의 반려동물을 비교하지 말아야 한다. 또한, 자신의 반려동물이 크기나 성격 등의 특징으로 인해 타인의 반려동물에 위협이 될 수 있다는 사실을 인지하여야 한다.

　반려인은 자신의 반려동물이 활동성이 많은 종인지, 감수성이 예민한 종인지, 신체적 특징으로 인해 특별한 관리가 필요한 종인지 등 습성과 본능을 파악하여야 한다. 예를 들어, 반려견의 경우 매일 충분한 산책이나 실내에서의 노즈워크, 밀고 당기기 놀이 등을 통해 에너지를 방출하지 않으면 물어뜯거나 파괴적인 행동, 무기력증, 식욕부진, 수면습관 변화, 분리불안 등의 우울증 증상을 보일 수 있다. 반려견종 중 바셋하운드는 허리가 긴 체형으로 인해 관절 질병, 허리디스크 등 질병이 발생할 수 있고, 반려묘인 스코티시폴드 종 고양이는 연골이 변형되어 관절염, 청각 장애 등의 질병이 발생할 수 있다. 그 밖에도 반려견의 경우 집을 지키는 데 적합한 견종으로는 셰퍼드, 도베르만, 로트와일러, 마스티프 등이 있고 활동량이 특별히 많은 견종으로는 불테리어, 콜리, 세인트 버나드, 아이리시 세터, 알라스카 말라뮤트, 비글, 닥스훈트 등이 있으며, 털 빠짐이 적은 특징이 있는 견종으로는 베들링턴 테리어, 푸들, 슈나우저 등이 있는 등 동물을 입양하기 전 반려인으로서 충분한 지식을 갖추고 반려인의 여건에 적합한 동물을 선택하는 것은 반려동물 사회화·훈련 등의 어려움이 동물 유기로 이어지는 것을 막는 하나의 방법이다.

반려동물을 책임지기 위해 필수적으로 평가하여야 할 추가적인 내용은 다음과 같다. 첫 번째는 반려인의 거주 형태이다. 반려인이 혼자 거주할 경우 반려동물과 실질적으로 함께할 수 있는 시간은 어느 정도인지, 정기적으로 (매일) 산책이나 놀이를 함께 할 수 있는지, 결혼을 앞둔 경우 배우자나 배우자의 집에서 반려동물에게 알레르기를 갖고 있거나 반려동물을 반대하지는 않는지 확인하여야 한다. 반려인이 가족과 살 경우, 반려인 외에도 반려동물을 돌보고 훈련하는데 함께 할 가족 구성원이 있는지, 다른 가족에게 책임을 전가할 여지를 남기지는 않았는지 확인하여야 한다.

두 번째는 반려동물에게 필요한 사료, 간식, 목줄, 장난감, 미용, 건강검진 등 일상적으로 투입하여야 할 비용은 어느 정도인지 반려인 자신의 수입과 비교하여 고려하여야 한다. 갑작스러운 질병이나 사고에 대비하여 반려동물의 건강을 위한 큰 지출 (병원비, 약제비 등)에 대비할 수 있어야 한다. 책임 있는 반려인은 사람보다 수명이 짧은 반려동물이 노령이 되어 질환이 발생하더라도 끝까지 책임지고 지켜봐 줄 수 있어야 할 것이다. 야생에서처럼 본능적인 방법으로 살아갈 수 없이 인간의 손에 맡겨진 반려동물의 삶에는 반려인이 함께 해주는 시간과 반려인에 의한 관리가 전부이므로, 탄생, 성장, 식사, 배설, 성적 표현, 위생, 질병 등 동물의 모든 행동에 대한 세심한 고려와 관리가 필요하다.

위와 같은 사항을 충분히 따져보고 반려동물을 책임질 수 있다고 결론을 내린 후에 동물보호센터, 동물판매업소, 전문 브리더 등을 통해 동물을 입양할 수 있다. 동물보호센터에서 입양할 경우 센터에서 임시보호나 각종 봉사활동을 하며 반려동물과 미리 애정을 쌓을 수 있고, 예행연습을 해볼 수 있어 자신의 결정을 확실하게 하는 데 도움이 된다. 동물판매업자는 반려동물을 판매하기 위해 「동물보호법 시행규칙」 제43조에 의해 반려동물 매매 계약서와 해당 내용을 증명하는 서류를 제공해야 하며, 계약서를 제공할 의무가 있음을 인터넷 홈페이지나 프로그램을 포함한 영업장 내부의 잘 보이는 곳에 게시해야 한다. 전문 브리더를 통해 반려동물을 데려오면 동물의 부모를 확인하여 정서적 안정이나 신체적 건강 여부를 확인할 수 있다. 전문 브리더를 사칭한 동물 농장이 있을 수 있으므로 입양 전 직접 방문하여 시설을 확인하는 것이 좋으며, 해당 시설의 동물 생산업 허가 여부를 확인하는 것이 중요하다.

반려동물에 따라 차이가 있을 수 있으나 동물을 입양하기 전 확인해야 할 사항은 다음과 같다. 유기동물 보호소에서 데려온 경우, 머문 기간은 어떻게 되는지, 보호소에 병에 걸린 다른 동물이 없었는지 확인해야 한다. 기존에 급여중인 사료는 무엇인지 확인하여 갑작스러운 사료 변화로 인한 설사 등 질병을 예방하여야 한다. 동물이 좋아하는 음식과 싫어하는 음식, 알레르기 여부, 기타 병력, 사회성, 부모견의 성격과 병력, 배변 습관, 예방접종 여부, 마이크로칩 등록 여부를 포함한 특이사항을 체크해야 한다.

「동물보호법」 제3조에서 동물을 사육·관리 및 보호 할 때에는 동물이 본래 습성과 신체 원형을 유지하면서 정상적으로 살 수 있도록 하며, 동물이 갈증·굶주림을 겪거나 영양이 결핍되지 않도록 해야 하며, 동물이 정상적인 행동을 표현할 수 있고 불편함을 겪지 않게 해야 하며, 동물이 고통·상해 및 질병으로부터 자유롭고 공포와 스트레스를 받지 않게 해야 함을 명시하고 있다. 해당 법률은 1993년 영국 농장 동물 복지위원회가 제시한 동물복지의 5대 자유에 바탕을 두고 있다.

그러나 2020년 7월에만 1만 3,700마리의 동물이 유실·유기되는 등 매년 휴가철 많은 반려동물이 유기되고 있는데, 반려동물과 함께 휴가를 떠나기 어렵다면 지인이나 「동물보호법」 제32조 1항에서 지정하는 동물위탁관리업체 등에 반려동물의 관리를 맡겨야 한다. 대표적으로 반려동물의 관리를 위탁할 수 있는 곳으로는 애견호텔, 펫시터 등이 있다. 1년 이상 된 성견의 경우 깨끗한 물과 건조 사료를 구비한다면 하루 정도는 혼자 견딜 수 있지만, 그 이상 집을 비우게 된다면 친척, 지인의 도움이나 동물위탁관리업체에 관리를 맡겨야 한다. 「동물보호법」 제46조에 의하여 동물을 학대한 자는 2년 이하의 징역 또는 2천만 원 이하의 벌금에 처하고, 동물을 유기한 소유자는 300만 원 이하의 벌금에 처한다.

 3. 비반려인의 펫티켓

첫 번째로 비반려인은 자신에게 특별하지 않은 동물이지만 반려인에게는 소중한 가족일 수 있다는 점을 이해하고 인간과 다른 동물의 지각·인식 능력으로 인해 자신의 행동이나 주변 상황이 동물에게는 예상치 못한 반응을 유도할 수 있음에 유의하여야 한다.

첫 번째로 비반려인은 반려동물을 반려인의 허락 없이 함부로 만지거나 먹이를 주지 말아야 한다. 동물은 낯선 사람에게 경계심을 품으므로 나쁜 의도가 없었더라도 함부로 만졌을 때 싫어하거나 공격할 수 있다. 또한, 반려동물은 일반적으로 반려인에 의해 건강 상태·활동량 등을 고려한 적절한 영양을 공급받는다. 보호자가 아닌 사람이 급여하는 음식은 사료 공급 조절을 통한 훈련이나 건강 관리를 방해할 수 있다. 또한, 사람이 먹었을 때 아무런 해가 없는 음식이라도 생리 작용과 신체 크기가 다른 동물에게는 복통을 유발하거나 더욱 심각한 독성을 가진 것으로 작용할 가능성이 있다. 어떤 신체 부분을 만졌을 때 거부감을 느끼지 않던 동물이라도 특정한 방법으로 만졌을 때 갑자기 고통이나 불편함을 느끼고 공격적으로 돌변할 가능성 역시 존재한다. 그러므로 타인의 반려동물을 만지거나 먹이를 주고 싶을 때에는 반드시 보호자의 동의를 얻어야 한다.

동물은 인간과 감각의 민감도가 달라 인간에게 대단치 않은 자극이더라도 반려동물에게는 큰 자극으로 느껴질 수 있다. 또한, 동물은 어떤 상황의 발생 원인 파악 능력과 해당 상황이 자신에게 정확히 어떤 영향을 끼칠 수 있는지 평가하는 능력 역시 인간보다 부족하다. 그러므로 동물은 자동차나 기차 등이 큰 소리를 내며 빠르게 움직이는 대로 철로변 등에서 긴장상태에 있을 가능성이 있다. 어린 아이들이 큰 소리를 내며 뛰어다니거나 반려동물에게 관심을 가지고 접근해오는 행위 역시 동물에게 스트레스가 될 수 있다. 동물의 스트레스 반응을 일반적으로 싸움-도망 반응이라고 부르듯 스트레스는 동물이 예기치 못한 곳으로 도망쳐 상해를 입고 실종되는 원인이 되거나 인간에게 공격성을 보이는 경우가 있다. 일부 동물들은 눈을 마주치거나 빤히 바라보는 것을 위협으로 받아들이는 습성이 있다. 그러므로 타인의 반려동물이 있는 곳에서는 갑작스럽게 큰 소리를 내거나 큰 움직임을 만드는 것을 삼가고, 동물이 안정된 상태를 유지할 수 있도록 조용하고 차분한 자세를 가져야 한다.

반려동물에게 노란 리본이나 노란 목줄, 노란 스카프를 착용시키는 것은 해당 동물이 사회성이 부족하거나 공격성이 있는 경우, 혹은 훈련 중인 경우 등에 의해 타인과의 거리를 두는 것이 필요하다는 의미를 가지고 있다. '옐로도그 프로젝트'라고 하는 해당 캠페인은 2012년 캐나다 반려인들에 의해 시작되어 전 세계 40여 국가에서 시행되고 있다. 또한, 최근 반려동물을 위한 목줄, 장식품 등에 반려동물의 성격 특징을 표기할 수 있게 해주는 제품이 여러 종류 판매되고 있어 '옐로도그 프로젝트'의 의미에 대해 알지 못했던 반려인들도 쉽게 타인의 반려동물을 어떻게 대해야 할지 파악하는데 도움을 주고 있다. 비반려인들은 해당 표식이 있는 동물을 올바른 방식으로 존중하고자 하는 노력을 해야 한다.

비반려인이라도 길을 잃은 반려동물을 발견하면 소유자나 보호자가 있는지, 잠시 풀어놓거나 반려동물을 찾고 있지는 않은지 등을 먼저 확인하여야 한다. 소유자 등을 찾지 못했다면 동물보호 상담센터 (1577-0954), 관할 지방자치단체, 유기동물 보호시설, 동물보호센터, 경찰서나 자치경찰단 사무소 등에 신고하고 동물을 맡겨 반려인의 품으로 되돌아갈 수 있게 도와주어야 한다. 또한, 누구든지 학대를 받는 동물을 발견하면 관할 지방자치단체의 장 또는 동물보호센터에 신고할 수 있으며, 범행 입증 자료 등을 준비해 경찰서, 자치경찰단 사무소, 경찰청 범죄신고, 일반범죄신고 등에 신고할 수 있다.

참고문헌

1) 반려동물의 정의
「동물보호법」
「민법」
「형법」

2) 반려동물의 영업
「동물보호법」
「동물보호법 시행규칙」

3) 반려동물 등록제도
「동물보호법」

4) 반려동물 사육관리
「동물보호법」
「동물보호법 시행령」
「동물보호법 시행규칙」

5) 반려동물 사료 규정
이진홍. 2021. 「견 (犬)생 법률」. 박영사.
「사료관리법」
「사료관리법 시행령」
「사료공장 위해요소중점관리기준」
「사료 등의 기준 및 규격」
「식품 및 축산물 안전관리인증기준」
그림 9-1. 반려동물 영양제로 판촉하나 배합사료인 제품 출처.
 (https://www.petsbe.com/goods/goods_view.php?goodsNo=2502015&mtn=3
   06%5E%7C%5E%EA%B4%80%EC%A0%88%EC%BC%80%EC%96%B4+%EA%B8%
   B0%ED%9A%8D%EC%A0%84%5E%7C%5Ey)
그림 9-2. 사료관리법에 의한 표기사항 표기 예 출처.

(https://harimpetfood.com/product/%EB%8D%94%EB%A6%AC%EC%96%
BC-%ED%81%AC%EB%A6%AC%EB%AF%B8-%EC%86%8C%EA%B3%A0%EA
%B8%B0%EB%8B%AD%EA%B0%80%EC%8A%B4%EC%82%B4-50g-dog/802/
category/36/display/1/)

6) 반려동물 병원 이용 및 접종 & 7) 반려동물의 사망과 사체처리

「가축전염병예방법」

「경범죄처벌법」

「공유수면 관리 및 매립에 관한 법률」

「동물보호법」

「동물환경보전법」

「수의사법」

「폐기물관리법」

「항만법」

농림축산검역본부 동물보호관리시스템 www.animal.go.kr

8) 동물실험

「동물보호법」

「실험동물에 관한 법률」

9) 반려인과 비반려인의 자세

「동물보호법 시행규칙」

「동물보호법 시행령」

「동물보호법」

이진홍. 2021. 「견 (犬)생 법률」. 박영사.

김세형. (2019.04.02.). 강아지 산책 나갈 때 EM용액을 지참하는 이유. 노트펫 (https://
www.notepet.co.kr/news/article/article_view/?groupCode=AB110AD11&idx
=15185&page=1)

김수완. (2020.09.06) 코로나19 장기화...산책 줄어든 반려동물, 우울·불안 스트레
스 우려 [김수완의 동물리포트]. 아시아경제 (https://www.asiae.co.kr/article/
2020090411342844723)

김지숙. (2020.08.21.) 반려동물등록 방식 '인식표' 제외…"외출 땐 착용해야". 한겨레 (http://www.hani.co.kr/arti/animalpeople/human_animal/958779.html)

김효인. (2021.01.22.) 정부 의무화 방침에…삼성화재, 현대해상, 하나손보 맹견보험 출시. 조선일보. (https://www.chosun.com/economy/2021/01/22/35Q5MFGGK 5DZVPTMA FXDGNHWLU)

농림축산검역본부 동물보호관리시스템

사단법인 한국동물구조관리협회

사단법인 한국애견협회

서귀포시, 서귀포소식〉새소식, 반려동물 사랑은 동물등록이 필수! (https://www. seogwipo.go.kr/news/seogwipo-news/sijung_news.htm?act=view&seq= 117263416)

서울특별시 서울동물복지 지원센터

신남식. (2018.08.01) 휴가철 버려진 강아지, 성격장애·이상행동 많은 이유. 중앙일보 (https://news.joins.com/article/22851035)

자수 메시지택 상품 이미지 출처 (http://itempage3.auction.co.kr/DetailView.aspx ?itemno=B802219794)

크루마이즈 (반려동물용품샵)〉각종정보 우리 아이에게 맞는 목줄과 리드 선택하기 (https://kroomize.com/board/product/read.html?no=11152&board_no=5)

펫찌 편집부. 반려견과의 삶을 준비하는 당신에게 알기 쉬운 강아지 상식과 생활법령.

펫티켓 핀버튼 상품 이미지 출처 (http://hanipet.com/product/%ED%8E%AB%ED% 8B%B0%EC%BC%93-%ED%95%80%EB%B2%84%ED%8A%BC/506/)

저자약력

이 름	대표약력
양철주	1. 순천대학교 동물자원과학과 교수 2. 순천대학교 RIS 친환경축산사업단 단장 3. 전라남도 문화재위원회 자연과학분야 위원 4. (전) 순천시 반려산업 자문위원
강옥득	1. 사단법인동물자원연구소 대표이사 2. 제주대학교 동물생명공학전공 겸임교수 3. 성덕대학교 (현,성운대학교) 조교수
김다혜	1. 제주대학교 동물생명공학전공 연구교수 2. 미국 University of Kentucky 박사후 연구원 3. 일본 토호쿠대학 박사후 연구원 4. 농촌진흥청 국립축산과학원 농업연구사
김상동	1. 신주중학교 교사 2. 김해생명과학고등학교 애완동물과 교사
김옥진	1. 한국동물매개심리치료학회장 2. 원광대학교 동물자원개발연구센터 센터장 3. 한국동물보건복지학회장 4. 미국 USDA 동물질병연구소 해외과학자 역임
김현범	1. 단국대학교 동물자원학전공 교수 2. 박사후 연구원 (Tufts University, 미국) 3. 수의학 박사 (University of Minnesota, 미국) 4. 농협중앙회 수의사
문승태	1. 순천대학교 사범대학 농업교육과 교수 2. (전) 교육부 진로교육정책과장 3. (현) 한국진로교육학회장 4. 국가교육회의 고등직업분야 전문위원
문홍석	1. 순천대학교 동물자원과학과 학술연구교수 2. 순천대학교 농업교육과 강사 3. 순천대학교 친환경축산사업단 선임연구원
민태선	1. 제주대학교 생명자원과학대학 동물생명공학전공 교수 2. 제주국제동물연구센터 센터장 3. 한국연구재단 책임연구원 4. UC Davis 박사후 연구원

이 름	대표약력
박만호	1. 전라남도농업기술원 축산연구소 축산연구사 2. ㈜녹십자수의약품 사료사업부 부장 3. ㈜삼양사 사료사업부 과장
신현국	1. 수의학박사 (임상수의학) 2. 현 24아프리카동물메디컬센터 대표원장 3. 한국순환기내과학회이사 4. 충남대학교수의과대학 외래교수 5. 일본돗토리대학 대학병원 외과학교실 2년간 근무
이경우	1. 건국대학교 동물자원과학과 교수 2. 농림축산검역본부 수의연구사 3. 네덜란드 유틀레흐트대 박사
이영주	1. 순천대학교 사범대학 농업교육과 조교수 2. 전북대학교 환경생명자원대학 생명공학부 학술연구교수 3. University of Missouri 박사후 연구원 4. 충남대학교 부설 형질전환복제돼지연구센터 연구교수
이진홍	1. 건국대학교 교수 / 법학박사 2. 건국대학교 혁신공유대학 스마트 동물 보건 융합 전공 교수 3. 건국대학교 반려동물 법률상담센터장 4. 충주시 동물보호센터 운영위원 5. (주)한국반려동물진흥원 대표 6. 저서 - 견생법률, 반려동물법률상담사례집
이해연	1. 서정대학교 반려동물과 외래교수 2. 디지털서울문화예술대학교 반려동물학과 초빙교수 3. 한국반려동물기업협회 자문위원 4. 한국직업교육협회 교재위원
이홍구	1. 건국대학교 동물자원과학과 교수 2. 건국대학교 반려동물융합전공 교수
정하정	1. 서정대학교 반려동물과 교수 2. 한국경찰견연구학회 (KPCA) 부회장 3. 경찰청 과학수사 (법과학) 자문위원
조진호	1. 충북대학교 축산학과 교수 2. 미국축산학회 정회원 3. 한국축산학회 정회원
허정민	1. 충남대학교 동물자원과학부 교수 2. 캐나다 마니토바대학교 Post-Doc 3. 호주 머독대학교 대학원 농학박사
이경동	1. 동신대학교 반려동물학과 교수 2. 캐나다 맥길대학교 post-doc

반려동물학개론

초판발행	2022년 2월 18일
초판3쇄 발행	2023년 12월 20일
지은이	양철주 외
펴낸이	안종만·안상준
편 집	탁종민
기획/마케팅	이후근
디자인	BEN STORY
제 작	고철민·조영환
펴낸곳	(주) **박영사**
	서울특별시 금천구 가산디지털2로 53, 210호(가산동, 한라시그마밸리)
	등록 1959.3.11. 제300-1959-1호(倫)
전 화	02)733-6771
f a x	02)736-4818
e-mail	pys@pybook.co.kr
homepage	www.pybook.co.kr
ISBN	979-11-303-1519-5 93520

copyright©양철주 외, 2022, Printed in Korea

정 가	22,000원